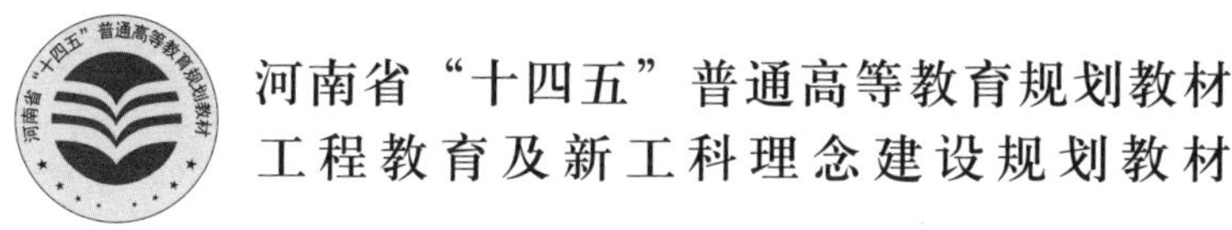

食品保藏学

第2版

主编 唐浩国 罗自生 郑志

郑州大学出版社

图书在版编目(CIP)数据

食品保藏学 / 唐浩国，罗自生，郑志主编. —2版. —郑州：郑州大学出版社，2023.4

ISBN 978-7-5645-9286-8

Ⅰ.①食… Ⅱ.①唐… ②罗… ③郑… Ⅲ.①食品保鲜-高等学校-教材②食品贮藏-高等学校-教材 Ⅳ.①TS205

中国版本图书馆CIP数据核字(2022)第231510号

食品保藏学

SHIPIN BAOCANGXUE

策划编辑	袁翠红	封面设计	苏永生
责任编辑	王红燕	版式设计	苏生永
责任校对	杨飞飞	责任监制	李瑞卿
出版发行	郑州大学出版社	地　　址	郑州市大学路40号(450052)
出 版 人	孙保营	网　　址	http://www.zzup.cn
经　　销	全国新华书店	发行电话	0371-66966070
印　　刷	河南龙华印务有限公司		
开　　本	787 mm×1 092 mm　1/16		
印　　张	21.25	字　　数	505千字
版　　次	2023年4月第2版	印　　次	2023年4月第2次印刷
书　　号	ISBN 978-7-5645-9286-8	定　　价	49.00元

本书如有印装质量问题，请与本社联系调换。

编委名单

主　　编　唐浩国　罗自生　郑　志

副 主 编　曾凡坤　秦　文　刘丽莉

编　　委　(按姓氏拼音排序)

李　敏(广东海洋大学)

李宏彬(南阳理工学院)

刘丽莉(河南科技大学)

罗水忠(合肥工业大学)

罗自生(浙江大学)

秦　文(四川农业大学)

任红涛(河南农业大学)

唐浩国(河南科技大学)

杨同香(河南科技大学)

杨　薇(安康学院)

曾凡坤(西南大学)

赵胜娟(河南科技大学)

郑　志(合肥工业大学)

再版前言

《食品保藏学》自 2019 年 4 月出版以来,深受广大师生喜爱。本书立足国家新工科建设和国际工程认证需求,已形成自己的风格。《食品保藏学》2020 年获河南科技大学首届优秀教材奖,同时也列入了河南省“十四五”普通高等教育规划教材重点建设项目。

新版教材继承了原版教材的编写定位和原则,吸收学生和一线教师反馈意见,结合科技发展实际适当增减了部分内容。

本教材共十三章。第一章和第二章由唐浩国编写;第三章由罗自生编写;第四章由李敏编写;第五章由郑志编写;第六章由曾凡坤编写;第七章由刘丽莉编写;第八章由罗水忠编写;第九章由赵胜娟编写;第十章由杨同香(第一～第三节)和李宏彬(第四节)共同编写;第十一章由秦文编写;第十二章由任红涛(第一～第三节)和杨薇(第四～第五节)共同编写;第十三章由杨同香(第一～第三节)和赵胜娟(第四～第五节)共同编写。本教材由唐浩国教授统稿、修改、补充、完善和审稿。

本书的编写出版得到了教育部高等学校食品科学与工程专业教学指导委员会、河南省教育厅、郑州大学出版社、河南科技大学、浙江大学、合肥工业大学、西南大学、四川农业大学、广东海洋大学、河南农业大学、南阳理工学院和安康学院等单位大力支持与帮助,在此一并表示衷心的感谢!

由于编者水平有限,难免有欠妥或错误之处,真诚地希望读者批评指正,编者将不胜感激。

编者

2022.8

前言

近年来,我国经济快速发展,人民生活水平不断提高,传统的食品产业已经很难适应消费者所需,食品领域安全问题也越来越突出。为解决日益增长的人民所需与现有食品产业落后的矛盾,必须培养一大批具有国际化视野和知识技能的食品专业人才。为此国家引入了工程教育专业认证来与国际先进国家接轨,工程教育专业认证是国际通行的工程教育质量保障制度,也是实现工程教育国际互认和工程师资格国际互认的重要基础。“食品科学与工程”专业相继有十几个院校通过了此认证。但在具体的教育实践过程中,我国还没有专业的教材来适应本专业的工程教育建设,因此我们申请编写全国高等院校“十三五”规划教材《食品保藏学》获得批准,组织国内相关高校专家编写此书,专为“食品科学与工程”专业基于工程教育及新工科理念的本科生教材。

本教材重点阐述食品保藏的基本原理、设备及工艺,同时融入近年来食品保藏业的热点问题,贯穿工程教育认证专业理念,突出具有工科特色的保藏原理和技术、设备与节能降耗等内容,目的是培养多学科交叉的复合型、创新型人才。

本教材共12章。具体编写分工为:第一章和第二章由河南科技大学唐浩国编写;第三章由浙江大学罗自生编写;第四章由广东海洋大学李敏编写;第五章由合肥工业大学郑志编写;第六章由西南大学曾凡坤编写;第七章由河南科技大学刘丽莉编写;第八章由合肥工业大学罗水忠编写;第九章由河南科技大学赵胜娟编写;第十章由河南科技大学杨同香编写;第十一章由四川农业大学秦文编写;第十二章由河南农业大学任红涛(第一~三节)和安康学院杨薇(第四~五节)共同编写。本教材由唐浩国教授统稿。

本书的编写得到了教育部高等学校食品科学与工程专业教学指导分委会、郑州大学出版社及各参编院校的大力支持与帮助,在此一并表示衷心的感谢!

由于本书涉及的领域广泛,加之编者水平有限,有欠妥或错误之处,真诚地希望读者批评指正。

编者

2018.10

目录

第一章　食品保藏学的发展及未来的研究问题

第一节　概　述

一、食品保藏学相关概念

（一）食物与食品

（1）食物（food stuff）　食物指可供人类食用的物质，提供给人类营养素和能量。

（2）食品（food）　食品指各种供人食用或者饮用的成品和原料以及按照传统既是食品又是中药材的物品，但是不包括以治疗为目的的物品。

（二）冷藏与冻藏

（1）食品冷藏（chilling storage）　食品冷藏是将冷却后的食品储藏在高于其冰点的某个低温环境中，使食品品质在合理的时间内得以保持的一种低温保存方法。

（2）食品冻藏（freezing storage）　食品冻藏是将冻结后的食品储藏在低于-18 ℃的某一低温环境中，使食品品质在合理的时间内得以保持的一种低温保存方法。

冻藏食品的储藏期远大于冷藏食品，在-18 ℃时，食品一般可以保存 6 个月到 1 年，在-30 ℃的冻藏温度下，大部分食品可以保存 2 年以上。冻藏温度的选择要综合考虑食品品质、储藏期长短以及能源问题。

（三）热处理与热杀菌

1. 热处理

热处理（thermal processing）是采用加热的方式来改善食品品质、延长食品储藏期的食品处理方法（技术），是食品加工与保藏中最重要的处理方法之一。

2. 热杀菌

（1）巴氏杀菌（pasteurization）　巴氏杀菌是将食品温度加热到100 ℃以下并维持较长时间使食品中的酶失活，并破坏食品中热敏性的微生物和致病菌，使杀菌后的食品符合货架期的要求。达到同样的巴氏杀菌效果，可以有不同的温度时间组合。巴氏杀菌的目的及其产品的储藏期主要取决于杀菌条件、食品成分（如 pH 值）和包装情况。

（2）商业杀菌（sterilization）　商业杀菌一般又简称为杀菌，通常是将食品加热到 100 ℃及以上温度并维持一定的时间以杀死所有致病菌、腐败菌和绝大部分微生物，使杀菌后的食品符合货架期的要求。这种热处理形式一般也能钝化酶，但它同样对食品的营养成分破坏也较大。杀菌后食品通常也并非达到完全无菌，只是杀菌后食品中不含致病菌，残存的处于休眠状态的非致病菌在正常的食品储藏条件下不能生长繁殖，这种无菌程度被称为“商业无菌(commercially sterilization)”,也就是说它是一种部分无菌(partially sterilization)。

(四)食品干燥保藏

食品干燥保藏是将食品的水分活度(或水分含量)降低到足以防止其腐败变质的水平,并保持在此条件下进行长期保藏的方法。

(五)食品辐照与微波处理

(1)食品辐照保藏　食品辐照是利用射线照射食品,灭菌、杀虫,抑制鲜活食品的生命活动,从而达到防霉、防腐、延长食品货架期目的的一种食品保藏方法。常用的有食品腌制保藏、烟熏保藏和保鲜贮藏。

(2)食品微波保藏　是使用微波对食品中的介电物质通过介电感应加热升高食品的温度来杀菌灭酶,以延长食品保质期的一种食品保藏方法。

(六)食品化学保藏

食品化学保藏就是在食品生产和储运过程中使用化学添加剂提高食品的耐藏性和达到某种加工目的,属于一种暂时性的或辅助性的保藏方法。常用的有食品腌制保藏、烟熏保藏和保鲜贮藏。

(1)腌制保藏　让食盐或糖渗入食品组织内,降低其水分活度,提高其渗透压,或通过微生物的正常发酵降低食品的 pH 值,从而抑制腐败菌的生长,防止食品的腐败变质,获得更好的感官品质并延长保质期的储藏方法,称为腌制(或腌渍)保藏。

(2)烟熏保藏　食品烟熏保藏是在腌制的基础上利用烟熏制剂熏制食品,赋予食品特殊的风味并能延长其储藏期的一种食品保藏方法。

(3)保鲜贮藏　为了防止生鲜食品脱水、氧化、变色、腐败变质等而在其表面进行喷涂、喷淋、浸泡或涂膜保鲜剂,以维持生鲜食品固有品质和延长货架期。

(七)食品保藏学

食品保藏学是专门研究食品腐败变质的原因及食品保藏方法的原理和基本工艺,解释各种食品腐败变质现象的机制并提出合理的、科学的防止措施,从而为食品的保藏加工提供理论基础和技术基础的学科。

二、食品保藏学的研究范畴

食品保藏涉及多学科、多专业的知识,且包括原料处理、冷藏、冻藏、杀菌、干制、辐照、微波加热、化学保藏、包装、运输和销售等多个环节,研究内容涉及原理、方法、设备、工艺、安全和管理等。食品保藏学的主要研究内容如下。

(一)食品保藏原理

研究温度、氧气、光照、水分、酸碱度、电磁波和化学添加剂等对引起食品腐败变质的主要因素(微生物和酶等)的抑制作用;通过分析食品中主要的营养成分随食品加工和储藏操作单元的变化,研究各种加工和储藏操作单元工艺等对食品品质的影响,如辐照、微波、杀菌和冷藏等;研究食品保藏各个环节中食品的物理、化学和生物变化,从而得到其品质的变化规律;通过实验和数学模型,总结食品品质在储藏过程中的变化规律,预测食品的剩余货架期;应用传热传质原理,模拟计算食品的加热和冷冻过程,优化加热、冷却及冻结条件。

(二)食品安全

研究食品中的危害(物理、化学和生物危害),进行危害性分析和评估,采用相应的措施把食品中的危害去除或者降低到可接受的水平;严格贯彻执行国家食品安全法和有关食品的标准,研究采纳国际食品法典和标准;结合其他学科(如化学、微生物学、毒理学、流行病学和法学等)共同保障食品安全。

(三)食品保藏设备

研究能够为冷却或冻结食品提供合适的储藏环境的设备,大型的如冷库,小型的如冰箱、冷柜等;研究维持储藏环境中恒定的低温、适宜的相对湿度、空气流通等的方法;根据冷冻冷藏食品的发展情况,开发新的适合食品冷藏链的储藏设备;研究大型的储粮设备,常温保存食品的库房,高温食品的包装材料和设备等。

(四)食品保藏工艺

确定各种食品储藏的条件(储藏方法、储藏温度、相对湿度、包装方式等);选择合理的储藏操作单元设备;制定原料、前处理、储藏方法、设备使用、卫生管理等的具体操作步骤或工艺流程。

(五)食品的运输技术

研究运输设备(如冷藏集装箱、冷藏汽车、机械保温车和智能装卸机器人等);研究运输设备中温度、湿度和氧气等的储存、传输、监控技术,防止温度、湿度和氧气浓度过高、过低以及较大波动;研究低温物流技术;研究冷藏链标准及规范。

(六)食品保藏新技术

吸收其他学科理论和技术,形成多学科交叉,不断开发食品保藏新技术,如超高静压杀菌、生物防腐、脉冲电(磁)场杀菌、区块链技术、玻璃化技术以及 CAS 冻结系统等。

(七)食品保藏中的节能和环保技术

节能和环保是国内外各行各业普遍关注的热点问题,食品保藏的大多数环节都涉及能源和环境问题,如何在保证食品质量安全的前提下节约能源、保护环境,将是今后食品保藏的研究重点之一。

另外,研究内容还包括食品物性和食品包装等。

总之,食品保藏过程是一个复杂的系统工程,需要多方面的研究和协调,才能得到令人满意的食品品质。

第二节　食品保藏学的发展历史与现状

随着人类获取食物的途径增多,食物逐渐丰盛,从而产生了保藏食物延长食用期方法,发展成为保藏食品的技术。

一、古代食品保藏技术自然发展阶段

中国古人在数千年以前就掌握酿酒、酿醋和制造酱油的技术。据考古证实，距今4 000 ~4 200 年前在龙山文化已有酒器出现，且流传下许多有关酿酒的记载。国外酿酒历史也很悠久，相传公元前4000 ~ 前3000 年，埃及人已熟悉酒、醋的酿造方法。酿酒、酿醋和制酱是把粮食通过微生物发酵转换成可以较长时间保藏的食品，工艺复杂，技术要求较高。公元前3000 ~ 前1200 年，犹太人经常用从死海里提取的盐保藏各种食物，中国人和希腊人也学会了用盐腌鱼的方法。公元前3000 年，《诗经》"凿冰冲冲，纳于凌阴"即利用天然冰储藏食物。战国时期发明的铜冰鉴，可以认为是最早最原始的冰箱。2 500 年前古埃及人将清水置于浅盘而制冰。1 700 多年前汉朝已开始用地窖储藏天然冰技术，《邺中记》："曹操在临漳县西南建冰井台藏冰"，后赵石虎"也在此藏冰，三伏之月以冰赐大臣""有屋一百四十间，下有冰室，室有数井……井深十五丈，用于藏冰及石墨"。唐朝之后，天然冰雪作为冷源被广泛利用，《齐民要术》记载有农民用雪水拌种，以增强种子抗旱抗病能力。元朝《马可 · 波罗游记》介绍了13 世纪我国用冰保存鲜肉及制造冰酪冷食的技术。明代运河两岸修建冰库，为宫廷运送鲜菜鲜果的船只加冰以保鲜。清代光绪年间，北京已专设冰窖，用于储藏蒜薹，以供皇宫。利用天然冰雪保藏食品的方法，虽然是原始的冷藏方法，但具有简便、成本低廉的优点，至今还被采用。

二、古代商业和军事需求阶段

咸阳秦宫殿遗址发现了储存食品的窖穴，深度都在十米以上，有的窖内还嵌附了陶圈，底部置放陶盆。值得注意的是窖口发现了三脚架的痕迹，表明使用了辘轳、滑车之类的吊装具(《文物》1976 年第11 期)。"太仓之粟，陈陈相因，充溢露积于外，至腐败不可食"(见《史记 · 平准书》)。秦代使用的窖藏，已大大超越了前人。隋代兴建的有黎阳仓、洛口仓(兴洛仓)、河阳仓、回洛仓、含嘉仓、子罗仓、太原仓(常平仓)、广通仓(广运仓或永丰仓)。唐代在此基础上又兴建了河阴仓、柏崖仓、集津仓、盐仓。这些仓储均建在漕运线路黄河、渭水岸边，它们的性质也就相当于现代的中转仓库。据《通典》所记，天宝八年含嘉仓储粮竟达五百八十三万三千四百石之多。仓储方式统一为窖藏，估计仓窖数可达四百穴以上。窖穴加工方法细致合理，防护措施相当完善，可完好地长期地保存粮食，160 号窖有一整窖(宋代)粟，出土时仍然颗粒分明，粟内尚含50.7%的有机物。含嘉仓的储粮方法达到了窖藏的顶峰，在中国古代粮食储藏史上写下了光辉的一页。

18 世纪90 年代的法国拿破仑 · 波拿巴为了统一欧洲，为了给军队供应食物提高战斗力，悬赏征求食品长期保存的方法，尼古拉 · 阿培尔(Nicolas Appert)发明了食品的商业化杀菌技术。1809 年，尼古拉 · 阿培尔将食品加热后放入玻璃瓶中用木塞塞住瓶口，并于沸水中煮一段时间后取出，趁热将塞子塞紧，再用蜡密封瓶口，制造出了真正的罐藏食品，成为罐藏食品技术的开端。

三、近代科学探索和技术发展阶段

由于化学等学科发展对食物成分有了本质认识，整体推进了食品科学技术向现代转移。Carl Wilhelm Scheeie 从柠檬汁中分离得到了柠檬酸(1784 年)、从苹果中分离得到了苹果酸(1784 年),并检测了 20 种普通水果中柠檬酸和苹果酸的存在和含量。以 Anotoine Laurent Lavoisier(法国)、Jons Jacob Berzelius(瑞典)等为代表的化学家建立了有机元素分析理论和方法,对 2 000 多种天然化合物的元素组成进行了测定。以 Anotoine Lavoisier(法国)、Thomas Thomson(苏格兰)为代表的化学家首次采用分子式表示有机化合物,并用配平的化学方程式表示发酵过程。以 Arthur Hill Hassall(英国)为代表的化学家建立了精确的微观分析方法,推动了对食品成分认识的进程;1857 年法国化学家、微生物家巴斯德提出了著名的发酵理论:一切发酵过程都是微生物作用的结果。以美国的 W Hanneberg、Justin Smith Morrill 等为代表的科学家在反对食品掺假、制定食品标准方面做了大量的工作并通过了一系列法律。

制冷理论和技术推进了低温保藏食品。1809 年美国人发现了压缩式制冷的原理,1824 年德国人发现了吸收式制冷的原理,为发明制冷机打下了基础。1834 年,在英国的美国人 Jacob Perkins 发明了世界上第一台乙醚压缩式冷冻机;1844 年,美国人 John Gorrie 制成了第一台制冷和空调用的空气制冷机;1859 年,法国人 Ferdinand Carre 发明了以氨为制冷剂、以水为吸收剂的压缩式冷冻机;1872 年美国人 David、Boyle 与德国人 Carl Von Linde 分别单独发明以氨为冷媒的压缩式冷冻机,作制冰机(制冷机的始祖)使用。1877—1878 年,法国人 Charles Tellier 为了把牛肉从新西兰和阿根廷等国运回法国,开始用氨吸收式冷冻机,先是用于冷冻牛肉,接着用于冻结牛肉和羊肉,以解决较长时间的海运肉类保鲜问题,这是冷冻食品首次作为商品。1910 年 Maurice Lehlanc 在巴黎发明了蒸汽喷射式制冷系统;1918 年美国人 Copeland 发明了家用冰箱。

人工干燥技术用于食品保藏。1780 年,有人用热水处理蔬菜,再风(晒)干或将蔬菜放在烘房的架子上进行人工干燥。1878 年德国人研制出第一台辐射热干燥器,4 年后真空干燥器也诞生了。到 20 世纪初,热风脱水蔬菜已大量工业化生产。人工干制在室内进行,不再受气候条件限制,操作易于控制,干制时间显著缩短,相应的产品质量上升,产品得率有所提高。

在 19 世纪 60 年代,法国人 Louis Pasteur 在研究啤酒和葡萄酒时发明了巴氏消毒法;1885 年 Roger 首次报道了高压能杀死细菌;1899 年 Hite 首次将高压技术应用于牛奶的保藏;1908 年出现了化学品保藏技术;1918 年出现了气调冷藏技术;1943 年出现了食品辐照保藏技术、冻干食品生产技术等。

20 世纪初,食品工业已成为发达国家和一些发展中国家的重要工业支柱产业。

四、现代食品保藏科学和技术阶段

进入 21 世纪以来,食品保藏学的研究领域更加拓宽,研究手段日趋现代化,研究成果的应用周期越来越短。现代食品保藏学的研究正向食品腐败机制、食品危害因子的结构和性质、储藏加工过程中营养成分的结构和功能变化机制、新型包装技术和材料、现代储藏保鲜技术,新食源、新工艺和新添加剂等研究方向发展。食品保藏学已成为食品科学与工程各专业的主要基础课程之一,对食品工业的发展产生着非常重要的影响。

第三节　食品保藏学未来的研究问题

食品保藏发展的最终目标是最大限度地保持食品原有的营养、风味、鲜度和组织特性，保证食品的质量和安全，方便并改善人民生活，促进经济发展。围绕这一目标，食品保藏学的发展趋势主要表现在以下方面。

一、食品冷藏工艺和技术的改进

以提高冷冻冷藏食品的品质为目标，采用多样化的冷加工工艺，如采用冰温保鲜、微冻保鲜、低温气调保鲜、化学冷保鲜、减压冷保鲜、微波保鲜、冷冻干燥(freeze drying)等；不断开发研制食品速冻装置，如流态化冻结(fluidizing bed freezing)、高压冻结(high pressure freezing)、超声波冷冻(ultra-sound freezing)等；应用计算机控制和调节，实现食品冷冻过程的高度自动化，保证冷冻的各个环节符合标准和规范的要求；研究先进的制冷技术，在冷藏库和冷藏运输车船中划分不同的温度区域，适应不同种类食品的储藏和运输；根据城市的消费特点，运用快速的运输技术，大力发展冷却肉和水产品，不仅保持该类食品的味美、鲜嫩的特点，还可以节约能源。

二、食品保藏的节能与环保

食品的加热、杀菌、冷藏、解冻、运输和储藏等各环节都与能源和环境密切相关，随着食品工艺的快速发展，节能与环保问题也日益突出。研究食品的加热、杀菌、冷冻和储藏等工艺，根据其储藏条件和储藏期选择最合适的加工及储藏方法，成为食品业未来需要重点关注的方向。

三、与农业生产技术相结合改善食品储藏性能

留树保鲜又称挂果保鲜，是生产上将基本成熟的果实通过技术处理后使果实继续留在树上的储藏方法。如在果实成熟期间喷施一定浓度的植物生长调节剂或稳果剂，使果实在树上延迟采收。留树保鲜已成功应用于柑橘、苹果、葡萄、梨和龙眼等水果上，取得了良好的效果。例如通过该方法，广西甜橙的鲜果供应可从当年 10 月 20 日延迟到翌年 5 月 30 日。

耐储基因引入植物食品原料种植上，提高果蔬食品的耐储性。比如阻断乙烯利合成的基因在番茄果实中表达，番茄表现为较佳的耐储性。

四、军用食品的加工与储藏

“兵马未动，粮草先行”，军队的食品供应与军队的战斗力成正比。目前，世界各国军队都很重视发展自己的军用食品，不断采用食品加工和储藏的最新技术，开发新的军用食品，提高军用食品的综合性能。

(一)野战食品

为了适应现代战争的多样化需求，野战食品包装正朝着存储单元化、装运机械化、运

输集装化、保障迅捷化方向发展。研究野战食品特殊储藏性，采用合适的包装材料和体系，以保证野战食品质量，提高战时野外保障能力。

高新技术是野战食品发展的基础。食品加工与保藏新工艺和新技术是丰富野战食品品种，提高野战食品质量和性能的关键。在研发军用食品的同时，不可避免会面对军用食品向民用食品转变这一话题。不容置疑，军用食品与国内快餐食品相比，在方便性、口感、营养素、保质期等性能指标上具有明显优势。展望未来，军用食品无疑将领导中国快餐食品的潮流。今后，随着我国市场经济的发展，人们生活节奏的加快，潜在的快餐市场越来越大。对于这一领域的研究开发，也应是未来军用食品在研究发展中必须面对和考虑的问题。

（二）航天食品

空间站、载人登月及载人火星探测等长期载人航天运行环境下，机体营养代谢发生了明显的变化，需要立足于这些变化开展航天营养代谢研究。为乘组航天员提供营养均衡、保质期长、感官接受性好、利用度高的航天食品是保障其健康和高效工作的重要前提。月球基地或火星基地航天员食物保障模式需要从地面携带方式向就地取材加工转变，如何实现月球表面或火星表面的食物种植及食材综合加工利用技术是未来航天食品保障技术研究的重要课题。

（三）飞行救生食品

对于空军抢险救灾和飞行训练的飞行救生食品，研究小包装保藏方案，组合各种装备，使飞行救生食品在低温、高温、振动和低气压条件下满足空军所需，以满足我军现役各机型、全疆域救生要求。研制适配性高的新型救生食品和救生饮用水，满足飞行部队各机型高强度、大范围作战训练的救生需求。

五、不断探索食品保藏新技术

在最大程度保证食品质量和安全性的基础上，综合考虑经济、能源和环保因素，致力探索食品保藏新技术。要鼓励多学科交叉融合，研究新技术并使其得到推广应用。比如食品智能贮藏是交叉融合食品保藏技术、数字化技术、人工智能技术和新一代信息技术，是未来食品保藏发展的必然趋势。

六、信息技术在食品安全领域的应用

通过大数据平台将食品原料信息、食品生产数据、食品监管数据、食品贮藏信息和食品运输信息等资源共享，建立一个可追溯的、实时动态的食品安全网，严格监测食品的货架期，保障食品的食用安全品质。

比如区块链技术，其优势首先在于协作环节，进行平等信息交换的时候，必须是用区块链，只有区块链才能实现平等的协作；其次，数据资源共享本身也不是简单的数据对接、数据共享，更是一个信息的传递、价值的传递，可以真正帮助相关食品企业获得更多的技术支持。

目前区块链应用在食品安全上还面临技术门槛、业务结合、性能不足、安全威胁、身份无法监管等方面的挑战，目前基础设施并不完备，整个技术不成熟，需要研究的问题还很多，但它显示的优势是很突出的，如果实现了将是食品工业一次真正意义上的产业的核心变革。

本章小结

食品保藏历史久远，是一门古老的科学技术，公元前4000年人类就已经熟悉酒和醋的酿造。但食品保藏科学的快速发展是随着19世纪初发现酵素并制造出罐头开始的。食品保藏学涉及食品微生物学、食品化学、食品原料学、动植物生理生化、食品营养学、食品安全学、电磁学、核物理学、制冷技术、食品工程原理、食品法典与标准等多个学科和专业的知识，在原理、方法、技术、设备、工艺、法律和标准等方面包含非常广泛的研究内容。本章简要介绍了食品保藏学的概念、内容和发展趋势，给读者一个整体的、框架性的认识。

思考题

1. 什么是食品保藏学？
2. 食品保藏学研究的内容有哪些？
3. 食品保藏学的发展方向是什么？

第二章　食品中的危害因素及控制

第一节　概　述

食品存在的危害因素是指食品中所含的对健康有潜在不良影响的生物、化学和物理因素。换句话说就是指食品中不进行控制就可能引起人的疾病或伤害的那些生物、化学或物理性因素。食品存在的危害主要来自两个方面:

(1)食品本身含有有毒有害物质。如:河豚含有剧毒的河豚毒素,鲭科鱼分解产生组胺,花生中的黄曲霉毒素等;食品内的酶作用导致食品腐败;食品内的过敏源成分致使部分人群食用过敏不适。

(2)食品在生产、运输、储存、销售过程中受到外界有毒有害物质的污染,即食品污染。这是最常见的食品中存在危害的来源。

通常认为造成食品污染问题的最主要原因是环境污染,如水源污染、海域污染直接导致食源性疾患的发生和影响海产品的卫生质量,垃圾焚烧导致二噁英进入食物链等,这些现象均显示环境条件与食品安全有着密切关系。其次是种植、养殖农畜业的源头污染,如农药、兽药和饲料添加剂的滥用,造成食物中农兽药残留危害突出。再次是由于食品安全意识不强,食品生产过程中卫生质量控制不当造成污染,如食品添加剂的超标使用,加工过程中的温度、时间和消毒控制不当,包装材料、包装容器卫生控制不当等导致危害超标。

食品中的危害因素分为生物性、化学性和物理性的因素。

第二节　生物性危害因素及控制

生物性危害是指能够导致食源性疾病的病毒、细菌和寄生虫。食品中存在的危害有80% ~90% 是属于生物性的危害。

一、生物性危害的分类及特性

生物性危害主要包括微生物(致病微生物和腐败微生物)、病毒和寄生虫三种。

(一)致病微生物和腐败微生物

食源性生物危害的致病因素主要表现在两个方面:一是致病微生物直接引起疾病;二是腐败微生物引起食品腐败变质,进而致病,有些微生物同时兼有上述两种致病因素。

1. 致病微生物引起食物中毒的机制和生物毒素

致病微生物引起食物中毒发生的机制主要有感染型、毒素型和混合型三种。

(1)感染型　致病菌靠其侵袭力附着在肠黏膜或侵袭入黏膜下层，引起黏膜充血、白细胞浸润、水肿、渗出等炎症变化，另外，致病菌侵袭入黏膜固有层后可被吞噬细胞吞噬或杀灭，释放内毒素，刺激体温调节中枢，引起体温升高。

(2)毒素型　致病菌产生的外毒素刺激肠上皮细胞，激活腺苷酸环化酶，使 cAMP 升高，激活有关酶系统，改变细胞分泌功能，氯离子分泌亢进，抑制肠上皮细胞对钠离子和水的吸收，导致腹泻。

(3)混合型　致病菌与毒素同时存在。

生物毒素、致病菌危害消费者，其中感染型主要产生内毒素，毒素型主要产生外毒素。

内毒素与外毒素

内毒素与外毒素的区别见表2-1。

表2-1　内毒素与外毒素的区别

区别要点	内毒素	外毒素
存在部位	为细菌细胞壁结构成分，菌体崩解后释出	由活的细菌释放至细菌体外
细菌种类	革兰氏阴性菌居多	革兰氏阳性菌居多
化学组成	磷脂-多糖-蛋白质复合物(毒性主要为类脂)	蛋白质(分子量2.7万~90万)
稳定性	通常耐热，60 ℃耐受数小时	通常不稳定，60 ℃以上能迅速破坏
毒性作用	稍弱，对实验动物致死作用的量比外毒素为大，各种细菌内毒素的毒性作用大致相同。引起发热、弥漫性血管内凝血、粒细胞减少血症、施瓦兹曼现象等	较强，微量对实验动物有致死作用。各种外毒素有选择作用，引起特殊病变，不引起宿主发热反应。抑制蛋白质合成，有细胞毒性、神经毒性、紊乱水盐代谢等
抗原性	刺激机体对多糖成分产生抗体，不形成抗毒素，不能经甲醛处理成为类毒素	较强，可刺激机体产生高效价的抗毒素。经甲醛处理，可脱毒成为类毒素，仍有较强的抗原性，可用于人工自动免疫

2. 腐败微生物

(1)分解蛋白质类食品的微生物　分解蛋白质而使食品变质的微生物，主要是细菌、霉菌和酵母菌，它们多数是通过分泌胞外蛋白酶来完成的。

芽孢杆菌属、梭状芽孢杆菌属、假单胞菌属、变形杆菌属、链球菌属等细菌分解蛋白质能力较强，即使无糖存在，它们在以蛋白质为主要成分的食品上也能生长良好；小球菌属、葡萄球菌属、黄杆菌属、产碱杆菌属、埃希氏杆菌属等分解蛋白质较弱；肉毒梭状芽孢杆菌分解蛋白质能力很弱。

许多霉菌都具有分解蛋白质的能力，比细菌更能利用天然蛋白质。常见的有青霉属、毛霉属、曲霉属、木霉属、根霉属等。

多数酵母菌对蛋白质的分解能力极弱。如啤酒酵母属、毕赤氏酵母属、汉逊氏酵母属、假丝酵母属、球拟酵母属等能使凝固的蛋白质缓慢分解。在某些食品上，酵母菌竞争不过细菌，往往是细菌占优势。

(2)分解碳水化合物类食品的微生物　细菌中能高活性分解淀粉的为数不多，主要是芽孢杆菌属和梭状芽孢杆菌属的某些种，如枯草杆菌、巨大芽孢杆菌、马铃薯芽孢杆菌、蜡样芽孢杆菌、淀粉梭状芽孢杆菌等，它们是引起米饭发酵、面包黏液化的主要菌株；能分解纤维素和半纤维素的只有芽孢杆菌属、梭状芽孢杆菌属和八叠球菌属的一些种；但绝大多数细菌都具有分解某些糖的能力，特别是利用单糖的能力极为普遍；某些细菌能利用有机酸或醇类；能分解果胶的细菌主要有芽孢杆菌属、欧氏植病杆菌属、梭状芽孢杆菌属中的部分菌株，它们致使果蔬食品腐败变质。

多数霉菌都有分解简单碳水化合物的能力；能够分解纤维素的霉菌并不多，常见的有青霉属、曲霉属和木霉属等中的几个种，其中绿色木霉、里氏木霉、康氏木霉分解纤维素的能力特别强。分解果胶质的霉菌活力强的有曲霉属、毛霉属、蜡叶芽枝霉等；曲霉属、毛莓属和镰刀霉属等还具有利用某些简单有机酸和醇类的能力。

绝大多数酵母不能使淀粉水解；少数酵母如拟内胞霉属能分解多糖；极少数酵母如脆壁酵母能分解果胶；大多数酵母有利用有机酸的能力。

(3)分解脂肪类食品的微生物　分解脂肪的微生物能生成脂肪酶，使脂肪水解为甘油和脂肪酸。一般来讲，对蛋白质分解能力强的需氧细菌，同时大多数也能分解脂肪。细菌中的假单胞菌属、无色杆菌属、黄色杆菌属、产碱杆菌属和芽孢杆菌属中的许多种，都具有分解脂肪的特性。

能分解脂肪的霉菌比细菌多，在食品中常见的有曲霉属、白地霉、代氏根霉、娄地青霉和芽枝霉属等。

酵母菌分解脂肪的菌种不多，主要是解脂假丝酵母，这种酵母对糖类不发酵，但分解脂肪和蛋白质的能力却很强。因此，在肉类食品、乳及其制品中脂肪酸败时，也应考虑是否因酵母而引起。

(二)食源性病毒

常见的食源性病毒主要有：

食品中致病微生物分析与控制

(1)甲型肝炎病毒(HAV)　甲型肝炎病毒是一种重要的食源性疾病病毒，其污染食品的途径是通过被污染的水或食品加工人员的不良卫生习惯所致。

食源性病毒

甲型肝类病毒可在海水中长期生存，且在海水污物中可生存一年以上。1988年上海甲肝大暴发就是由于食用了被污染的毛蚶，也有人因食用冻草莓而暴发甲肝的报道。

甲肝患者的主要症状为虚脱、发烧、腹疼，甚至会出现黄疸。

(2)诺沃克病毒(Norwalk Virus)　诺沃克病毒被认为是引起非细菌性胃肠疾病(肠型流感)的主要原因。美国疾病控制中心报道，1976—1980年42%非细菌性胃肠炎的发生是由诺沃克病毒引起的。

诺沃克病毒引起的几次疾病暴发均与垃圾污染捕捞贝类的区域导致贝类污染有关。诺沃克病毒感染贝类机会可能比其他已确定的病体感染更为频繁,有可能是与贝类有关的最常见的病原体,在我国出口的贝类中曾检出过诺沃克病毒。

(3)口蹄疫病毒(FMD) 该病毒是感染偶蹄动物且能致病的病原体,该病毒不仅对偶蹄动物造成严重危害,而且人也能感染,主要对手、足、黏膜等造成损伤。

控制措施:这些病毒对热的抵抗力较弱,充分热处理可以杀灭这些病毒;加强卫生管理,阻断病毒传播途径。

(4)新冠病毒(COVID-2019) 冠状病毒是一个大型病毒家族,已知可引起感冒及中东呼吸综合征(MERS)和严重急性呼吸综合征(SARS)等较严重疾病。新型冠状病毒是以前从未在人体中发现的冠状病毒新毒株。该病毒被世卫组织 2020 年 1 月命名为 2019-nCoV,被国际病毒分类委员会 2020 年 2 月 11 日命名为 SARS-CoV-2。新冠病毒变异株目前已命名有 11 种,常见的有贝塔、德尔塔及奥密克戎等。

(三)食源性寄生虫

食源性寄生虫

在畜、禽类产品中与人体健康有关的寄生虫主要有:

(1)旋毛虫 一般存在于猪、马的肌肉中。人被感染后会发热、腹泻、肌肉疼痛,严重者会导致呼吸困难而致命。

(2)猪肉绦虫 存在于猪肉中,其幼虫为囊尾蚴。会在人体皮下组织、眼和脑中寄生,形成人体囊肿。其成虫在人体内寄生为人体绦虫,对人造成寄生虫病,尤其对儿童,会引起腹肿、消瘦等病症。

(3)猪弓形体 存在于猪肉和各种哺乳动物中。成人感染后症状如同感冒,孕妇感染后会造成流产,儿童也会受到严重感染。与疾病有关的食品有生或未熟透的猪肉。

(4)牛肉绦虫 存在于牛肉中,和猪肉绦虫一样,其幼虫为牛囊尾蚴,其成虫在人体内寄生为人体绦虫。

(5)结肠小袋虫 是一种原生动物。与疾病有关的食品有生、未熟透的猪肉(粪便污染)。

(6)隐孢子虫 与疾病有关的食品有处理不当的水、生或未熟透的小牛肉或牛肉。

控制措施:冷冻,一般-35 ℃以下 18 h,-4 ℃以下 7 d;充分加热;人工挑选并去除寄生虫及虫卵。

二、生物性危害的严重性分类

(1)重度危害 肉毒梭菌 A,B,E,F 型;痢疾志贺氏菌;伤寒沙门氏菌;副伤寒沙门氏菌 A,B;肝炎病毒 A,E;流产布氏杆菌;猪布氏杆菌;O_1型霍乱弧菌;创伤弧菌;猪肉绦虫;旋毛虫。

(2)中度危害 潜在广泛扩散性:沙门氏菌;单核细胞增生李斯特菌;志贺氏菌;病原性大肠杆菌;球菌;旋状病毒;诺沃克病毒属;溶组织内阿米巴;阔节裂头绦虫;蚯蚓状蛔虫;隐孢子虫。

(3)低度危害 有限扩散:苏云金杆菌;空肠弯曲菌;梭菌属;产气荚膜梭菌;金黄色葡萄球菌;非 O_1 型霍乱弧菌;副溶血性弧菌;小肠结肠炎耶尔森氏菌;牛肉绦虫。

三、生物性危害的来源、污染途径及消长

污染食品的微生物来源

（一）生物性危害的来源

由于微生物在自然界环境中分布十分广泛，不同环境中存在的微生物的类型和数量不尽相同，而食品从原料、生产、加工、贮藏、运输、销售到烹调等各个环节，常常与环境发生各种方式的接触，进而导致微生物的污染引发危害。污染食品的微生物来源可分为土壤、空气、水、操作人员、动植物、加工设备和包装材料等方面。

（二）微生物污染食品的途径

1. 内源性污染

凡是作为食品原料的动植物体在生活过程中，由于本身带有的微生物而造成食品的污染称为内源性污染，也称第一次污染。如畜禽在生活期间，其消化道、上呼吸道和体表总是存在一定类群和数量的微生物。当受到沙门氏菌、布氏杆菌、炭疽杆菌等病原微生物感染时，畜禽的某些器官和组织内就会有病原微生物的存在。当家禽感染了鸡白痢、鸡伤寒等传染病，病原微生物可通过血液循环侵入卵巢，在蛋黄形成时被病原菌污染，使所产卵中也含有相应的病原菌。

2. 外源性污染

食品在生产加工、运输、储藏、销售、食用过程中，通过水、空气、人、动物、机械设备及用具等而使食品发生微生物污染称外源性污染，也称第二次污染。

外源性污染途径

（三）食品中微生物的消长

食品受到微生物的污染后，其中的微生物种类和数量会随着食品所处环境和食品性质的变化而不断地变化。这种变化所表现的主要特征就是食品中微生物出现的数量增多或减少，即称为食品微生物的消长。食品中微生物的消长通常有以下规律及特点。

1. 加工前

食品加工前，无论是动物性原料还是植物性原料都已经不同程度地被微生物污染，加之运输、储藏等环节，微生物污染食品的机会进一步增加，因而使食品原料中的微生物数量不断增多。虽然有些种类的微生物污染食品后因环境不适而死亡，但是从存活的微生物总数看，一般不表现减少而只有增加。这一微生物消长特点在新鲜鱼肉类和果蔬类食品原料中表现明显，即使食品原料在加工前的运输和储藏等环节中曾采取了较严格的卫生措施，但早在原料产地已污染而存在的微生物，如果不经过一定的灭菌处理它们仍会存在。

2. 加工过程中

在食品加工的整个过程中，有些处理工艺如清洗、加热清毒或灭菌对微生物的生存是不利的。这些处理措施可使食品中的微生物数量明显下降，甚至可使微生物几乎完全消除，但如果原料中微生物污染严重，则会降低加工过程中微生物的下降率。在食品加工过程中的许多环节也可能发生微生物的二次污染。在生产条件良好和生产工艺合理的情况下，污染较少，故食品中所含有的微生物总数不会明显增多；如果残留在食品中的微生物在加工过程中有繁殖的机会，则食品中的微生物数量就会出现骤然上升的现象。

3. 加工后

经过加工制成的食品,由于其中还残存有微生物或再次被微生物污染,在储藏过程中如果条件适宜,微生物就会生长繁殖而使食品变质。在这一过程中,微生物的数量会迅速上升,当数量上升到一定程度时不再继续上升,相反活菌数会逐渐下降。这是由于微生物所需营养物质的大量消耗,使变质后的食品不利于该微生物继续生长,而逐渐死亡,此时食品不能食用,如果已变质的食品中还有其他种类的微生物存在,并能适应变质食品的基质条件而得到生长繁殖的机会,这时就会出现微生物数量再度升高的现象。加工制成的食品如果不再受污染,同时残存的微生物又处于不适宜生长繁殖的条件,那么随着储藏日期的延长,微生物数量就会日趋减少。

由于食品的种类繁多,加工工艺及方法和储藏条件不尽相同,致使微生物在不同食品中呈现的消长情况也不可能完全相同。充分掌握各种食品中微生物消长规律的特点,对于指导食品的加工与保藏具有重要的意义。

四、生物性危害的控制措施

1. 控制温度抑菌灭菌

温度可以影响微生物生长发育代谢,控制温度就是通过破坏微生物生长发育最佳和适宜的温度,让微生物不能存活或者发育。通常采用高温灭菌和低温抑菌技术。

温度对微生物影响情况

(1)低温抑菌　低温可以抑制微生物的繁殖,降低食品内化学反应的速度和酶的活力。通常在 10 ℃以下大多数微生物难以繁殖,-10 ℃就几乎不再发育。虽然有个别或少数嗜冷性微生物还能活动,但在-10 ℃以下,实际上已不会因微生物的侵染而导致食品的变质,不过值得注意的是,低温并不能导致微生物的灭绝。通常肉类在 0 ℃时可保存 7 ~ 10 d,-10 ℃可保存半年;鱼的冷冻温度以-5 ~ -30 ℃为好;果蔬以 0 ~ 5 ℃为好。

(2)高温灭菌　食品经高温处理后,可杀死其中绝大部分微生物,并可破坏食品中酶类。根据要杀灭微生物的种类的不同,可分为巴氏杀菌(pasteurization)和商业杀菌(sterilization)。

巴氏杀菌和商业杀菌

2. 控制水分活度(A_w)

使食品中的水分活度降至一定限度以下,微生物不能繁殖,酶的活性也受到抑制,从而防止食品腐败变质。表 2-2 列出了部分微生物生长所需的极限 A_w 值。

为了达到保藏目的,脱水防腐的含水量应达到下列要求:奶粉<8%,全蛋粉<13% ~ 15%,脱脂奶粉<15%,豆类<15%,蔬菜为 14% ~25%。

3. 提高渗透压防腐

常用的方法有盐腌法和糖渍法。微生物处于高渗状态的介质中,则菌体原生质脱水收缩,与细胞膜脱离,原生质凝固,从而使微生物死亡。一般盐腌浓度达 10%,大多数细菌受到抑制;但糖渍时必须达 60% ~65% 糖浓度,才较可靠。

4. 控制 pH 值防腐

针对大多数微生物不能在 pH=4.5 以下很好发育(见表 2-3)的作用原理,可通过提高氢离子浓度来防腐。常用的方法有酸渍法、酸发酵,如泡菜和渍酸菜等。

表 2-2　部分微生物生长所需的极限 A_w 值

微生物	最低 A_w 值
空肠弯曲菌 *Campylobacter jejuni*	>0.987
霍乱弧菌 *Vibrio Cholerae*	0.984
肠炎弧菌 *Vibrio parahaemolyticus*	0.981
金黄色葡萄球菌 *Staphylococcus aureus*	0.98
产气荚膜孢菌 *Closgridium perfringens*	0.97
大肠杆菌 *Escherichia coli*	0.95
沙门氏菌 *Salmonella* spp.	0.94
蜡样芽孢杆菌 *Bacillus cereus*	0.93
单核细胞增生李斯特氏菌 *Listeria monocytogenes*	0.92
大多数细菌	0.91
大多数酵母菌 *yeast*	0.85
黄曲霉 *Aspergillus flavus*	0.80(0.82)
大多数霉菌 *moulds*	0.80
嗜盐菌 *halophile*	0.75
耐干菌 *Dry resistant bacteria*	0.65
耐渗透压酵母菌 *osmotolerant yeast*	0.60

表 2-3　微生物生长与 pH 值的关系

(马长伟,2002)

微生物	最低 pH 值	最高 pH 值	最适 pH 值
大肠杆菌	4.3	9.5	6.0~8.0
沙门氏菌	4.0	9.6	6.8~7.2
志贺氏菌	4.5	9.6	7.0
枯草杆菌	4.5	8.5	6.0~7.5
金黄色葡萄球菌	4.0	9.8	7.0
肉毒杆菌	4.8	8.2	6.5
产气荚膜芽孢梭菌	5.4	8.7	7.0
霉菌	0~1.5	11.0	3.8~6.0
酵母菌	1.5~2.5	8.5	4.0~5.8
乳酸菌	3.2	10.4	6.5~7.0

5. 使用化学添加剂防腐

常用的食品防腐添加剂有防腐剂、抗氧化剂。防腐剂可用于抑制或杀灭食品中引起腐败变质的微生物;抗氧化剂可用于防止油脂酸败。

6. 辐照防腐

食品辐照时,射线把能量或电荷传递给食品以及食品上的微生物和昆虫,引起的各种效应会造成它们体内的酶钝化和各种损伤,从而会迅速影响其整个生命过程,导致代谢、生长异常、损伤扩大直至生命死亡。

7. 微波杀菌

食品工业中所使用的微波设备主要是利用微波的热效应。食品中的水分、蛋白质、脂肪、碳水化合物等都属于介电材料(dielectric material),微波对它们的加热称作介电感应加热(dielectric heating)。通过微波的热效应来杀灭微生物。

8. 烟熏防腐

烟熏时由于和加热相辅并进,当温度达到 40 ℃以上时就能杀死细菌,降低微生物的数量。

其次由于烟熏及热处理,食品表面的蛋白质与烟气成分之间互相作用发生凝固,形成一层蛋白质变性薄膜,这层薄膜既可以防止食品内部水分的蒸发和风味物质的逸散,又可以防止微生物对制品内部的二次污染。

在烟熏过程中,食品表层往往产生脱水及水溶性成分的转移,这使得表层食盐浓度大大增加,再加上烟熏中的甲酸、醋酸等附着在食品表面上,使表层的 pH 值下降,加上高的食盐浓度,可有效地杀死或抑制微生物。

9. 微生物发酵抑菌

利用一些有益微生物或者其代谢活动产物来抑制有害微生物。食品工业广泛运用酒精发酵、乳酸发酵和醋酸发酵来保藏食品。利用此法来保藏食品,其代谢产物需积累到相应程度才可,比如乳酸≥0.7%,醋酸介于1%～2%,酒精≥10%。

(1) 酒精发酵

$$C_6H_{12}O_6 \xrightarrow[\text{酶}]{\text{酵母菌}} 2C_2H_5OH + 2CO_2 \uparrow$$

(2)醋酸发酵

$$C_2H_5OH + O_2 \xrightarrow[\text{酶}]{\text{醋酸杆菌}} CH_3COOH + H_2O \uparrow$$

(3)乳酸发酵

$$C_6H_{12}O_6 \xrightarrow[\text{酶}]{\text{乳酸杆菌}} 2CH_3 \cdot CHOH \cdot COOH$$

10. 栅栏技术(hurdle technology)防腐

通过影响食品品质的加热(F)、制冷(t)、水分活度(A_w)、酸度(pH)、氧化还原势(Eh)、防腐剂、竞争性微生物和辐照等栅栏因子(hurdle factor)至少两个的操作处理,形成特有的防止食品腐败变质的栅栏,阻止食品中的微生物或者其他腐败因子对食品的危害,从而达到较长时期保藏食品的目的。

栅栏技术是一种综合保藏食品的有效方法。对于具体的食品,起重要作用的栅栏因子可能只有几个,要具体问题具体分析,准确地选择其中的关键因子,以构成有效的栅栏技术。

第三节　化学性危害因素及控制

化学性危害(又称化学危害)是指存在于食品中的,摄取一定数量后可能导致人的疾病发生的化学物质。化学危害可能自然发生,可能在动植物性食品原料种植和养殖过程中被污染,也可能在食品加工过程中被污染或人为添加所致。高浓度水平的有害化学物质与食源性急性疾病有关,低浓度水平的有害化学物质是引起慢性疾病的重要原因。

一、化学性危害的分类

1. 天然毒素类和天然过敏源物质

天然毒素是除食源性致病菌如肉毒梭菌、金黄色葡萄球菌等产生的毒素(肉毒素、肠毒素)以外的某些真菌、藻类代谢产生的有毒物质。

(1)海洋毒素　海洋中藻类代谢产生的有毒物质,即藻类毒素。鱼、贝类吞食含有藻类毒素的藻类后,藻类毒素便蓄积于鱼体、贝类中。贝类毒素包括麻痹性贝毒(PSP)、腹泻性贝毒(DSP)、神经性贝毒(NSP)、遗忘性贝毒(ASP)。鱼类毒素包括河豚毒素、西加毒素和鲭鱼毒素(组胺)。

(2)真菌毒素　真菌毒素在农产品中经常发现。常见的主要是黄曲霉毒素 B_1、B_2、G_1、G_2,其中黄曲霉毒素 B_1 是毒性最大的毒素,能致许多生物癌变,存在于花生、大豆及玉米等谷物及其制品内。而果蔬原料常常会存在棒曲霉毒素。

天然过敏源物质是指能引起特定群体过敏反应的、食品本身所含有的正常成分,如大豆蛋白、虾蛋白、羊肉中的致敏物质等。

2. 食品添加剂与食品辅助剂

食品添加剂指在食品生产、加工、制备、处理、包装、运输或封存过程中,为了达到某种期望的结果,不管其是否具有营养价值,直接或间接地加入到食品或其副产品中来影响食品特征的物质。如保水剂、保鲜剂、防腐剂、着色剂和酸度调节剂等。例如使用亚硝酸盐作为火腿肠发色剂,亚硫酸盐防止虾壳黑变等。

食品辅助剂指食品处理或加工过程中为了完成技术目的而使用的原料、食品或其成分,且在其使用过程中不可避免地造成最终产品的衍生物或其他非既定物质残留的物质。

食品清洗剂与消毒剂指食品生产、加工过程中为了保持良好的清洁卫生而在食品接触面使用的物质,该物质使用后可通过与食品的接触而残留于食品中。食品中残留的清洗剂与消毒剂能造成人的过敏反应和致畸作用。

3. 其他化学污染物的危害

污染物是指非故意添加到食品中的任何物质,是由于在食品生产(包括植物种植、畜牧养殖)、加工、包装、运输中的污染或环境污染所致,它包括生产食用动物所用的饲料中的污染物。

农药残留是指食品或生产食品用原料所含有的农药残留。例如有机氯、有机磷、多氯联苯等。

兽药残留是指动物在饲养过程中滥用许可药物或使用违禁药物所致。主要有生长激素类(盐酸克伦特罗)、类固醇类、抗生素类、磺胺类药物、驱虫类(如氯基甲酸酯类和抗球虫类药物)与非类固醇类消炎药,以及染料等。

有毒元素和化合物,如铅、砷、汞和氰化物等。

工厂化学药品,如润滑油、清洁剂、消毒剂和油漆。

由于食品加工或食品原料受到放射性污染,致使食品中含有高浓度的放射性残留。例如,^{90}锶、^{137}铯、^{134}铯、^{131}碘等同位素。

二、化学性危害的来源

1. 环境污染导致食品的污染

由于人们在工业生产和生活过程中产生的污染通过对环境(土壤、水和大气)的污染而导致食品的污染。特别是有些污染物通过食物链的生物富集作用,使作为人类食物的生物体内污染物浓度远远高于环境浓度,如:汞、镉通过食物链的生物富集作用在鱼虾等水产品中的含量可高达其生存环境浓度的数百倍以上。这类污染物主要包括有害金属(铅、砷、镉等)和有机污染物,如已知的人类致癌物二噁英及多氯联苯类有机卤化物、多环芳烃、酚烃、邻苯二甲酸酯类等。它们的危害包括致癌、致畸、致突变、干扰人体内分泌系统、免疫系统、生殖系统,影响生长发育等多方面的损害。

2. 组胺危害

不新鲜或腐败的鱼含有一定的组胺,在高温环境下保存时,组织蛋白酶分解蛋白质释放出游离胺酸,再由组胺酸脱去羧基形成组胺。另一种观点认为中毒主要是由于萨林而并非组胺。萨林可以通过消化道吸收,但中毒后也呈典型的组胺反应。容易生成组胺的鱼有金枪鱼、沙丁鱼和鲐鱼等,一般青皮红肉的海鱼皆可产生组胺。

3. 农药残留超标

在种植业中广泛使用农药和其他农用化学物质,如有机磷和有机氧等杀虫剂、杀菌剂、除草剂和植物生长调节剂及各种化学肥料,其中有些农药不易降解,可在环境和农作物中长时间残留;在农药使用过程中违反国家有关安全使用规定随意滥用,导致农药在农作物中高浓度的残留。主要残留物包括有机氯、有机磷、氨基甲酸酯类、除虫菊酯类、含氟化合物类、有机氨类和除草剂等。

4. 兽药残留危害

在养殖业中广泛使用兽药及饲料添加剂,如抗生素、磺胺类、抗寄生虫药、激素、促生长药物和镇静剂等,导致水产品、畜禽肉类、蛋类及乳类中兽药残留。食品中兽药残留对人的主要危害:抗生素及磺胺类导致的过敏、产生耐药菌株、肠道菌群失调、再生障碍性贫血及耳聋;致癌、致畸及致突变作用;干扰人体内分泌系统等。

5. 滥用食品添加剂、食品包装材料及洗消剂对食品造成化学危害

擅自扩大食品添加剂的使用范围和使用量,使用非食品添加剂,在肉制品中超量使用发色剂硝酸盐和亚硝酸盐,糖果、饮料、小食品中大量添加色素、甜味剂和香精,使用禁止作为食品添加剂的“吊白块”作为漂白剂掺入白糖、粉丝等食品中;用甲醛处理水发食品等;塑料等食品包装材料中单体或低聚物及助剂对食品的污染,利用非食品用包装材料包装食品;加工和餐饮业普遍使用洗消剂洗消加工设备、工器具、容器和操作台等,消

毒剂残留引发化学污染。

6. 食品加工过程油脂酸败危害

(1)食用油脂久放、空气中的氧、日光以及微生物与酶的作用,使油脂的酸价、羰基价和 TBA 值过高。油脂酸败所产生的酸、醛、酮类以及各种氧化物等,不但改变了油脂的感官性质,且对机体产生不良影响。其高度氧化可能有致癌作用。另外食品加工过程油炸温度过高会引发致癌物产生危害。

(2)桐油危害。桐油的色、味与一般食用植物油相似,曾发生多起粮店将桐油误当食油出售,可能造成食品加工中的中毒危害。

7. 食品加工过程造成的其他危害

比如:利用明火烘烤大麦芽制作啤酒时可产生在动物实验中具有致癌作用的 N-亚硝基化合物,利用水解植物蛋白液生产酱油造成氯丙醇的污染等。

8. 利用非食品原料加工食品(即掺假掺杂的假冒伪劣食品)造成食品的化学性污染

比如:用含有甲醇的工业酒精配制假酒造成的恶性食物中毒事件。

9. 食品中的人工放射性污染危害

在生产和使用各种放射性物质过程中,由于废物的排放或意外事故发生时均可造成对食品的污染危害。

三、化学性危害的控制措施

化学性危害一旦污染了食品,是比较难去除的。因此,对它们的控制通常是在其引入的环节进行管理,或者在食品的标签上加以提示。

1. 控制农药残留污染的措施

(1)加强农药管理,为此农业部制定了《农药合理使用准则》,前后共有 10 个,都是现行国家标准,标准代号 GB/T 8321,其中 GB/T 8321. 1—2000、GB/T 8321. 2—2000、GB/T 8321. 3—2000 和 GB/T 8321. 6—2000 从 2000 年 10 月 1 日起执行,GB/T 8321. 7—2002 从 2003 年 3 月 1 日起执行,GB/T 8321. 4—2006 和 GB/T 8321. 5—2006 从 2006 年 12 月 1 日起执行,GB/T 8321. 8—2008 从 2008 年 5 月 1 日起执行,GB/T 8321. 9—2009 从 2009 年 12 月 1 日起执行,GB/T 8321. 10—2018 从 2018 年 9 月 1 日起执行。

(2)禁止和限制某些农药的使用范围,如茶叶禁止使用 DDT 和 BHC。

(3)规定施药与作物收获的主要间隔期。

(4)严格按照《食品安全国家标准　食品中农药最大残留限量》(GB 2763—2016)的标准控制农药在食品中的残留量。

(5)推广高效低残留新农药。

(6)加工时进行充分洗涤、削皮和加热等处理。

2. 控制兽药污染的措施

(1)加强药物的合理使用规范。

(2)严格规定休药期和制定动物性食品药物的最大残留量(MRL)。

(3)加强监督检测工作。

(4)合适的加工及食用方式。

3. 减少金属污染的措施

(1)加强农用化学物质的管理。禁止使用含有毒重金属的农药、化肥等化学物质，如含汞、含砷制剂，严格管理农药、化肥的使用。

(2)限制使用含砷、铅等金属的食品加工用具、管道、容器和包装材料，以及含有此类重金属的添加剂和各种原材料。

(3)减少环境污染，严格按照环境标准执行工业废水、废气、废渣的排放。

(4)加强食品安全监督管理。完善食品安全标准；加强对食品安全监督检测工作。

4. 对食品添加剂的控制措施

(1)严格执行生产食品添加剂的生产许可审批程序。

(2)正确使用并严格执行《食品添加剂使用卫生标准》(GB 2760—2021)以及各种添加剂对应的国家标准。

(3)食品添加剂的使用必须经过毒理学安全评价，以证明在使用期限内长期使用对人体安全无害。

(4)食品添加剂的使用不能影响食品本身的营养成分、感官品质，所含杂质不超过限量，不作为掩盖缺陷或伪造的手段，不能降低良好加工措施和卫生标准。

(5)未经卫生部门批准，婴儿及儿童食品中不得使用添加剂。

第四节　物理性危害因素及控制

一、物理性危害的主要物质及伤害性

食品中的外源性锐利物质可以造成消费者的伤害。这些物理性危害可能是由于在从收获到消费者的食物链中的许多环节的污染造成的，这其中包括食品企业加工中的相关环节和食品储藏的外部环节。物理性危害的主要物质及潜在伤害性见表2-4。

表2-4　物理性危害的主要物质及潜在伤害性

危害物质	潜在伤害性
玻璃装置	割伤、出血；可能需要外科手术处理
木料	割伤、感染、休克；可能需要外科手术处理
温度	微生物生长，蛋白变性，酶活性，淀粉糊化和老化
水分	微生物生长，食品品质劣变，营养成分流失
氧气	微生物生长，酶活性，食品腐败变质
光	油脂氧化，色泽变暗，蛋白变性
石块、金属片	休克、断牙、割伤、感染；可能需要外科手术处理
绝缘材料	休克、慢性石棉病
骨类	休克、外伤
塑料	休克、割伤、感染；可能需要外科手术处理
人为效应	休克、割伤、断牙；可能需要外科手术处理

二、物理性危害的来源

1. 由原材料中引入的物理性危害

(1)植物性原料在收获过程中混入的异物,如铁钉、铁丝、钢丝、石头、玻璃、陶瓷、塑料、橡胶等碎片。

(2)动物性原料在饲养过程中引入的异物,如铁钉、铁丝、玻璃、陶瓷碎片等随饲料进入动物体内,以及射击用的子弹和注射用的针头。

(3)水产品原料在捕捞过程中引入的鱼钩、铅块等。

2. 加工过程中混入异物的物理性危害

加工设备上脱落的螺母、螺栓、螺钉、金属碎片、不锈钢丝、玻璃、陶瓷碎片、工器具损片,以及灯具、温度计、包装材料碎片、纽扣、首饰等。

3. 畜、禽和水产品因加工处理不当造成的物理性危害

剔除畜、禽、鱼骨、刺时处理不当,致使上述物质碎片在食品中遗留;加工贝类、蟹肉、虾类食品时,动物外壳残留在食品中;以蛋类为原料加工食品时,蛋壳留在食品中等。

4. 加工和储藏环境中的物理性危害

加工和储藏环境中的物理性危害主要包括环境中的光、氧气、水、温度、包装废弃物和空气中的颗粒物等。

三、物理性危害控制措施

转基因食品

(1)加强管理,防止闲人进入以及采用设备(如利用金属探测、磁铁吸附、过筛、水选)或者人工进行挑选去除等。

(2)对可能成为食品中物理危害来源的因素进行控制,如经常检修设备、生产用具以保证其安全性和完整性;对生产场所的周边环境进行控制,消除可能带来危害的物质;对职工加强教育和培训,提高职工的安全卫生意识,制定相关的规章制度以减少人为因素造成的物理危害。

食品保藏就是让食品中没有危害或者危害的水平降低到人类可接受的水平,直接关系到食品安全。食品安全管理非常重要的是识别出食品中可能含有的危害,具体的识别危害的步骤在标准中有相应的要求。同时,为有效评价已经识别出的危害,组织应确定这些危害的可接受水平,某一种特定危害的可接受水平,目前还没有一个全球一致的标准,这就需要食品从业者了解其产品的销售区域的具体要求,根据当地的具体要求确定可接受水平。现阶段可供参考的危害的可接受水平的依据,可以是食品法典委员会制定的相应标准。同时也可以参考一些专项的技术指南,比如美国食品药物管理局出版的《水产品危害及控制指南》等。

同时,组织还应对已经识别出的危害根据其可接受水平进行危害评价,已确定哪些危害需要控制以达到可接受水平。

本章小结

食品中的危害因素严重影响食品的食用安全和品质质量，在食品加工与保藏环节必须去除或者降低到可接受的水平。由于危害因素来源广泛，种类繁多，可能存在于食品原辅材料、食品加工、储藏运销以及食用等诸多环节，因此对于其消除和控制是食品产业难点中的难点。除采用相应的加工与储藏技术措施外，还要综合运用清洁原料生产、辅料无毒无害化、生产设备无污染化、从业人员健康、转运设施、中转和储藏库房现代化、检测快速化、监测全面及时和食品安全管理体系等，从技术、管理、标准、法规等形成有效、高效、可追溯的食品安全体系，保障国民食用安全。

主要食品中存在的危害因素

思考题

1. 什么是食品危害？按来源可将其分为几类？
2. 简述病毒性微生物引起食物中毒的机制。
3. 微生物污染食品的途径有哪些？
4. 论述生物性危害的控制措施。
5. 简述化学性危害来源及控制措施。
6. 简述物理性危害来源及控制措施。

第三章　食品保藏中的品质变化

第一节　概　述

食品品质是指食品的食用性能及特征符合有关标准的规定和满足消费者要求的程度。食品的食用性能是指食品的营养价值、感官性状和卫生安全性。食品的特性是指不同食品的品质特点,这两个部分是食品品质的主要内容。

一、食品的食用品质

食用品质是指食用者在食用过程中能感觉到的或对食用者健康能产生影响的部分。前者主要包括食品的感官品质,后者主要包括食品的卫生品质和营养品质。食用品质是食品品质最主要的组成部分。

食品安全是指食品及食品相关产品不存在对人体健康造成现实或者潜在的侵害的一种状态,也指确保此种状态所采取的各种管理方法和措施。食品应当无毒、无害,符合应当有的营养要求,具有相应的色、香、味等感官性状。食品营养价值是指食品中所含的热能和营养素能满足人体营养需要的程度。

二、食品的附加品质

人们对食品的品质要求除了食用品质之外,还希望食品具有其他的功能,如对工业食品人们要求其包装妥善、可耐储藏、携带方便、开启简单、食用便利、价格便宜等。对某些特殊食品,如保健食品、快餐食品、旅游食品、绿色食品等,人们还分别对其保健功能、快捷程度、包装装潢、文化品位、环境保护等提出要求。这些除食品食用品质之外的其他要求就构成了食品的附加品质。显然附加品质也应是食品品质的重要组成部分,因为它们与能否满足消费者的要求有直接关系。

作为商品的食品应满足的条件:①拥有该食品特有的感官质量;②有合适的营养成分构成;③符合该食品的质量及卫生标准;④包装和标签符合标准要求;⑤合适的保藏条件下,有一定的保质期或保鲜期;⑥安全、方便食用。

三、食品安全储藏

食品安全储藏,就是将食品或者原料,从产出到消费要保持品质不变,这里的食品品质包括食品的食用品质和食品的附加品质,而这些品质都是受食品化学组成、物理性质和有害微生物污染所影响的。在储藏流通期间,食品品质的下降,一方面与微生物繁殖引起的复杂化学变化和物理变化有关,另一方面也与食品成分间的反应、食品与氧气等的化学反应,以及食品组织内酶的生化反应有关。因此,在储藏食品的时候,如果能尽量消除有害微生物、降低酶活性,再切断外界微生物的污染,或者利用物理或化学手段,阻止食品中微生物繁殖、酶的反应以及非酶化学反应,那么我们就可以维护食品的品质,达到安全储藏的目的。

第二节　食品品质变化规律

一、食品品质变化的热力学规律

食品品质变化所遵循的规律之一是热力学规律。研究这一规律的基础是热力学的基本原理和耗散结构的基本理论,主要研究食品体系的状态与结构,从体系的有序化与无序化的角度来研究食品体系的稳定性、食品品质的变化方向和变化趋势,而不研究食品品质的变化速率。1877 年,Boltzmann 把熵与分子热运动联系起来,认为孤立体系的自发运动中,分子状态的最可能分布是混乱分布,一个孤立体系中熵的自发增加与该体系混乱度的增加是相应的,并证明熵和混乱度的对数成正比,即

$$S=k\ln \psi \tag{3-1}$$

式中　S——体系的熵,J/K;

k——玻耳兹曼常数,$1.380\ 650\ 5(24)\times10^{-23}$ J/K;

ψ——混乱度。

由上式可见,若熵值变大,则体系的混乱度增加,无序度(无序是指体系内各种联系的混乱性和无规律性)增加;若熵值变小,则体系的混乱度减小,有序度(有序是指体系内各种联系的秩序性和规律性)增强。

热力学规律

二、食品品质变化的动力学规律

食品品质变化的热力学规律指出了食品品质变化的方向,但它不能回答变化的速度。食品品质变化的速度和影响变化速度的各种因素属于动力学问题。食品工程中,食品品质损失动力学的研究一直受到很多学者的关注,食品品质改变一般指生产过程中化学的、物理的和微生物的变化,其中以化学反应动力学为其基本理论模型,可以很好地反映这些变化,已经得到了广泛的应用。

食品的主要成分是有机物质,它们的性质大多不稳定,在储藏过程中容易发生化学反应,导致食品的品质变化。食品品质变化的程度取决于上述反应进行的速度和时间的长短,而反应的速度是受温度制约的,因此探讨食品品质变化的动力学问题对研究食品品质变化与储藏温度及储藏时间的关系,无论在理论上还是实践中都具有重要意义。

动力学规律

第三节　食品原料在保藏中的品质变化

食品的原料、辅料与食品产品的制作工艺与质量有着密切的关系。其成分组成及特

性决定食品的营养构成,形成制品的风味特点,构成制品的不同组织状态。食品原料的品种很多,有植物性原料、动物性原料,还有矿物性原料和化学合成原料等。

一、果蔬类原料特性及在保藏中的品质变化

(一)果蔬的基本组成

通常可将水果和蔬菜分成水分和干物质两大部分,而干物质又可分为水溶性物质和非水溶性物质两大类。水溶性物质溶解于水中,组成植物体的汁液部分。它们是糖、果胶、有机酸、多元醇、水溶性维生素、单宁物质以及部分的无机盐类。非水溶性物质一般是组成植物固体部分的物质,这类物质有纤维素、半纤维素、原果胶、淀粉、脂肪以及部分含氮物质、色素、维生素、矿物质和有机盐类。

(1)水分　水分是水果和蔬菜的主要成分,其含量平均为80% ~90%,黄瓜、四季萝卜、莴苣可达93% ~97%,水果和蔬菜的组织及细胞为其所饱和。水分的存在为果蔬完成全部生命活动过程提供必要的条件,同时,也给微生物和酶的活动创造了有利条件,使采收后的果蔬容易腐化变质。由于蒸发,水分损失,也会影响到果蔬的新鲜品质。果蔬的这些特性对储藏和加工具有特殊的意义。果蔬中的水分是含有天然营养素的生物水,使果蔬汁风味佳美,最易被人体所吸收,具有较高的营养价值。

(2)糖类　水果和蔬菜中的糖类主要有糖、淀粉、纤维素和半纤维素、果胶物质等,是果蔬干物质的主要成分。

水果和蔬菜所含的糖分主要有葡萄糖、果糖和蔗糖,其次是阿拉伯糖、甘露糖以及山梨糖醇、甘露醇等糖醇。仁果类中以果糖为主,葡萄糖和蔗糖次之;核果类中以蔗糖为主,葡萄糖、果糖次之;浆果类主要是葡萄糖和果糖;柑橘类含蔗糖较多。果蔬中所含的单糖,能与氨基酸产生羰氨反应或与蛋白质起反应生成黑蛋白,使加工品发生褐变。特别是在干制、罐头杀菌或在高温储藏时易发生这类非酶褐变。淀粉为多糖类,主要存在于薯类之中,在未熟的水果中也有存在。果蔬中的淀粉含量随其成熟度及采后储存条件变化较大。纤维素和半纤维素均不溶于水,这两种物质构成了水果和蔬菜的形态和体架,是细胞壁的主要构成部分,起支撑作用。果胶物质以原果胶、果胶、果胶酸三种不同的形态存在于果蔬组织。果蔬组织细胞间的结合力及果蔬的硬度与果胶物质的形态、数量密切相关。果胶物质形态的不同直接影响到果蔬的食用性、工艺性质和耐储藏性。

(3)有机酸　果蔬具有酸味,主要是因为各种有机酸的存在。果蔬中有机酸主要有柠檬酸、苹果酸、酒石酸三种,一般称之为“果酸”。此外还含有其他少量的有机酸,如草酸、水杨酸、琥珀酸等。这些酸在果蔬组织中以游离状态或结合成盐类的形式存在。

果酸影响果蔬加工工艺的选择和确定。例如,酸影响果蔬加工过程中的酶促褐变和非酶褐变;果蔬中的花色素、叶绿素及单宁色泽的变化也与酸有关;酸能与铁和锡反应,会腐蚀设备和罐藏容器;一定温度下,酸会促进蔗糖和果胶等物质的水解,影响制品色泽和组织状态。

(4)含氮物质　水果和蔬菜的含氮物质种类繁多,其中主要的是蛋白质和氨基酸,此外还有酰胺、铵盐、某些糖苷及硝酸盐等。与动物性食品原料相比,除种子外,许多果蔬的含氮物质较低,它们不是人体蛋白质的主要来源。在饮料及清汁类罐头中经常发生蛋

白质变性而出现凝固和沉淀的现象，可以采用适当的稳定剂、乳化剂或酶法改性的方法防止或改善。蛋白质或氨基酸可与果蔬中的还原糖反应发生非酶褐变，应注意控制。

(5)脂肪　脂肪容易氧化酸败，尤其是含不饱和脂肪酸较高的植物油脂原料，如核桃仁、花生、瓜子等干果类及其制品，在储藏加工中应注意这些特性。植物的茎、叶和果实表面常有一层薄的蜡质，主要是高级脂肪酸和高级一元酸所形成的脂。它可防止茎、叶和果实的凋萎，也可防止微生物侵害。果蔬表面覆盖的蜡质堵塞部分气孔和皮孔，也有利于果蔬的储藏。因此在果蔬采收、分级包装等操作时，应注意保护这种蜡质。

(6)色素物质　色素物质为表现果蔬色彩物质的总称，依其溶解性及在植物中存在状态分为两类。脂溶性色素(质体色素)，包括叶绿素、类胡萝卜素等。水溶性色素，包括花青素、花黄素等。色素类物质在储藏期间也会发生改变，需要注意。

(7)维生素　水果和蔬菜是人体营养中维生素最重要的直接来源，果蔬中所含的维生素种类很多，可分为水溶性和脂溶性两类。水溶性维生素有维生素 C(抗坏血酸)、维生素 B_1(硫胺素)、维生素 B_2，脂溶性维生素有维生素 A、维生素 E 及维生素 K。

不同维生素在储藏期间稳定性不同。维生素 C 溶于水，易被氧化，与铁等金属离子接触后会加剧氧化，在碱性及光照条件下容易被破坏；维生素 B_1 在酸性条件下稳定，耐热，在中性及碱性条件下极容易受到破坏；维生素 B_2 能耐热，耐干燥及氧化。

(8)酶　水果与蔬菜组织中的酶支配着果蔬的全部生命活动的过程，同时也是储藏和加工过程中引起果蔬品质变坏和营养成分损失的重要因素。如苹果、香蕉、杧果、番茄等在成熟中变软就是果胶酶类酶活性增强的结果。而过氧化物酶及多酚氧化酶则会引起果蔬的酶促褐变。成熟的香蕉、苹果、梨及杧果则由于淀粉酶及磷酸化酶的作用使其中的淀粉水解为葡萄糖，甜度增加。

(二)果蔬原料采后的生理特性

收获后的果蔬，仍然是有生命的活体。但是脱离了母株之后组织中所进行的生化、生理过程，不完全相同于生长期中所进行的过程。收获后的果蔬所进行的生命活动，主要方向是分解高分子化合物，形成简单分子并放出能量。其中一些中间产物和能量用于合成新的物质，另一些则消耗于呼吸作用或部分地累积在果蔬组织中，从而使果蔬营养成分、风味、质地等发生变化。

不同的果蔬有不同的耐储性和抗病性，这是由果蔬的物理、机械、化学、生理性状综合起来的特性。这些特性以及它们的发展和变化，都取决于果蔬新陈代谢的方式和过程。所谓耐储性就是指果蔬在一定储藏期内保持其原有质量而不发生明显不良变化的特性；而抗病性则是指果蔬抵抗致病微生物侵害的特性。生命消失，新陈代谢终止，耐储性、抗病性也就不复存在。成熟期采收的冬瓜在通常环境条件下放置数十天仍可保持鲜态，煮熟的瓜片失去了果蔬的耐储性、抗病性，通常在夏天一夜就变馊。

(1)呼吸作用　果蔬收获后，光合作用停止，呼吸作用成为新陈代谢的主导过程，呼吸与各种生理过程有着密切的联系，并制约着这些过程，从而影响到果蔬在储藏中的品质变化，也影响到耐储藏性和抗病性。果蔬呼吸作用的本质是在酶的参与下的一种缓慢的氧化过程，使复杂的有机物质分解成为简单的物质，并放出能量。这种能量一部分维持果蔬的正常代谢活动，一部分以热的形式散发到环境中。

水果蔬菜呼吸作用强弱的指标是呼吸强度。呼吸强度通常以 1 kg 水果或蔬菜 1 h 所放出的二氧化碳量(mg)来表示,也可以用吸入氧的量(mL)来表示。

果蔬在储藏期间,呼吸强度的大小直接影响着储藏期限的长短。呼吸强度大、消耗的氧分多,加速衰老过程,缩短储藏期限;呼吸强度过低,正常的新陈代谢受到破坏,也缩短储存期限。因此,控制果蔬正常呼吸的最低呼吸强度,是果蔬储藏的关键问题。

影响呼吸强度的因素有果蔬种类和品种的差异、外界条件(温度、湿度、气体成分、冻伤等)及成熟度等。果蔬以绿叶蔬菜的呼吸强度最大,其次为番茄和浆果类果实(不包括葡萄),核果类中等,果仁类和柑橘类等较小,最低是葡萄及根菜类。一般来说,呼吸强度越大,耐藏性越低。在一定的范围内,温度越高,果蔬的呼吸强度越大,储藏期也越短。但温度高至 35 ~40 ℃时,果蔬的呼吸强度反而低,如果温度继续升高,酶就被破坏,则呼吸停止。一般来说,温度降低时果蔬的呼吸强度也降低。果蔬遭受机械损伤时,会刺激果蔬呼吸,不仅要消耗营养物质,也易被微生物侵害,降低耐储性。

空气成分是影响呼吸强度的另一个重要环境因素,二氧化碳浓度过量会引起果蔬生理病害。空气中氧的含量高,呼吸强度大;但氧的浓度极低时,果蔬就要进行缺氧呼吸,也易引起生理病害。故要维持果蔬正常生命活动,又要控制适当的呼吸作用,就要使储藏环境中的氧和二氧化碳的含量保持一定的比例,然而不同果蔬对于不同气体成分的耐受能力是不相同的,近年来高二氧化碳气调保鲜在草莓品质保鲜中的作用被广泛研究,草莓是为数不多的高二氧化碳耐受果实,在高二氧化碳环境下,草莓采后品质可以得到有效的保持。

此外,果蔬在呼吸过程中,除了放出二氧化碳外,还不断放出某些生理刺激物质,如乙烯、醇、醛等。其中,乙烯对果蔬的呼吸有显著的促进作用,故应做好储藏库的通风换气,防止乙烯等过量积累。

(2)果蔬的后熟与衰老　一些蔬菜类和水果,由于受气候条件的限制,或为了便于运输和调剂市场的需要,必须在果实还没有充分成熟时采收,再经过后熟,供食用和加工。所谓后熟通常是指果实离开植株后的成熟现象,是由采收成熟度向食用成熟度过渡的过程。果实的后熟作用是在各种酶的参与下进行的极其复杂的生理生化过程。在这个过程中,酶的活动方向趋向水解,各种成分都在变化,如淀粉分解为糖,果实变甜;可溶性单宁凝固,果实涩味消失;原果胶水解为果胶,果实变软;同时果实色泽加深,香味增加。在这个过程中还由于果实呼吸作用产生了乙醇、乙醛、乙烯等产物,促进了后熟过程。

利用人工方法加速后熟过程称为催熟。加速后熟过程的因素主要有 3 点,即适宜的温度、一定的氧气含量及促进酶活动的物质。实验证明,乙烯是很好的催化剂。乙烯能提高果实组织原生质对氧的渗透性,促进果实的呼吸作用和有氧参与的其他生化过程。同时乙烯能够改变果实的酶的活动方向,使水解酶类从吸附状态转变为游离状态,从而增强果实成熟过程的水解作用。

乙烯催熟的最佳条件:温度 18 ~20 ℃,相对湿度 80% ~90%,乙烯浓度为催熟室体积的万分之五至千分之一。

果实的衰老是指果实已走向它个体生长发育的最后阶段,开始发生一系列不可逆的变化,最终导致细胞崩溃及整个器官死亡的过程。果实成熟期既有生物合成性质的化学变化,也有生物降解性质的化学变化。但进入衰老期就更多地发生降解性质的变化。有些植物生理学家认为果实成熟时已进入衰老阶段,后熟就是衰老的起点。成熟过程过渡到衰老是连续性的,不易把前者和后者分割开来。

(3)果蔬水分的蒸发作用　新鲜果蔬水分很高,细胞水分充足,膨压大,组织呈坚挺脆嫩的状态,具有光泽和弹性,在储藏期间由于水分的不断蒸发,细胞的膨压降低,致使果蔬发生萎缩现象,光泽消退,失去新鲜感。这主要是蒸发脱水的结果。

果蔬在储藏中由于水分蒸发所引起的最明显的现象是失重和失鲜。失重即所谓自然损耗,包括水分和干物质两方面的损失,不同的果蔬的具体表现不同。失鲜表现为形态、结构、色泽、质地、风味等多方面的变化,降低了食用和商品品质。

蒸发作用引起正常的代谢作用破坏,水解过程加强,以及由于细胞膨胀压降低而造成的机械结构特性改变等,显然都会影响到果蔬的耐储性、抗病性。组织脱水程度越大,抗病性下降得越剧烈。水分蒸发的速率与果蔬的种类、品种、成熟度、表面细胞角质的薄厚、细胞间隙的大小、原生质的特性、比表面积的大小有着密切的关系。此外,温度、相对湿度、空气流速、包装情况等外界环境条件也影响水分的蒸发。避免果蔬萎缩是果蔬储藏过程中一项极为重要的措施。

果蔬在储藏过程中,有时可见果蔬表面凝结水分现象称为发汗。发汗的原因是空气温度降到露点以下,过多的水蒸气从空气中析出而在物体表面凝成水珠。果蔬的发汗,不仅标志着该处的空气湿度极高,也给微生物的生长和繁殖造成良好的条件,易引起果蔬的腐烂损失。防止出汗的措施是调节适宜的环境温度、湿度和空气流速。

(4)休眠与发芽　一些块茎、鳞茎、球茎、根茎类蔬菜,在结束田间生长时,其组织(这些都是植物的繁殖器官)积贮了大量营养物质,原生质内部发生深刻变化,新陈代谢明显降低,生长停止而进入相对静止状态,这就是休眠。植物在休眠期间,新陈代谢、物质消耗和水分蒸发都降到最低限度,经过一段时间后,便逐渐脱离休眠状态。这时如有适宜的环境条件,就会迅速发芽生长,其组织积贮的营养物质迅速转移,消耗于芽的生长,本身则萎缩干空,品质急剧恶化,以致不堪食用。

休眠是一种有利于储藏的特性,这时具有很好的耐贮性,可以较好地保存产品。在储藏实践上,可利用控制低温、低湿、低氧含量和适当的二氧化碳含量来延长休眠,抑制发芽。

二、肉禽类原料特性及在保藏中的品质变化

(一)肉禽类原料的基本组成

动物屠宰后所得的可食部分都叫作肉。肉的成分主要包括水分、蛋白质、脂类、糖类、含氮浸出物、矿物质、维生素和酶等。畜禽肉类的化学成分受动物的种类、性别、年龄、营养状态及畜体的部位影响而有变动,在加工和储藏过程中,常发生物理、化学变化,从而影响肉制品的食用价值和营养价值。

(1)水分　水是肉中含量最多的组成成分,肌肉含水 70% ~80% 。畜、禽愈肥,水分的含量愈少;老年动物比幼年动物含量少,如小牛肉含水分72% ,成年牛肉则为45% 。肉中的水分通常以结合水(水化水)、膨胀水(也称不易流动的水或准结合的水)、自由水

(游离水)三种形式存在。

结合水是蛋白质分子表面的极性基与水分子结合形成的一薄水层(含量约占总含水量的5%),这种水没有流动性,不能作为其他物质的溶剂;膨胀水主要存在于肌原纤维中,其运动的自由度相当有限,能溶解盐类物质,并在0 ℃或稍低时结冰,肉中的水大部分(80%)以这种形式存在;自由水存在于组织间隙和较大的细胞间隙中,其量不多(15%左右)。

水分对肉的量和质的关系极为重要。加工和储藏在多数情况下是针对水进行工作的。当加工干制品时,首先失去自由水,其次是膨胀水,最后失去结合水。冷加工中,水也是依上述顺序先后变成冰晶的。腌制过程,改变渗透压也是以水为对象的。水的存在形式改变以及量的多少,影响微生物的生长,从而影响肉的保存期,同时也改变肉的风味。当水减少到超过一定限度时,蛋白质等重要营养物质发生不可逆的变化,因而会降低肉的品质。

(2)蛋白质　肌肉中蛋白质的含量约20%,通常依其构成位置和在盐溶液中的溶解度分为三种:①肌原纤维蛋白质,由丝状的蛋白质凝胶构成,占肌肉蛋白质的40% ~60%,与肉的嫩度密切相关;②存在于肌原纤维之内溶解在肌浆中的蛋白质,占20% ~30%,常称为肌肉的可溶性蛋白;③构成肌鞘、毛细血管等结缔组织的基质蛋白质。肉类蛋白质含有比较多的人体内不能合成的8种必需氨基酸。因此,肉的营养价值很高。在加工和储藏过程中,若蛋白质受到了破坏,则肉的品质及营养就会大大降低。

(3)脂肪　动物脂肪主要成分是脂肪酸甘油三酯,占96% ~98%,还有少量的磷脂和醇脂。肉类脂肪有20多种脂肪酸,以硬脂酸和软脂酸为主的饱和脂肪酸居多;不饱和脂肪酸以油酸居多,其次为亚油酸。磷脂和胆固醇所构成的类脂是构成细胞的特殊成分,对肉制品质量、颜色、气味有重要作用。

(4)其他营养物质　肉的浸出成分,指的是能溶于水的浸出性物质,包括含氮和无氮浸出物,主要有核苷酸、嘌呤碱、胍化合物、肽、氨基酸、糖原、有机酸等,它们是肉风味及滋味的主要成分。浸出物中的还原糖与氨基酸之间的非酶反应对肉风味的形成有重要作用。浸出物成分与肉的品质也有很大的关系。

肉类中的矿物质一般为0.8% ~1.2%。它们有的以螯合状态存在,有的与糖蛋白或脂结合存在,如肌红蛋白中的铁,核蛋白中的磷;有的以游离状态存在,如镁、钾、钠等与细胞的通透性有关,可提高肉的保水性。肉中的主要维生素有维生素A、维生素B_1、维生素B_2、维生素PP、叶酸、维生素C、维生素D等,其中水溶性B族维生素含量较丰富。在某些器官,如肝脏,各种维生素含量都较高。

(二)肉禽类在保藏中的品质变化

刚刚宰后的动物的肉是柔软的,并具有很高的持水性。经过一段时间的放置,则肉质变得粗硬,持水性也大为降低。继续延长放置时间,则粗硬的肉又变成柔软的,持水性也有所恢复,而且风味也有极大的改善,最适合被人食用。继续放置,则肉色会变暗,表面黏腻,失去弹性,最终发臭而失去食用价值。肉的这种由差到好再由好到坏的生物变化过程,实际上是动物死亡后体内仍继续进行着生命活动的结果。这一过程并没有严格的界线,但掌握每一阶段的特征及特性对肉类的加工及储藏是十分重要的。

(1)肉的僵直　动物死后,肌肉所发生的最显著的变化是出现僵直现象,即出现肌肉的伸展性消失及硬化现象。肉的僵直发生的原因是由于动物死后,肌肉内新陈代谢作用继续进行而释放热量,使肉温略有升高。高温可以增强酶的活性,促进成熟进程。另一方面,由于血液循环停止,肌肉组织供氧不足,其糖原不再像有氧那样被氧化成二氧化碳和水,而是通过酵解作用无氧分解成乳酸。磷酸肌酸(CP)和三磷酸腺苷(ATP)分解产生磷酸,使肌肉中的酸聚积。随着酸的积累,使得肉的pH由原来接近7的生理值下降到5。当pH下降到5.5左右时,处于肌动蛋白的等电点,肌肉水化程度达到了最低点,蛋白质吸附水的能力降低,水被分离出来。这时肉的持水性能降低,失水率增高,这是僵直的主要原因之一。当ATP减小到一定程度时,肌肉中的肌球蛋白和肌动蛋白结合成没有延伸性的肌动球蛋白。形成了肌动球蛋白后,肌肉失去了收缩和伸长的性质,使肌肉僵直。肌动球蛋白形成越多,肌肉就变得越硬。肌肉的僵直大致可分为3个阶段。开始时,肌肉延伸性的消失以非常缓慢的速度进行,称为迟滞期。随后,延伸性的消失迅速发展,称为急速期。最后延伸性变得非常小,称为僵直最后期。僵直的肉机械强度显著增加,嫩度变差,肉质粗老,风味差。从储藏意义上说,要尽量延长僵直期。而急于加工或食用的肉,则要使僵直期变短。牲畜一般在宰后8~12 h开始僵直,并且可持续达15~20 h之久。而家禽的僵直期较短,僵直形成的速率取决于温度,温度越高,僵直形成越快。并且与CP和ATP的含量及pH的降低密切相关。

(2)肉的成熟与自溶　死后的牲畜在僵直后,其肉就开始逐渐变松软,这样的变化称为僵直的解除或解僵。开始解僵就进入了肉的成熟阶段。这时肌动球蛋白呈现分离状态,使肉质变软,增加了香气,提高了肉的商品价值。成熟过程能产生好的效果,目前对成熟现象的机制尚未十分明了。解僵后肉组织蛋白在成熟过程中的变化主要是蛋白质的变性。在正常活组织中,分解蛋白质的组织蛋白酶是非活化的,存在于溶酶体的微小粒子中。牲畜死后随pH的降低和组织的破坏,组织蛋白酶被释放出来而发生了对肌肉蛋白的分解作用。

变性蛋白质较未变性蛋白质易于受组织蛋白酶的作用,因而,组织蛋白酶作用的对象是以肌浆蛋白质为主。在组织蛋白酶的作用下,肌浆蛋白质一部分分解成肽和氨基酸游离出来,这一过程称为自溶。这些肽和氨基酸是构成肉浸出物的成分,既参与在加工过程中肉香气的形成,又直接与肉的鲜味有关。由于动物种类的不同,成熟作用的表现不同。成熟对牛、羊肉来说十分必要,尤其是质差的老牛肉。而对猪、小牛、禽肉来说,一般认为对其硬度和风味的改善没有必要。

(3)肉的腐败　肉的腐败是肉成熟过程的继续。由于动物刚宰杀后,肉中含有相当数量的糖原,以及动物死后糖酵解作用的加速进行。糖酵解过程中,肉的pH的降低对腐败菌在肉中的生长不利,从而暂时抑制了腐败作用的进行。健康的动物的血液和肌肉通常是无菌的,肉类的腐败实际上是由外界感染的微生物在其表面繁殖所致。有许多微生物不能作用于蛋白质,但能对游离氨基酸及低肽起作用,它们可将氨基酸氧化脱氢,生成氨和相应的酮酸。而肉类在成熟的同时,蛋白质自溶生成小分子的氨基酸等,成了微生物生长繁殖的必需营养物质。

当微生物繁殖到某一程度时,就分泌出蛋白酶,分解蛋白质,产生的低分子成分,又促使各种微生物大量繁殖,于是肉就腐败。肉的腐败除使蛋白质和脂肪等发生一系列变化外,肉的外观也发生明显的改变。色泽由鲜红、暗红变成暗褐色甚至墨绿,失去光泽而显得污浊,表面黏,并产生腐败臭气,甚至长霉。腐败的肉完全失去了加工和食用的价值。

三、乳蛋类原料特性及在保藏中的品质变化

(一)乳品在保藏中的品质变化

1. 牛乳的主要成分

(1)水分　水分是牛乳的主要成分之一,一般占87% ~89%。

(2)乳固体　将牛乳干燥到恒重时所得的剩余物叫乳固体或干物质。乳固体在鲜乳中的含量为11% ~13%,也就是除去随水分蒸发而逸去的物质外的剩余部分。乳固体中含有乳中的全部营养成分(脂肪、蛋白质、乳糖、维生素、无机盐等)。乳固体含量的变化是随各成分含量比的增减而变的,尤其乳脂肪是一个最不稳定的成分,它对乳固体含量增减影响大,所以在实际生产中常用含脂率及非脂乳固体作为指标。

(3)乳中的气体　乳中含有气体,其中以二氧化碳为最多,氮气次之,氧气的含量最少。据测定,牛乳刚挤出时每升含有50 ~56 cm^3气体(其中主要为二氧化碳,其次为氮气和氧气)。

2. 牛乳中各种成分的存在状态

牛乳是一种复杂的胶体分散体系,在这个体系中水是分散介质,其中乳糖及盐类以分子和离子状态溶解于水中,呈超微细粒,直径小于1 nm;蛋白质和不溶性盐类形成胶体,亚微细粒及次微胶粒状态,直径在5 ~800 nm;大部分脂肪以微细脂肪球分散于乳中,形成乳浊液,脂肪球直径在0.1 ~20 μm(绝大多数为2 ~5 μm)。此外,还有维生素、酶等有机物分散于乳中。

3. 乳及乳制品在保藏中的品质变化

鲜乳是指牛奶脱离牛体24 h之内的牛乳,其变质主要是由微生物引起的,当鲜乳发生变质时,会产酸、产气,凝固沉淀,凝块为乳白色,乳清为淡黄绿色,产生酸味及腐败味、苦味等味道。微生物的来源主要为外界环境和乳房。环境中的微生物污染则为挤奶过程中微生物的污染和挤奶后的微生物污染。其中,乳房内的微生物包括正常菌群和致病菌,乳房中的正常菌群有微球菌属、链球菌属、棒状杆菌属和乳杆菌属。致病菌包括结核分枝杆菌、炭疽杆菌、葡萄球菌、溶血性链球菌和沙门氏菌等。

乳粉是以鲜乳为原料,添加其他配料,通过加热或者冻干的方法去除乳中几乎全部的水分,干燥而成的粉末。当保藏不合理时,乳粉会有明显异味、霉味、化学药品和石油产品等气味,或呈淡棕色及严重凝块的变质现象。其变质的原因也是由微生物引起的,而乳粉中的微生物主要来源于原料奶的消毒不彻底和加工过程中的二次污染。经检测,乳粉中的病原微生物最常见的为沙门氏菌和金黄色腐败味葡萄球菌,这些微生物会引起毒素性食物中毒。

酸乳即为发酵乳,是通过乳酸菌发酵或者乳酸菌、酵母菌共同发酵制成的一类乳制品,营养成分丰富,具有原料乳中所有的营养价值,而且优于原料乳,但其缺点是极易发

生变质,变质主要是由酵母菌和霉菌引起的。其中,由酵母引起的变质现象典型特征之一是常说的“鼓盖”,即由厌氧性酵母引起的酸奶杯口的铝薄膜隆起,当酵母数量超过1 000 CFU/g 时易发生此现象。若酸乳中含有一定霉菌,也会造成严重污染,出现各种霉菌的纽扣状斑块,所以霉菌计数为 1 ~10 CFU/g 时就必须引起注意,特别是当发现有常见青霉存在时,酸奶产品中就会有霉菌毒素存在的可能。

巴氏杀菌乳是以新鲜牛奶为原料,采用巴氏杀菌法加工而成的牛奶,特点是采用72 ~85 ℃的低温杀菌,在杀灭牛奶中有害菌群的同时完好地保存了营养物质和纯正口感。巴氏杀菌乳的变质主要由于来自原料乳的耐热性细菌,如芽孢杆菌及杀菌后污染的乳酸菌、大肠菌、好冷细菌等增殖而变质,并与保藏条件密切相关。现象为甜凝固、酸凝固,变味、产气等,凝固主要是由于芽孢杆菌和乳酸菌,其中大多是乳酸乳球菌的发育引起的;而变味由嗜冷菌(如假单胞菌等)引起,也可由嗜热芽孢杆菌、蜡状芽孢杆菌、枯草芽孢杆菌及地衣芽孢杆菌等分解其中的蛋白质、脂肪等引起。

干酪是乳或脱脂乳或稀奶油等加入适量的乳酸菌发酵剂和凝乳酶,使乳蛋白质主要为酪蛋白凝固,排除乳清得到的,有着很好的香气味和滋味。若有不良风味产生,是由于嗜冷菌产生多种胞外蛋白酶和脂肪酶,产生这类酶的微生物主要有假单胞菌、不动杆菌、气单胞菌等属的部分微生物。霉菌生长会引起干酪腐败变质,在干酪表面生长,破坏干酪产品的外观,产生霉味,还可能产生毒素。干酪不同时期也会因不同原因产气,早期产气由大肠菌群造成,中期产气与产气性的乳杆菌有关,晚期产气是梭状芽孢杆菌的生长造成。成膜酵母、霉菌和蛋白分解性细菌的生长,最终引起干酪变软、变色,甚至产生异味,形成烂边。另外,在干酪成熟过程中,干酪表面颜色会由霉菌、细菌的生长发生变化。

4. 温度对乳性质的影响

(1)热处理对乳性质的影响　牛乳是一种热敏性的物质,热处理对乳的物理、化学、微生物学等特性有重大影响。如微生物的杀灭、加热臭的产生、蛋白质的变化、乳石的生成、酶类的钝化、色泽的褐变等都与热处理的程度密切相关。

牛乳中的酪蛋白和乳清蛋白的耐热性不同,酪蛋白耐热性较强。在 100 ℃以下加热,其化学性质没有改变,但在 120 ℃下加热 30 min 以上时,则使得磷酸根从酪蛋白粒子中游离出来。当温度继续上升至 140 ℃时即开始凝固,而且酪蛋白的稳定性对离子环境变化极为敏感。盐类平衡和 pH 稍有变化就会出现不稳定和沉淀倾向。而乳清蛋白的热稳定性总体来说低于酪蛋白。一般加热至 63 ℃以上即开始凝固,溶解度降低。100 ℃加热 110 min 时,大部分乳清蛋白变性,发生凝固。

加热对牛乳的风味和色泽影响也很大。牛乳经加热会产生一种蒸煮味,而且也会产生褐变。

(2)冻结对牛乳的影响　牛乳冻结后(尤其是缓慢冻结)会发生一系列变化,其中主要有蛋白质的沉淀、脂肪上浮等问题。当乳发生冻结时,由于冰晶生成,脂肪球膜受到外部机械压迫造成脂肪球变形,加上脂肪球内部脂肪结晶对球膜的挤压作用,在内外压力作用下,导致脂肪球膜破裂,脂肪被挤出。解冻后,脂肪团粒即上浮于解冻乳表面。另外,乳经冻结将使乳蛋白质的稳定性下降。

(二)蛋品在保藏中的品质变化

(1)蛋的组成　蛋的化学成分取决于家禽的种类、品种、饲养条件和产卵时间。鸡蛋的可食部分大约含水分75%,蛋白质12%,脂质(主要脂肪酸为棕榈酸、油酸和亚麻酸)11%,糖质、灰分各为0.9%,还有钙、磷、铁、钠和各种维生素、酶。蛋的化学组成决定了禽蛋的营养成分是极其丰富的,如鸡蛋的蛋白质含量为12%左右,堪称优质食品。蛋类蛋白质消化率为98%,奶类为97% ~98%,肉类为92% ~94%,米饭为82%,面包为79%,马铃薯为74%,可见蛋类和奶类一样有较高的蛋白质消化率;蛋白质生物价较高,鸡蛋蛋白质的生物价为94,牛奶为85,猪肉为74,白鱼为76,大米为77,面粉为52;必需氨基酸的含量丰富,其相互比例合理。蛋类的蛋白质中不仅所含必需氨基酸的种类齐全,含量丰富,而且必需氨基酸的数量及相互间的比例也很适宜,与人体的需要比较接近;蛋白质的氨基酸评分,全蛋和人奶都为100,牛奶为95。

禽蛋含有极为丰富的磷脂质,磷脂对人体的生长发育非常重要,是大脑和神经系统活动不可缺少的重要物质。固醇是机体内合成固醇类激素的重要成分。

(2)蛋品在保藏中的品质变化　鲜蛋在储藏中发生的物理和化学变化:重量减轻(水分蒸发),气室增大,蛋白与蛋黄相互渗透,CO_2逸散,pH值上升等。

鲜蛋在储藏中发生的生理变化:在25 ℃以上适当的温度范围,受精卵的胎胚周围产生网状的血丝,这种蛋称为胚胎发育蛋。未受精的胎胚有膨大现象,称为热伤蛋。蛋的生理变化引起蛋的质量下降,甚至引起蛋的腐败变质。

蛋在储藏和流通过程中,外界微生物接触蛋壳通过气孔或裂纹侵入蛋内,使蛋腐败的主要是细菌和霉菌。高温、高湿为蛋的微生物生长繁殖创造了良好的条件。所以夏季最易出现腐败蛋。

在蛋的形成过程中,也可能污染微生物。健康母鸡产的蛋内容物里没有微生物,但生病母鸡在蛋的形成过程中就可能污染微生物。其污染渠道,一方面是由于饲料含有沙门氏菌,沙门氏菌通过消化道进入血液到卵巢,给蛋带来潜在的带菌危险;另一方面是通过卵巢和输卵管进入,使鸡蛋有可能污染各种病原菌。

根据鲜蛋本身结构、成分和理化性质,设法闭塞蛋壳气孔,防止微生物进入蛋内,降低储藏温度,抑制蛋内酶活性,并且保持适宜的相对湿度和清洁卫生条件,这是鲜蛋储藏的根本原则和基本要求。鲜蛋的储藏方法有很多,有冷藏法、涂膜法、气调法、浸泡法(包括石灰水储藏和水玻璃溶液储藏法)、巴氏杀菌法,而运用最为广泛的是冷藏法,即利用低温,最低不低于-3.5 ℃(防止到了冻结点而冻裂),抑制微生物的生长繁殖和分解作用以及蛋内酶的作用,延缓鲜蛋内容物的变化,尤其是延缓浓厚蛋白的变稀(水样化)和降低重量损耗。

四、水产类原料特性及在保藏中的品质变化

水产类原料种类很多,我国有鱼类2 800余种,有多种分类。原料种类不同,可食部分组织、化学成分也不同。同一种类的鱼,由于鱼体大小、年龄、成熟期、渔期、渔场不同,其组成亦不同。而且,水产原料有人工养殖和捕捞的,有淡水和海水养殖(捕捞)的,渔期、渔场、渔获量变化大,给水产原料的稳定供应及食品加工的计划生产带来一定的困难。

另外,鱼体的主要化学组成如蛋白质、水分、脂肪及呈味物质随季节的变化而变化。一年当中,鱼类有一个味道最鲜美的时期。一般鱼体脂肪含量在刚刚产卵后最低,此后逐渐增加,至下次产卵前两三个月时肥度最大,肌肉中脂肪含量最高。多数鱼种的味道鲜美时期和脂肪积蓄量在很多时候是一致的。鱼体部位不同,脂肪含量有明显的差别。一般是腹肉、颈肉的脂肪多,背肉、尾肉的脂肪少。脂肪多的部位水分少,水分多的部位脂肪亦少。贝类中的牡蛎其蛋白质和糖原亦随季节变化很大。

水产原料的新鲜程度要求很高,这是因为鱼肉比畜禽更容易腐败变质。畜禽一般在清结的屠宰场屠宰,立即去除内脏。而鱼类在渔获后,不是立即清洗,多数情况下是连带着容易腐败的内脏和鳃运输。另外,在渔获时,容易造成死伤,即使在低温时,可以分解蛋白质的水中细菌侵入肌肉的机会也多。鱼类比陆地上动物的组织软弱,加之外皮薄,鳞容易脱落,细菌容易从受伤部位侵入。鱼体内还含有活力很强的蛋白酶和脂肪酶类,其分解产物如氨基酸和低分子氮化合物促进了微生物的生长繁殖,加速腐败。

蛋白质是水产品肌肉的主要组成成分,水产品新鲜度等品质变化与其肌肉蛋白质的变化存在必然联系。水产品储藏过程中,蛋白质降解是一系列复杂的生理、物理、生物化学和微生物繁殖共同作用的结果,其程度随水产品种类和季节而变化,最终使水产品肌肉逐渐变得柔软。蛋白质、脂肪和糖原等高分子化合物降解成易被微生物利用的低分子化合物,并随着储藏期的延长,微生物生长会加快水产品的腐败。其中,内源酶在蛋白质降解中起了重要作用,可使蛋白质发生自溶分解,产生不良风味。在肌细胞中存在众多酶系,包括溶酶体组织蛋白酶、钙蛋白酶、氨肽酶和一些结缔组织水解酶。钙蛋白酶和组织蛋白酶的共同作用被认为是鱼类死后肌肉降解的主要原因,它们使肌球蛋白重链、α-辅肌动蛋白、肌动蛋白和原肌球蛋白发生降解。水产动物死后,肌肉中 ATP 含量下降,肌原纤维中的肌球蛋白和肌动蛋白发生结合,形成不可伸缩的肌动球蛋白,使肌肉收缩从而导致肌肉变硬,直至整个肌体僵直。当达到最大程度僵硬后,开始发生解僵作用,导致肌肉变软,弹性下降。主要原因是由于组织中胶原分子结构改变,胶原纤维变得脆弱,肌细胞骨架蛋白和细胞外基质结构(如结缔组织、胶原蛋白)发生了降解。

再有,鱼贝类的脂肪含有大量的 EPA、DHA 等不饱和脂肪酸,这些组分易于氧化,会促进水产原料质量的劣变。此外,鱼类死后僵直的持续时间比畜禽肉短,自溶迅速发生,肉质软化,很快就会腐败变质。

水产品的储藏保鲜实质上就是采用降低鱼体温度来抑制微生物的生长繁殖以及组织蛋白酶的作用,延长僵硬期,抑制自溶作用,推迟腐败变质的过程,通常分为冷冻保鲜和冻结保藏两类。

第四节 食品成分在保藏中的品质变化

一、食品中的主要化学成分

食品的化学成分不仅决定食品的品质和营养价值,还决定食品的性质和变化,而食品的性质和变化则是研究食品保藏的主要依据。根据各种食品成分的共同性,可分为天然成分和非天然成分。天然成分又可分为无机成分和有机成分；非天然成分是指由人工合成的各种食品添加剂，也包括加工过程中的污染物质。无机成分如水和矿物质；有机成分最主要的有蛋白质、糖类、脂类、维生素类等。食品的化学组成结构如图3-1所示。

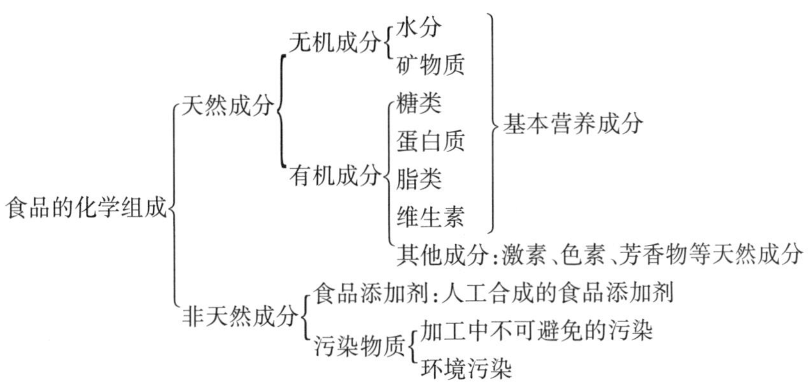

图3-1　食品的化学组成结构

1. 食品中的蛋白质

蛋白质是食品中的重要营养成分，并具有许多重要生理功能。蛋白质分子体积较大并具有能产生多种反应的复杂结构，所以在生物物质中占有特殊的地位。蛋白质的许多不可逆反应可导致食品变质，或产生有害的化合物，使蛋白质的营养价值降低。

2. 食品中的糖类

糖类是人类食品中热量的主要来源，在食品加工中必须重视糖类的结构和加工特性。近20年来，在这方面的研究非常活跃，例如淀粉糊化、淀粉的化学修饰，以及多糖的空间结构对其性能的影响等。

3. 食品中的脂肪

食用脂具有重要的营养价值，它不仅提供热量和必需脂肪酸，而且能改善食品的口味。食用脂以两种形式存在：一种是从动物和植物中分离出来的奶油、猪油、豆油、花生油以及棕榈油等；另一种是存在于食品中的，如肉、乳、大豆、花生、菜籽以及棉籽中均含有脂。

4. 食品中的维生素

维生素是由多种不同结构的有机化合物构成的一类营养素。目前，对许多维生素的一般稳定性已经了解，但是对于复杂食品体系中维生素保存的影响因素尚不十分清楚。例如，食品储藏加工的时间和温度，维生素降解反应与其浓度和温度的关系，氧浓度、金属离子、氧化剂和还原剂等对稳定性的影响等。

5. 食品中的色素

色素是植物或动物细胞与组织内的天然有色物质。了解食品色素和着色剂的种类、特性及其在加工和储藏过程中如何保持食品的天然色泽，防止颜色变化，是食品化学中值得重视的问题。

6. 食品中的风味物质

食品的风味，除新鲜水果、蔬菜外，一般是在加工过程中由糖类、蛋白质、脂类、维生素等分解或相互结合所产生的适宜或非适宜的特征。新鲜水果和蔬菜的风味来自脂类氧化和降解形成的小分子化合物，如醇、醛和酮类。与此同时，多酚类天然色素也可以使食品产生异味，色泽变坏；大分子交联会引起食品质地、营养发生变化。因此，控制食品的储藏加工条件，使之产生适宜的风味，防止非适宜风味的形成，进一步对风味化合物的分离、组成、结构及其反应机制进行研究，并在此基础上合成天然风味化合物，以上这些构成了食品化学中风味化学的内容。

7. 食品中的水

水是最普遍存在的组分，往往占植物、动物质量或食品质量的50%、90%。由于水为必需的生物化学反应提供一个物理环境，因此它对所有已知的生命形式是绝对重要的。水能作为代谢所需的成分决定着市场上食品的特性、质构、可口程度、消费者可接受性、品质管理水平和保藏期，因而它是许多食品的法定标准中的重要指标。

8. 食品中的矿物质

微量元素无法在人体内合成，缺少不行，多则有毒或致病，所以对于实际食品体系中微量元素的行为仍是食品化学研究的重点。

9. 食品中的添加剂

食品添加剂是指为了改善食品品质和色、香、味，以及为防腐、保鲜和加工工艺的需要而加入食品中的人工合成或者天然物质。食品用香料、胶基糖果中基础物质、食品工业用加工助剂也包括在内。食品添加剂直接或间接地成为食品的一个组分或者影响食品的特性。

二、食品在储藏过程中发生的变化

在储藏、流通期间，食品品质降低的原因主要与由食品外部的微生物一再侵入，在食品中繁殖所引起的复杂化学和物理变化有关。此外，也与食品成分间相互反应、食品成分和酶之间的纯化学反应、食品组织中原先存在的酶引起的生化反应等有关。

一是食品从原料生产、储藏、运输、加工到产品销售等过程中，每个过程无不涉及一系列的变化。在储藏加工过程中发生的化学变化，一般包括食品的非酶褐变和酶褐变；水活性改变引起食品质量变化；脂类的水解、脂类自动氧化、脂类热降解和辐解；蛋白质变性、交联和水解；食品中多糖的合成和化学修饰反应、低聚糖和多糖的水解；食品中大分子的结构与功能因素的影响等。

二是食品的主要质量特征（颜色、风味、质构和营养价值）都可能发生一些不良变化。表3-1列出了食品的主要质量特征和可能发生的不良变化。

三是在食品加工和保藏过程中主要成分之间的相互作用产生变化，并对食品质量有着重要的影响，见图3-2。

表 3-1 食品的主要质量特征与可能发生的不良变化

特征	不良变化	特征	不良变化
颜色	变黑 褪色 产生其他不正常颜色	质构	溶解性丧失 分散性丧失 持水能力消失 硬化 软化
风味	产生恶臭 产生酸败味 产生烧煮或焦糖风味 产生其他异味	营养价值	维生素损失或降解 矿物质损失或降解 蛋白质损失或降解 脂类损失或降解 其他具有生理功能的物质的损失或降解

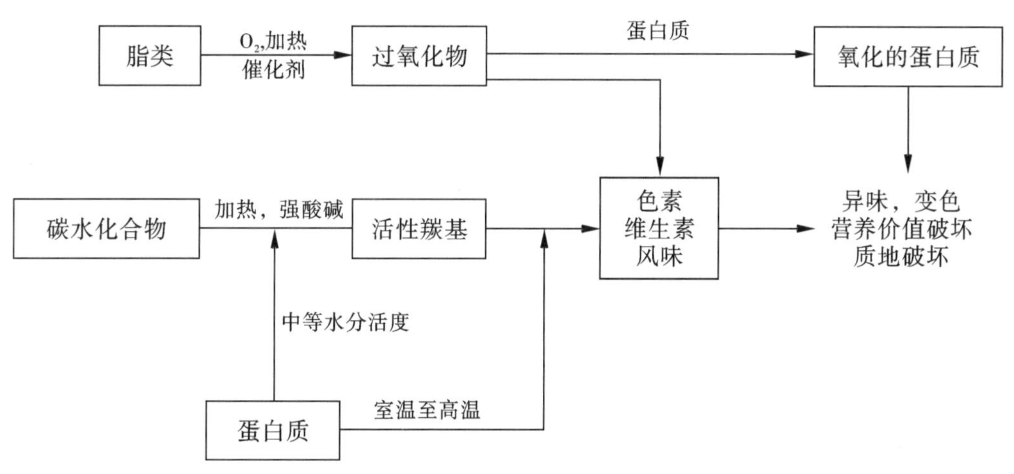

图 3-2 食品中主要成分之间的相互作用

三、食品褐变

食品褐变,根据其发生的机制可分为酶促褐变和非酶促褐变两类。从现象上看食品变成褐色、棕色等不同颜色,但本质上都是酶促或非酶促反应的结果。

(一) 非酶促褐变

非酶促褐变是食品加工和储藏过程中广泛存在的最常见最基本的反应之一。这种类型的褐变常伴随较长期的储存和热加工而发生,在乳粉、蛋粉、脱水蔬菜及水果、肉干、鱼干、玉米糖浆、水解蛋白、麦芽糖浆等食品中屡见不鲜。

1. 非酶促褐变的机制

已知非酶促褐变有三种类型的机制在起作用:羰氨反应褐变作用、焦糖化褐变作用、抗坏血酸氧化褐变作用。

(1)羰氨反应褐变作用　非酶褐变中的第三种机制是抗坏血酸褐变作用。羰氨反应是由食品成分中的氨基和羰基化合物的反应而得名的。1912 年,法国化学家美拉德(Maillard)发现,当甘氨酸和葡萄糖的混合液在一起加热时会形成褐色的所谓"类黑色素"。这种反应后来被称为美拉德反应,简称羰氨反应。目前,羰氨反应还没有确切的定义,其反应的途径较复杂,有些问题至今还未弄清楚。只是已知参与羰氨反应的羰基化合物主要是以葡萄糖、乳糖、麦芽糖等为代表的还原糖,氨基化合物为游离氨基酸与蛋白质、肽、胺等的游离氨基。羰氨反应是食品在加热或长期储存后发生褐变的主要原因。

(2)焦糖化褐变作用　焦糖化作用是指糖类在没有含氨基化合物存在的情况下,加热到其熔点以上时,也会变为黑褐色的色素物质,这种作用称为焦糖化作用。糖在受强热的情况下,生成两类物质:一类是糖的脱水产物,即焦糖或称酱色;另一类是裂解产物,是一些挥发性的醛、酮物质。在一些食品中(如焙烤、油炸食品等),焦糖化作用控制得当,可以使产品得到悦人的色泽与风味。

(3)抗坏血酸氧化褐变作用　非酶褐变中的第三种机制是抗坏血酸褐变作用。非酶抗坏血酸氧化褐变在果汁及果汁浓缩物的褐变中起着相当一部分的作用,尤其在柑橘汁的变色中起着主要作用。实践证明,柑橘类果汁在储藏过程中色泽变暗,放出 CO_2 和抗坏血酸含量降低,是抗坏血酸自动氧化的结果。

2. 非酶促褐变对食品质量的影响

由上述可知,在食品的储藏过程中,羰氨反应造成的非酶促褐变是食品败坏的主要因素之一。从营养学的观点讲,当一种氨基酸或一部分蛋白质链参与羰氨反应时,显然会造成氨基酸的损失,这种破坏对必需氨基酸来说显得特别重要,其中以含有游离 ε-氨基的赖氨酸最为敏感,因而最容易损失。其他氨基酸,如碱性的 L-精氨酸和 L-组氨酸,对羰氨反应同样也很敏感。这是因为碱性氨基酸侧链上有相对呈碱性的氮原子存在,所以比其他氨基酸对降解反应更敏感。因此,如果食品已发生羰氨反应,其所含的氨基酸及其营养价值都会有一些损失。

凡含蛋白质和还原糖的食品,在保存时,即使在较低温度下短时间加热,也可引起氨基酸的损失,特别是碱性氨基酸,其中尤以 L-赖氨酸在褐变时损失最大。

控制食品在储存中发生羰氨反应的程度是十分重要的,这不仅是因为反应超出一定限度会给食品的风味带来不利的影响,而且还因为其降解产物可能属于有害物质,这类反应形成的类黑精前体产物,可能导致亚硝胺或者其他致突变物质的形成,这些产物的毒性还有待进一步研究。

3. 影响非酶促褐变的因素

(1)pH　pH 对羰氨反应有很重要的影响。在 $pH<6$ 时褐变反应程度较微弱,因为在强酸性条件下氨基被质子化,阻止了葡基胺的形成,所以羰氨反应不明显。随着 pH 增大,褐变反应速度加快,在中等水分含量,当 $pH=7.8\sim9.2$ 时褐变速度最快,氨基氮将严重损失。

(2)水分含量　人们根据全蛋粉在储藏过程中出现的颜色变化,很早就开始研究水分含量对褐变的影响。有的科学工作者还观察了在预先制备的 D-葡基胺的无水甲醇溶液中,添加不同数量的盐酸和水所产生的颜色变化。发现含一定浓度酸的无水体系中褐变反应速度最快。增加水的含量则反应速度降低。在D-木糖和甘氨酸组成的固态体系中，当相对湿度为0或100%时并不发生褐变，而相对湿度为30%时褐变反应速度最大。因此，可以认为食品在中等水分含量时羰氨反应速度较快。

(3)无机离子　铜和铁等金属离子能促进褐变反应，且Fe^{3+}比Fe^{2+}的作用更强，但Na^+无影响。从金属离子催化羰氨反应，说明褐变色素的形成属于氧化-还原反应。

(4)糖的类型　美拉德曾研究过碳的结构与褐变程度的关系。他发现普通糖类羰氨反应的容易程度依下列顺序逐渐增大：D-木糖>D-核糖>L-阿拉伯糖>己糖（D-半乳糖、D-甘露糖、D-葡萄糖、D-果糖）>双糖（麦糖、乳糖和蔗糖）。D-果糖反应活性比醛糖弱很多，因为在羰氨反应中，酮糖的反应机制与醛糖不同。

4.非酶促褐变的抑制

(1)降温　降低温度可以减缓所在的化学反应速度，因而低温冷藏下的食品可以延缓羰氨反应的进程。

(2)亚硫酸及其盐处理　亚硫酸根可与羰基生成加成产物，因此可以用SO_2和亚硫酸盐来抑制羰氨反应。

(3)改变pH　因为羰氨反应在碱性条件下较易进行，所以降低pH是控制这类褐变的方法之一。例如，蛋粉脱水干燥前先加酸降低pH，在复水时加Na_2CO_3恢复pH。

(4)使用较不易发生褐变的糖类　因为游离羰基的存在是发生羰氨反应必要的条件，所以非还原性的蔗糖在不会发生水解的条件下可用来代替还原糖，果糖相对来说比葡萄糖较难与氨基结合，必要时也可用来代替醛糖。

(5)生物化学方法　有的食品中，糖的含量甚微，可加入酵母，用发酵法除糖，例如，蛋粉和脱水肉末的生产中就采用此法。另一个生物化学方法是用葡萄糖氧化酶及过氧化氢酶混合酶制剂除去食品中的微量葡萄糖和氧。氧化酶把葡萄糖氧化为不会与氨基化合物结合的葡萄糖酸。

$$R\cdot CHO+O_2+H_2O \longrightarrow R\cdot COOH+H_2O_2$$

此法也可用于除去罐（瓶）装食品容器顶隙中的残氧。

(6)适当增加钙盐　钙盐有协同SO_2抑控褐变的作用，此外，钙盐可与氨基酸结合成为不溶性化合物。这在马铃薯等多种食品加工中已经成功地得到应用。这类食品本来在单独使用亚硫酸根时仍有迅速变褐的倾向，但在结合使用氯化钙以后有明显的抑制褐变的效果。

（二）酶促褐变

酶促褐变发生在水果、蔬菜等新鲜植物性食物中。水果和蔬菜在采后，组织中仍在进行着活跃的代谢活动。在正常情况下，完整的果蔬组织中氧化还原反应处于平衡状态，当发生机械性的损伤（如削皮、切开、压伤、虫咬、磨浆等）及处于异常的环境条件下（如受冻、热等）时，便会破坏水果和蔬菜中的氧化还原平衡，发生氧化产物的积累，造成褐变。在氧气存在下，这类褐变作用非常迅速，由酶催化所引起的褐变，称为“酶促褐变”。在大多数情况下，酶促褐变是一种不希望出现于食物中的变化，例如香蕉、苹果、梨、茄子、马铃薯等，在削皮、切开后都很容易褐变，应尽可能避免。但像茶叶、可可豆等食品，适当的褐变则是形成良好的风味与色泽所必需的。

酶促褐变是酚酶催化酚类物质形成醌及其聚合物的反应过程。植物组织中含有酚类物质,在完整的细胞中作为呼吸传递物质,在酚-醌之间保持着动态平衡。当细胞被破坏以后,氧气就大量侵入,使原来的平衡被破坏,植物切面和氧气直接接触后,外层潮湿表面上的抗坏血酸立刻被氧化掉,继而在多酚氧化酶的参与下,邻苯二酚被氧化形成邻苯醌,邻苯醌进一步氧化形成羟基醌。而羟基醌聚合时就出现了组织破损表面上常见的褐色素。

酶促褐变的发生需要三个条件:一是有适当的酚类底物,二是酚氧化酶,三是氧,三个条件缺一都不会发生褐变。在控制酶促褐变的实践中,曾经有人设想将酚类底物的结构改变,例如将邻二酚改变为其取代衍生物,但迄今未取得实用上的成功。实践中控制酶促褐变的方法,主要是从控制酶活性和氧气这两方面着手。

常用的控制酶促褐变的方法有以下几种。

(1)热处理法　在适当的温度和时间条件下,热烫新鲜果蔬,使酚酶及其他相关的酶失活,是广泛使用的控制酶促褐变的方法。热烫的温度和时间是达到钝化酶的关键,过度加热会影响产量;相反,如果热烫处理不彻底,未能钝化酶,反而会加强酶和底物的接触而促进褐变。像白洋葱、韭葱,如果热烫不彻底,变成粉红色的程度比未热烫的还要厉害。

用水煮和蒸汽处理,仍是目前使用最广泛的热烫方法。不过微波能的应用,为热能钝化性提供了新的有力手段,它可使组织内外一致迅速受热,对质地和风味的保持极为有利。

(2)酸处理法　利用酸来控制酶促褐变,也是目前广泛使用的方法。常用的酸有柠檬酸、苹果酸、磷酸以及抗坏血酸等。一般来说,它们的作用是降低 pH 值以控制酚酶的活性,因为酚酶的最适 pH 值为 6 ~ 7,pH 值低于 3.0 时已无活性。

柠檬酸是使用最广泛的食用酸。苹果酸是苹果汁中的主要有机酸,在苹果汁中对酚酶的抑制作用要比柠檬酸强得多。抗坏血酸是更加有效的酚酶抑制剂,即使浓度极大也无异味,对金属无腐蚀作用,而且作为一种维生素,其营养价值也是尽人皆知的。

(3)二氧化硫及亚硫酸盐处理　二氧化硫及常用的亚硫酸盐,如亚硫酸钠(Na_2SO_3)、亚硫酸氢钠($NaHSO_3$)、焦亚硫酸钠($Na_2S_2O_5$)、连二亚硫酸钠即低亚硫酸钠($Na_2S_2O_4$)等都是广泛使用于食品工业中的酚酶抑制剂。在蘑菇、马铃薯、桃、苹果等加工中已应用。SO_2及亚硫酸盐溶液在微酸性(pH=6)的条件下对酚酶抑制的效果最好。

二氧化硫法的优点是使用方便、效力可靠、成本低,有利于维生素 C 的保存,残存的SO_2可用抽真空、炊煮或使用H_2O_2等方法除去;缺点是使食品失去原色而被漂白(花青素破坏),腐蚀铁罐的内壁,有不愉快的嗅感与味感,残留浓度超过 0.064% 即可感觉出来,并且破坏 B 族维生素。

(4)驱除或隔绝氧气　具体措施:①将去皮切开的水果、蔬菜浸没在清水、糖水或盐水中;②浸涂抗坏血酸液,使在表面上生成一层氧化态抗坏血酸隔离层;③用真空渗入法把糖水或盐水渗入组织内部将空气驱出。苹果、梨等果肉组织空隙中具有较多气体的水果最适宜用此法。

(5)加酚酶底物类似物　用酚酶底物类似物如肉桂酸、对位香豆酸及阿魏酸等酚酸可以有效地控制苹果汁的酶促褐变。由于这三种酸都是水果、蔬菜中天然存在的芳香族有机酸,在安全上无多大问题。肉桂酸钠盐的溶解性好,售价也便宜,控制褐变的时间长。

四、油脂酸败

油脂是一种容易发生酸败的食品成分,油脂酸败是由很多因素引起的,发生油脂酸败的食品不能食用,一般称为酸败食品。酸败过程包括纯化学反应和酶催化的生物化学反应。这两个过程的反应往往同时发生,并且都以水解过程和氧化过程为基础。

(一)油脂水解

水解过程是含脂肪食品储藏在不适宜条件下发生的不良状态。油脂在有水存在时,在加热、酸、碱及脂酶的作用下,可发生水解反应,产生甘油和游离脂肪酸。游离脂肪酸是形成脂肪酸败(丁酸)的先决条件。在有生命的动物组织脂肪中,不含有游离脂肪酸,动物宰后在组织内脂酶的作用下,部分油脂会水解形成游离脂肪酸。由于游离脂肪酸比甘油酯对氧更为敏感,会导致油脂更快氧化酸败,因此动物油脂要尽快熬炼,因为高温熬炼可使脂酶失活。植物油料种子中也存在脂酶,在制油前也使油脂水解而生成游离脂肪酸。牛乳中存在的脂酶能水解乳脂生成具有酸败味的短链脂肪酸(C4 ~ C12)。除化学水解和自身酶催化的生化水解外,脂肪还会由于微生物的酶作用发生水解。水是微生物生长的基本因子,因此含水黄油、人造奶油特别容易发生微生物引起的酸败。

(二)油脂氧化与酸败

食用油脂氧化是油脂及含油脂食品败坏的主要原因之一。在食品加工和储藏期间,油脂因温度的变化及氧气、光照、微生物、酶等的作用,产生令人不愉快的气味、苦涩味和一些有毒性的化合物,这些变化统称为酸败。另外,氧化反应能降低食品的营养价值,某些氧化产物可能具有毒性。但在某些情况下,脂类进行有限度氧化是需要的,例如产生典型的干酪或油炸食品香气。

油脂氧化包括酶氧化及非酶氧化。酶氧化是指普遍存在于豆类和谷类中的酶,使亚油酸、亚麻酸等不饱和脂肪酸氧化的现象。氧化的结果生成带异味、异臭的醛等低分子物质,使食品失去商品价值。

但是,食品氧化最重要的是油脂的自动氧化。天然油脂暴露在空气中会自发地进行氧化作用,发生酸臭和口味变苦的现象。其原因是脂肪中的不饱和烃链被空气中的氧所氧化,生成过氧化物,过氧化物继续分解产生低级的醛和羧酸,会使食品产生令人不快的嗅觉和味觉。饱和脂肪酸也会酸败,但速度较慢。油脂的自动氧化是指常温下空气中的氧与油脂中的脂肪酸发生的分解、聚合反应。主要是脂肪水解的游离脂肪酸,特别是不饱和游离脂肪酸的双键容易被氧化,碘价高的油脂酸败速度快。特别是具有亚甲基共轭双键的脂肪酸,如亚油酸、亚麻油酸、花生四烯酸等最容易引起自动氧化,而这些脂肪酸在营养学上是所谓的必需脂肪酸。不饱和游离脂肪酸生成过氧化物并进一步分解,这些过氧化物大多数是氢过氧化物,同时也有少量的环状结构的过氧化物,若与臭氧结合则形成臭氧化物。它们的性质极不稳定,容易分解为醛类、酮类以及低分子脂肪酸类等,使食品带有哈喇味。在氧化型酸败变化过程中，氢过氧化物的生成是关键步骤，这不仅是由于它的性质不稳定，容易分解和聚合而导致脂肪酸败，而且还由于一旦生成氢过氧化物后，氧化反应以连锁方式使其他不饱和脂肪酸迅速变为氢过氧化物，因此脂肪氧化型酸败是一个自动氧化的过程。油脂的自动氧化过程十分复杂，一般有三个阶段：诱导期、发展期和终止期。氧化作用产生大量的氧化物、过氧化氢。由于这类化合物不稳定，所以很快就分解产生许多短链化合物，包括醛类、醛酯类、氧化酸类、烃类、醇类、酮类、羟基和酮基酸类、丙酯类和二聚化合物。这就是油脂酸败呈哈喇味的主要来源。

除化学性氧化外，脂肪还会发生生物化学氧化分解，这是由动植物组织的酶和微生物产生的酶的作用引起的。例如微生物产生的酶的作用下分解成甘油和游离脂肪酸，游离脂肪酸在酶的进一步作用下，生成具有苦味及臭味的低级酮类。同时，甘油也被氧化成具有特臭的1,2-丙醚丙醛。氧化酸败的基质基本上是不饱和脂肪酸。植物油含有较多的不饱和脂肪酸，所以植物油较易氧化。

酸败油脂不仅降低风味，而且营养价值也显著降低。长期用于饲料中会使动物体重降低，甚至死亡。人体摄取酸败油脂会引起腹痛、腹泻、呕吐等急性中毒症状。若人体在生活中经常微量摄取，则可引起肝硬化、动脉硬化等症，严重威胁人体健康和影响寿命，因此必须引起重视。

（三）油脂酸败的影响因素

（1）温度　脂肪自动氧化的速度随温度增加而增高，在近常温时，温度每升高 10 ℃，氧化速度增加 2.5 ~3 倍。因为温度增高会加速碳链上的衍生反应，促进游离基的增加，同时也会加速过氧化物的分解。因此含油食品的储存应尽可能保持较低的温度。

（2）光照和放射线辐照　光照对油脂酸败有显著的影响。光照除促进脂肪的氧化外，对于较稳定的氨基酸类也有促进氧化作用。含硫氨基酸在光的作用下，会产生特有的氧化臭。另外食品中所含的维生素，尤其是维生素 B_2，对光也很敏感，会迅速导致分解。而维生素 B_2 的光分解又导致氨基酸的光分解，如牛乳中诱发的日光臭就是明显的例子。

高能量放射线的辐照也会促进油脂的酸败变质，因此，利用高能量放射线辐照来保藏食品，虽有杀灭微生物及防止马铃薯发芽等作用，但油脂酸败问题尚难以解决，使用范围也受到局限。

（3）氧气分压　脂肪自动氧化的速度随大气中氧气分压的增加而增加，但氧气分压达到一定数值后，自动氧化速度基本保持不变。实际上，含油食品和空气相接触的表面积与氧化速度的关系比氧气分压更为重要，比表面积大的食品，氧化速度特别快。为阻止含油食品的氧化变质，较有效的办法是改进食品的包装技术。采用真空包装或充氮包装，或者在包装物中用小包除氧剂除去游离氧，都可以减少或防止油脂的氧化，所有这些包装措施都要求包装绝对防止气体的泄漏。以上的措施中又以除氧剂最为理想，因为无论是真空或充氮，都免不了存留少许氧气分压。采用去除氧气的包装，除了有防止食品成分氧化的效果外，同时也能抑制好氧微生物的生长和繁殖。

（4）水分　水分对油脂的自动氧化没有直接的关系，但有间接影响。食品中水分含量较高或特别干燥，都会导致较快的酸败速度，但水分含量低至单分子水层吸附的状态时,脂肪的稳定性却最高。

单分子水层的保护效应机制有以下三个方面:其与金属催化剂作用,降低了金属的催化能力;阻止了氧与脂肪的接触;通过氢键作用,稳定了过氧化物。因此,食品中含有一定的水分似乎可以阻止或抑制脂肪的自动氧化作用。故干燥脱水食品在加工时如何使之保留一定的适宜水分含量,是加工工艺中的重要课题之一。实践中发现最佳稳定度的水分含量随食品品种而异,如淀粉类食品约为6%,高糖类食品则为微量。

(5)金属离子　金属离子,特别是重金属离子,在食品中即使含量极微,对油脂自动氧化都具有强力的催化作用。这是因为金属能缩短油脂氧化诱导期和提高反应速度,尤以铜、铁、锰等高价离子的作用最大。在食品或精制油脂中,金属离子含量往往都超过催化所需要的临界量,因此近年来,许多国家在食品加工机械方面,用不锈钢取代一般铜铁部件,这是一个不可忽视的问题。一些食品加工对生产用水控制不严格,自来水中仍含铜离子,这样的水有必要先经去离子处理。

有些国家在油脂或含油脂的食品中添加乙二胺四乙酸(EDTA)化合物,借以封锁金属离子,以达到增加油脂稳定性的目的,但日本等国则不提倡添加。

(6)生物体内的金属化合物　动物体内的细胞色素、血红蛋白、肌红蛋白中都含有亚铁血红素等化合物,这也是非常强的促进氧化的物质,因此它对肉类制品、水产制品等的保藏性有重要影响。

(7)脂氧合酶　脂氧合酶广泛存在于植物尤其是豆科植物之中。脂氧合酶在食品中破坏亚油酸、亚麻酸和花生四烯酸等必需脂肪酸,使之生成氢过氧化物。另外,氧化过程中所产生的游离基将损伤维生素和蛋白质等其他成分。由于脂氧合酶在低温下仍然有活力,因此制作冷冻蔬菜(如速冻青豆、蚕豆等)时,必须先将原料进行热烫处理,俗称杀青,以彻底破坏其酶活力,否则在成品保存过程中也会造成严重劣变。

五、蛋白质的变性

蛋白质变性是肉类、乳类、蛋类、豆类等富含蛋白质的食品在储藏或加工过程中发生的一种变质现象。食品中的蛋白质以多种氨基酸为基本单位,通过主键(肽键)和副键(二硫键、盐键、酯键、氢键等)相互连接形成一种螺旋卷曲或折叠的四级立体构型。在贮藏或加工过程中,蛋白质的水解和变性对食品质量有很大影响。蛋白质水解是蛋白质分子的一级结构主键被破坏,最终降解为氨基酸的过程。蛋白质的二、三、四级结构的变化导致蛋白质变性,其中三、四级结构改变使蛋白质呈现可逆性变化,而二级结构改变则使蛋白质发生不可逆变性。蛋白质变性对食品质量的影响因动物蛋白质和植物蛋白质而有所不同。

(一)动物蛋白质变性

动物蛋白质依其来源可分为肉类蛋白质、卵类蛋白质和乳类蛋白质三类。

肉类蛋白质包括畜、禽、鱼肉中的蛋白质。按其在动物组织中的分布状况,又有肌浆蛋白、肌原纤维蛋白和肉基质蛋白,三者的含量在畜、禽肉中分别约占蛋白质总量的30%、50%和20%,在鱼肉中分别约占20%、75%和5%。肌浆蛋白呈液态,存在于肌肉纤维中,性质极不稳定,易发生变性。肉基质蛋白主要由胶原和弹性蛋白等组成,对保持肉的硬度有很大作用。肌原纤维蛋白主要包括肌球蛋白和肌动蛋白,在动物蛋白质食品中起重要作用,它不仅与肉类储藏中的硬度变化有密切关系,而且对肉类加工、肉的持水性和黏结性变化起着控制作用,其中肌球蛋白对控制作用的影响更为敏感。当肌球蛋白质处于游离状态时,在 pH=7.0、温度 30 ℃的条件下即可开始发生变性。

鱼肉蛋白质的稳定性较差,捕杀后易发生变性。这是由于肌肉中所含的自溶酶使蛋白质迅速分解而使肉质软化变质的缘故。

禽蛋储藏中发生的卵类蛋白变性主要表现为浓厚清蛋白变稀,水样化蛋白含量增多,同时清蛋白的发泡性增强。鲜蛋的浓厚清蛋白由液态和凝胶两部分组成,储藏中蛋白的凝胶部分所含高糖量卵黏蛋白发生酶促水解,破坏了蛋白组织,其水解产物己糖胺、己糖等在溶解型和不溶解型卵类蛋白中的含量也随之变化,从而使浓厚清蛋白变稀,导致鲜蛋质量变劣。

乳类蛋白存在于畜乳中,由酪蛋白和乳清蛋白组成,酪蛋白约占乳蛋白含量的 80%以上。畜乳作为食品工业的重要原料,在加工和储藏中常需要加热灭菌、冷冻、浓缩和喷雾干燥等处理,这些处理对乳蛋白的稳定性会产生不同程度的影响。酪蛋白对热处理比较稳定,而乳清蛋白遇热容易变性,并产生臭味,这是由于乳清蛋白中的 β-乳球蛋白的硫氢基(—SH)反应增强,生成 H_2S 的结果。乳蛋白对热处理的稳定性与环境中的 O_2 含量有密切关系,环境中温度高、O_2 含量多时乳蛋白的稳定性差。炼乳、乳粉、奶片等乳制品经长时高温加热或长期储藏,则因乳蛋白的赖氨酸与乳清中的乳糖发生羰氨反应而产生褐变。乳蛋白在低温下的变性也很常见,鲜乳冻藏时形成的冰晶,破坏乳脂肪的乳化,使乳脂肪与乳蛋白分离,并降低乳蛋白的溶解性。

(二)植物蛋白质变性

食品中的植物蛋白质主要存在于豆类、油料和粮食的种子中。由于这些种子的含水量低,储藏期间处于干燥状态,酶的活性受到抑制,因而其蛋白质的性质较动物蛋白质稳定。

植物蛋白质变性是由于蛋白质分子的缔合引起的,其特点是溶解度降低,水溶性氮的含量显著减少,而且随着环境温度的升高和储藏期的延长,植物蛋白质变性加剧。植物蛋白质变性通常发生在人工干燥、冷冻储藏和常温下长期储藏中。高温下人工干燥如将大豆加工成豆腐粉、豆乳粉等豆制食品,产品的水溶性受到很大影响,而采取低温(40 ℃)干燥可防止植物蛋白质的变性,使产品有较好的溶解性。植物蛋白质变性主要发生在冷冻豆制品中,其变性程度与冷冻温度和冻结速度有密切关系。一般而言,冻结温度越低(-30 ~ -20 ℃)、冻结速度越快,则植物蛋白质变性越弱;而在近于食品冰点温度(-5 ~ -1 ℃)冻结时,会导致植物蛋白质的剧烈变性。这是因为在冰点温度下,食品中含有较多未冻结的水,这些水中含有浓缩的蛋白质,由此易引起蛋白质分子间的缔合,因而加剧了蛋白质的变性。

(三)蛋白质变性的影响因素

蛋白质的变性使疏水基团暴露在分子表面,引起溶解度降低,改变对水结合的能力和失去生物活性(例如酶或免疫活性)。由于肽键的暴露,容易受到蛋白酶的攻击,增加蛋白质对酶水解的敏感性。在食品储藏过程中影响蛋白质变性的因素有以下几点。

(1)热处理　在食品加工和保藏过程中,热处理是最常见的加工方法。一般认为,温度越低,蛋白质的稳定性越高。水能够促进蛋白质的热变性。

(2)辐射　当射线(如紫外线、γ 射线)的能量足够高时,也会导致蛋白质变性。研究分析证明,在许多适合的条件下,辐射不会对蛋白质的营养质量产生明显的损害作用。然而,有些食品对辐射非常敏感,例如在辐射剂量低于无菌所需的水平时,就能导致牛乳产生不良风味。

(3)剪切　由振动、捏合、打擦产生的剪切力会破坏蛋白质分子的结构,从而使蛋白质变性。例如,在打蛋时,就是通过强烈快速的搅拌,使鸡蛋蛋白质分子由复杂的空间结构变成多肽链,多肽链在继续搅拌下以多种副键交联,形成球状小液滴,由于大量空气的冲入,使鸡蛋体积大大增加。

(4)高压　压力诱导的蛋白质变性是可逆的,但是当压力达 200 ~ 700 MPa 的静水压时,导致的蛋白质变性是不可逆的,并会破坏细胞膜和导致微生物中细胞器的离体,会使生长的微生物死亡。科学家正在研究将高压作为食品加工的一种手段,应用于灭菌和蛋白质的凝聚。高压导致的蛋白质变性,不同于热加工和辐射的影响,它不会损害蛋白质中的必需氨基酸的天然色泽和风味,也不会导致有毒化合物的形成。

(5)pH 值　蛋白质在等电点时比在任何其他 pH 值时,对变性作用更加稳定。在中性 pH 值,由于大多数蛋白质的等电点低于 7,因此它们带有负电荷。由于此时准静电排斥能量小于其他稳定蛋白质的相互作用的能量,因此大多数蛋白质是稳定的。然而,在极端值下高净电荷引起的强烈的分子静电排斥会导致蛋白质分子的肿胀和展开。蛋白质分子展开的程度,在极端碱性 pH 值条件下高于在极端酸性 pH 值。由 pH 值诱导的蛋白质变性多数是可逆的,然而,在某些情况下,肽键的水解能导致蛋白质的不可逆变性。

(6)金属离子　碱金属(例如 Na^+ 和 K^+)只能有限度地与蛋白质起作用,而 Ca^{2+}、Mg^{2+} 略微活泼些,过渡金属例如 Cu^{2+}、Fe^{2+}、Ag^+ 等离子很容易与蛋白质发生作用,其中许多离子能与蛋白质中巯基形成稳定的复合物。Ca^{2+}(还有 Fe^{2+}、Cu^{2+} 和 Mg^{2+})可成为某些蛋白质分子或分子缔合物的组成部分,一般用透析法或螯合剂可从蛋白质分子中除去金属离子,但这将明显降低这类蛋白质对热和蛋白酶的稳定性。

(7)促溶盐　盐以两种不同的方式影响蛋白质的稳定性。在低浓度时,离子通过非特异性的静电相互作用与蛋白质作用。此类蛋白质电荷的静电中和一般稳定了蛋白质的结构。完全的电荷中和出现在离子强度等于或低于 0.2 mol/L,并且与盐的性质无关。然而在较高的浓度(>1 mol/L),盐具有影响蛋白质结构稳定性的特异效应。阴离子对蛋白质结构的影响甚于阳离子。在等离子强度下,各种阴离子影响蛋白质(包括 DNA)结构稳定性的能力一般遵循下列顺序:

$$F^- < SO_4^{2-} < Cl^- < Br^- < I^- < ClO_4^- < SCN^- < Cl_3CCOO^-$$

氟化物、氯化物和硫酸盐是结构稳定剂,而其他阴离子盐是结构去稳定剂。

六、淀粉老化

(一)淀粉老化的原理

在淀粉粒中,淀粉分子彼此排列得非常紧密,它们在羟基间通过氢键形成极致密的疏水性微胶粒(微晶束)构造。这种存在的状态即为β-淀粉。β-淀粉无食味,酶不易作用,难于消化,同时碘的吸附性也较差。

淀粉粒与水共热,则淀粉分子之间的氢键受破坏,淀粉分子则水合膨胀,温度达60~70 ℃时便成糊状。这种状态的淀粉称为α-淀粉。α-淀粉使原来的微胶粒结构消失,酶容易发生作用,也容易消化,遇碘便呈蓝色反应。

在温度较高的情况下,α-淀粉是稳定的。但若温度接近或低于30 ℃时,淀粉分子间的氢键便恢复稳定的状态,淀粉分子彼此又通过氢键结合,分子又按次序紧密排列起来,同时原来所含水分逐渐被排挤出来而减少,α化的淀粉又部分地恢复β-淀粉的状态,就是淀粉的老化。

老化的淀粉食味及消化性能显著变劣。但淀粉老化是常温保存时必然存在的现象,防止淀粉老化是淀粉类食品加工的重要课题。

(二)淀粉老化的影响因素与防止

淀粉的老化可以看成是淀粉糊化过程的逆转,由无序的直链淀粉分子向有序排序转化,部分的恢复结晶状态,由透明变为不透明,和原淀粉相比,淀粉的结晶程度低。控制淀粉老化在食品加工和储藏中有重要的意义。影响淀粉老化的因素有淀粉的种类、含水量、温度、表面活性剂和pH值等。

在储藏保存淀粉时,淀粉含水量为30%~60%时较容易老化,含水量小于10%或在大量水中则不容易老化。老化作用的最适宜温度为2~4 ℃,保存环境的温度高于60 ℃或低于-20 ℃都不会使淀粉发生老化。淀粉在偏酸(pH≤4)或偏碱的条件下保存也不易老化。

淀粉食品防止老化的最普通的方法是进行脱水干燥,并在保存中防止吸湿返潮。可将糊化后的α-淀粉,在80 ℃以下的高温迅速除去水分(水分含量最好在10%以下)或冷至0 ℃以下迅速脱水。这样淀粉分子已不可能移动和相互靠近,成为固定的α-淀粉。α-淀粉加水后,因无胶束结构,水易于浸入而将淀粉分子包蔽,不需加热,也易糊化。这就是制备方便食品的原理,如方便米饭、方便面条、饼干和膨化食品等。

淀粉食品保存时最好避开0~10 ℃这个温度范围。冷冻食品要采取速冻的方法,解冻时最好也要急速解冻加温,使其尽快通过易致老化的温度区。

由于直链淀粉容易引起老化,故将淀粉加工成变性淀粉,部分地导入亲水基,其老化性可显著降低。此外,在淀粉中加入蔗糖、饴糖等糖类,这些糖的羟基会和淀粉分子的羟基形成氢键,对推迟老化有明显的效果。而脂肪中的脂肪酸会和直链淀粉形成螺旋状包围结构,使淀粉的老化速度下降。食品乳化剂的主要成分也是脂肪酸酯的化合物,同样也可有效防止淀粉老化。因此,油脂和砂糖的添加及选择适当的乳化剂,对防止老化是行之有效的措施,也有利于维持食品的保水性。

七、维生素降解

自收获开始,所有食品原料中的维生素都不可避免有所损失,维生素可被降解、氧化或完全破坏。因此,食品科学家仔细研究了食品加工和储存造成维生素等营养素损失的原因,力图改进加工工艺,并千方百计减少损失。

水果与蔬菜中维生素是随成熟期、生长地及气候不同而变化的。绝大多数果蔬在成熟期内维生素的变化仍是一个谜,何况水果、蔬菜及豆类都是在成熟之前已采摘。以植物为原料的食品的维生素含量无疑受到农业环境条件的影响,科学家发现地域对水果和蔬菜中维生素 C 和维生素 A 的活性影响特别大,地域涉及地理、气候条件、品种、农业行为(如肥料的种类与施用数量、灌溉方式)等因素。动物制品中的维生素含量与物种和动物的食物结构有关。以 B 族维生素为例,在肌肉中的浓度取决于某块肌肉从血液中汲取维生素 B 并将其转化为辅酶形式的能力。

水果、蔬菜和动物肌肉中留存的酶,导致收获后维生素含量的变化。细胞受损后释放出来的氧化酶和水解酶会改变维生素活性和不同化学构型之间的比例。例如,维生素 B_6、维生素 B_1 或维生素 B_2 辅酶的脱磷酸反应、维生素 B_6 葡萄糖苷的脱葡萄糖基反应和聚谷氨酰叶酸酯的分解作用,都会导致在植物采收后和动物屠宰后上述维生素不同构型之间比例的改变,进而影响其生物利用率。脂肪氧合酶的氧化作用会降低很多维生素的浓度,而抗坏血酸氧化酶只减少抗坏血酸的含量。倘若采取合适的采收后的处理方法,如科学的包装、冷藏运输等措施,果蔬和动物制品中维生素的变化会减少。

维生素在加工过程中损失较多,比如食品的热加工。而与热加工相比,储存方式对于维生素含量的影响要小得多,其主要原因:常温和低温时反应速率相当慢;溶解氧基本耗尽;因热或浓缩(干燥或冷冻)导致的 pH 值下降有利于硫胺素与抗坏血酸等维生素的稳定。在无氧化脂质存在时,低水分食品中水分活度是影响维生素稳定的首要因素。食品中水分活度若低于 0.2 ~ 0.3(相当于单分子水合状态),水溶性维生素一般只有轻微分解,脂溶性维生素分解达到极小值。若水分活度上升则维生素分解增加,这是因为维生素、反应物和催化剂的溶解度增加。脂溶性维生素的降解速度在相当于单分子层水分的水分活度时达到最低,而无论水分活度升高或降低都会增加。维生素对各种影响因素的敏感程度是不同的。食品的过分干燥会造成氧化敏感的维生素有明显的损失,对热不稳定的维生素都会在高热下被破坏,食品在储存时可能发生这种损失,加热保藏食品(巴氏消毒)亦可造成这种损失。对氧敏感的维生素在食品储存中特别容易被破坏。合适的包装、储存在保护性气体(如氮气)中,对食品中维生素有保护作用。在食品储存过程中,主要是紫外线对维生素有破坏作用,因此适当的包装和避光可减少这种损失。

八、微生物引起的品质变化

(一)微生物对食品的影响

食品中的微生物是导致食品不耐储藏的主要原因。一般说来,食品原料都带有微生物。在食品的采收、运输、加工和保藏过程中,食品也有可能污染微生物。在一定的条件下,这些微生物会在食品中生长、繁殖,使食品失去原有的或应有的营养价值和感官品质，甚至产生有害和有毒的物质。

微生物的繁殖速度很快，一般当微生物生长、繁殖的条件都具备时，每 20 ~ 30 min 就可繁殖一代，其总数量呈几何级数增长。

由微生物引起食品的变质，其一般作用是由微生物产生的酶分解食品的成分，由高分子物质分解成低分子物质。同时由于微生物在食品中的繁殖代谢而产生种种的中间产物，造成食品品质全面下降，甚至产生毒素和恶臭，这就是腐败。已经腐败的食品失去原有的营养价值，组织状态及色、香、味均不符合卫生要求，不再能够食用。有些食品遭受微生物轻度危害，表面上无明显劣变现象，但营养价值已受损失，并且基质往往已经带毒，这种初期变质常常不易被人们识别。如果长期摄取这类食物，毒素积累在人体内也会引起严重的后果。

细菌、霉菌和酵母菌都可能引起食品的变质，其中细菌是引起食品腐败变质的主要微生物。在食品储藏期间，在绝大多数场合，造成食品腐败变质的主要原因都是由细菌引起的。细菌造成的变质一般表现为食品的腐败，是由于细菌活动分解食品中的蛋白质和氨基酸，产生恶臭或异味的结果。有些还可能产生有毒物质，引起食物中毒。在肉类食品中可能存在的肉毒杆菌分泌的肉毒素具有很大的毒性且难以发觉；蛋品常会含有沙门氏菌。酵母菌和霉菌引起的变质多发生在酸性较高的食品中，一些酵母菌和霉菌对渗透压的耐性也较高。酵母菌一般生长在含碳水化合物较多的食品中，如蜂蜜、果冻果酱、果酒等。霉菌容易在有氧、水分少的干燥环境中生长发育，在富含淀粉和糖的食品中也容易滋生霉菌。例如食品及原料中容易生长的黄曲霉，其会产生黄曲霉毒素，并属于致癌性物质。

食品由碳水化合物（淀粉）、蛋白质等多种成分组成，所以在储藏过程中造成食品腐败变质并非一种原因所致，大多数是细菌、霉菌或酵母菌同时污染作用的结果。

（二）抑制微生物生长、繁殖的因素

首先是杜绝微生物的存在，如各种食品的杀菌和灭菌，然后防止食品被再次感染，这是最彻底的方法。对于大多数的食品，则是控制微生物的生长环境，如食品的水分、营养、pH 值、温度以及供氧条件等。破坏微生物生长、繁殖条件中的任何一项或几项都可以防止其生长和繁殖。这就是食品加工和保藏中所需考虑的。

本章小结

食品品质是指食品的食用性能及特征符合有关标准的规定和满足消费者要求的程度。食品品质包括食品的食用品质和附加品质。食用品质包括食品的感官品质、食品的卫生品质和营养品质。人们对食品的品质要求除食用品质之外的其他要求就构成了食品的附加品质，附加品质也是食品品质的重要组成部分，它们与能否满足消费者的要求有直接关系。

食品原料的品种很多，来源也非常广泛，其组分差异很大。食品原料按习惯常分为果蔬类、畜禽肉类（肉禽类）、水产类、乳蛋类、粮油类等。由于在原料生产地与加工、消费地之间存在地点和时间、空间的差异，食品原料从采收到工厂加工或消费，有一个运输及储藏过程,为保证食品原料的质量,减少损失,在运输及储藏时要采取相应的保鲜手段。食品在储藏过程中,为了保证食品原料的质量,减少损失,需要了解其在食品储藏中的品质变化,根据食品原料本身的特性,采取合适的保鲜手段。

在储藏、流通期间,食品品质的降低主要与由食品外部的微生物一再侵入,在食品中繁殖所引起的复杂化学和物理变化有关。此外,也与食品成分间相互反应、食品成分和酶之间的纯化学反应、食品组织中原先存在的酶引起的生化反应等有关。食品成分在保藏中的变化主要包括食品褐变(酶促褐变和非酶促褐变)、油脂酸败(油脂水解和油脂氧化)、蛋白质变性、淀粉老化、维生素降解以及一些微生物引起的品质变化。因而,保藏的意义就在于,在制造和储存之际,灭杀食品中存在的微生物和酶(或者钝化),此后没有外部微生物的污染并阻止食品中微生物的繁殖;用物理或化学处理来阻止酶和非酶化学反应,以保持食品的品质,达到保存食品之目的。

思考题

1. 什么是食品品质?
2. 说明果实在生长期和采后的热力学变化规律。
3. 温度对食品品质变化速度有什么影响?
4. 描述果蔬采后的生理特征。
5. 描述肉类在加工储藏过程中的品质变化。
6. 水产原料为什么更容易腐败变质?
7. 举例说明淀粉、油脂在储藏加工过程中的重要性质。
8. 描述酶在果蔬加工中的作用和影响。
9. 常用的控制酶促褐变的方法有哪些?

第四章　食品低温保藏

第一节　概　述

一、食品低温保藏的含义

一方面是指食品储藏的温度低于环境温度但不低于食品汁液的冻结点，即食品内的水分不会结冰，这种低温保藏叫作食品的冷却冷藏，简称为冷藏（或高温冷藏）；另一方面是指食品储藏的温度远低于食品汁液的冻结点，这个低温环境一般规定为-18 ℃及以下，即食品内的绝大部分水分都结成了冰，这种低温保藏叫作食品的冻结冷藏，或叫冻藏（或低温冷藏）。如果没有特别说明，食品的冷藏应该包括以上两个方面。

食品在进行冷藏时，应根据其种类不同而采用不同的冷藏温度。按照是否具有呼吸的生命特征来划分，食品可分为两大类。一类是具有呼吸作用的食品，如水果、蔬菜、各种禽蛋等，叫活性食品；另一类是不具有呼吸作用的食品，如水产品、肉类以及各种面点食品等，叫非活性食品。活性食品的储藏一般采用冷藏法，非活性食品的储藏一般采用冻藏法。在日常生活中，人们经常把水果、蔬菜、鸡蛋等食品储藏在电冰箱的冷藏室，而把鱼类、家禽、肉类以及各种速冻面点食品等储藏在电冰箱的冷冻室，就是比较科学的食品储藏方法。

二、食品低温保藏的内容

不论冷藏还是冻藏，食品的低温保藏都是在冷藏库内完成的。按照我国冷藏库的温度标准，温度在0 ℃左右的冷藏库为高温库，主要储藏活性食品或只作短期调配的非活性食品；温度为-18 ℃及以下的冷藏库是低温库，主要储藏非活性食品；非活性食品在进入冻藏库前必须经过冻结或者速冻加工，其加工装置或加工间的温度在-23 ℃及以下，目前许多速冻装置能达到的-35 ℃及以下温度，主要是对非活性食品进行冻结。食品低温保藏的内容主要包括以下三个方面。

（1）食品冷藏　一般食品冷却后的温度在0～4 ℃，食品具有较好的新鲜度。经过冷却后的食品就顺利进入到高温冷藏库进行冷却冷藏。高温冷藏库简称高温库，库内温度比较稳定，一般为0 ℃左右。人们常把高温库叫作恒温库，而专业上把高温库叫作冷却物冷藏间。

（2）食品冻藏　一般食品冻结后的中心温度在-18 ℃及以下，食品具有很好的硬度后包装进入低温冷藏库进行冻结储藏，或叫冻藏。低温冷藏库简称低温库，库内温度一般为-18 ℃左右或以下，根据保藏食品品质要求调整。专业上把低温库叫作冻结物冷藏间。

(3)食品的升温与解冻　食品的升温是高温库储藏的食品在出库销售前,要逐渐使其温度回升到接近环境温度。否则会因为食品与环境温差过大,形成冷凝水而加速食品的腐败变质。

食品的解冻是低温库储藏的食品在食用或加工前,要使其温度升高到所要求的温度,以恢复冻结前的状态,获得最大的可逆性。

三、速冻食品

速冻食品的概念国际上没有一个统一的说法,一般来讲,就是将新鲜的原料或是成品利用速冻装置使其在-30 ℃或更低温度下进行快速冻结,使食品中心温度在30 min内降低到平均温度为-18 ℃的过程。完成冻结的食品还要尽快包装、装箱,送入低温库进行低温冷藏。需要说明的是,国内很多企业生产的食品大多是在冷藏库冻结间或某些冻结装置生产出来的,冻结温度只有-23～-25 ℃或更高,不仅温度达不到要求,冻结时间也比较长,这样的食品只能称作慢冻食品。

速冻食品不但要求在-18 ℃的低温库中储藏,在消费前的整个冷藏链中温度要求特别严格,冷藏运输、冷藏销售都需要专门的设备,而且温度都应稳定在-18 ℃左右。只有这样,才能保证速冻食品的质量。

第二节　食品低温保藏原理

一、温度对微生物生长和繁殖的影响

足够的高温能使微生物体内的蛋白质、酶、脂质体受热凝固变性失活,细胞膜也受到破坏,从而终止微生物的生命活动。大多数细菌不耐高温,当温度为55～70 ℃时,10～30 min就会失活。

降低温度将会导致微生物新陈代谢活动迟缓,生长繁殖速度减慢,引起冷冻食品变质的速度也变慢。这是因为:①微生物体内代谢酶活力下降,物质代谢过程中各种生化反应速率下降,微生物生长繁殖逐渐减慢。表4-1给出了不同温度下微生物繁殖时间,图4-1给出了温度对微生物繁殖数量的影响。②微生物细胞内的原生质体浓度增加,黏度增大,胶体吸水性下降,蛋白质分散度改变,对细胞造成了严重损害,导致不可逆的蛋白质变性,破坏生物性物质代谢的正常运行。③微生物细胞内外的水分冻结形成冰结晶,冰晶体的形成促使细胞内原生质或胶体脱水,浓度增加,使其中的部分蛋白质变性。④冰结晶还会对微生物细胞产生物理损伤,使细胞遭受到机械性破坏。

表 4-1　不同温度下微生物繁殖时间

温度/℃	繁殖时间/h	温度/℃	繁殖时间/h
33	0.5	5	6
22	1	2	10
12	2	0	20
10	3	-3	60

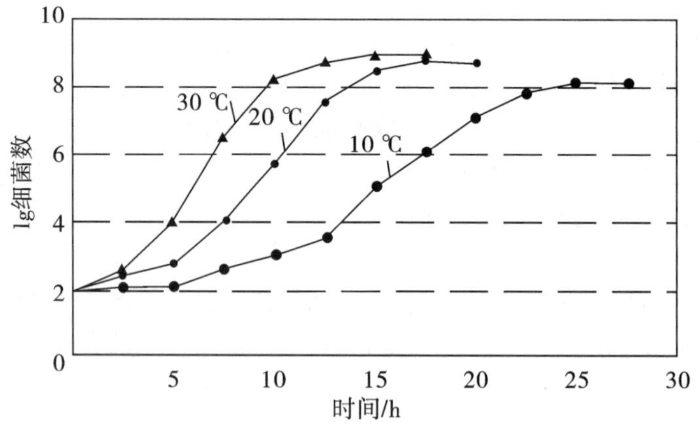

图 4-1　温度对微生物繁殖数量的影响

一般情况下,低温不能杀死全部微生物,只能阻止存活微生物的繁殖,一旦温度升高,微生物的繁殖又逐渐旺盛起来。因此要防止由微生物引起的变质和腐败,必须将食品保存在稳定的低温环境中。

二、温度对酶促反应的影响

温度对酶促反应的影响具有双重性,一方面,像一般化学反应一样,温度升高活化分子数就增多,反应速率就加快;另一方面,温度升高会使酶蛋白的活性降低甚至变性失活,从而使反应速率降低。综合上述两方面因素的影响,只有在某一温度时,酶促反应速度达到最大,此时的温度称为酶的最适温度。但是,酶的最适温度并不是酶的特征性物理常数,一种酶的最适温度通常不是完全固定的,它与作用的时间长短、底物浓度、反应 pH 值、离子强度等因素有关。大多数动物酶的最适温度为 37～40 ℃,植物酶的最适温度为 50～60 ℃。在最适温度时,酶的催化作用最强。随着温度的升高或降低,酶的活性均下降。

食品在低温条件下,可以抑制由酶的作用而引起的变质。酶活性虽在低温条件下显著下降,但并不是完全失活。低温储存的食品质量也会由于某些酶在低温下仍具有一定的活性而下降。当食品解冻后,随着温度的升高,仍保持活性的酶将重新活跃起来,加速食品的变质。在低温条件下,微生物作用和氧化作用对食品质量的影响相对较小,而酶的作用影响相对较大。

三、温度对氧化反应的影响

范特霍夫通过大量实验总结出一条规律，温度每升高 10 ℃，化学反应速率常数（Q_{10}）变为原来的 2 ~4 倍。除了酶催化反应和个别可能发生了副反应或某些特殊反应的情况外，对于大多数常见的化学反应，均符合反应速率随温度升高而逐渐加快的规律，并呈指数关系变化。食品在储藏过程中所发生的氧化反应也大多符合范特霍夫规则，Q_{10} 值一般为 2 ~4。因此，降低食品储藏温度，可减弱各类氧化反应速率，从而延长食品储藏期限。

四、温度对呼吸作用的影响

果蔬的呼吸作用把细胞组织中复杂的有机物质逐步氧化分解成为简单物质，最后变成二氧化碳和水，同时释放出能量。果蔬的呼吸作用分为有氧呼吸和缺氧呼吸两种方式。

有氧呼吸实质上是在酶的催化下消耗自身能量的氧化过程，该过程中细胞组织中的糖、酸被充分分解为二氧化碳和水，并释放出大量的热能，反应式如下：

$$C_6H_{12}O_6+6O_2 = 6CO_2+6H_2O+2\ 822\ kJ \tag{4-1}$$

缺氧呼吸是在氧气不足的环境下，其细胞组织中的糖、酸不能充分氧化而生成二氧化碳和乙醇，同时放出少量热的过程。其反应式为：

$$C_6H_{12}O_6 = 2C_2H_5OH+2CO_2+117\ kJ \tag{4-2}$$

无论是有氧呼吸或是缺氧呼吸，呼吸都使食品的营养成分损失，而且呼吸放出的热量和有毒物质也加速食品的变质。由于呼吸是在酶的催化下进行的，因此，呼吸速率的高低也可用温度系数 Q_{10} 衡量：

$$Q_{10} = \frac{K_2}{K_1} \tag{4-3}$$

式中　Q_{10}——温度每增加 10 K 时因酶活性变化引起的化学反应速率提高的比率；

K_1——温度 T 时酶活性所导致的化学反应速率；

K_2——温度增加到 T+10 K 时酶活性所导致的化学反应速率。

多数果蔬的 Q_{10} 为 2 ~4，即温度上升 10 K，化学反应速率增加 2 ~3 倍。表 4-2、表 4-3是部分果蔬的 Q_{10} 值，从表中可见，0 ~10 ℃间温度变化对呼吸速率的影响较大。

表 4-2　水果呼吸速率的温度系数 Q_{10}

种类	温度/℃				
	0 ~10	11 ~21	16.6 ~26.6	22.2 ~ 32.2	33.3 ~43.3
草莓	3.45	2.10	2.20		
桃子	4.10	3.15	2.25		
柠檬	3.95	1.70	1.95	2.00	
橘子	3.30	1.80	1.55	1.60	
葡萄	3.35	2.00	1.45	1.65	2.50

表 4-3　蔬菜呼吸速率的温度系数 Q_{10}

种类	温度的变化范围/℃		种类	温度的变化范围/℃	
	0.5 ~ 10.0	10.0 ~ 24.0		0.5 ~ 10.0	10.0 ~ 24.0
芦笋	3.7	2.5	莴苣	1.6	2.0
豌豆	3.9	2.0	番茄	2.0	2.3
菠菜	3.2	2.6	黄瓜	4.2	1.9
辣椒	2.8	2.3	马铃薯	2.1	2.2
胡萝卜	3.3	1.9	豆角	5.1	2.5

降低温度能够减弱水果蔬菜类食品的呼吸作用，延长它们的储藏期限。但温度不能过低，温度过低会引起植物性食品的生理病害，甚至将它们冻死。因此，储藏温度应该选择在接近冰点但又不致使植物发生冻死现象时的温度。如能同时调节空气中的成分（氧、二氧化碳、水分等），将会取得更好的储藏效果，这种改变空气成分的储藏叫气调储藏（CA 储藏）。

五、冻结速率和储藏温度对机械损伤的影响

冻结食品细胞组织的机械损伤主要取决于冻结过程中食品组织内形成冰晶的大小、形状、数量和分布位置，而冰晶的大小、形状、数量和分布位置又主要取决于冻结速率。表 4-4 给出了冻结速率与冰晶形状之间的关系。从表中可以看出，快速冻结与慢速冻结形成的冰晶体有以下区别：①冰晶体的大小不同。快速冻结时形成的冰晶体小，冰晶粒子大小为 0.5 ~ 100 μm；慢速冻结时形成的冰晶体大，冰晶粒子大小为 100 ~ 1 000 μm。②冰晶体的形状不同。快速冻结时形成的冰晶体呈针状或杆状；慢速冻结时形成的冰晶体呈圆柱状或块粒状。③冰晶体的数量不同。快速冻结时形成的冰晶体的数量较多；慢速冻结时形成的冰晶体的数量较少。④冰晶体的分布位置不同。快速冻结时形成的冰晶体同时分布在细胞内外；慢速冻结时形成的冰晶体大多分布在细胞间隙中。

表 4-4　冻结速率与冰晶形状之间的关系

通过 0 ~ -5 ℃的时间	冰晶			
	位置	形状	大小（直径/μm×长度/μm）	数量
数秒	细胞内	针状	（1 ~ 5）×5	极多
1.5 min	细胞内	杆状	（10 ~ 20）×20	多数
40 min	细胞内	柱状	（50 ~ 100）×100	少数
90 min	细胞外	块粒状	（50 ~ 200）×200	少数

图 4-2 所示为快速冻结和慢速冻结的细胞内外形成冰晶的大小及其对细胞结构的影响。由图可见，慢速冻结过程产生的大冰晶使细胞产生破裂，而快速冻结过程产生的细小冰晶对细胞结构影响较小。

(a)正常的细胞结构

小的冰晶
大的冰晶
水(细胞液)

(b)慢速冻结后的细胞结构

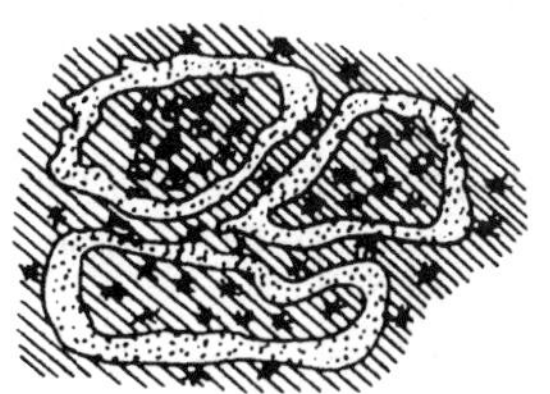

(c)快速冻结后的细胞结构

图 4-2　冻结速率对冰晶大小的影响

图 4-3 所示为草莓经过快速冻结和慢速冻结保存后的照片。从图中可看出，由于慢速冻结形成的大冰晶体对草莓细胞组织的破坏和损伤，草莓变得松软，汁液流失严重，整个形态结构与新鲜草莓有很大差别；而快速冻结则形成数量多且细小、分布均匀的小晶体，使细胞组织损伤减少到最小限度，草莓在形态上与新鲜的差别甚微。这说明冻结过程中产生的冰晶大小对食品质量的影响很大。

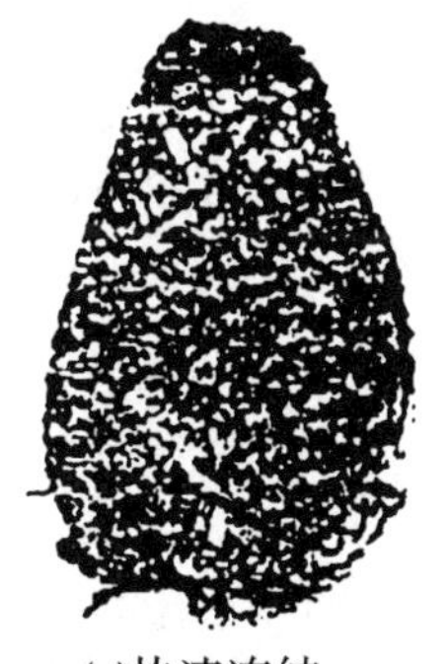

(a)快速冻结

(b)慢速冻结

图 4-3　冻结保存后的草莓

在食品储存和运输过程中，由于冻藏温度过高或温度波动等原因，细小的冰晶会不断长大，出现频繁的重结晶现象，使冻藏前的快速冻结具有的优点逐渐消失，严重破坏食品的组织结构。表 4-5 给出了冻藏过程中冰晶体和组织结构变化情况。因此，在食品冻藏和运输期间，要严格控制温度，尽量减少温度波动的次数和幅度，最大限度地减少重结晶引起的对食品组织结构的机械损伤。

表 4-5　冻藏过程中冰晶体和组织结构变化情况

冻藏天数/d	冰晶体直径/μm	解冻后组织状态	冻藏天数/d	冰晶体直径/μm	解冻后组织状态
刚冻结	70	完全回复	30	110	略有回复
7	84	完全回复	45	140	略有回复
14	115	组织不规则	60	160	未能回复

综上所述,食品的变质,主要是由于微生物的作用、酶的作用、氧化作用、呼吸作用和机械损伤所造成的。在食品冷冻冷藏过程中,由于温度的下降,微生物失去活力而不能正常生长和繁殖,酶的催化反应受到抑制,食品中的氧化反应速率也随之变慢,植物性食品的呼吸作用得以延缓,控制合适的冻结速率和储藏温度可以最大限度地避免食品原料组织的机械损伤,因此食品可以作较长时间的储藏而不至于腐败变质,这就是食品冷冻冷藏原理。

第三节　食品冷却冷藏中的变化

冷却是将食品的品温降低到接近食品的冰点而不冻结的一种冷加工方式,是延长食品储藏期的一种被广泛采用的方法。

冷却的主要对象是植物性食品和做短期储藏的动物性食品。进行冷却冷藏的食品,储藏期较短,一般从几天到数周,其储藏期因食品的种类和冷藏前的状态而异。因为在冷却温度条件下,部分微生物仍然可以生长繁殖,生化反应还可以发生,所以食品在冷却冷藏温度条件下还会发生一系列的变化。

1. 水分蒸发

食品在冷却时,不仅食品的温度下降,而且食品中汁液的浓度会有所增加,食品表面水分蒸发,出现干燥现象。当食品中的水分减少后,不但造成质量损失(俗称干耗),而且使植物性食品失去新鲜饱满的外观,当减重达到5%时,水果、蔬菜会出现明显的凋萎现象。肉类食品在冷却储藏中也会因水分蒸发而发生干耗,同时肉的表面收缩、硬化,形成干燥皮膜,肉色也有变化。

2. 冷害

在冷却储藏时,有些水果、蔬菜的品温虽然在冻结点以上,当储藏温度低于某一界限温度时,果蔬正常的生理机能遇到障碍,失去平衡,这种现象称为冷害。冷害症状随品种的不同而各不相同,最明显的症状是表皮出现软化斑点和核周围肉质变色,像西瓜表面凹斑,鸭梨的黑心病,马铃薯的发甜等。表4-6列举了一些水果、蔬菜发生冷害的界限温度与症状。

表4-6　一些水果、蔬菜发生冷害的界限温度与症状

种类	界限温度/℃	症状
香蕉	11.7~13.8	果皮变黑,催熟不良
西瓜	4.4	凹斑,风味异常
黄瓜	7.2	凹斑,水浸状斑点,腐败
茄子	7.2	表皮变色,腐败
马铃薯	4.4	发甜,褐变
番茄(熟)	7.2~10	软化,腐烂
番茄(生)	12.3~13.9	催熟果颜色不好,腐烂

另有一些水果、蔬菜，在外观上看不出冷害的症状，但冷藏后再放到常温中，就丧失了正常的促进成熟作用的能力，这也是冷害的一种。例如香蕉，如放入低于 11.7 ℃的冷藏室内一段时间，拿出冷藏室后表皮变黑呈腐烂状，俗称“见风黑”。而生香蕉的成熟作用能力则已完全失去。一般来讲，产地在热带、亚热带的果蔬容易发生冷害。

应当强调指出，需要在低于界限温度的环境中放置一段时间冷害才能显现，症状出现最早的品种是香蕉，像黄瓜、茄子一般则需要 10 ~ 14 d 的时间。

3. 移臭（串味）

有强烈香味或臭味的食品，与其他食品放在一起冷却储藏，这种香味或臭味就会传给其他食品。例如洋葱与苹果放在一起冷藏，洋葱的臭味就会传到苹果上去。这样，食品原有的风味就会发生变化，使食品品质下降。有时，一间冷藏室内放过具有强烈气味的物质后，室内留下的强烈气味会传给接下来放入的食品。如放入洋葱后，虽然洋葱已出库，但其气味会传给随后放入的苹果。要避免上述这种情况，就要求在管理上做到专库专用，或在一种食品出库后严格消毒和除味。另外，冷藏库还具有一些特有的臭味，俗称冷藏臭，这种冷藏臭也会传给冷却食品。

4. 生理作用

水果、蔬菜在收获后仍是有生命的活体。为了运输和储存的便利，果蔬一般在收获时尚未完全成熟，因此收获后还有个后熟过程。在冷却储藏过程中，水果、蔬菜的呼吸作用、后熟作用仍在继续进行，体内各种成分也在不断发生变化，例如淀粉和糖的比例，糖酸比，维生素 C 的含量等，同时还可以看到颜色、硬度等的变化。

5. 成熟作用

刚屠宰的动物肉一系列的变化，使肉类变得柔嫩，并具有特殊的鲜、香风味，我们把肉的这种变化过程称为肉的成熟。这是一种受人欢迎的变化。由于动物种类的不同，成熟作用的效果也不同。对猪、家禽等肉质原来就较柔嫩的品种来讲，成熟作用不十分重要。但对牛、绵羊、野禽等，成熟作用就十分重要，它对肉质的软化与风味的增加有显著的效果，并且提高了它们的商品价值。但是，必须指出的是，成熟作用如果进行得过分的话，肉质就会进入腐败阶段。一旦进入腐败阶段，肉类的商品价值就会下降甚至失去。

6. 脂类的变化

冷却冷藏过程中，食品中所含的油脂会发生水解、脂肪酸的氧化、聚合等复杂的变化，其反应生成的低级醛、酮类物质会使食品的风味变差、味道恶化，使食品出现变色、酸败、发黏等现象。这种变化进行得非常严重时，就被人们称为“油烧”。

7. 淀粉老化

淀粉老化作用的最适温度是 2 ~ 4 ℃。例如，面包在冷却储藏时，淀粉迅速老化，味道就变得很不好吃。又如，土豆放在冷藏陈列柜中储藏时，也会有淀粉老化的现象发生。当储藏温度低于-20 ℃或高于 60 ℃时，均不会发生淀粉老化现象。因为低于-20 ℃时，淀粉分子间的水分急速冻结，形成了冰结晶，阻碍了淀粉分子间的相互靠近而不能形成氢键，所以不会发生淀粉老化的现象。

8. 微生物的增殖

食品中的微生物若按温度划分可分为嗜冷菌（低温细菌）、嗜温菌（中温细菌）、嗜热菌(高温细菌),见表4-7和图4-4。在冷却冷藏状态下,微生物特别是低温微生物,它的繁殖和分解作用并没有被充分抑制,只是速度变得缓慢了一些,其总量还是增加的,如时间较长,就会使食品发生腐败。

低温细菌的繁殖在0 ℃以下变得缓慢,但如果要它们停止繁殖,一般来说温度要降到-10 ℃以下,对于个别低温细菌,在-40 ℃的低温下仍有繁殖现象。

表4-7　细菌增殖的温度范围

类别	最低温度/℃	最适温度/℃	最高温度/℃
低温细菌	-5～5	20～30	35～45
中温细菌	10～15	35～40	40～50
高温细菌	35～40	55～60	65～75

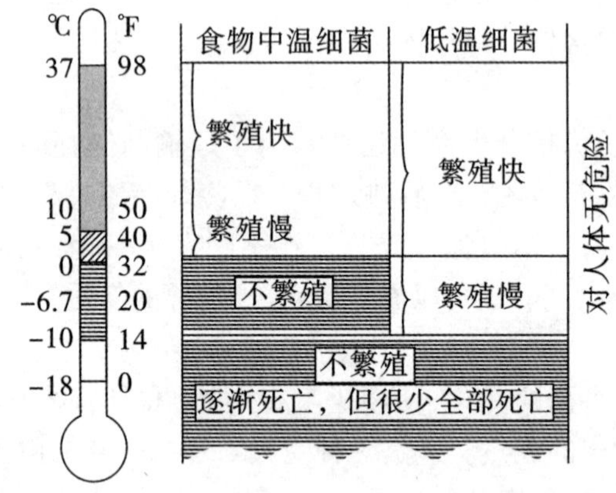

图4-4　食品中温细菌与低温细菌的繁殖温度区域

9.寒冷收缩

宰后的牛肉在短时间内快速冷却,肌肉会发生显著收缩现象,以后即使经过成熟过程,肉质也不会十分软化,这种现象叫寒冷收缩。一般来说,宰后10 h内,肉温降低到8 ℃以下,容易发生寒冷收缩现象。但这温度与时间并不固定,成牛与小牛或者同一头牛的不同部位的肉都有差异。例如成牛,肉温低于8 ℃,而小牛则肉温低于4 ℃。按照过去的概念,宰杀后肉类要迅速冷却,但近年来由于冷却肉的销售量不断扩大,为了避免寒冷收缩的发生,国际上正研究不引起寒冷收缩的冷却方法。

第四节　食品冻结冷藏中的变化

冻结是食品冷加工的重要内容,也是冻藏食品不可缺少的前提条件。如何把食品冻结过程中水变成冰结晶及低温造成的影响减小或抑制到最低限度,是冻结工序中必须考虑的技术关键。

(一)冻结速率

(1)冻结过程和冻结曲线　冻结曲线(freezing curve)是描述冻结过程中食品原料温度随时间变化的曲线。一般情况下,纯水只有被过冷到低于 0 ℃的某一温度时才开始冻结,在实际生产中,食品表面潮湿,常落有霜点,使食品表面具有形成晶核的条件,故无显著过冷现象。图 4-5 中所示的冻结曲线为一般模式,并未明显反映过冷现象。从图中不难看出,食品冻结过程大致可分为三个阶段。

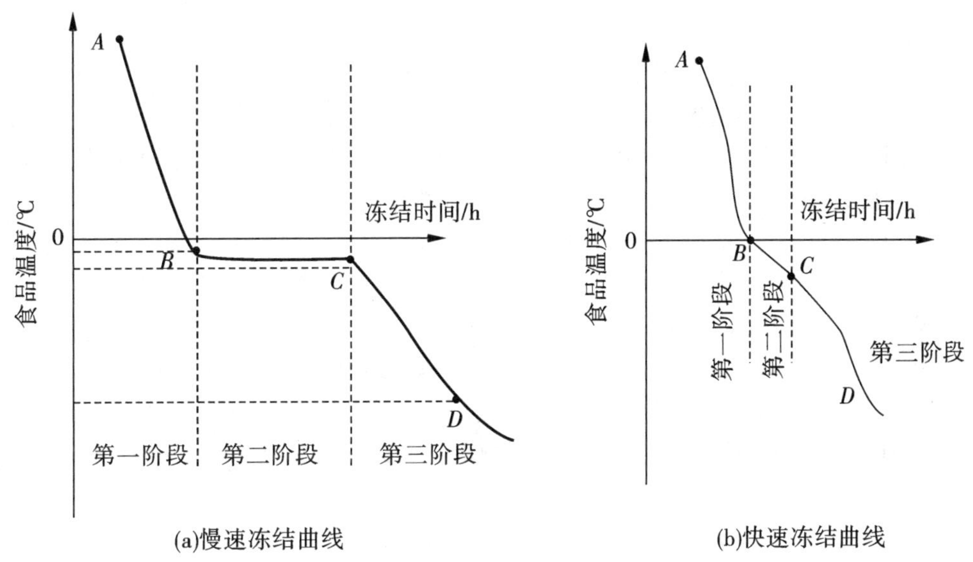

图 4-5　食品的冻结曲线

第一阶段(AB 段):食品的温度从初温(A 点对应的温度)迅速降至初始冻结温度(B 点对应的温度),这一过程所放出的热量是显热,此热量与冻结全过程放出的热量相比较所占比例较小,故降温速度快,冻结曲线较陡。

第二阶段(BC 段):在这一冻结阶段,食品中大部分水分冻结成冰,生成冰晶体,同时放出相变潜热。这一阶段的温度范围在-1 ~ -5 ℃,此过程中放出的相变潜热相当大,是显热的 50 ~ 60 倍。由于热量不能及时导出,故温度下降减缓,冻结曲线出现平坦段。对于生鲜食品,在这一温度区间,80% 以上水分将被冻结成冰晶,故称这一温度区间为最大冰晶生成带。此间大量生成的冰晶体机械压迫细胞组织,使冻结食品受到机械损伤。通过最大冰晶生成带的时间越长,生成的冰晶体越大,且分布不均匀,食品细胞组织的机械损伤越严重。因此要加快冻结速度,快速通过最大冰晶生成带。

第三阶段(CD 段):食品温度继续下降到生产工艺所要求的冻结终温,食品内部尚未冻结的水继续结冰,同时冰晶进一步降温。在这一阶段中,水变成冰后其比热容下降,冰进一步降温的显热减少,但由于尚未冻结的水结冰时放出冻结潜量,所以曲线呈陡缓,不及第一阶段那样陡峭。由于冰的比热比水小,开始时温度下降比较迅速,随着食品与周围介质之间温度差的不断缩小,降温速度不断减慢,曲线趋于平缓。

在冻结过程中,食品内部各点温度下降虽然符合冻结曲线的变化规律,但同一时刻不同部位的温度下降速度和温度分布是不一样的，食品表面温度最低，热中心部位温度最高。食品在冻结结束后，其中心、表面及内部各点上的最终温度仍然有所差别，经过一段时间冻藏后各部位温度可以趋于一致。我们将食品冻结结束时中心温度和表面温度的平均值称为冻结终温，即冻结终温 = $(t_{中心}+t_{表面})/2$。食品冻结终温由食品生产工艺所决定，并要求移入冻藏间时不致引起冻藏间温度波动。

(2)食品热中心降温速率　食品热中心是指降温过程中食品内部温度最高的点。对于成分均匀且几何形状规则的食品，热中心就是其几何中心。食品热中心降温速率是指食品热中心温度通过−1 ~ −5 ℃最大冰晶生成带所需的时间，若在 30 min 内称为快速冻结，若在 30 ~ 120 min 内称为中速冻结，若超过了 120 min 则称为慢速冻结。这种方法只考虑热中心位置的降温情况，并未考虑食品形态、几何形状和包装情况对温度分布带来的影响，而且有些食品的最大冰晶生成带并不限于−1 ~ −5 ℃范围，甚至可延伸至−10 ~ −15 ℃，因此，人们建议用冰锋前进速率表示食品冻结速率。

(3)食品冰锋前进速率　食品冰锋前进速率是指 1 h 内−5 ℃的冻结锋面从食品表面向中心移动的距离，称为冻结速率(v)，单位为 cm/h。德国学者普朗克将冻结速率分为三类：v=5 ~20 cm/h 为快速冻结；v= 1 ~5 cm/h 为中速冻结；v=0.1 ~1 cm/h 为慢速冻结。

(4)冻结速度与冰结晶的关系　冻结对食品质量的影响主要与冰结晶有关。不论是一瓶牛奶、一块肉还是一个蘑菇，都不会转瞬间同时均匀地冻结，也就是说液体绝不会同时立即从液态转变成固态。如果温度降到足够低(达到低共晶点)，牛乳也有全部冻结固化的可能。

(5)冻结速度与蛋白质变性　肌肉蛋白质尤其是肌球蛋白在 2 ~3 ℃温度范围内变性速度最快。快速冻结时，食品在此温度范围内停留时间很短，肌球蛋白的变性程度很轻。

冻结速度与冰结晶关系

(6)冻结速度与淀粉老化　淀粉老化最适宜的温度区间为−1 ~1 ℃，提高冻结速度，可以减轻 α 淀粉 β 化。

(7)冻结速度与食品膨胀压　水在 4 ℃时的质量体积最小，如果把 4 ℃时的单位质量的水的体积定义为 1，当高于或低于 4 ℃时单位质量的水的体积都要增大。当 0 ℃时的水变成同温度的冰时，其体积会增大到 4 ℃时水的 1.09 倍，增大 9%。结冰后随着温度的下降，冰的体积虽然也有所收缩，但是微乎其微，只有几万分之一。即使温度降低至−185 ℃，也远比 4 ℃时水的体积要大得多，所以含水分多的食品冻结时体积会膨胀。比如牛肉的含水量为 70%，水分冻结率为 95%，则牛肉的冻结膨胀率为 6%。

食品冻结时表面水分首先冻结成冰，然后冰层逐渐向内部延伸。当内部的水分冻结膨胀时会受到外部冻结层的阻碍，于是产生内压，即冻结膨胀压。膨胀压会引起食品细胞结构的损伤。食品的尺寸越大，冻结速度越快，食品内外层温差越大，食品内部的膨胀压就越大。液氮冻结食品时，食品发生龟裂就是由膨胀压引起的。因此，冻结速度过快也有不利的一面。

(8)冻结速度与微生物和酶　冻结速度快，可以很快抑制食品中的微生物和酶的作用，有利于保存食品的质量。所以，人们总是希望食品的冻结速度尽可能地快，并千方百计地改进冻结装置，以期加快冻结速度。但是，近年来，人们开始对冻结速度的重要性有所反思,认为不应当过分评价冻结速度的重要性。其理由如下:①影响冻结食品质量的因素是多方面的。原料的好坏,冷冻加工及前处理(如果蔬速冻前的烫漂和牛羊肉的成熟),食品的包装,这三方面的因素都会影响食品的质量。不能片面地、单纯地强调冻结速度的影响。②冻结过程中形成的冰结晶,在冻藏过程中是发生变化的。由于小冰晶的蒸汽压大于大冰晶的蒸汽压,水蒸气从小冰晶向大冰晶转移,导致小冰晶消失,大冰晶进一步增大。这在某种程度上抵消了快速冻结的好处。③当食品体积较大时,食品表层和深层的冻结速度不可能保持一致。④冻结速度对食品质量的影响程度与食品的种类有关。植物性食品的细胞对冻结膨胀压力的承受能力小,易受到冰结晶的机械损伤,解冻后水分很难回到细胞内,形成大量的汁液流失。因此,植物性食品一定要采用快速冻结。动物性食品的细胞不易受到冰结晶的损伤,即使在缓慢冻结中转移到细胞外的水分,解冻后大部分能重新回到细胞内,解冻后汁液流失较少。因此,动物性食品(部分例外)不像植物性食品那样非快速冻结不可。⑤在食品的冻结储藏中,食品的温度发生波动是不可避免的。食品的温度越低,温度波动引起的冰结晶融化量越少,对食品质量造成的影响就越轻微。正因为如此,近年来,食品冻藏温度有进一步降低的趋势。即要把快速冻结和深度冻结结合起来,而不是单纯提高冻结速度。

(二)热负荷及冻结时间

1. 食品冻结的热负荷

食品冻结的热负荷是食品在冻结过程中放出的热量,也即冻结食品所消耗的冷量,是冻结装置制冷设备热负荷的主要组成部分,是设计和选择冻结装置的重要依据。一定质量的食品,在冻结过程中所放出的热量由三部分组成,即冷却阶段放出的热量、冻结阶段放出的热量和冻结后到冻结终温所放出的热量,如果有些果蔬类食品在冻结时未经过其他处理,就可以满足冻结条件,还必须考虑在冷却阶段的呼吸热。

食品冻结的热负荷计算

2. 冻结时间

食品的冻结时间是设计冻结过程的最重要因素之一。食品冻结时间的计算是冻结装置设计和组织食品冻结生产时经常要遇到的问题,因此,在工艺流程设计过程中估算食品的冻结时间是很重要的。但食品冻结时间也很难精确计算,因为它受多因素的影响,如食品的形状、食品的热物理性质、冻结点、冷却介质温度以及冻结装置的特性等。

冻结时间

(三)食品冻结时的变化

食品在冻结时由于水结成了冰晶,可能会引起的变化包括物理变化、组织变化、化学变化、生物和微生物变化等。

1. 物理变化

(1)体积膨胀、产生内压　食品冻结时,首先是表面水分结冰,然后冰层逐渐向内部延伸。当内部的水分因冻结而体积膨胀时,会受到外部冻结层的阻碍,产生内压,称作冻结膨胀压,纯理论计算其数值可高达 8.7 MPa。当外层受不了这样的内压时就会破裂,逐渐使内压消失。

当食品厚度大、含水率高、表面温度下降极快时易产生龟裂。

(2)物理特性的变化

1)比热容。比热容是单位质量的物体温度升高或降低 1 K(或 1 ℃)所吸收或放出的热量。

食品的比热容随含水量而异,含水量多的食品比热容大,含脂量多的食品比热容小。对一定含水量的食品,冻结点以上的比热容要比冻结点以下的大(参见表 4-8)。比热容大的食品在冷却和冻结时需要的冷量大,解冻时需要的热量亦多。

食品比热容的近似计算式(Siebel 式)为:

$$C_f=3.35w+0.84 \quad (\text{冻结点以上})$$

$$C_fk'=1.26w+0.84 \quad (\text{冻结点以下})$$

式中 w——食品中水分的含量。

该近似计算式的计算值与实测值有很好的一致性。但在食品冻结过程中,随着时间的推移,冻结率在不断变化,会对食品的比热容带来影响。因此需根据食品的品温求出冻结率,对比热容进行修正。

表 4-8 食品的热物性质

食品名	水分含量/%	冻结点/℃	比热容/[kJ/(kg·℃)]		冻结潜热/(kJ/kg)
			冻结点以上	冻结点以下	
大豆	89	-0.7	3.90	1.96	298
胡萝卜	88	-1.4	3.99	1.95	295
黄瓜	96	-0.5	4.08	2.05	322
青豆	74	-0.6	3.53	1.77	248
鸡蛋	74	-0.6	3.53	1.77	247
鸡肉	74	-2.8	3.53	1.77	248

2)热导率。构成食品主要物质的热导率如表 4-9 所示。因为水在食品中的含量是很高的,当温度下降,食品中的水分开始结冰的同时,热导率就变大(参见图 4-6),食品的冻结速度就加快。

表 4-9 食品构成物质的密度与热特性

物质	密度/(kg/m³)	比热容/[kJ/(kg·℃)]	热导率/[W/(m·℃)]
水	1 000	4.182	0.6
冰	917	2.11	2.21
蛋白质	1 380	2.02	0.20
脂肪	930	2.00	0.18
糖类	1 550	1.57	0.25
无机物	2 400	1.11	0.33
空气	1.24	1.00	0.025

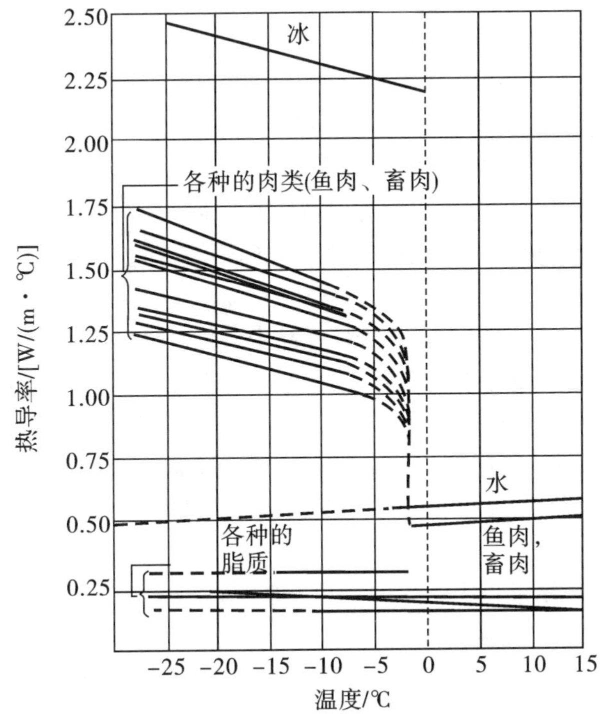

图 4-6 各种食品的热导率随温度的变化

3)体液流失。食品经过冻结、解冻后,内部冰晶融化成水,如不能被组织、细胞吸收回复到原来的状态,这部分水分就分离出来成为流失液。流失液不仅是水,还包括溶于水的成分,如蛋白质、盐类、维生素类等。体液流失使食品的质量减少,营养成分、风味亦受损失。因此,流失液的产生率成为评定冻品质量的指标之一。

一般来说,如果食品原料新鲜,冻结速度快,冻藏温度低且波动小,冻藏期短,则解冻时流失液少。若水分含量多,流失液亦多。如鱼和肉比,鱼的含水量高,故流失液亦多;叶菜类和豆类相比,叶菜类流失液多。经冻结前处理如加盐、糖、磷酸盐时流失液少。食品原料切得越细小,流失液亦越多。

4)干耗。食品冻结过程中,因食品中的水分从表面蒸发,造成食品的质量减少,俗称干耗。干耗不仅会造成企业很大的经济损失,还给冻品的品质和外观带来影响。例如日宰 2 000 头猪的肉联厂,干耗以 2.8% 或 3% 计算,年损失 600 多吨肉,相当于 15 000 头猪。

干耗

2. 组织变化

蔬菜、水果类植物性食品在冻结前一般要进行烫漂或加糖等前处理工序,这是因为植物组织在冻结时受到的损伤要比动物组织大。

植物细胞的构造与动物细胞不同。植物细胞内有大的液泡,它使植物组织保持高的含水量,但结冰时因含水量高,对细胞的损伤大。植物细胞的细胞膜外还有以纤维素为主的细胞壁,而动物细胞只有细胞膜,细胞壁比细胞膜厚又缺乏弹性,冻结时容易被胀破，使细胞受损伤。此外，植物细胞与动物细胞内的成分不同，特别是高分子蛋白质、碳水化合物含量不同，有机物的组成也不一样。由于这些差异，在同样的冻结条件下，冰结晶的生成量、位置、大小、形状不同，造成的机械损伤和胶体损伤的程度亦不同。

新鲜的水果、蔬菜等植物性食品是具有生命力的有机体，在冻结过程中其植物细胞会被致死，这与植物组织冻结时细胞内的水分变成冰结晶有关。当植物冻结致死后，因氧化酶的活性增强而使果蔬褐变。为了保持原有的色泽，防止褐变，蔬菜在速冻前一般要进行烫漂处理，而动物性食品因是非活性细胞则不需要此工序。

3. 化学变化

(1)蛋白质冻结变性　鱼、肉等动物性食品中，构成肌肉的主要蛋白质是肌原纤维蛋白质。在冻结过程中，肌原纤维蛋白质会发生冷冻变性，表现为盐溶性蛋白质的溶解度降低、ATP 酶活性减小、盐溶液的黏度降低、蛋白质分子产生凝集使空间立体结构发生变化等。蛋白质变性后的肌肉组织，持水力降低、质地变硬、口感变差，作为食品加工原料时，加工适宜性下降。如用蛋白质冷冻变性的鱼肉作为加工鱼糜制品的原料，其产品缺乏弹性。

(2)变色　食品冻结过程中发生的变色主要是冷冻水产品的变色，从外观上看通常有褐变、黑变、褪色等现象。水产品变色的原因包括自然色泽的分解和产生新的变色物质两方面。自然色泽被破坏，如红色鱼皮的褪色、冷冻金枪鱼的变色等，产生新的变色物质，如虾类的黑变、鳕鱼肉的褐变等。变色不但使水产品的外观变差，有时还会产生异味，影响冻品的质量。

4. 生物和微生物变化

(1)生物　生物是指小生物，如昆虫、寄生虫之类，经过冻结都会死亡。牛肉、猪肉中寄生的无钩绦虫、有钩绦虫等的胞囊在冻结时都会死亡。猪肉中的旋毛虫的幼虫在 -15 ℃下 20 d 后死亡。大麻哈鱼中的裂头绦虫的幼虫在 -15 ℃下 5 d 死亡。由于冻结对肉类所带有的寄生虫有杀死作用，有些国家对肉的冻结状态做出规定，如美国对冻结猪肉杀死肉中旋毛虫的幼虫规定了温度和时间条件，如表 4-10 所示。联合国粮农组织(FAO)和世界卫生组织(WHO)共同建议，肉类寄生虫污染不严重时，须在 -10 ℃温度下至少储存 10 d。

表 4-10　杀死猪肉旋毛虫的温度和时间条件

冻结温度/℃		-15	-23.3	-29
肉的厚度	15 cm 以内	20 d	10 d	6 d
	15 ~ 68 cm	30 d	20 d	16 d

(2)微生物　引起食品腐败变质的微生物有细菌、霉菌和酵母，其中与食品腐败和食物中毒关系最大的是细菌。引起食物中毒的细菌一般是中温菌，在 10 ℃以下繁殖减慢，4.5 ℃以下停止繁殖。霉菌和鱼类的腐败菌一般是低温菌，在 0 ℃以下繁殖缓慢，-10 ℃以下停止繁殖。冻结阻止了细菌的生长、繁殖，但由于细菌产生的酶还有活性，尽管活性

很小可还有作用,它使生化过程仍缓慢进行,降低了食品的品质,所以冻结食品的储藏仍有一定期限。

(四)食品冻藏时的变化

经过低温速冻后的食品必须在较低的温度下冻藏起来,才能有效保证其冻结时的高品质。冻结食品一般在-18 ℃以下的冻藏室中储藏。由于食品中90%以上的水分已冻结成冰,微生物已无法生长繁殖,食品中的酶也已受到很大的抑制,故可作较长时间的储藏。但是在冻藏过程中,由于冻藏条件的变化,比如冻藏温度的波动,冻藏期又较长,在空气中氧的作用下还会使食品在冻藏过程中缓慢地发生一系列的变化,使冻藏食品的品质有所下降。

1. 干耗与冻结烧

在冻藏室内,由于冻结食品表面的温度、室内空气温度和空气冷却器蒸发管面的温度三者之间存在着温度差,因而也形成了水蒸气压差。冻结食品表面的温度如高于冻藏室内空气的温度,冻结食品进一步被冷却,同时由于存在水蒸气压差,冻结食品表面的冰结晶升华,跑到空气中去。这部分含水蒸气较多的空气,吸收了冻结食品放出的热量,密度减小,向上运动,当流经空气冷却器时,就在温度很低的蒸发管表面水蒸气达到露点和冰点,凝结成霜。冷却并减湿后的空气因密度增大而向下运动,当遇到冻结食品时,因水蒸气压差的存在,食品表面的冰结晶继续向空气中升华。

这样周而复始,以空气为介质,冻结食品表面出现干燥现象,并造成质量损失,俗称干耗。冻结食品表面冰晶升华需要的升华热是由冻结食品本身供给的,此外还有外界通过围护结构传入的热量,冻藏室内电灯、操作人员发出的热量等也供给热量。

当冻藏室的围护结构隔热不好、外界传入的热量多、冻藏室内收容了品温较高的冻结食品、冻藏室内空气温度变动剧烈、冻藏室内发管表面温度与空气温度之间温差太大、冻藏室内空气流动速度太快等都会使冻结食品的干耗现象加剧。开始时仅仅在冻结食品的表面层发生冰晶升华,食品表面出现脱水多孔层。长时间后逐渐向里推进达到深部冰晶升华。这样不仅使冻结食品内的脱水多孔层不断加深,造成质量损失,而且冰晶升华后留存的细微空穴大大增加了冻结食品与空气的接触面积。在氧的作用下,食品中的脂肪氧化酸败,表面发生黄褐变,使食品的外观损坏,食味、风味、质地、营养价值都变差,这种现象称为冻结烧。

冻结烧部分的食品含水率非常低,接近2%～3%,断面呈海绵状,蛋白质脱水变性,并易吸收冻藏库内的各种气味,食品质量严重下降。

对于食品本身来讲,其性质、形状、表面积大小等对干耗与冻结烧都会产生直接的影响,但很难使它改变。从工艺控制角度出发,可采用加包装或镀冰衣和合理堆放的方法。冻结食品使用包装材料的目的通常有三个方面:卫生、保护表面和便于解冻。

包装通常有内包装和外包装之分,对于冻品的品质保护来说,内包装更为重要。由于包装把冻结食品与冻藏室的空气隔开,就可防止水蒸气从冻结食品中移向空气,抑制了冻品表面的干燥。为了达到良好的保护效果,内包装材料不仅应具有防湿性、气密性,还要求在低温下柔软,有一定的强度和安全性。常用的内包装材料有聚乙烯、聚丙烯、聚乙烯与玻璃纸复合、聚乙烯与聚酯复合、聚乙烯与尼龙复合、铝箔等。食品包装时,内包装材料要尽量紧贴冻品，如果两者之间有空气间隙，水蒸气蒸发、冰晶升华仍可能在包装袋内发生。

镀冰衣主要用于冻结水产品的表面保护，特别是对多脂肪鱼类来说。因为多脂鱼类含有大量高度不饱和脂肪酸，冻藏中很容易氧化而使产品发生油烧现象。镀冰衣可让冻结水产品的表面附着一层薄的冰膜，在冻藏过程中由冰衣的升华替代冻鱼表面冰晶的升华，使冻品表面得到保护。同时冰衣包裹在冻品的四周，隔绝了冻品与周围空气的接触，就能防止脂类和色素的氧化，使冻结水产品可作长期储藏。冻鱼镀冰衣后再进行内包装，可取得更佳的冻藏效果。在镀冰衣的清水中加入糊料或被膜剂，如褐藻酸钠、羧甲基纤维素、聚丙烯酸钠等可以强化冰衣，使附着力增强，不易龟裂。对于采用冷风机的冻藏间来说，商品都要包装或镀冰衣，库内气流分布要合理，并要保持微风速（不超过0.2～0.4 m/s）。

此外，在冻藏室内要增大冻品的堆放密度，加大堆垛的体积。因为干耗主要发生在货堆周围外露部分，使货堆内部空气相对湿度接近饱和，对流传热受到限制，则不易出现干耗。提高冻藏库装载量也相当重要。一个装载量为60 t容量的冷库，-10 ℃的冻藏库储藏牛肉，装满时每年的干耗量为2%，堆装量为20%时干耗量则增至8.4%。如果在货垛上覆盖帆布篷或塑料布，可减少食品干耗。

2. 冰结晶的成长

在冻藏阶段，除非起始冷冻条件产生的冰晶总量低于体系热力学所要求的总量，否则在给定温度下，冰晶总量为一定值。同时冰晶数量将减少，其平均尺寸将增大。这是冰晶与未冻结基质间表面能变化的自然结果，也是晶核生长需求的结果。无论是恒温还是变温条件，趋势是表面的冰晶含量下降。温度波动（如温度上升）会使小冰晶的相对尺寸降低幅度比大冰晶的大。在冷却循环中，大横截面的冰晶更易截取返回固相的水分子。在冻藏阶段，冰晶尺寸的增大会产生损伤，从而使产品质量受损。再者，在冻藏过程中，相互接触的冰晶聚集在一起，导致其尺寸增大，表面积减小。当微小的冰晶相互接触时，此过程最为显著，一般情况是相互接触的冰晶会结合成一个较大的冰晶。

重结晶是冻藏期间反复解冻和再结晶后出现的一种结晶体积增大的现象。储藏室内的温度变化是产生重结晶的原因。通常，食品细胞或肌纤维内汁液浓度比细胞外高，故它的冻结温度也比较低。储藏温度回升时，细胞或肌纤维内部冻结点较低部分的冻结水分首先融化，经细胞膜或肌纤维膜扩散到细胞间隙内，这样未融化冰晶体就处于外渗的水分包围中。温度再次下降，这些外渗的水分就在未融化的冰晶体的周围再次结晶，增长了它的冰晶体。

重结晶的程度直接取决于单位时间内温度波动次数和程度，波动幅度愈大，次数愈多，重结晶的情况也愈剧烈。因此，即使冻结工艺良好，冰结晶微细均匀，但是冻藏条件不好，经过重复解冻和再结晶，就会促使冰晶体颗粒迅速增大，其数量则迅速减少，以致严重破坏了组织结构，使食品解冻后失去了弹性，口感风味变差，营养价值下降，见表4-11。

即使在良好的冻藏条件下仍然难免会发生温度波动，这只能要求在冻藏室预定的温度波动范围内，尽量维持较稳定的储藏温度。如使用现代温度控制系统时，要求在一定温度循环范围内能及时地调整温度。因此，冻藏室内的温度经常从最高到最低反复地进行，一般大约2 h一次，每月将循环360次。

在-18 ℃的冻藏室内，温度波动范围即使只有 3 ℃之差，对食品的品质仍然会有损害。温差超过 5 ℃的条件下解冻将会加强“残留浓缩水”对食品的危害。在有限传热速率影响下，冻藏室的温度不论如何波动，食品内部常会出现滞后或惰性现象，故食品内部温度波动范围必然比冻藏室小。在-18 ℃的储藏室内温度波动范围虽然只相差几摄氏度，但大多数冻制食品需要长期储藏，就会产生明显的危害。

表 4-11 冻藏过程中冰晶体和组织结构变化情况

冻藏天数/d	冰晶体直径/μm	解冻后的组织状态	冻藏天数/d	冰晶体直径/μm	解冻后的组织状态
刚冻结	70	完全恢复	30	110	略有恢复
7	84	完全恢复	45	140	略有恢复
14	115	组织不规则	60	160	略有恢复

3. 色泽的变化

(1)脂肪的变色 多脂肪鱼类如大马哈鱼、沙丁鱼、带鱼等，在冻藏过程中因脂肪氧化会发生黄褐变，同时鱼体发黏，产生异味，丧失食品的商品价值。

(2)蔬菜的变色 蔬菜在速冻前一般要将原料进行烫漂处理，破坏过氧化酶，使速冻蔬菜在冻藏中不变色。如果烫漂的温度与时间不够，过氧化酶失活不完全、绿色蔬菜在冻藏过程中会变成黄褐色，如果烫漂时间过长，绿色蔬菜也会发生黄褐变，这是因为蔬菜叶子中含有叶绿素而呈绿色，当叶绿素变成脱镁叶绿素时，叶子就会失去绿色而呈黄褐色，酸性条件会促进这个变化，蔬菜在热水中烫漂时间过长，蔬菜中的有机酸溶入水中使其变成酸性的水，会促进发生上述变色反应。所以正确掌握蔬菜烫漂的温度和时间，是保证速冻蔬菜在冻藏中不变颜色的重要环节。

(3)红色鱼肉的褐变 红色鱼肉的褐变，最有代表性的是金枪鱼肉的褐变。金枪鱼是一种经济价值较高的鱼类，日本人有食金枪鱼肉生鱼片的习惯。金枪鱼肉在-20 ℃下冻藏 2 个月以上，其肉色由红色向暗红色、红褐色、褐红色、褐色转变，作为生鱼片的商品价值下降。这种现象的发生，是由于肌肉中的亮红色的氧合肌红蛋白在低氧压下被氧化生成褐色的高铁肌红蛋白的缘故。冻藏温度在-35 ℃以下可以延缓这一变化，如果采用-60 ℃的超低温冷库，保色效果更佳。

(4)虾的黑变 虾类在冻结储藏中，其头、胸、足、关节及尾部常会发生黑变，出现黑斑或黑箍，使商品价值下降。产生黑变的原因主要是氧化酶(酚酶)在低温下仍有一定活性，使酪氨酸氧化，生成黑色素所致。黑变的发生与虾的鲜度有很大关系。新鲜的虾冻结后，因酚酶无活性，冻藏中不会发生黑变；而不新鲜的虾氧化酶活性化，在冻结储藏中就会发生黑变。

(5)鳕鱼肉的褐变 鳕鱼死后，鱼肉中的核酸系物质反应生成核糖，然后与氨基化合物发生美拉德反应，聚合生成褐色的类黑精，使鳕鱼肉发生褐变。-30 ℃以下的低温储藏可防止核酸系物质分解生成核糖，也可防止美拉德反应发生。此外，鱼的新鲜度对褐变有很大的影响，因此一般应选择鲜度好、死后僵硬前的鳕鱼进行冻结。

(6)箭鱼的绿变　冻结箭鱼的肉呈淡红色，在冻结储藏中其一部分肉会变成绿色。绿变现象的发生，是由于鱼的鲜度下降，因细菌作用生成的硫化氢与血液中的血红蛋白或肌红蛋白反应，生成绿色的硫血红蛋白或硫肌红蛋白而造成的。绿色肉发酸，带有异臭味，无法食用。

(7)红色鱼的褪色　含有红色表皮色素的鱼类如红娘鱼，在冻结储藏过程中常可见到褪色现象。这是由于鱼皮红色色素的主要成分类胡萝卜素被空气中的氧氧化的结果。这种褪色在光照下会加速。降低冻藏温度可推迟红色鱼的褪色。此外，用不透紫外光的玻璃纸包装，用0.1% ~0.5%的抗坏血酸钠溶液浸渍后冻结，并用此溶液镀冰衣，可以防止红色鱼的褪色。

4. 化学变化

(1)蛋白质的冻结变性　食品中的蛋白质在冻结过程中会发生冻结变性。在冻藏过程中，因冻藏温度的变动，冰结晶长大，会挤压肌原纤维蛋白质，使反应基互相结合形成交联，增加了蛋白质的冻结变性程度。通常认为，冻藏温度低，蛋白质的冻结变性程度小。钙、镁等水溶性盐类会促进鱼肉蛋白质冻结变性，而磷酸盐、糖类、甘油等可减少鱼肉蛋白质的冻结变性。

(2)脂类的变化　含不饱和脂肪酸多的冻结食品必须注意脂类的变化对品质的影响。鱼类的脂肪酸大多为不饱和脂肪酸，特别是一些多脂鱼，如鲱鱼、鲭鱼，其高度不饱和脂肪酸的含量更多，主要分布在皮下靠近侧线的暗色肉中，即使在很低的温度下也保持液体状态。鱼类在冻藏过程中，脂肪酸往往因冰晶的压力由内部转移到表层中，因此很容易在空气中氧的作用下发生自动氧化，产生酸败臭。当与蛋白质的分解产物共存时，脂类氧化产生的羰基与氨基反应，脂类氧化产生的游离基与含氮化合物反应，氧化脂类互相反应，其结果使冷冻鱼发生油烧，产生褐变，使鱼体的外观恶化，风味、口感及营养价值下降。由于冷冻鱼的油烧主要是由脂类氧化引起的，因此可采取降低冻藏温度，镀冰衣、添加脂溶性抗氧化剂等措施加以防止。

5. 溶质结晶及pH改变

经初始冷冻后，许多溶质在未冻结相中均为过饱和溶液，很快它们便会结晶或沉淀。这将改变溶质的相对含量及实际浓度，并最终改变了其离子强度。由于改变了缓冲组分的比率，pH也会发生变化。因这些因素影响其他分子的稳定性，因此溶液中分子的特性将随总成分的改变而继续发生变化。

6. 其他因素引起的变化

冻藏对植物组织体系非常重要的冷冻损伤的影响包括蛋白质沉淀、脂类氧化、聚合物聚集、色素氧化或水解。例如，叶绿素转变成脱镁叶绿素后将严重影响其感官。冷冻前的热处理能加速某过程，在未经漂烫的组织中，冷冻能抑制正常的酶催化过程。在储藏期间，这些催化反应将继续进行，并产生大量不受欢迎的产物。具有代表性的酶有脂酶、脂肪氧化酶、过氧化物酶、多酚氧化酶以及白芥子中的胱氨酸裂解酶。不充分的漂烫会使酶的活性残留，为了适当控制漂烫过程，有必要鉴别出何种酶使产品的色泽及风味发生变化。在不宜进行漂烫处理的场合，必须采取其他必要的措施抑制有害的酶催化过程。

这些措施常常与延长室温储藏农产品的方法相类似。目前存在许多有效的抑制剂。并非所有的品质下降过程均由酶催化作用而产生,因此根据该过程的化学机制,对于非酶过程的抑制也是很有必要的。且在冻藏期间,每一过程均有一个特征速率,如果可能,有必要选择储藏条件使此特征速率最小化。可以确信,在冻藏期间,通过使储藏温度接近或低于最大冻结浓缩玻璃态的特征转变温度,许多重要的品质降级速率能被控制至最小化。

第五节　食品冷却、冻结及解冻方法与装置

(一)食品冷却方法与装置

常用的冷却食品的方法有冷风冷却、冷水冷却、碎冰冷却、真空冷却等。具体使用时,应根据食品的种类及冷却要求的不同,选择其适用的冷却方法。

1. 冷风冷却

冷风冷却是利用被风机强制流动的冷空气使被冷却食品的温度下降的一种冷却方法,它是一种使用范围较广的冷却方法。

冷风冷却使用最多的是冷却水果、蔬菜,冷风机将冷空气从风道中吹出,冷空气流经库房内的水果、蔬菜表面吸收热量,然后回到冷风机的蒸发器中,将热量传递给蒸发器,空气自身温度降低后又被风机吹出。如此循环往复,不断地吸收水果、蔬菜的热量并维持其低温状态。冷风的温度可根据选择的储藏温度进行调节和控制。

近年来,由于冷却肉的销售量不断扩大,食品的冷风冷却装置使用普遍。冷风冷却装置中的主要设备为冷风机。随着制冷技术的不断发展,冷风机的开发制造工作也发展迅速,图 4-7 是冷风冷却系统示意图,给出了五种不同吸、吹风形式的冷风机,根据冷风机不同的吸、吹风形式,可布置成不同的冷风冷却室。

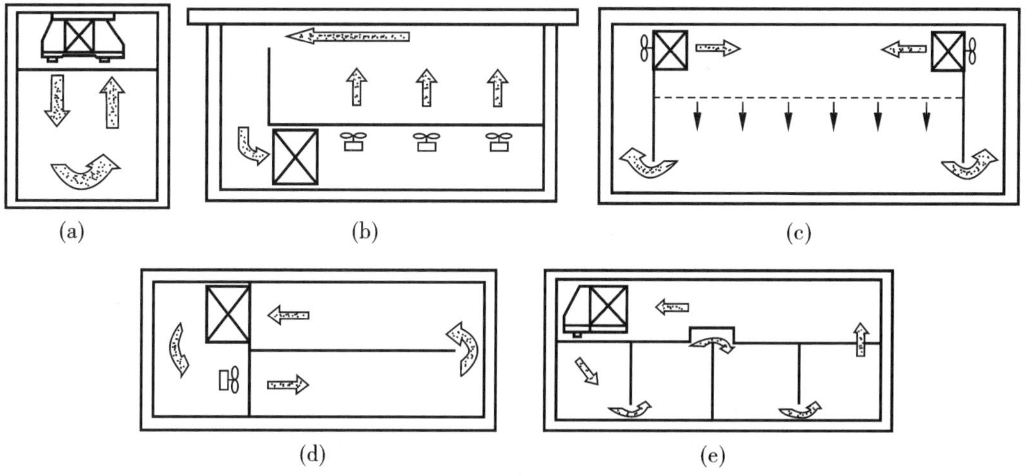

图 4-7　冷风冷却系统示意图

冷风冷却还可以用来冷却禽、蛋、调理食品等。冷却时通常把被冷却食品放于金属传送带上，可连续作业。冷却装置可制成洞道式并配上金属传送带。

冷风冷却可广泛地用于不能用水冷却的食品上，其缺点是当室内温度低时，被冷却食品的干耗较大。

2. 冷水冷却

冷水冷却是通过低温水把被冷却的食品冷却到指定的温度的方法。冷水冷却常用于水果、蔬菜、禽类、水产品等食品的冷却，特别是对一些易变质的食品更为适合。大部分食品不允许用液体冷却，因为产品的外观会受到损害，而且失去了冷却以后的储藏能力。冷水冷却通常用预冷水箱来进行，水在预冷水箱中被布置于其中的制冷系统的蒸发器冷却，然后与食品接触，把食品冷却下来。如不设预冷水箱，也可将蒸发器直接设置于冷却槽内，在这种情况下，冷却池必须设置搅拌器，通过搅拌器的搅拌而使冷却池内水温均匀。

冷水冷却可以分为三种：喷淋式、浸渍式和混合式，其中喷淋式应用最为广泛。

(1)喷淋式　在被冷却食品的上方，由喷嘴把冷却了的有压力的水呈散水状喷向食品，达到冷却的目的。

(2)浸渍式　被冷却食品直接浸在冷水中冷却，冷水被搅拌器不停地搅拌以使温度均匀。

(3)混合式　混合式冷却装置一般采用先浸渍后喷淋的步骤。

同冷风冷却相比较，冷水冷却的优点是冷却速度快、避免了干耗；缺点是被冷却食品之间易交叉感染。

3. 碎冰冷却

冰的相变潜热为334.5 kJ/kg，具有较大的冷却能力，是一种良好的冷却介质。在与食品接触过程中，冰吸收热量融化成水，使食品迅速冷却。碎冰冷却的优点是：融化的冰水能使食品的表面一直保持湿润，防止干耗的发生，同时，冰价格便宜、无毒害、易携带和储藏。

用来冷却食品的冰有淡水冰和海水冰两种，一般淡水冰用来冷却淡水鱼，海水冰用来冷却海水鱼。淡水冰又有透明冰和不透明冰之分。透明冰轧碎后，接触空气面小，不透明冰则反之，不透明冰是由于形成的冰中含有许多微小的空气气泡而导致的。从单位体积释放的冷量来说，透明冰要高于不透明冰。淡水冰按其形状又有机制块冰（每块重100 kg或120 kg，经破碎后用来冷却食品）、管冰、片冰和米粒冰之分。海水冰也有多种形式，主要以块冰和片冰为主。随着制冰机技术的发展，许多作业渔船可带制冰机随制随用，但需注意的是，不允许用被污染的海水及港湾内的水来制冰。

为了提高碎冰冷却的效果，要求冰要细碎，冰与被冷却食品的接触面积要大，冰融化后生成的水要及时排出。

在海上，渔获物的冷却方法一般有三种：加冰法（干法）、水冰法（湿法）及冷海水法。加冰法要求在容器的底部和四壁上先加上冰，随后层冰层鱼、薄冰薄鱼。要求冰粒要细，撒布要均匀，最上面的盖冰冰量要充足，融冰水应及时排出，以免对鱼体造成不良影响。

水冰法是在有盖的泡沫塑料箱内，用冰加上冷海水来保鲜鱼货。海水必须先预冷到1.5～-1.5 ℃再送入容器或舱中，再加鱼和冰，鱼必须完全被冰浸盖。用冰量根据气候变化而定，一般鱼与水之比为(2～3)∶1。为了防止海水鱼在冰水中变色，用淡水冰时需加盐,加盐量的大小随鱼种类的不同而不同,如乌贼鱼要加盐3%,鲷鱼要加盐2%。淡水鱼则可以用淡水加淡水冰保鲜运输,无须加盐。水冰法操作简便,用冰省,冷却速度快,但浸泡后肉质较软弱,易于变质,故从冰水中取出后仍需冰藏保鲜。此法适用于死后易变质的鱼类,如鲐、竹刀鱼等。

冷海水法主要是以机械制冷的冷海水来冷却保藏鱼货,与水冰法相似,水温一般控制在0~-1 ℃。冷海水法具有效率高,可大量处理鱼货,所需劳动力少、卸货快、冷却速度快等优点。缺点是鱼体会因吸收部分水分和盐分而膨胀,颜色发生变化,蛋白质也容易损耗,另外因舱体的摇摆,鱼体易相互碰擦而造成机械伤口等。目前,国际上广泛使用冷海水法作为预冷手段。

4. 真空冷却

真空冷却又称为减压冷却。其原理是真空降低水的沸点,促使食品中的水分蒸发,因为蒸发潜热来自食品自身,从而使食品温度减低而冷却。真空冷却装置由真空冷却槽、制冷装置、真空泵等设备组成,如图4-8所示。

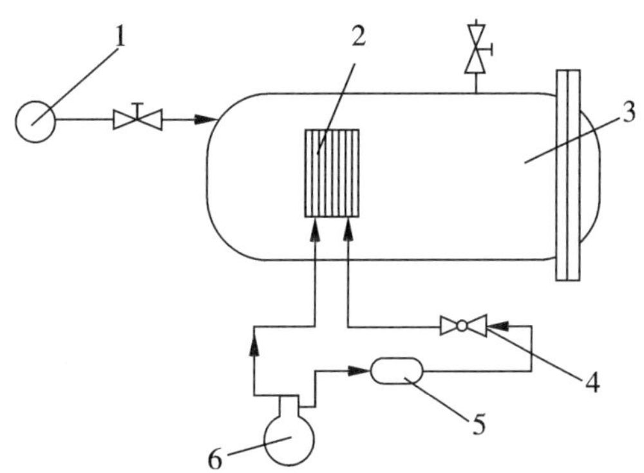

1—真空泵;2—冷却器;3—真空冷却槽;4—膨胀阀;5—冷凝器;6—压缩机

图4-8　真空冷却示意图

真空冷却主要用于蔬菜的快速冷却。挑选、整理后的蔬菜放入打孔的纸箱内,推进真空冷却槽,关闭槽门,开动真空泵和制冷机。当真空槽内压力降至667 Pa时,水在1 ℃就沸腾汽化。所以,随着真空冷却槽内压力的降低,蔬菜中所含的水分在低温下迅速汽化,所吸收的汽化热使蔬菜本身的温度迅速下降。水在667 Pa的压力、1 ℃的温度下变成水蒸气,体积要增大近20万倍,即使用二级真空泵来抽,消耗了很多电能,也不能使真空冷却槽内的压力很快降下来,所以装置中增设的制冷设备并不是直接用来冷却蔬菜的,而是用来使大量的水蒸气冷凝成水并排出冷却槽,从而保持了真空冷却槽内形成稳定的真空度。

真空冷却是目前最快的一种冷却方法,对表面积大(如叶类菜)的食品的冷却效果特别好。真空冷却的主要优点:冷却速度快、时间短;冷却后的食品储藏时间长;易于处理散装产品;若在食品上事先喷洒水分,则干耗非常低。其缺点是装置成本高,少量使用时不经济。

(二)食品冻结方法与装置

冻结方法的分类,如图 4-9 所示。

食品冻结方法与装置

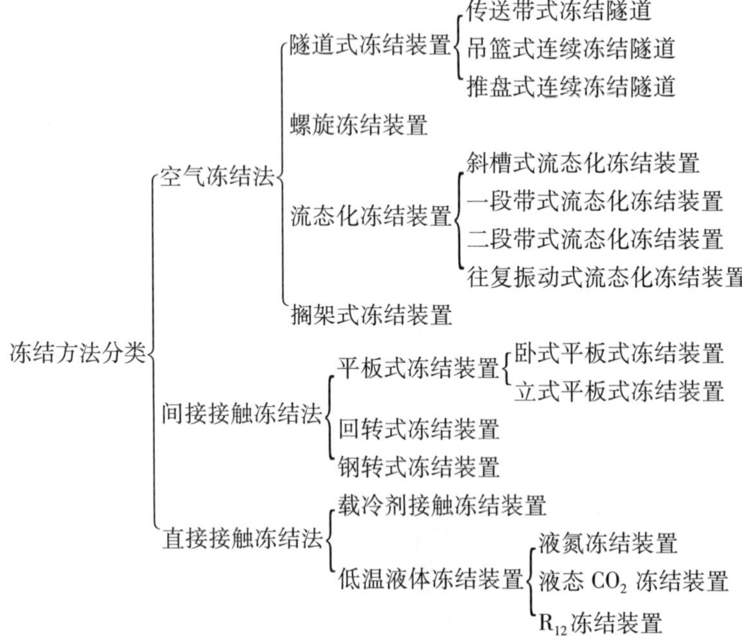

图 4-9　冻结方法的分类

(三)食品冻结新技术

(1)高压冷冻　在高压下可以得到 0 ℃以下的不结冰的低温水,如加压到 200 MPa,冷却到-18 ℃水仍不结冰,把此种状态下不结冰的食品迅速解除压力,就可对食品实现速冻,所形成的冰晶体也很细微,这种方法称为高压冷冻。根据水相变方式的不同,高压冷冻包括三种方式:高压辅助冷冻(high-pressure assisted freezing,HPAF),解除超高压速冻法(high-pressure shift freezing,HPSF)和冰高压诱导冷冻法(high-pressure induced freezing,HPIF)。

在不同压力环境中,水相变形成的冰晶密度不同。随着压力的升高,水的冰点会下降。在 207.5 MPa 时,其冰点会下降至-22 ℃。在高压下,水会出现多种冰晶型式,除了常见的冰Ⅰ外,还有冰Ⅱ、冰Ⅲ、冰Ⅳ、冰Ⅴ,一直到冰Ⅷ等;同时存在多个三相点,例如液-冰Ⅰ-冰Ⅲ,液-冰Ⅲ-冰Ⅴ,液-冰Ⅴ-冰Ⅵ等。

由表 4-12 可见,在不同冰型中,只有冰Ⅰ的密度小于液体水。在 0 ℃时,其体积会增加 9% 左右,而在-20 ℃时,其体积约增加 13%。形成冰Ⅰ后体积的增加,会直接损坏食品质地。如果将压力升高至 900 MPa 左右,就可以在室温下形成冰Ⅵ。由于冰Ⅵ的密度略大于液体水,因而它的形成不损坏食品质地。

高压食品冷冻技术利用压力的改变控制食品中水的相变行为,在高压条件(200 ~ 400 MPa)下,将食品冷却到一定温度,此时水仍不结冰,然后迅速解除压力,在食品内部形成粒度小而均匀的冰晶体，而且冰晶体积不会膨胀，能够减少对食品组织内部的损伤，获得能保持原有食品品质的冷冻食品。值得注意的是，高压冷冻技术适宜的压力范围为200～400 MPa，低于或高于这个范围所得冷冻食品的品质都有不同程度的下降。

表 4-12　高压下水的一些三相点

三相点	压力/MPa	温度/℃	三相点	压力/MPa	温度/℃
液-冰Ⅰ-冰Ⅱ	207.5	-22.0	液-冰Ⅲ-冰Ⅴ	346.3	-17
冰Ⅰ-冰Ⅱ-冰Ⅲ	212.9	-34.7	液-冰Ⅴ-冰Ⅵ	625.9	0.16
冰Ⅱ-冰Ⅲ-冰Ⅴ	344.3	-24.3			

（2）超声波冷冻　超声食品冷冻技术是将功率超声技术和食品冷冻相互耦合，利用超声波作用改善食品冷冻过程。其潜在的优势在于超声可以强化冷冻过程传热、促进食品冷冻过程的冰结晶、改善冷冻食品品质等方面。超声波作用引发的各种效应，能使边界层减薄，接触面积增大，传热阻滞减弱，有利于提高传热速率，强化传热过程。研究表明超声波能促进冰结晶的成核和抑制晶体生长，且一定强度的超声波作用能在枝状冰晶中产生裂缝，还有研究结果指出适宜参数（45 kHz，0.28 W/cm^2）的超声波能降低纯水结晶的过冷度，促进冰晶成核。

另外，超声冷冻技术仅仅在食品冷冻过程中施加超声波外场能量而不需添加任何添加剂改善品质，符合现代食品工业发展绿色食品的方向。有关超声食品冷冻技术应用已有研究报道。超声对制造冰冷糖果影响的研究表明，超声辐照所产生的冰晶体的粒度明显减少，在固体中分布更均匀，这就使冰冻糖果比常规产品更坚硬，并且使冰冻糖果与木质手柄结合得更牢固，增加了产品在消费者中受欢迎的程度。爱尔兰的 Sun 等学者根据功率超声所产生机械效应和空化效应的特点，将超声食品冷冻技术应用于马铃薯的冷冻过程，结果表明在 25 kHz、15.8 W 的超声波辐照下，冷冻速率提高，冷冻后土豆的微观品质提高。

（3）被膜包裹冻结　被膜包裹冻结法（CPF）也称冰壳（ice capsule）冻结法，其程序如下：

1）被膜形成根据食品品种和数量，向库内喷射-100～-80 ℃的液氮或二氧化碳，将库温降至-45 ℃，使食品表面生成数毫米厚的冰膜，时间为 5～10 min。必要时可先以维生素 C 溶液喷洒食品表面，形成的冰膜则更有抗氧化保护作用。

2）缓慢冷却，当库内温度降至-45 ℃时，停止液氮喷射，利用冷冻机冷却（冷却温度-35～-25 ℃）食品至中心温度 0 ℃止，冷却时间一般为 5～30 min。

3）快速冷却，当食品中心温度降至 0 ℃时，喷液氮 7～10 min，使食品温度快速通过最大冰晶生成带（0～5 ℃），时间一般为 7～10 min。

4）冷却保存，停止液氮喷射，改以冷冻机将食品降至-18 ℃以下，时间为 40～90 min。

CPF 法的特点：食品冻结时，形成的被膜可以抑制食品的膨胀变形，防止食品龟裂，限制冷却速度，形成的冰晶细微，不会生成最大冰晶，抑制细胞破坏，产品可以自然解冻后食用，产品组织口感佳，无老化现象。

(4)均温冻结　均温冻结法(HPF)属于浸渍式冻结，但冻结时实行均温处理，其程序如下：将食品浸渍或散布于-40 ℃以下的冷媒中，使食品中心温度降至冰点附近，以-15 ℃的大气或者液态冷媒均温之，最后用-40 ℃以下的液态冷媒将食品冷却至终温。均温处理的结果是，使食品的冻结过程中产生的食品内部的膨胀压进行扩散，可防止大型食品龟裂、隆起，适用于大型食品的冷冻，如鱼、火腿等。

(5)冰核细菌和生物冷冻蛋白技术　生物冷冻蛋白单体加速冰核形成的能力(冰核活性)低，当其形成多聚体后，则具有很强的冰核活性，这种蛋白多聚体可以作为水分子冷冻结晶的模板，在略低于0 ℃的较高冷冻温度下诱发和加速水的冷冻过程。能产生这种生物冷冻蛋白的细菌被称为冰核细菌(ice nucleation active bacteria)，常见的冰核细菌包括丁香假单胞菌属(*pseudomonas*)、欧文氏菌属(*erwinia*)、黄单胞菌属(*xanthomonas*)。

目前，在待冷冻食品物料中添加冰核细菌的冷冻技术在食品冷冻干燥和果汁冷冻浓缩中已有应用，它是生物技术在食品中的一项独特应用。特别在食品冷冻浓缩方面，利用冰核细菌辅助冷冻的优势在于：可以提高食品物料中水的冻结点，缩短冷冻时间，节省能源；促进冰晶的生长，形成较大尺寸的冰晶，在降低冷冻操作成本的同时，使后续的冰晶与浓缩物料的分离变得容易；使食品物料在冰晶上的夹带损失降低，提高了冰晶纯度，减少固形物损失。

(6)CAS冻结系统和冰温技术　CAS(cell alive system)是一种与以往的冻结系统不同的新型冻结系统，食品在CAS中即使冻结，细胞也不至坏死，解冻后其鲜度可最大限度回复到冻结前的状态。CAS冻结系统是由动磁场与静磁场组合，从壁面释放出微小的能量，使食品中的水分子呈细小且均一化状态，然后将食品从过冷却状态立即降温到-23 ℃以下而被冻结。由于最大限度抑制了冻晶膨胀，食品的细胞组织不被破坏，解冻后能恢复到食品刚制作时的色、香、味和鲜度，且无液汁流失现象，口感和保水性都得到较好保持。

冰温是处在冷却与冻结之间的温度带，即0 ℃以下至冻结点以上的未冻结温度区域。冰温技术是通过添加有机或无机物质降低食品冻结点，扩大冰温带，使食品保持在尽量低的未冻结温度。冰温技术已经在食品储藏、后熟、干燥和流通等领域内应用。在食品储藏方面，利用冰温技术储藏水果和蔬菜，可以抑制果蔬的新陈代谢，使之处于活体状态，减少冰晶对组织结构的损伤，与冷藏相比其储藏期得到显著延长，在色、香、味、复原性、鲜度和口感方面都大大提高。在冰温环境下后熟，不仅能抑制细菌的繁殖，而且能减少后熟食品(肉类、果蔬、面制品等)中与腐败有关的挥发性含氮物质(如氮碱VBN、三甲胺等)的生成，增加与香味有关的氨基酸浓度，还可促进游离氨基酸和多种芳香成分的合成。

(四)食品冻结工艺

食品的快速冻结加工工艺目前尚无统一的规定标准。对于内销食品，各地区、各加工企业的加工工艺不尽相同。对于出口速冻食品，各加工企业一般都按外商提供的加工工艺标准和要求或企业标准进行加工，也没有完全统一的规定。由于速冻食品的品种繁多，某一类食品(如水饺)其规格品种多种多

食品冻结工艺

样，所以制定严格的统一标准是一件很复杂的工作。

（五）冻结食品的解冻方法及装置

冻结后的食品在食用或加工时都必须经过解冻这道工序。

解冻的方法很多，但没有一种可适用于所有的食品。图 4-10 列举了一些具有代表性的解冻方法，并按照热量传入冻品的方式进行了分类。

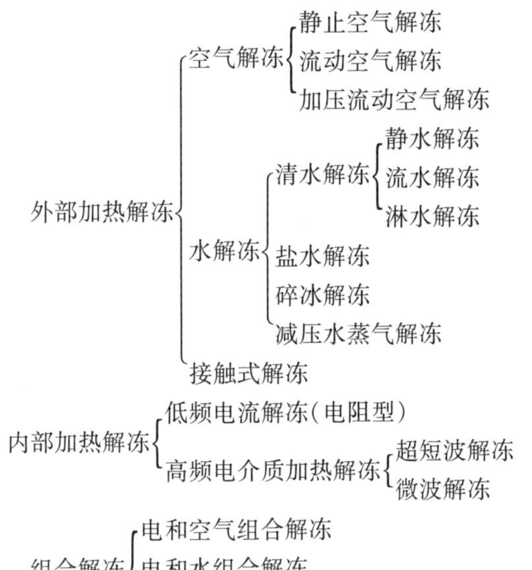

图 4-10　解冻方法分解示例图

食品冷链保藏

本章小结

食品的低温保藏可以防止或减缓食品的变质。

冷却或冷冻不仅可以保存食品，也可以和其他食品制造过程结合起来，达到改变食品性能和功能的作用。例如，冻结浓缩、冻结干燥、冻结粉碎等方法，已得到普遍应用。而冷饮及冰激凌制品等早已成为大众食品。目前，在我国方便食品体系中，冷冻方便食品也已逐渐普及，并不断增长。

低温保藏常用的两种温区冷却冷藏和冷冻冻藏，前者将保藏物温度降至接近冰点而不冻结状态，通常降温至微生物或酶活力较小，适用于果蔬和短时间暂存的动物性食品。而后者是将保藏物降温到冰点以下，使水部分或全部冻结成冰，动物性食品或经过烫漂的果蔬采用冷冻后冻藏的方法。

冷却冷藏的食品在进冷藏前会经过冷却加工处理，进行快速降温冷却，通常根据食品的种类可选择采取冷风冷却法、冷水冷却法、碎冰冷却法和真空冷却法，还可以结合需冷却食品的种类采用组合冷却法等，一切以能较好地保持新鲜品质的营养和质地为原则。

冻结冻藏的食品在进冻藏间前必须经过冻结加工处理，经过速冻处理使食品的中心温度达到进藏要求再进入冻藏库进行冻藏。前述介绍了系列食品冻结的方法和装置，随着经济的发展和人民生活水平的不断提高,人们对冻结食品的质量要求也会越来越高,相应地,食品冻结工艺就应朝着低温、快速的方向发展,冻品的形式也要从大块盘装转向体积小的单体。目前,究竟采用什么冻结装置来冻结食品,要考虑多方面的因素,如食品的种类、形态,冻结生产量,冻结质量,等等,而设备投资、运转费用等经济性问题也是必须考虑的。

思考题

1. 食品冷加工有哪些方法?食品低温保藏的原理是什么?
2. 低温储藏食品的原理是什么?活体食品与非活体食品对温度有什么不同的要求?
3. 引起食品腐败变质有哪些因素?为什么温度可以抑制食品的腐败变质?
4. 什么是冻结?有哪些冻结方法?有哪些冻结装置?
5. 食品冻结速度的定义是什么?什么是快速冻结与慢速冻结?
6. 什么是冷却?有哪些冷却方法?有哪些冷却装置?
7. 食品冷却时会发生哪些变化?如何避免寒冷收缩?
8. 真空冷却食品时其冷却品质受哪些因素的影响?

第五章　食品热处理保藏

第一节　概　述

一、食品热处理的作用

食品热处理保藏主要是指通过工业烹饪、热烫、热挤压、热杀菌等热加工操作单元，来降低食品中微生物、酶等致腐败因子，配合其他方式（如罐藏，冷冻等），来保藏食品的一种技术手段。

食品加工中，热处理一直是最主要的加工方法之一。这不仅是因为它会带来令人满意的口感（许多食品都要通过烹饪这一加工方式而最终被食用，例如烘焙产生了用其他方式不可能获得的口感），而且因为它可通过杀灭酶、微生物、昆虫和寄生虫而产生防腐效果。热处理的其他优点有：

（1）加工条件的控制相对简单。

（2）可以生产出不必冷冻而在货架期内性质稳定的食品。

（3）可以破坏抗营养因子（如一些豆类中的胰蛋白抑制剂）。

（4）可以提高食用者对一些营养成分的吸收（如提高蛋白质的消化性、淀粉的凝胶化和释放结合的烟酸）。

但是，热处理也可能改变或破坏食品原有结构或成分，降低食品的质量和价值。但是，可以利用这些成分与微生物或酶之间 D 值的差异，在热处理中使用较高的温度和较短的时间。比如高温瞬时（HTST）加工可产生在较低温度下花更长时间才能对微生物或酶造成的同等杀灭效果，而不会对食品的感官特征和营养价值造成很大改变。烫漂、巴氏杀菌、高温灭菌、蒸发等加工处理方式的进展，都集中于先进技术和对加工条件更有效的控制，从而生产出更优质的产品。挤压从本质上说是一种 HTST 过程，而其他加工技术，如电介加热和电阻加热，对食品质量的破坏极小。

其他程度更为剧烈的加工技术，如烘烤、焙烧和煎炸，其目的在于改变某种产品的感官特征，而防腐效果可通过进一步加工或通过选择合适的包装体系来获得。

热加工的另一重要作用是有选择地除去食品中的挥发性成分。在蒸发和脱水过程中，水分的丧失抑制了微生物和酶的活性，从而达到防腐效果。在蒸馏中，乙醇被选择性地分离用以生产浓缩酒精饮料，或是可以回收香味成分再加到食品中以改善它们的感官品质。

二、食品热处理的类型和特点

食品工业中热处理的类型主要有工业烹饪、热烫、热挤压和热杀菌等。

(1)工业烹饪(industrial cooking)　工业烹饪一般作为食品加工的一种前处理过程，通常是为了提高食品的感官质量而采取的一种处理手段。烹饪通常有煮、焖(炖)、烘(焙)、炸(煎)、烤等几种形式。这几种形式所采用的加热方式及处理温度和时间略有不同。一般煮、炖多在沸水中进行；焙、烤则以干热的形式加热，温度较高；而煎、炸也在较高温度的油介质中进行。表5-1比较了几种工业烹饪的工艺特点。

表5-1　工业烹饪的种类和特点

项目	有水烧煮		无水烧煮		
种类	煮	焖	烘	炸	烤
加热介质	水	蒸汽	热空气	油	热辐射
温度/℃	≥100	≥100	≫100	>100	≫100
气压/$\times10^5$ Pa	≥1	≥1	1	1	1

烹饪处理能杀灭部分微生物，破坏酶，改善食品的色、香、味和质感，提高食品的可消化性，并破坏食品中的不良成分(包括一些毒素等)，提高食品的安全性。烹饪处理也可使食品的耐储性提高。但发现不适当的热处理会给食品带来营养安全方面的问题，如烧烤中的高温使油脂分解可产生致癌物质。

(2)热烫(blanching 或 scalding)　热烫，又称烫漂、杀青、预煮。热烫的作用主要是破坏或钝化食品中导致食品质量变化的酶类，以保持食品原有的品质，防止或减少食品在加工和保藏中由酶引起的食品色、香、味的劣化和营养成分的损失。热烫处理主要应用于蔬菜和某些水果，通常是蔬菜和水果冷冻、干燥或罐藏前的一种前处理工序。

导致蔬菜和水果在加工和保藏过程中质量降低的酶类主要是氧化酶类和水解酶类，热处理是破坏或钝化酶活性的最主要和最有效的方法之一。除此之外，热烫还有一定的杀菌和洗涤作用，可以减少食品表面的微生物数量；可以排除食品组织中的气体，使食品装罐后形成良好的真空度及减少氧化作用；热烫还能软化食品组织，方便食品往容器中装填；热烫也起到一定的预热作用，有利于装罐后缩短杀菌升温的时间。

对于蔬果的干藏和冷冻保藏，热烫的主要目的是破坏或钝化酶的活性。对于罐藏加工中的热烫，由于罐藏加工的后杀菌通常能达到灭酶，故热烫更主要是为了达到上述的其他一些目的。但对于豆类的罐藏以及食品后杀菌采用(超)高温短时方法时，由于此杀菌方法对酶的破坏程度有限，热烫等前处理的灭酶作用应特别强调。

(3)热挤压(hot extrusion)　挤压是将食品物料放入挤压机中，物料在螺杆的挤压下被压缩并形成熔融状态，然后在卸料端通过模具出口被挤出的过程，其结合了混合、蒸煮、揉搓、剪切、成型等几种单元操作的过程。热挤压则是指食品物料在挤压的过程中还被加热，也被称为挤压蒸煮(extrusion cooking)。

挤压是一种新的加工技术，其可以产生不同形状、质地、色泽和风味的食品。热挤压是一种高温短时的热处理过程，它能够减少食品中的微生物数量和钝化酶。但无论是热挤压或是冷挤压，其产品的长时间保藏主要是靠其较低的水分活性和其他条件。

挤压处理具有下列特点:挤压食品多样化,可以通过调整配料和挤压机的操作条件直接生产出满足消费者要求的各种挤压食品;挤压处理的操作成本较低;在短时间内完成多种单元操作,生产效率较高;便于生产过程的自动控制和连续生产。

(4)热杀菌　热杀菌是以杀灭微生物为主要目的的热处理方式,根据要杀灭微生物的种类的不同可分为巴氏杀菌(pasteurisation)和商业杀菌(commercial sterilization)。对于商业杀菌而言,巴氏杀菌是一种较温和的热杀菌形式,巴氏杀菌的处理温度通常在100 ℃以下。典型的巴氏杀菌条件是62.8 ℃,30 min,达到同样的巴氏杀菌效果可以有不同的温度、时间组合。巴氏杀菌可使食品中的酶失活,并破坏食品中热敏性的微生物和致病菌。巴氏杀菌的目的及其产品的储藏期主要取决于杀菌条件、食品成分(如pH值)和包装情况。对低酸性食品(pH>4.6),其主要目的是杀灭致病菌。而对于酸性食品,其还包括杀灭腐败菌和钝化酶。

商业杀菌一般又简称为杀菌,是一种较强烈的热处理形式,通常是将食品加热到较高的温度并维持一定的时间以达到杀死所有致病菌、腐败菌和绝大部分微生物的目的,从而使杀菌后的食品符合货架期的要求。当然这种热处理形式一般也能钝化酶,但它同样对食品的营养成分破坏也较大。杀菌后食品通常也并非完全无菌,只是杀菌后食品中不含致病菌,残存的处于休眠状态的非致病菌在正常的食品贮藏条件下不能生长繁殖,这种无菌程度被称为"商业无菌(commercial sterilization)",也就是说它是一种部分无菌(partically sterile)。

商业杀菌是以杀死食品中的致病和腐败变质的微生物为准,使杀菌后的食品符合安全卫生要求,具有一定的储藏期。很明显,这种效果只有密封在容器内的食品才能获得(防止杀菌后的食品再受污染)。将食品先密封于容器内再进行杀菌处理通常是罐头的加工形式,而将经过高温瞬时(UHT)杀菌后的食品在无菌的条件下进行包装,则是无菌包装。

从杀菌的过程中微生物被杀死的难易程度看,细菌的芽孢具有更高的耐热性,它通常较营养细胞更难被杀死。另一方面,专性好氧菌的芽孢较兼性和专性厌氧菌的芽孢容易被杀死。杀菌后食品所处的密封容器中氧的含量通常较低,这在一定程度上也能阻止微生物繁殖,防止食品腐败。在考虑确定具体的杀菌条件时,通常以某种具有代表性的微生物作为杀菌的对象,通过这种对象菌的死亡情况来反映杀菌的程度。

第二节　食品热处理反应的基本规律

一、食品热处理的反应动力学

要控制食品热处理的程度,人们必须了解热处理时食品中各成分(微生物、酶、营养成分和质量因素等)的变化规律,主要包括:①在某一热处理条件下食品成分的热处理破坏反应的反应速率;②温度对这些反应的影响。

1.热破坏反应的反应速率

食品中各成分的热破坏反应一般均遵循一级反应动力学,也就是说各成分的热破坏反应速率与反应物的浓度呈正比关系。这一关系通常被称为"热灭活或热破坏的对数规律（logarithmic order of inactivation or destruction）”。这一关系意味着，在某一热处理温度（足以达到热灭活或热破坏的温度）下，单位时间内，食品成分被灭活或被破坏的比例是恒定的。下面以微生物的热致死来说明热破坏反应的动力学。微生物热致死反应的一级反应动力学方程为

$$-\frac{\mathrm{d}c}{\mathrm{d}t}=kc \tag{5-1}$$

式中　$-\mathrm{d}c/\mathrm{d}t$——微生物浓度（数量）减少的速率；

c——活态微生物的浓度；

k——一级反应的速率常数。

对上式进行积分，设在反应时间 $t_1=0$ 时的微生物浓度为 c_1，则反应至 t 时的结果为

$$-\int_{c_1}^{c}\frac{\mathrm{d}c}{c}=k\int_{c_1}^{t}\mathrm{d}t$$

即

$$-\ln c+\ln c_1=k(t-t_1)$$

也可以写成

$$\lg c=\lg c_1-\frac{kt}{2.303} \tag{5-2}$$

式（5-2）的方程式所反映的意义可用热力致死速率曲线（death rate curve）表示，如图 5-1。假设初始的微生物浓度为 $c_1=10^5$，则在热反应开始后任一时间的微生物数量 c 可以直接从曲线中得到。在半对数坐标中微生物的热力致死速率曲线为一直线，该直线的斜率为$-k/2.303$。从图 5-1 中还可以看出，热处理过程中微生物的数量每减少同样比例所需要的时间是相同的。如微生物的活菌数每减少 90%，也就是在对数坐标中 c 的数值每跨过一个对数循环所对应的时间是相同的，这一时间被定义为 D 值，称为指数递减时间（decimal reduction time）。因此直线的斜率又可表示为

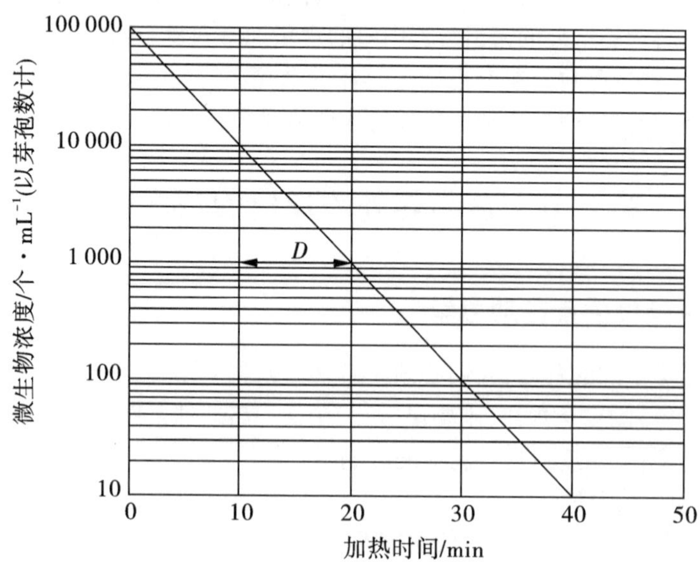

图 5-1　热力致死速率曲线

$$-\frac{k}{2.303}=-\frac{1}{D}$$

则

$$D=\frac{2.303}{k} \tag{5-3}$$

由于上述致死速率曲线是在一定的热处理(致死)温度下得出的,为了区分不同温度下微生物的 D 值,一般热处理的温度 T 作为下标,标注在 D 值上,即为 D_T。很显然,D 值的大小可以反映微生物的耐热性。在同一温度下比较不同微生物的 D 值时,D 值愈大,表示在该温度下杀死 90% 微生物所需的时间愈长,即该微生物愈耐热。

从热力致死速率曲线中也可看出,在恒定的温度下经一定时间的热处理后食品中残存微生物的活菌数与食品中初始的微生物活菌数有关。为此人们提出热力致死时间(thermal death time,TDT)值的概念。热力致死时间(TDT)值是指在某一恒定温度条件下,将食品中的某种微生物活菌(细菌和芽孢)全部杀死所需要的时间(min)。试验以热处理后接种培养,无微生物生长作为全部活菌已被杀死的标准。

要使不同批次的食品经热处理后残存活菌数达到某一固定水平,食品热处理前的初始活菌数必须相同。很显然,在实际情况中,不同批次的食品原料初始活菌数可能不同,要达到同样的热处理效果,不同批次的食品热处理的时间应不同。这在实际生产中是很难做到的。因此食品的实际生产中前处理的工序很重要,它可以将热处理前食品中的初始活菌数尽可能控制在一定的范围内。另一方面也可看出,对于遵循一级反应的热破坏曲线,从理论上讲,恒定温度下热处理一定(足够)的时间即可达到完全的破坏效果。因此在热处理过程中可以通过良好的控制来达到要求的热处理效果。

2. 热破坏反应和温度的关系

反映热破坏反应速率常数和温度关系的方法主要有三种:热力致死时间曲线、阿伦尼乌斯(Arrhenius)方程和温度系数 Q 值。

(1)热力致死时间曲线(thermal death time curve) 是采用类似热力致死速率曲线的方法而制得的,它将 TDT 值与相应的温度 T 在半对数坐标中作图,则可得到类似于热力致死速率曲线的热力致死时间曲线,见图 5-2。采用类似于前面对致死速率曲线的处理方法,可得到下述公式:

$$\lg(TDT_1/TDT)=-\frac{T_1-T}{Z}=\frac{T-T_1}{Z} \tag{5-4}$$

式中 T_1、T——两个不同的杀菌温度,℃;

TDT_1、TDT——对应于 T_1、T 的 TDT 值,min;

Z——TDT 值变化 90% 所对应的温度变化值,℃。

由于 TDT 值中包含着 D 值,而 TDT 值与初始菌数有关,应用起来不方便,人们采用 D 值代替 TDT 值作热力致死时间曲线,结果可以得到与以 TDT 值作的热力致死时间曲线很相似的曲线。为了区别,人们将其称为拟热力致死时间曲线(phantom thermal death time curve)。

从式(5-4)可以得到相应的 D 值和 Z 值关系的方程式:

$$\lg(D/D_1) = \frac{T - T_1}{Z} \tag{5-5}$$

式中　D_1、D ——对应于温度 T_1 和 T 的 D 值，min；

Z——D 值变化 90%（一个对数循环）所对应的温度变化值，℃。

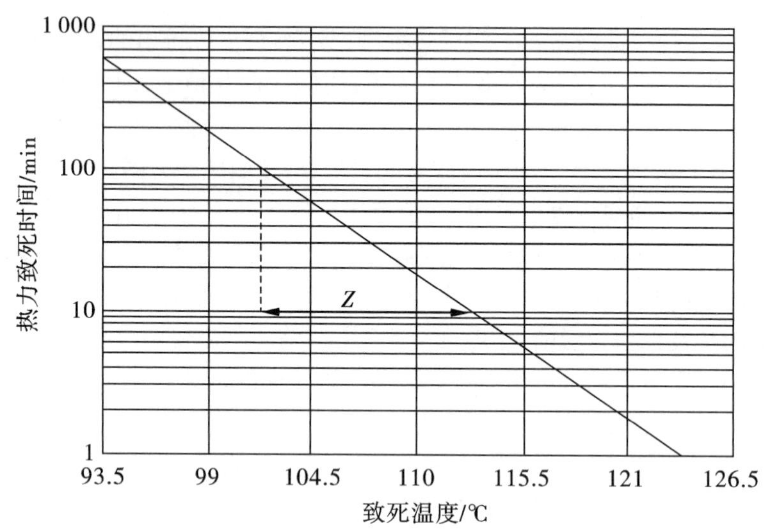

图 5-2　热力致死时间曲线

由于 D 和 k 互为倒数关系，则有

$$\lg(k/k_1) = \frac{T - T_1}{Z} \tag{5-6}$$

上式说明反应速率常数的对数与温度呈正比，较高温度的热处理所取得的杀菌效果要高于低温度热处理的杀菌效果。不同微生物对温度的敏感程度可以从 Z 值反映，Z 值小的对温度的敏感程度高。要取得同样的热处理效果，在较高温度下所需的时间比在较低温度下的短。这也是高温短时（HTST）或超高温瞬时杀菌（UHT）的理论依据。不同的微生物对温度的敏感程度不同，提高温度所增加的破坏效果不一样。

上述的 D 值和 Z 值不仅能表示微生物的热力致死情况，也能反映食品中的酶、营养成分和食品感官指标的热破坏情况。

（2）阿伦尼乌斯（Arrhennius）方程　反映热破坏反应和温度关系的另一方法是阿伦尼乌斯法，即反应动力学理论。

阿伦尼乌斯方程为

$$k = k_0 \cdot e^{-\frac{E_a}{RT}} \tag{5-7}$$

式中　k——反应速率常数，min^{-1}；

k_0——频率因子常数，min^{-1}；

E_a——反应活化能，$J \cdot moL^{-1}$；

R——气体常数，8.314 $moL^{-1} \cdot K^{-1}$；

T——热力学温度，K。

反应活化能是指反应分子活化状态的能量与平均能量的差值,即使反应分子由一般分子变成活化分子所需的能量,对阿伦尼乌斯方程取对数,则得

$$\ln k = \ln k_0 - \frac{E_a}{RT} \tag{5-8}$$

设温度 T_1时反应速率常数为 k_1,则可通过下式求得频率因子常数:

$$\ln k_0 = \ln k_1 + \frac{E_a}{RT_1} \tag{5-9}$$

则有

$$\lg \frac{k}{k_1} = \frac{E_a}{2.303R}\left(\frac{1}{T_1} - \frac{1}{T}\right) = \frac{E_a}{2.303R}\left(\frac{T - T_1}{TT_1}\right) \tag{5-10}$$

上式表明,对于某一活化能一定的反应,随着反应温度 T(K)的升高,反应速率常数 k 增大。

E_a 和 Z 的关系根据下式给出,即

$$\frac{E_a}{2.303R}\left(\frac{T - T_1}{TT_1}\right) = \frac{T - T_1}{Z} \tag{5-11}$$

重排可得

$$E_a = \frac{2.303R(T - T_1)}{Z} \tag{5-12}$$

式中 T_1——参比温度,K;

T——杀菌温度,K。

值得注意的是尽管 Z 和 E_a 与 T_1无关,但上式取决于参比温度 T_1。这里由于绝大多数温度倒数(K^{-1})和温度(℃)的关系是定义在一个小的参比温度范围内。

(3)温度系数 Q 值 还有一种描述温度对反应体系影响的温度系数 Q 值。Q 值表示反应在温度 T_2进行反应速率比在较低温度下 T_1快多少,若 Q 值表示温度增加 10 ℃时反应速率增加情况,则一般称为 Q_{10}。Z 和 Q_{10}之间的关系为

$$Z = \frac{10}{\lg Q_{10}} \tag{5-13}$$

上述三种描述热处理过程中食品成分破坏反应的方法和概念总结于表 5-2。

表 5-2 热处理的重要参数

方法	反应速率	温度相关因子
热力致死时间曲线	D	Z
阿伦尼乌斯方程	k	E_a
温度系数 Q 值	k	Q_{10}

二、热处理对微生物的影响

(一)微生物和食物的腐败变质

微生物广泛分布于自然界,食品原料在加工处理前后及过程中不可避免地会受到一定类型和数量的微生物的污染。当环境条件适宜时,它们就会迅速生长繁殖,造成食品的腐败与变质。这不仅降低了食品的营养和卫生质量,而且还可能危害人体健康。

食品腐败变质是指食品受到各种内外因素的影响,造成其原有化学性质或物理性质发生变化,降低或失去其营养价值和商品价值的过程。如鱼肉的腐臭、油脂的酸败、水果蔬菜的腐烂和粮食的霉变等。

微生物引起食品变质的基本条件。食品加工前的原料,总是带有一定数量的微生物。在加工过程中及加工后的成品,也不可避免地要接触环境中的微生物,因而食品中存在一定种类和数量的微生物。然而,微生物污染食品后,能否导致食品的腐败变质,以及变质的程度和性质如何,受多方面因素的影响。

1. 食品的基本特性

(1)食品的营养成分　食品含有蛋白质、糖类、脂肪、无机盐、维生素和水分等丰富的营养成分。这些营养成分是微生物的良好培养基,微生物污染食品后很容易迅速生长繁殖,从而造成食品的变质。

(2)食品的氢离子浓度　各种食品都具有一定的氢离子浓度。各类微生物都有其最适宜的 pH 值范围,同时,食品中氢离子浓度可影响菌体细胞膜上电荷的性质。因此食品的氢离子浓度(pH 值)是影响食品腐败变质的重要因素之一。

(3)食品的水分　水分是微生物生命活动的必要条件,微生物细胞组成不可缺少水,细胞内所进行的各种生物化学反应,均以水分为溶媒。食品中水分以游离水和结合水两种形式存在。微生物繁殖能利用的水是游离水,因此微生物在食品中的生长繁殖也取决于其水分活度(A_w)。

(4)食品的渗透压　渗透压与微生物的生命活动有一定的关系。微生物在低渗透压的食品中有一定的抵抗力,较易生长。而在高渗食品中,微生物常因脱水而死亡。且不同微生物种类对渗透压的耐受能力大不相同。只有少数种类能在高渗透压环境中生长,如盐杆菌属的一种肠膜明串珠菌能耐高浓度糖等。

2. 微生物

能引起食品发生腐败变质的微生物种类很多,主要有细菌、酵母和霉菌。一般情况下细菌比酵母菌占优势。此外,在这些微生物中有分解蛋白质、糖类、脂肪能力强的菌。

(1)分解蛋白质类食品的微生物　分解蛋白质而使食品变质的微生物,主要是细菌、霉菌和酵母菌,它们多数是通过分泌胞外蛋白酶来完成的。细菌中,芽孢杆菌属、梭状芽孢杆菌属、假单胞菌属等;霉菌比细菌更能利用天然蛋白质,常见的有:青霉属、毛霉属、曲霉属等;而多数酵母菌对蛋白质的分解能力极弱,如啤酒酵母属、毕赤氏酵母属等。

(2)分解碳水化合物类食品的微生物　细菌中能高活性分解淀粉的为数不多,主要是芽孢杆菌属和梭状芽孢杆菌属的某些种,如枯草杆菌、巨大芽孢杆菌等;多数霉菌都有分解简单碳水化合物的能力;绝大多数酵母不能使淀粉水解,少数酵母如拟内胞霉属能分解麦糖。

(3)分解脂肪类食品的微生物 分解脂肪的微生物能生成脂肪酶,使脂肪水解为甘油和脂肪酸。细菌中的假单胞菌属、无色杆菌属和芽孢杆菌属中的许多种,都具有分解脂肪的特性;在食品中常见的有曲霉属、白地霉和芽枝霉属等也可以分解脂肪;酵母菌中能分解脂肪的菌种不多,主要是解脂假丝酵母。

(二)微生物的生长温度和微生物的耐热性

高温对微生物的杀灭作用受微生物种类、耐热性及其影响因素的影响。

(1)微生物的耐热性 不同的微生物具有不同的生长温度范围。超过其生长温度范围的高温,将对微生物产生抑制或杀灭作用。根据细菌的耐热性,可将其分为四类,即嗜热菌、中温性菌、低温性菌、嗜冷菌,见表5-3。

表5-3 细菌的耐热性

细菌种类	最低生长温度/℃	最适生长温度/℃	最高生长温度/℃
嗜热菌	30~40	50~70	70~90
中温性菌	5~15	30~45	45~55
低温性菌	-5~5	25~30	30~35
嗜冷菌	-10~-5	12~15	15~25

一般而言,嗜冷微生物对热最敏感,其次是嗜温微生物,而嗜热微生物的耐热性最强。然而,同属嗜热微生物,其耐热性因种类不同而有明显差异。通常,产芽孢细菌比非芽孢细菌更为耐热,而芽孢也比其营养细胞更耐热。例如,细菌的营养细胞大多在70 ℃下加热30 min死亡,而其芽孢在100 ℃下加热数分钟甚至更长时间也不死亡。

(2)影响微生物耐热性的因素 无论是在微生物的营养细胞间,还是在营养细胞和芽孢间,其耐热性都有显著差异,就是在耐热性很强的细菌芽孢间,其耐热性的变化幅度也相当大。微生物的这种耐热性是复杂的化学性、物理性以及形态方面的性质综合作用的结果。因此,微生物的耐热性首先要受到其遗传性的影响,其次与其所处的环境条件有关。

1)菌株和菌种。微生物的种类不同,其耐热性的程度也不同,而且即使是同一菌种,其耐热性也因菌株而异。正处于生长繁殖期的营养体的耐热性比它的芽孢弱。不同菌种芽孢的耐热性也不同,嗜热菌芽孢的耐热性最强,厌氧菌芽孢次之,需氧菌芽孢的耐热性最弱。

2)微生物的生理状态。微生物营养细胞的耐热性随其生理状态变化而变化。一般处于稳定生长期的微生物营养细胞比处于对数期者耐热性更强,刚进入缓慢生长期的细胞也具有较高的耐热性,而进入对数期后,其耐热性将逐渐下降至最小。

3)培养温度。不管是细菌的芽孢还是营养细胞,一般情况下,培养温度越高,所培养的细胞及芽孢的耐热性就越强(见表5-4所示)。

表 5-4　培养温度对枯草芽孢杆菌芽孢耐热性的影响

培养温度/℃	100 ℃加热死亡时间/min	培养温度/℃	100 ℃加热死亡时间/min
21 ~ 23	11	41	18
37	16		

4)热处理温度和时间。热处理温度越高则杀菌效果越好。但是,加热时间的延长,有时并不能使杀菌效果提高。因此,杀菌时,保证足够高的温度比延长杀菌时间更为重要。

5)初始活菌数。微生物的耐热性与初始活菌数之间有很大关系(表 5-5)。初始活菌数越多,微生物的耐热性越强,因此,要杀死全部微生物所需的时间也越长。

表 5-5　细菌芽孢数量与加热时间的关系

孢子浓度/(个/mL)	杀死芽孢需要时间/min	孢子浓度/(个/mL)	杀死芽孢需要时间/min
50 000	14	500	9
5 000	10	50	8

6)水分活度。水分活度或加热环境的相对湿度对微生物的耐热性有显著影响。一般而言,水分活度越低,微生物细胞的耐热性越强。其原因可能是由于蛋白质在潮湿状态下加热比在干燥状态下加热变性速度更快,从而使微生物更易于死亡。因此,在相同温度下湿热杀菌的效果要好于干热杀菌。

7)pH 值。微生物受热时,环境的 pH 值是影响其耐热性的重要因素。微生物的耐热性在中性或接近中性的环境中最强。

8)蛋白质。加热时,食品介质中如有蛋白质(包括明胶、血清等在内)存在,则将对微生物起保护作用。

9)脂肪。脂肪的存在可以增强细菌的耐热性。例如在油、石蜡及甘油等介质中存在的细菌及芽孢,需在 140 ~ 200 ℃温度下进行 5 ~ 45 min 的加热方可杀灭。

10)盐类。盐类对细菌耐热性的影响是可变的,主要取决于盐的种类、浓度等因素。食盐是对细菌耐热性影响较显著的盐类。当食盐浓度低于 3% ~ 4% 时,能增强细菌的耐热性。食盐浓度超过 4% 时,随浓度的增加,细菌的耐热性明显下降。

11)糖类。糖的存在对微生物的耐热性有一定的影响,这种影响与糖的种类及浓度有关。不同糖类即使在相同浓度下对微生物耐热性的影响也是不同的,这是因为它们所造成的水分活度不同。

12)其他因素。当微生物生存的环境中含有防腐剂、杀菌剂时,微生物的耐热性将会降低。

三、热处理对酶的影响

1. 酶与食品质量

酶(enzyme)是一类具有专一性生物催化作用的生物大分子,它参与生物体内一切生物化学反应过程。食品中尤其是鲜活食品和生鲜食品,体内存在着多种具有催化活性的酶类。因此食品在加工和贮藏过程中,酶会对食品的感官指标、理化指标产生很大的影响。另外,微生物也能够分泌导致食品变质的酶类,与食品本身的酶类一起作用,加快食品变质腐败。

(1)酶类对食品颜色的影响 脂肪氧合酶催化不饱和脂肪酸的氧化作用,形成的自由基中间产物和氢过氧化物会引起叶绿素和胡萝卜素等色素的降解而导致退色;叶绿素酶催化叶绿素水解生成植醇和脱植基叶绿素;多酚氧化酶催化两类完全不同的反应,一类是羟基化反应,另一类是氧化反应。前者可以在多酚氧化酶的作用下氧化形成不稳定的邻苯醌类化合物,然后再进一步通过非酶催化的氧化反应,聚合成为黑色素,并导致香蕉、苹果、桃、马铃薯、蘑菇等发生不希望的褐变,但会对茶叶、咖啡和梅干等产生希望的褐变。

(2)酶类对食品质地的影响 水果和蔬菜的质地主要与复杂的糖类有关,如与果胶物质、纤维素、半纤维素、淀粉和木素有关。果胶甲酯酶水解果胶物质生成果胶酸,Ca^{2+}与果胶酸的羧基发生交联,会提高食品的质地强度;聚半乳糖醛酸酶水解果胶物质分子中的α-1,4-糖苷键,将引起某些食品原料物质(如番茄)的质地变软;淀粉酶对食品的品质的影响主要体现在为食品提供黏度和质地。

(3)酶类对食品营养价值的影响 酶对食品营养影响的研究相对报道较少。已知脂肪氧合酶氧化不饱和脂肪酸会引起亚油酸、亚麻酸和花生四烯酸这些必需脂肪酸含量降低。同时,产生的过氧自由基和氧自由基将使食品中的类胡萝卜素、维生素 E、维生素 C 和叶酸含量减少,破坏蛋白质中的半胱氨酸、色氨酸和组氨酸,或者引起蛋白质交联。一些蔬菜(如西葫芦)中的抗坏血酸能够被抗坏血酸酶破坏。硫胺素酶会破坏氨基酸代谢中必需的辅助因子硫胺素。此外,存在于一些微生物中的核黄素水解酶能降解核黄素。多酚氧化酶不仅会引起褐变,使食品产生不良的颜色和风味,而且还会降低蛋白质中的赖氨酸含量,造成营养价值损失。

2. 酶的最适温度和热稳定性

酶作为一种生物催化剂,其稳定性受到多种因素的影响:pH、缓冲液的离子强度和性质、是否存在底物、酶和体系中蛋白质的浓度、保温的时间及是否存在抑制剂和活化剂等,其中温度对酶反应有明显的影响,任何一种酶都有其最适的作用温度。

应该明确区分酶活性-温度关系曲线和酶的耐热性曲线。酶活性-温度关系曲线是在除了温度变化以外,其他均为在标准的条件下进行一系列酶反应而制作的酶活性与温度相关性的曲线图。其中,在酶活性温度-关系曲线中的温度范围内,酶是“稳定”的,这是因为实际上不可能测定瞬时的初始反应速率。然而,关于酶的耐热曲线方面则是:酶的耐热性的测定则首先是将酶(通常不带有底物)在不同的温度下保温,其他条件保持相同,按一定的时间间隔取样,然后采用标准的方法测定酶的活性。热处理的时间通常远大于测定分析的时间。虽然我们将酶的热失活反应看作是一级破坏反应,但实际上在一定的温度范围内,一些酶的破坏反应并不完全遵循这一模式,如甜玉米中的过氧化物酶在 88 ℃下的失活具有明显的双相特征。

酶的耐热性主要与两个因素有关:酶的来源与种类、热处理的条件。酶的来源与种类不同,耐热性相差也会很大。例如,牛肝的过氧化氢酶在 35 ℃时就不稳定,而核糖核酸酶在 100 ℃条件下仍可以存活几分钟。酶对热的敏感性与酶分子的大小和结构复杂性有关。一般而言,酶的分子愈大和结构愈复杂,它对高温就愈敏感。

同一种酶,若来源不同,其耐热性也可能有较大的差异性。表 5-6 列出了不同果蔬之间过氧化物酶的耐热性特征。

表 5-6　不同果蔬之间过氧化物酶的耐热性

酶的来源	Z/℃	说明
辣根	17	不耐热部分
	27	耐热部分
豌豆	9.9	两相失活的 Z 值
菠菜	13	pH=6,分离酶
	17.5~18	pH=4~8,粗提取液
甘蓝	9.6	丙酮粉水提取液,不耐热部分占 58%~60%
	14.3	丙酮粉水提取液,耐热部分占 40%~42%
青刀豆	7.8~15.3	不同的品种;pH=5.8~6.3;热处理 6 s,105.8~133.6 ℃下完全失活
茄子	11.8	pH=5.03;热处理 6 s,117.2 ℃下完全失活

pH、水分含量、加热速率等热处理的条件参数也会影响酶的热失活。加热速率影响到过氧化物酶的再生,加热速率愈快,热处理后酶活力再生的就愈多。当采用高温短时(HTST)的方法进行食品热处理时,应注意酶活力的再生。食品中的蛋白质、脂肪、碳水化合物等活性组分都可能会影响酶的耐热性,如糖分能提高苹果和梨中过氧化物酶的热稳定性。

四、热处理对食品品质的影响

1. 热处理对食品感官特征的影响

(1) 质地　食品的质地主要取决于食品的含水量、含脂量、碳水化合物以及蛋白质的类型和含量,质地的改变是由于水分和脂肪的损失、乳状液的形成或破坏,碳水化合物如淀粉的糊化或水解和蛋白质的凝结或水解。例如,在热处理过程中食品蛋白质分解产生的氨基酸和还原糖之间发生美拉德反应,生成了大量能引起蛋白质交联的类黑素,对于食品的质构会产生较大的影响。

(2)风味、香味和色泽　风味,是主要包括味觉和嗅觉在内的一种综合感受。一般而言,人类对于气味的阈值要远远低于对味觉的阈值。因此,食品的风味主要取决于食品中能够带来味觉的化合物,这些化合物通常具有一定的挥发性。新鲜食品中含有挥发性成分的复杂化合物,使其具有食品特有的芳香和风味,其中有些风味物质在极低的浓度检测出来。这些成分也会随着热加工的过程损失、降低味道的浓郁程度或生成其他一些不同的风味物质。热量的传递、离子辐射和蛋白质、脂质及碳水化合物发生的氧化反应或者酶的活动都可以产生挥发性芳香成分。热处理也会破坏食品中原有的天然色素,导致食品失去原有色泽而降低应用价值。美拉德褐变是引起食品风味和色泽变化的一个重要因素。美拉德反应中形成的风味是多种多样的,如亮氨酸、异亮氨酸与葡萄糖在180 ℃反应能产生干酪的焦香;酪氨酸、丝氨酸和丙氨酸在同样的反应条件下则可以产生焦糖的香气;脯氨酸经过美拉德反应后会产生烤香味。美拉德反应会产生大量类黑素,而类黑素是食品产生色泽的基础。很多类黑素的结构通常含有不饱和的杂环,虽然最大吸收波长多位于紫外区间,但在可见光范围内也有相应的吸收,视觉上通常表现为棕黄色和褐色,正如我们平时在发生美拉德反应的食品中看到的那样。此外,焦糖化反应和酶促褐变也会使食品的色泽产生较大的影响。

2. 热处理对食品营养特性的影响

食品加工过程对食品营养特性影响最大的就是食品的热加工。热处理可以破坏食品中不需要的成分,如禽类蛋白中的抗生物素蛋白、豆科植物中的胰蛋白酶抑制素,从而改善营养素的可利用率,如淀粉的糊化和蛋白质的变性可提高其在体内的可消化性,以及改善食品的感官品质和组织状态、产生理想的色泽等。但是加热引起食品成分产生明显的不良后果,主要表现在食品中热敏性营养成分的损失、降低蛋白质的生物学价值、油脂氧化以及产生有害物质等方面。

热处理可提高蛋白质的可消化性,但可引起美拉德反应、蛋白质热变性等,会造成某些必需氨基酸(如赖氨酸)的损失,降低蛋白质的营养特性,有时候还会产生不良气味或有害物质。热处理会使蛋白质中氢键和某些非共价键(例如离子键、范德华力)断裂,破坏了它的二级或高级的天然结构,从而形成变性状态,导致蛋白质发生聚集而形成沉淀或明胶化,甚至发生降解。

在热加工时,食品中脂类所发生的化学变化与食品的成分和加热的条件有关。缺氧时,主要发生热解反应;富氧时,除了非氧化性热解反应外,同时还发生氧化反应,热解产物主要是一些正烷烃、单烯烃、对称的酮类以及脂肪酸、含酰基的甘油等。不饱和脂肪酸的氧化反应一般认为是一种自由基反应。脂类在超过200 ℃时可发生氧化聚合,影响肠道的消化吸收,尤其是高温氧化的聚合物对肌体甚为有害。在食品加工和餐馆的油炸操作中,由于加工不当,油脂长时间高温加热和反复冷却后再加热使用,致使油脂颜色越来越深,并且越变越稠,这种黏度的增加即与油脂的热聚合物含量有关。据检测,经食品加工后抛弃的油脂中常含有高达25%以上的多聚物,会对人体产生较大的影响。

食品热加工中,会产生一些有害物质。例如美拉德反应终末产物AGES(advanced glycation end products)对人体有害。如果在人体内长期积累,会导致很多疾病,如肾病综合征、糖尿病等慢性疾病;如油脂热加工,导致油脂劣变,甚至产生丙烯酰胺,它是一种致癌物质;烘烤和煎炸会使蛋白质分解产生胺类,转化为亚硝酸盐后有较强的致癌性。因此,在食品加工过程中,要尽量改进加工工艺,减少有害物质的量。

第三节 食品热处理条件的确定

一、食品热处理方法的选择

食品热处理的作用效果不仅与热处理的种类有关,而且与热处理的方法有关。也就是说，满足同一热处理目的的不同热处理方法所产生的处理效果可能会有所差异。以液态食品杀菌为例，低温长时和高温短时杀菌可以达到同样的杀菌效果。杀菌温度的提高虽然会加快微生物、酶和食品成分的破坏速率，但三者的破坏速率的增加并不一样，其中微生物的破坏速率在高温下较大。因此采用高温短时的杀菌方法对食品成分的保存较为有利，尤其在超高温瞬时灭菌条件下更显著，但此时酶的破坏程度也会较小。此外，热处理过程还需考虑热的传递速率及处理效果，才能合理地选择一个行之有效的热处理温度及时间。

选择热杀菌方法和条件时应遵循下列基本原则。首先，热处理应达到相应的热处理目标。以加工为主的，热处理后食品应满足热加工的要求；以保藏为主的，热处理后的食品应达到相应的杀菌、钝化酶等目的。其次，应尽量减少热处理造成的食品营养成分的破坏和损失。此外，热处理过程不应产生有害物质，满足食品卫生的要求。热处理过程要重视热能在食品中的传递特征与实际效果。表 5-7 列出了一些热处理的优化方法。

表 5-7　热处理的一些优化方法

热处理的种类	优化方法
热烫	考虑非热损失所造成的营养成分的损失（如沥滤、氧化降解等）
巴氏杀菌	若食品中无耐热性的酶存在时，尽量采用高温短时工艺
商业杀菌	对对流传热和无菌包装的产品，在耐热性酶不成为影响工艺的主要因素时，尽量采用高温短时工艺。对传导传热的产品，一般难以采用高温短时工艺

二、热能在食品中的传递

在计算热处理的效果时必须知道两方面的信息：一方面是微生物等食品成分的耐热性参数；另一方面是食品在热加工中的温度变化过程。对于热杀菌而言，具体的热处理过程可以通过两种方法完成：一种是先用热交换器将食品杀菌并达到商业无菌的要求，然后装入经过杀菌的容器并密封；另一种是先将食品装入容器，然后再进行密封和杀菌。前一种方法多用于流态食品，由于热处理是在热交换器中进行，传热过程可以通过一定的方法进行强化，传热也呈稳态传热；后一种方法是传统的罐头食品加工方法，传热过程热能必须通过容器后才能传给食品，容器内各点的温度随热处理的时间而变，属非稳态传热，而且传热的方式与食品的状态有关，传热过程的控制较为复杂。

热能在食品中的传递

三、食品热处理条件的确定

为了知道食品热处理后是否达到热处理的目的，热处理后的食品必须经过测试，来检验食品中微生物、酶和营养成分的破坏情况以及食品质量因素（色、香、味和质感）的变化。如果测试的结果表明热处理的目的已达到，则相应的热处理条件即可确定。现在也可以采用数学模型的方法通过计算来确定热处理的条件，但这一技术尚不能完全取代传统的实验法，因为计算法的误差

食品热处理条件的确定方法

需要通过实验才能校正，而且作为数学计算法的基础，热处理对象的耐热性和处理时的传热参数都需要通过实验取得。

第四节　食品保藏中的热处理方法

一、运用蒸汽或水的热处理

1. 烫漂

烫漂处理是蔬菜和水果加工中的工艺环节之一。烫漂处理的方法是利用热水或水蒸气将原料迅速加热到一定温度并保持一段时间后迅速降至室温，一般处理时间是 2 ~ 10 min。烫漂的目的是充分使酶失活，能减少在储藏期间因酶活动引起食品的感官特性和营养特性发生的不良变化，延长食品的保质期。

(1)原理　烫漂主要是借助了热传导和热对流进行的稳态热传递的原理。热传导是固体中(例如通过固体食品)分子能的直接传递。热对流是由于密度的差异(如热空气)或搅动(如在被搅拌的液体中)而使因分子移动而发生的传热。影响稳态热传递的因素可概括为：①加热介质的温度；②对流传热系数；③食品个体大小；④食品导热率。

(2)设备　在对烫漂方法成功性的判断中，烫漂处理后食品收率是最为重要的因子。在一些烫漂方法中，冷却步骤引起的产品或者是营养物质的损失要大于烫漂步骤，因此在比较不同方法时要充分考虑烫漂和冷却的方式。基于此，近年来烫漂器的研发已经取得巨大进展，在减少食品中营养成分损失的同时还可以减少能源的消耗，降低废水量和污染的可能性。

烫漂的两种最普遍的商业生产方式包括令食品通过饱和蒸汽压或进行热水浸泡，这两种方式使用的设备比较简单。新型的微波烫漂由于对大批次加热含水量较高的食品如果汁等使用会出现困难，限制了其大规模的商业使用。目前其主要用于少量食品的脂肪溶解和快速解冻。

1)蒸汽烫漂器。适用于有大面积切面的食品，经过烫漂处理后造成食品的水溶性成分损失小，杀菌性强等优点，但如果食品堆积过多容易导致烫漂不均。为确保食品层中心酶的失活所需的时间-温度组合，会导致边缘食品过热影响质地。为解决这个问题，常采用单块快速烫漂蒸汽烫漂机、分批式流化床烫漂器、连续式流化床烫漂器。

2)热水烫漂器。将食物浸泡在 70 ~ 100 ℃的水中一段时间，投资成本低而能源利用率高，但有被嗜热菌污染的可能性。不同烫漂器的设计不尽相同，广泛使用的设备包括旋转烫漂器、烫漂-冷却器和逆流烫漂机。

(3)对食品的影响　食品在烫漂过程中吸收的热量会引起其感官和营养品质的变化，但是热处理程度不及高温灭菌程度高，造成的变化不明显。总的来说，烫漂处理既确保了酶的充分失活，又防止了食品的过度软化和风味丧失。

1)营养成分。烫漂使一些矿质元素、水溶性维生素和其他水溶性成分受到损失。维生素的损失主要是由于沥滤损失、热破坏和氧化作用。抗坏血酸的损失量是食品质量的一个指标，所以也是烫漂伤害的一个指标(表 5-8)。

2）质地。烫漂可以软化蔬菜组织，以利于包装填充的进行，并可除掉细胞间隙的空气以增加食品的密度，有助于罐头中顶空真空的形成。但是当应用于冷冻或干燥时，用于使酶失活的温度-时间条件会引起某些食品过度软化。

3）食品中微生物。烫漂减少了食品表面污染微生物的数量，对后续的防腐处理有辅助作用。如果烫漂不充分，在最初加工时就会出现大量微生物，可能在加工后造成包装内的大规模腐败。冷冻和干燥不能重复降低食品中的微生物数目，在解冻或者复水时微生物会继续生长。

表 5-8　烫漂方式对一些蔬菜中抗坏血酸损失的影响

处理	抗坏血酸损失/%		
	豌豆	花椰菜	青豆
热水烫漂-水冷却	29.1	38.7	15.1
热水烫漂-空气冷却	25.0	30.6	19.5
蒸汽烫漂-水冷却	24.2	22.2	17.7
蒸汽烫漂-空气冷却	14.0	9.0	18.6

2. 巴氏杀菌法

巴氏杀菌法是一种应用相对温和的热处理以获得期望结果的方法，和热烫处理类似，食品加热温度低于 100 ℃，最大限度地减少微生物，改善食品在储藏期间的稳定性。一般情况下，巴氏杀菌经常用于液体食品，如牛奶处理；热烫常用于固体食品，如蔬菜和水果。

（1）原理　食品中可能出现的最耐热的酶和微生物决定了使食品不发生质变所需要的处理程度，而处理程度与时间/温度有关。例如牛奶的巴氏杀菌的最低杀菌程度是基于牛奶中存在的普鲁士菌、结核杆菌和伯纳特立克次体菌等致病菌，这些致病菌会引起结核病和猩红热。因此，为保证人体安全，最低的巴氏杀菌处理条件为 65 ℃，30 min。不同食品巴氏杀菌处理条件不同，目的也不同。对于偏酸性的食品如果汁，在 65 ℃下处理 30 min 即可使果胶酯酶和聚半乳糖醛酸酶失活；对于鸡蛋清等酸性较弱的食品，在 64.4 ℃处理 2.5 min 即能杀死大部分病原菌。

（2）设备　一般而言，巴氏杀菌的设备和系统设计应促进热能从热源到被加热产品的有效传递，同样，在加工冷却过程中能增强热能从产品到冷却介质的有效传递。用于未包装液体食品和包装食品的处理系统是有区别的。

巴氏杀菌设备

（3）对食品的影响　巴氏杀菌是一种相对比较温和的热处理，相对于其他的热处理方法而言，其营养和感官特性也只是有较小的变化。但是与高温灭菌法处理后获得的多月货架期相比，巴氏杀菌后食物的货架期也只能延长至数天或数星期。

1）风味、香味和色泽。巴氏杀菌对产品的质量特性影响相对温和，但对芳香风味物质的影响比较显著。在大多数情况下，色、香、味的变化与产品中的热敏性成分有关。例如果汁中色泽的劣变是由多酚氧化酶引起的酶促褐变造成的。氧可以促进这种褐变,因此在巴氏杀菌前果汁都要进行常规脱气。生乳和杀菌后奶的白色的差异是均化造成的,巴氏杀菌本身对其并没有明显的影响。动植物产品中其他色素大部分亦不会受其影响。巴氏杀菌过程中果汁挥发性芳香成分的少量损失会导致品质的下降,且有可能使另外一些“煮熟”的气味暴露出来。芳香物质回收可能会用于生产高品质果汁,但由于成本高,不是常规使用的方法。生乳中芳香物质的损失使其失去了一种类似于干草的香味,使产品口味变得较平淡。

2)营养成分。由于脱气处理,可使果汁中的维生素 C 和胡萝卜素损失降低到最低。奶中的变化仅限于乳浆蛋白 5% 的损失和维生素含量的微小变化。

巴氏杀菌后的牛奶中营养成分的变化可见表 5-9。

表 5-9 牛奶巴氏杀菌中维生素的损失

维生素	巴氏杀菌方法		维生素	巴氏杀菌方法	
	HTST	保温存贮器		HTST	保温存贮器
维生素 A			核黄素		
维生素 B_6	0	0	泛酸		
维生素 B_{12}	0	10	叶酸		
维生素 C	10	20	烟酸		
维生素 D			硫胺素	6.8	10
维生素 H					

3. 超高温灭菌法

超高温灭菌法(ultra high temperature,简称 UHT 杀菌),是利用热交换器或者直接蒸汽,使食品在 135 ~ 150 ℃下,加热 2 ~ 8 s,然后迅速冷却使产品达到商业无菌要求的杀菌方法。该方法杀菌效率高,对食品的营养成分和感官特性影响不大,可以起到很好的杀菌效果。目前,超高温灭菌法常常和无菌包装技术联系在一起,使食品保持无菌状态,可以在常温下保存数月。

(1)原理　升高一定的温度,微生物和酶的灭活速率要大于食品营养和感官特性的破坏速率,再结合前两节介绍微生物的热致死反应和微生物耐热性,使用较高温度灭菌可以有效地保持食品的品质。食品生产中有干热和湿热两种热杀菌方法。在实际生产中一般湿热杀菌效果优于干热杀菌。在湿热条件下 100 ℃以下就能杀死微生物,而干热条件下需要升温到 140 ~ 180 ℃,而且处理时间需数小时之久。例如葡萄球菌属湿热条件下 55 ℃处理 30 ~ 45 min就能使微生物致死,在干热条件下温度需要达到 110 ℃,处理时间延长到 60 min。

提高热处理温度可以降低微生物的耐热性,同时,可以减少杀死一定数量的腐败菌所需要的时间。以玉米汁(pH = 6.1)为例,玉米汁中原始活菌数量 150 000 个/mL,不同热处理温度对耐热性的影响见表 5-10。

表 5-10　热处理温度对玉米汁中嗜热菌芽孢耐热性的影响

温度/℃	芽孢全部死亡所需时间/min	温度/℃	芽孢全部死亡所需时间/min
100	1 140	125	7
105	600	130	3
110	180	135	1
120	17		

食品中碳水化合物、蛋白质、脂类、水分、无机盐等成分会增加微生物的耐热性。微生物的种类不同，生长繁殖适宜的 pH 范围亦不同，杀菌方式也不同。一般食品（pH 4.6 以上）用 100 ℃以上温度进行加热杀菌，果汁等高酸性食品（pH 4.0 以下）以酵母、霉菌和某些乳酸菌为杀菌对象，采用 100 ℃以下温度的加热杀菌条件。

超高温瞬时杀菌工艺最初设计主要用来生产极易腐败的牛乳或乳制品，由于它具有许多优点特别是可以解决玻璃瓶、马口铁罐头包装成本过高的问题而风靡全球。除牛乳外，现已广泛用于果汁、豆乳、茶、酒、矿泉水甚至油等丰富多彩的液体饮料和食品的杀菌。处理条件为 130 ~ 150 ℃、0.5 ~ 8.0 s，常用 137 ~ 145 ℃、2.0 ~ 5.0 s。

（2）对食品的影响　高温灭菌的目的是在尽量不改变食品营养价值和口感的前提下，延长其在常温储藏下的货架期。利用微生物、酶与食品的感官或营养成分之间 D 值和 Z 值的差异，可以优化灭菌程序，保持食品的营养和感官品质。

UHT 杀菌设备

1）风味、香气和色泽　在 UHT 处理时，对于含淀粉、蛋白质较多的高黏性食品如蛋黄酱、奶酪蛋糕等，加工时它们常和油脂混合在一起，形成 O/W 型的乳化物，这种高黏度的 O/W 型乳化物对自由水的平衡和变化非常敏感。高黏度食品在超高温瞬时杀菌处理时，与低黏度食品相比，其蛋白质等热敏性的成分多，这些成分易附着在加热器壁面或保温管壁面上，引起加热过度而进一步结焦或焦煳问题。此外，高黏度食品很难形成湍流，易使被加热物料中的蛋白质、氨基酸和还原糖之间产生美拉德反应，最终出现褐变和风味变差的现象。对于果蔬来说，其中含有的胡萝卜素和甜菜苷几乎不受影响，叶绿素和花色素能更好地保留下来。

2）质地或黏度　在 UHT 处理时会影响到食品的质构或黏度。果蔬组织都是热敏性的。因热处理造成细胞破裂并易使组织软化。质构上的这些变化在有些情况下是有利的，但在多数情况下认为是不利于产品质量的。热处理对质构产生积极作用的一类产品是肉类制品。热处理造成的细胞组织的破裂使产品更加软嫩。热处理过程对液体食品的黏度的影响主要取决于其组成，多数情况下，高温可降低产品黏度。然而，在其他类产品，其处理的影响可导致产品变稠或黏度增加。UHT 处理的奶类和果汁其黏度不发生改变。由于果胶类物质的溶解和细胞膨压的丧失，固状果蔬块的质地比加工前的原材料软。

3）营养价值　UHT 处理后大豆、肉混合产品的营养价值会升高，这是因为大豆中的胰蛋白酶抑制剂稳定性下降。经过 UHT 加工的肉类和蔬菜产品会损失硫胺素和维生素

B,但其他维生素大多不受影响,可参考表 5-11。UHT 加工后牛奶会发生脂肪的分离,升高温度会使乳中脂肪球的物理状态发生改变,脂肪球的强烈碰撞,使脂肪球周围的脂肪球膜被破坏,脂肪融在一起形成脂肪滴。

表 5-11 UHT 灭菌后牛乳处理以及处理后储存中维生素的减少率

维生素	UHT 灭菌 (120 ~ 130 ℃,2 s)	UHT 灭菌 (135 ~ 150 ℃,1 ~ 4 s)	常温储存 (6 周至 3 个月)
维生素 A	稳定(几乎不减少)	稳定(几乎不减少)	稳定(几乎不减少)
维生素 D	稳定(几乎不减少)	稳定(几乎不减少)	稳定(几乎不减少)
维生素 E	稳定(几乎不减少)	稳定(几乎不减少)	稳定(几乎不减少)
维生素 B	稳定(几乎不减少)	稳定(几乎不减少)	稳定(几乎不减少)
尼克酸	稳定(几乎不减少)	稳定(几乎不减少)	稳定(几乎不减少)
泛酸	稳定(几乎不减少)	稳定(几乎不减少)	稳定(几乎不减少)
生物素	稳定(几乎不减少)	稳定(几乎不减少)	稳定(几乎不减少)
维生素 B	<10%	<10%	<15%
维生素 B_1	<10%	<13%	
维生素 B_{12}	<20%	<20%	
维生素 C	<20%	<30%	溶氧多时减少 100%
叶酸	<10%	<20%	溶氧多时减少 100%

二、运用热空气的处理

1. 脱水

脱水(干燥)是指在控制条件下运用热能,以蒸发的形式除去食品中通常存在的大部分水。脱水的主要目的是通过降低水分活度,抑制微生物的生长和酶的活性,从而延长食品的货架期。同时脱水使食品的重量和体积减少,从而降低了运输成本。由于干燥会破坏食品的营养价值和口感,脱水处理可以为不同的食品选择不同的干燥条件,尽量降低变化的幅度。

(1)原理 脱水是利用热能从食品中除去水分的过程,通常是以热空气作为介质,通过对流的方式与食品进行热量与水分交换。当热气流与湿润的物料接触时,即将热量传递给物料产生了潮湿的食品内部到干燥气体之间的一个水蒸气压梯度,为水分脱离食品提供了“驱动力”。而有一些浆状的食品例如明胶,是运用热表面脱水的原理。将食品放在一个加热的钢制转鼓上,热量由热表面传导进入食品,从而水分从暴露的表面蒸发。

食品脱水速度的快慢对干制品的品质好坏起到决定性的作用。脱水速度越快,干燥越快,得到的食品品质越好。影响食品脱水的主要因素是食品自身的特性和干燥介质的特性。食品种类不同,品种不同,所含化学成分及其组织结构不同,造成脱水速度不同。

例如，采用相同的干燥条件，河南产的泡枣组织松散，经 24 h 即可干燥，而陕西产的疙瘩枣需 36 h 才能达到干燥。对干燥介质来说，温度升高，空气的湿度饱和度随之增加，达到饱和时需要的水蒸气越多，空气的吸湿性增强，水分容易蒸发，干燥速度就越快。

(2) 对食品的影响

1) 食品成分的损害　食品经过脱水处理以后食品的主要成分会发生改变。糖类较多的食品在加热时糖极易分解和焦化，特别是葡萄糖和果糖，而果蔬中的糖分便是这两种，所以经过高温长时间处理易发生较大损耗。脱水过程中部分水溶性维生素会被氧化造成损耗，例如胡萝卜素在氧气、高温和碱性环境中易被破坏；核黄素对光极其敏感，无论是太阳光还是荧光都可以将其破坏；硫胺素对热敏感，受热处理会有损耗。蛋白质对温度也很敏感，在脱水过程中蛋白质会发生变性，分解出硫化物以及会发生美拉德反应，从而影响产品色泽和风味。

2) 食品特性变化　食品在脱水时由于水分散失的不均匀性和物料较差的弹性，会出现明显的收缩变化。食品表面温度过高时会出现食品内部大部分水分来不及迁移到表面时，表面就已经形成了一层硬壳，发生了表面硬化。再加上食品中心出现收缩时，导致它与刚性表面发生脱离并形成空隙、裂纹等不利影响。

3) 复水性变化　食品经过脱水处理以后再重新水合会存在较大的问题。主要原因是加热处理使蛋白质部分变性、溶质发生迁移、细胞膜通透性改变，这些变化不具有可逆性，从而造成食品与水分子结合能力降低，复水性较差。

2. 烘焙

烘焙是选用热气来改变食品的食用品质，主要包括烘烤和焙烤两个单元操作。烘烤主要用于以面粉为主要成分的食品或水果，焙烤则应用于肉类、坚果和蔬菜中。烘焙能通过杀死微生物和降低食品表面的水分活度达到防腐的目的，但是烘焙食品的货架期并不长。

(1) 原理　烘焙涉及量和物的传热和传质：在烤炉中，热通过炉壁的红外辐射、循环空气的对流和盛放食品的托盘的传导三种方式传递到食品中，而水分从食品中传递到其周围的空气中，然后再逸出烤炉。

当食品被送入高温烤炉后，由于炉中空气的含水量低，形成了一个水蒸气压梯度，使食品表面的水分蒸发，这又反过来使得食品内部的水分向表面移动。当水分从表面散失的速度高于其从内部向表面移动的速度时，蒸发区就扩大到食品内部，食品的表面被干透且温度升高至热气的温度（110 ~ 240 ℃），从而形成焦皮。一般情况下烘焙会保持一定的水分在食品内部从而维持食品的一些品质特征。烘焙过程中的能量消耗在 450 ~ 650 $kJ \cdot kg^{-1}$ 食品之间。大部分的热量被用于加热食品、形成焦皮、使穿过焦皮的水蒸气过热。

(2) 对食品的影响

1) 质地　食品质地的变化主要与食品的水含量、脂肪、蛋白质、多糖等性质和加热的温度和时间有关。许多食品，如马铃薯、面包等，烘焙时会形成一层干的焦皮，内部包被着湿润的部分。而对于饼干之类的食品，要将其烘焙至含水量较低的水平，使食品内外都发生在焦皮中发生的变化。

烘焙设备

在用面包炉制备面包时，开始时的蒸汽加热降低了面包胚表皮的脱水程度，使其膨胀得更为充分,在形成焦皮时,其弹性能保持得更久,表面平滑光亮,美拉德反应的产生使焦皮色泽更美观。肉制品被加热时,脂肪发生熔解并以油的形式分散到食品内部,胶原蛋白溶解形成明胶,蛋白质变性失去持水力使肉硬化和收缩,食品表面被干燥并形成一层多孔的焦皮。

2)香气和色泽　烘焙产生的香气是烘焙食品一个重要的感官特征。在剧烈的高温下食品中的糖和氨基酸会发生美拉德褐变。在食品中,由于所含的游离氨基酸和糖的种类不同,会产生不同的特征风味。例如,在马铃薯中,含有主要氨基酸谷氨酰胺与不同糖共热后产生焦糖、黄油硬糖的香气。在高温低湿环境中,食品表面还引起糖的焦化和脂类的氧化,产生醛、内脂、酮、醚和酯等物质。

烘焙食品通常具有的金褐色色泽主要是美拉德反应、糖和糊精的焦化形成糖醛以及脂肪、蛋白质碳化的原因。

三、运用热油的处理

(1)煎炸原理　煎炸过程中,食品置于热油里,其表面的温度迅速升高,同时水分蒸发失去,食品表面逐渐干透,蒸发层逐渐向食品内部移动,逐渐形成焦皮。随着食品表面温度升高,食品内部的温度也逐渐升高,这个过程受到食品热传导的控制,而传热速率受到热油和食品间的温差和表面传热系数控制。

食品表皮之间形成的焦皮是具有多孔结构的,内含有不同的毛细管。煎炸过程中,水分和蒸汽先从比较大的毛细管中失去,并且逐渐被热油取代。水分穿过一层油形成的边界膜离开食品的表面,膜的厚度控制着热量和质量的传递。食品内部的水分和含水极少的热油之间的水蒸气压梯度是食品水分散失的主要推动力。而将食品完全炸透所需要的时间取决于食品的种类、油的温度及煎炸方式等。内部润湿的食品应煎炸至其热中心吸收足够的热量,以杀灭污染性微生物和达到干燥食品的感官特性,使其达到要求的程度。

(2)煎炸对食品的影响　煎炸过程伴随油脂品质的下降,油脂颜色逐渐加深、黏度增加,而长时间加热会引起油脂氧化,产生游离脂肪酸、氢过氧化物并产生小分子醛、酮等挥发性物质,使油产生哈喇味等一些不愉快的气味和味道,油中脂溶性维生素的氧化造成营养价值的损失。视黄酮、类胡萝卜素和生育酚在油炸过程中受到破坏,都会改变原有的味道和色泽。现在国内的煎炸用油主要是棕榈油,其价格便宜,且有很好的煎炸特性。

油煎设备

煎炸的主要目的是形成煎炸食品焦皮中特殊性的色泽、风味和香气。这些食用品质的形成通过美拉德反应和食品从油中吸收的化合物共同实现。高的油温使焦皮迅速形成,将食品表面密封起来,减少了食品内部的变化程度,因此保留了大部分的营养物质。而在低温油中进行的煎炸加工旨在干燥和延长货架期,然而其使营养素损失量大大增加,尤其是脂溶性维生素。在低温长时间的油炸处理时对热和氧气敏感的水溶性维生素也受到破坏。

若用所设计的传热方式来区分,通常有两种主要的商业化煎炸方法:浅层油煎和深层油炸。

本章小结

热处理是食品加工过程中的重要工艺过程，可使得制品组分产生物理和化学变化，从而产生特有的风味和色泽，决定着食品的食用和营养品质，同时加热过程又是一个杀菌过程，是延长食品保质期的重要手段。食品保藏中典型的热处理包括工业烹饪、热烫、热挤压、热杀菌，其中热杀菌又分为巴氏杀菌和高温杀菌。热处理保藏可杀灭酶、微生物、昆虫和寄生虫而产生防腐效果。但是，热处理也会改变或破坏食品原有结构或成分，形成自身风味、色泽味道或质地成分，从而降低食品的质量和价值。

不同食品对于热处理的条件参数都有着严格的要求，加热方式、加热温度和加热时间因产品的不同而改变，每一个环节都可能对最终产品的食用品质、销售品质和贮藏性能产生很大影响。热处理往往需要配合其他技术，来延长食品贮藏期，在与热处理配合的保藏技术中，将食品装在容器中密封后，进行高温处理，将微生物杀死，防止外界微生物再次侵入的条件下，可以使得食品在室温下具有较长的保质期，这种食品称为罐头食品。罐头食品的热杀菌参数的选择至关重要，因为热杀菌需要杀灭在食品正常的保质期内可导致食品腐败的微生物，但热杀菌同时也造成了食品色香味、质构和营养成分等质量因素的不良变化。因此选择合理的热杀菌条件，以实现既能达到杀菌钝化酶的要求，又能尽可能地使得食品的质量因素少发生变化。幸运的是，可以利用食品成分与微生物或酶之间 D 值的差异，可在热处理中合理地选择杀菌条件，并降低食品质量的损失。

思考题

1. 什么是指数递减时间 D 值、热杀菌过程中的 Z 值？

2. 食品热处理条件的选择原则是什么？

3. 用 110 ℃热处理时，原始菌数为 1×10^5，热处理 10 min 后，残存的活菌数为 1×10，求该菌在 110 ℃下的 D 值。

4. 已知蘑菇罐头对象菌 D121 ℃ =4 min，欲在 121 ℃下把对象菌杀灭 99.9%，问需多长时间？如果对象菌减少为原来的 0.01%，问需要多长时间？

第六章　食品干制保藏

第一节　概　述

为了加工储藏和运销的需要，将食品原料、半成品和成品中含有的水分除去一部分，降低其水分活度，达到保藏目的的加工过程，称为食品干制（drying）或脱水（dehydration）。食品干制保藏则是将食品的水分活度（或水分含量）降低到足以防止其腐败变质的水平，并保持在此条件下进行长期保藏的方法。从物料中除去水分是食品生产过程中经常遇到的加工过程，除去水分有多种操作，如离心、油炸、浓缩和干燥等，但干燥是以保藏为目的的失水过程。干燥有自然条件干燥和人工控制条件下干燥之分，但不管自然干燥还是人工干燥，得到的最终产品称为干制食品或脱水食品。干制食品不仅应达到耐久储藏的要求，而且要求复水后基本上能恢复原状，因此干制过程是一个几乎不引起食品性质发生其他变化的工艺过程。

在食品加工中，干燥的主要目的是除去大部分水分，降低物料的水分活度，抑制微生物的生长，同时抑制酶活，以便长期贮存。此外还有以下几个方面：①减轻重量，缩小容积，方便运输。表6-1表明了各种脱水干制品的容积均低于罐藏或冷藏食品的容积。②经干燥脱去部分水分后，以便进行进一步的加工。如大豆、花生米经过适当干燥脱水，有利于脱壳（去外衣），便于后加工，提高制品品质。③有些食品经干燥脱水后能赋予食品特殊的风味。

表6-1　新鲜食品加工后的容积　　单位：$m^3 \cdot t^{-1}$

食品种类	新鲜食品	罐藏或冻制食品	干制食品
水果	1.42～1.56	1.416～1.699	0.085～0.200
蔬菜	1.42～2.41	1.416～2.407	0.142～0.708
肉类	1.42～2.41	1.416～1.699	0.425～0.566
蛋类	2.41～2.55	0.991～1.133	0.283～0.425
鱼类	1.42～2.12	0.850～2.214	0.566～1.133

最经济、最简单方便的方法无疑是自然干制。

食品干燥过程涉及热量和物质的传递，需控制最佳条件以获得最低能耗与最佳质量；干燥过程常是多相间的传质和传热，综合化学、物理、生物学过程的结果。因此研究干燥对象的特性，科学地选择干燥方法和设备，控制最适干燥条件，是食品干燥面临的主要问题。

食品干燥主要应用于果蔬、粮谷类及肉禽等物料的脱水干制，粉(颗粒)状食品生产，如糖、咖啡、奶粉、淀粉、调味粉、速溶茶等，是方便食品生产的最重要方式。干燥也应用于谷类及其制品加工以及某些食品加工过程以改善加工品质。食品干制技术的发展主要有两个方向：一是采用新工艺保持和提高食品原有质量；二是利用太阳能、渗透预脱水或组合干燥方式，降低能耗。

第二节　食品干制保藏原理

不同类型的食品虽然水分含量相同，但是它们的易腐性显著不同。因此，单一水分含量不是一个说明易腐性的可靠指标。这与水在食品中的存在状态有关，了解水分在食品中的存在状态是掌握食品干制加工和储藏技术的基础。

一、食品中的水分状态和水分活度

1. 食品中的水分状态

食品物料是由水分和非水组分构成的复杂混合体系。根据食品中水分存在状态，食品中水分分为结合水和自由水两种(见表6-2)，这两种状态水的区别就在于它们同亲水性物质的缔合程度的大小，而缔合程度的大小又与非水成分的性质、盐的组成、pH值、温度等因素有关。

表6-2　食品中水的分类与特征

分类		特征	典型食品中比例
结合水	化合水	食品非水成分的组成部分	<0.03%
	单层水	与非水成分的亲水基团强烈作用形成单分子层；水-离子以及水-偶极结合	0.1%～0.9%
	多层水	在亲水基团外形成另外的分子层；水-水以及水-溶质结合	1%～5%
自由水	自由流动水	自由流动，性质同稀的盐溶液，水-水结合为主	5%～96%
	滞化水和毛细管水	容纳于凝胶或基质中，水不能流动，性质同自由流动水	5%～96%

(1)结合水(bound water，或称为固定水、束缚水)　指存在于溶质及其他非水组分邻近的那一部分水，与同一体系的游离水相比，它们呈现出低的流动性和其他显著不同的性质，这些水在-40 ℃ 不会结冰，不能作为溶剂，不能被微生物利用。

在食品物料中存在着不同结合程度的水。结合程度最强的水已成为非水物质的构成部分，这部分水被看作为“化合水”或者称为“组成水”(constitutional water)，它在高水分含量食品中只占很小比例,只有在化学反应或特别强烈的热处理下才能除去,这部分水分在一般的食品干燥过程中不能除去也不需要除去,化合水的含量是干制食品的最低含水量。

结合强度稍强的结合水称为单层水(monolayer water)或邻近水(vicinal water),它们占据着非水成分的大多数亲水基团的第一层位置,按这种方式与离子或离子基团相缔合的水是结合最紧的一种邻近水。一般来说,食品干燥后要求安全储藏的水分含量即为单层水含量,若得到食品干燥后的水分含量就可以计算该食品的单层水含量。

多层水(multilayer water)占有第一层中疏水基团的位置以及形成单层水以外的几个水层,虽然多层水的结合强度不如单层水,但是仍与非水组分靠得足够近,以至于它的性质也大大不同于纯水的性质。因此,结合水是由化合水和吸附水(单层水+多层水)组成的。应该注意的是,结合水不是完全静止不动的,它们同邻近水分子之间的位置交换作用会随着水结合程度的增加而降低,但是它们之间的交换速度不会为零。

(2)自由水(free water) 或称为体相水(bulk water)、游离水,是指没有与非水成分结合的水。它又可分为三类:滞化水、毛细管水和自由流动水。滞化水(entrapped water)是指被组织中的显微和亚显微结构与膜所阻留住的水,由于这些水不能自由流动,所以又称为不可移动水。毛细管水(capillary water)是指在生物组织的细胞间隙、制成食品的结构组织中,存在着的一种由毛细管力所截留的水,在生物组织中又称为细胞间水,其物理和化学性质与滞化水相同。而自由流动水(free flow water)是指动物的血浆、淋巴和尿液、植物的导管和细胞内液泡中的水,因为都可以自由流动,所以叫自由流动水。

食品中结合水和自由水之间的界限是很难定量地作截然的区分的,只能根据物理、化学性质作定性的区别(见表6-3)。

表6-3 食品中水的性质

性质	结合水	自由水
一般描述	存在于溶质或其他非水组分附近的水。包括化合水、邻近水及几乎全部多层水	位置上远离非水组分,以水-水氢键存在
冰点(与纯水比较)	冰点大为降低,甚至在-40 ℃不结冰	能结冰,冰点略微降低
溶剂能力	无	大
平均分子水平运动	大大降低甚至无	变化很小
蒸发焓(与纯水比)	增大	基本无变化
高水分食品中占总水分比例	<0.03% ~3%	约96%
微生物利用性	不能	能

2. 水分活度

食品中水分的含量与食品的腐败变质存在着一定的关系,由于在含水食品中溶质对水的束缚能力会影响水的汽化、冻结、酶反应和微生物的利用等,仅仅将水分含量作为食品中各种生物、化学反应对水的可利用性指标不是十分恰当。因此,目前一般采用水分活度表示水与食品成分之间的结合程度。在较低的温度下,利用食品的水分活度比利用水分含量更容易确定食品的稳定性,水分活度在食品质量指标中是更有实际意义的重要指标。

衡量食品中水与非水成分之间结合力的大小,可用水分子的逃逸趋势(逸度)来反映,将食品中水的逸度与纯水的逸度之比称为水分活度(water activity,A_w)。在低压或室温时,水分的逸度通常可以近似地用水的蒸汽压来表示。因此,在食品工业中,水分活度定义为食品表面的水蒸气压与相同温度纯水的饱和蒸汽压之比。水分活度反映食品中微生物能够利用的有效水分程度。由于蒸汽压与相对湿度相关,水分活度在数值上也可用食品的平衡相对湿度 *ERH*(equilibrium relative humidity)来表示。即

$$A_w = \frac{f}{f_0} \approx \frac{p}{p_0} = ERH \tag{6-1}$$

式中 f、f_0——食品中水的逸度、相同条件下纯水的逸度;

p、p_o——食品中水的分压、在相同温度下纯水的蒸汽压;

ERH——食品的平衡相对湿度。

水分活度值是食品保藏性能研究中经常采用的一个指标,常用的测定方法有:①水分活度计测定。利用经过氯化钡饱和溶液校正相对湿度传感器,通过测定一定温度下的样品蒸汽压的变化,可以确定样品的水分活度;氯化钡饱和溶液在 20 ℃时的水分活度为 0.900。利用水分活度仪的测定是一个准确、快速的测定,现在已有不同的水分活度仪,均可满足不同使用者的需求。②恒定相对湿度平衡室法:置样品于恒温密闭的小容器中,用不同的饱和盐溶液(使溶液产生的 *ERH* 从大到小)使容器内样品-环境达到水的吸附-脱吸平衡,平衡后测定样品的含水量。通常情况下,温度是恒定在 25 ℃,扩散时间依据样品性质变化较大,样品量约在 1 g;通过在密闭条件下样品与系列水分活度不同的标准饱和盐溶液之间的扩散-吸附平衡,测定、比较样品重量的变化来计算样品的水分活度(推测值样品重量变化为零时的 A_w);测定时要求有较长的时间,使样品与饱和盐溶液之间达到扩散平衡才可以得到较好的准确数值。在没有水分活度仪的情况下,这是一个很好的替代方法,不足之处是分析烦琐,时间较长。至于不同盐类饱和溶液的 A_w 可以在理化手册上查找。③化学法。利用化学法直接测定样品的水分活度时,利用与水不相溶的有机溶剂(一般采用高纯度的苯)萃取样品中的水分,此时在苯中水的萃取量与样品的水活度成正比;通过卡尔-费休滴定法测定样品萃取液中水含量,再通过与纯水萃取液滴定结果比较后,可以计算出样品中水分活度。

3. 食品的水分活度与水分含量

要想了解食品中水的存在状态和对食品品质等的影响,就必须知道各种食品的含水量与其对应 A_w 的关系(图 6-1)。在一定温度条件下反映食品的水分含量(用每单位干物质中的水分含量表示)与其水分活度的关系的曲线,称为吸湿等温线(moisture sorption isotherms,MSI),一般呈 S 形,非线性(图 6-2)。从这类图形所得到的资料对于浓缩脱水过程是很有用的,因为水从体系中消除的难易程度与水分活度有关,在评价食品的稳定性时,确定用水分含量来抑制微生物的生长时,也必须知道水分活度与水分含量之间的关系。因此了解食品中水分含量与水分活度之间的关系是十分有价值的。

高水分含量食品吸湿等温线包括了从正常至干燥状态的整个水分含量范围。这类示意图并不是很有用，因为对食品来讲有意义的数据是在低水分区域。图 6–2 为低水分含量食品的吸湿等温线的一个典型例子。一般来讲，不同的食品由于其组成不同，其吸湿等温线的形状是不同的，并且曲线的形状还与样品的物理结构、样品的预处理、温度、测定方法等因素有关。为了便于理解吸湿等温线的含义和实际应用，我们可以人为地将图 6–2 中表示的曲线范围分为三个不同的区间。

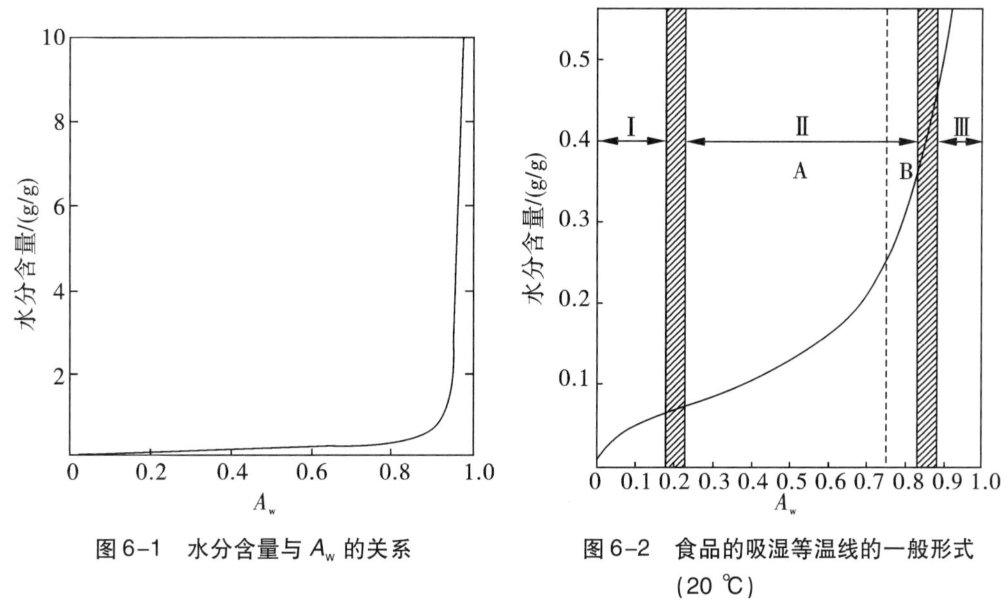

图 6–1　水分含量与 A_w 的关系

图 6–2　食品的吸湿等温线的一般形式（20 ℃）

对于干燥过程来讲，需用脱附等温线来研究。吸湿等温线是根据把完全干燥的样品放置在相对湿度不断增加的环境里，样品所增加的重量数据绘制而成（吸附），脱附等温线是根据把潮湿样品放置在同一相对湿度下，测定样品重量减轻数据绘制而成（解吸）。理论上它们应该是一致的，但实际上二者之间有一个滞后现象，不能重叠（图 6–3）。这种滞后所形成的环状区域（滞后环）随着食品品种的不同、温度的不同而异，但总的趋势是在食品的解吸过程中水分的含量大于吸附过程中的水分含量（即解吸曲线在吸附曲线之上）。另外，其他的一些因素如食品除去水分程度、解吸的速度、食品中加入水分或除去水分时发生的物理变化等均能够影响滞后环的形状。不同的食品由于其组成的差别，其吸湿等温线不同。

吸湿等温线说明

4. 水分存在状态与湿物料干燥特性的关系

把水分存在的状态同物料在干燥过程中的状态直接联系起来，对干燥过程是十分重要的。热谱图可以说明细微物料样品（1 ~ 2 mm）在缓慢等温干燥过程中的温度变化特点，在这种试验条件下，样品中的温度场和湿度场接近于均匀状态。图 6–4 为干燥细孔硅胶时得到的一个示范热谱图。在这个热谱图上有一些特殊点，这些特殊点的出现决定不同干燥阶段中与物料结合的各种水的脱出起点。

例如，在此热谱图上可以定出下列最明显的特性区：在 A_0A 区段为物体在恒温下从

$R > 10^{-5}$ cm 的孔隙中排出毛细管水;自 C 点开始排出多分子层吸附水;在 DO 区段(干燥最后)排出单分子层吸附结合水;在 CD 区段物体的温度按线性规律增长,而在 DO 区段为按指数规律增长。

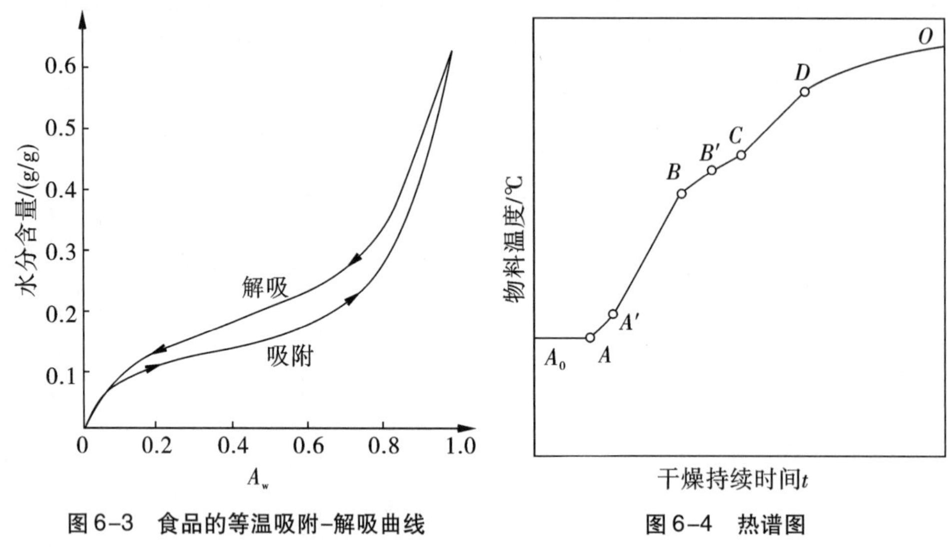

图 6-3　食品的等温吸附-解吸曲线　　　　图 6-4　热谱图

把物料中水分的分类同脱水过程动力学结合起来,这对干燥过程有直接的关系。例如,对于天然马铃薯淀粉有两个特殊点:当湿含量 $\omega = 34\%$ 时,发生水的"明显"结合,这种水相当于多分子层吸附水;当 $\omega = 18\%$ 时,水同间架结合得更牢固,这是单分子层吸附水的特点。一些食品中水分的状态特点见表 6-4。

表 6-4　一些食品中水分的状态特点

物料	温度/℃	热谱图上第一个特殊点(A_0)的最大含湿量	热谱图上第二个特殊点(C 点)结合水的最大值	热谱图上第三个特殊点(D 点)单分子层吸附水
马铃薯淀粉	40	60.1	31.8	18.2
小麦淀粉	40	57.8	27.4	16.0
小麦特级面粉	40	85.1	38.4	21.3
小麦 1 级面粉	40	87.4	38.6	22.0
黑麦	—	127.6	26.9	12.9
大豆	50	119.5	44.7	24.6
可可粉	50	97.5	35.9	18.0

二、水分活度与食品的保藏性

1. 水分活度对微生物生长的影响

微生物是引起食品腐败变质的重要因素,微生物进行正常的生长繁殖都需要水,各种微生物生长繁殖所需要的最低 A_w 各不相同(表6-5)。对许多与食品有关的微生物的研究表明,A_w 小于0.9时,大多数重要的食品细菌就不会繁殖;有些耐高盐细菌在 A_w 为0.75时仍能繁殖,但它们往往不是食品败坏的重要起因。一般酵母生长所需的 A_w 值在0.87~0.92范围内,但耐渗透压酵母在 A_w 为0.75时尚能生长。霉菌较之大多数细菌更耐低水分活度环境,大多数霉菌在 A_w 为0.8以下停止生长。在 A_w 低于0.65时,微生物的繁殖完全被抑制,这种水分活度在许多食品中相当于低于20%的总含水量,近乎十足干燥的产品。在 A_w 低于0.6时大部分微生物都不能生存。

表6-5　食品的水分活度与微生物生长

A_w范围	最低 A_w 一般所能抑制的微生物	在此范围内的食品
1.00~0.95	假单胞菌、大肠杆菌变形杆菌、志贺氏菌属、克雷伯氏菌属、芽孢杆菌、产气荚膜梭状芽孢杆菌、一些酵母	极易腐败变质(新鲜)食品、罐头水果、蔬菜、肉、鱼以及牛乳;熟香肠和面包;含有约40%(质量分数)蔗糖或7%氯化钠的食品
0.95~0.91	沙门氏杆菌属、溶副血红蛋白弧菌、肉毒梭状芽孢杆菌、沙雷氏杆菌、乳酸杆菌属、足球菌、一些霉菌、酵母(红酵母、毕赤氏酵母)	一些干酪(英国切达、瑞士、法国明斯达、意大利菠萝伏洛)、腌制肉(火腿);一些水果汁浓缩物;含有55%(质量分数)蔗糖或12%氯化钠的食品
0.91~0.87	许多酵母(假丝酵母、球拟酵母、汉逊酵母)、小球菌	发酵香肠(萨拉米)松蛋糕、干的干酪、人造奶油、含有约65%(质量分数)蔗糖(饱和)或15%氯化钠的食品
0.87~0.80	大多数霉菌(产生毒素的青霉菌)、金黄色葡萄球菌、大多数酵母菌属(拜耳酵母)Spp、德巴利氏酵母菌	大多数浓缩果汁、甜炼乳、巧克力糖浆、槭糖浆和水果糖浆、面粉、米、含有15%~17%水分的豆类食品、水果蛋糕、家庭自制火腿、微晶糖膏、重油蛋糕
0.80~0.75	大多数嗜盐细菌、产真菌毒素的曲霉	果酱、加柑橘皮丝的果冻、杏仁酥糖、糖渍水果、一些棉花糖
0.75~0.65	嗜旱霉菌(谢瓦曲霉、白曲霉、wallemia Sebi)、二孢酵母	含有约10%水分的燕麦片、颗粒牛轧糖、砂性软糖、棉花糖、果冻、糖蜜、粗蔗糖、一些果干、坚果
0.65~0.60	耐渗透压酵母(鲁酵母)、少数霉菌(刺孢曲霉、二孢红曲霉)	含有15%~20%水分的果干、一些太妃糖与焦糖;蜂蜜
0.5	微生物不增殖	含有约12%水分的酱、含有约10%水分的调味料
0.4	微生物不增殖	含有约5%水分的全蛋粉
0.3	微生物不增殖	含3%~5%水分的曲奇饼、脆饼干、面包硬皮
0.2	微生物不增殖	含2%~3%水分的全脂奶粉、含有约5%水分的脱水蔬菜、含有约5%水分的玉米片、家庭自制的曲奇饼、脆饼干

微生物生长繁殖所需水分活度的最小值并不是一个绝对值，而是受环境条件的影响。在通常情况下，环境条件（如微生物所需的营养状况、氧分压和食品的温度、pH 值等）越差，微生物生长的水分活度下限越高。如金黄色葡萄球菌在有氧和缺氧条件下对应的最低水分活度分别为 0.8 和 0.9。

应该指出，微生物有时会对水分活度变化产生适应性，如果水分活度的降低是通过添加水溶性物质，而不是通过水的结晶或脱水来实现时，更易发生变异。在相同的水分活度下，微生物在不同溶质溶液中生长受抑制的状况也不同。如相同水分活度的果糖溶液、甘油溶液和氯化钠溶液对微生物的抑制作用依次加强，因此，若要利用水分活度控制微生物的生长，还需根据操作方法、溶质及微生物种类灵活应用。

微生物产生毒素所需的最低水分活度比微生物生长所需的最低水分活度高。因此，通过水分活度的控制来抑制微生物的生长时，虽然食品中可能有微生物生长，但不一定有毒素产生。

2. 水分活度对脂肪氧化的影响

水分活度是影响食品中脂肪氧化的重要因素之一。水分活度在很高或很低时，脂肪都容易发生氧化，A_w 小于 0.1 的干燥食品因氧气与油脂结合的机会多，氧化速度非常快。当 A_w 大于 0.55 时，水的存在提高了催化剂的流动性而使油脂氧化的速度增加。而 A_w 在 0.3～0.4 时，食品中水分呈单分子层吸附，在自由基反应中与过氧化物发生氢键结合，减缓了过氧化物分解的初期速率；这些水与微量的金属离子结合，能降低其催化活性或产生不溶性金属水合物而失去催化活性。此后随着水分活度增加，氧化速率也增加，直到中等水分活度食品，再到稳定状态（$A_w \geq 0.75$）。

3. 水分活度对酶活力的影响

食品中酶来源多种多样，有食品内源性酶、微生物分泌胞外酶及人为添加的酶。酶反应速度随水分活度的提高而增大，通常在 A_w 为 0.75～0.95 的范围内酶活性达到最大，超过这个范围酶促反应速度下降，其原因可能是高水分活度对酶和底物的稀释作用。酶活性随水分活度呈非线性变化，在低水分活度时，水分活度的小幅度增加，会使酶促反应速度大幅度增加。水分活度影响酶促反应主要通过以下途径：①水作为运动介质促进扩散作用；②稳定酶的结构和构象；③水是水解反应的底物；④破坏极性基团的氢键；⑤从反应复合物中释放产物。

由于活性中心的反应速度大于底物或产物的扩散速度，因此运动性是限制酶促反应的主要因素。脂酶的底物是脂类，在底物是液态时水的运动作用就不很重要了，因此脂解作用能在极低的水分活度（A_w 0.025～0.25）下进行。

4. 水分活度对非酶褐变的影响

大部分的脱水食品以及几乎所有的中湿度食品都会发生非酶褐变。水分活度对该反应的影响很大，在 A_w=0.6～0.8 时褐变速率最大。果蔬制品发生非酶褐变的 A_w 范围是 0.65～0.75；肉制品褐变的 A_w 范围一般在 0.30～0.60；干乳制品，主要是非脂干燥乳，其褐变 A_w 大约在 0.70。水在非酶褐变中既作溶剂又是反应产物，在低水分活度下因扩散作用的受阻而反应缓慢；在高水分活度下，反应因反馈抑制作用和稀释作用而下降。

第三节　食品干制过程的主要变化

干制过程是将能量传递给食品并促使食品物料中水分向表面转移并排放到物料周围的外部环境中，完成脱水干制的基本过程。因此，热量的传递（传热过程）和水分的外逸（传质过程），也就是常说的湿热的转移是食品干燥基本原理的核心问题。

一、物理变化

食品的干制过程

干燥速度和物料温度的变化都可能引起食品物理性质的变化，如干缩、表面硬化、多孔性的形成、溶质迁移、热塑性的出现以及挥发物质损失等物理现象。

1. 干缩

当用高温干燥或用热烫的方法使细胞失去活力后，其细胞壁仍能不同程度地保持原有的弹性。但当受力过大，超过弹性极限时，即使外力消失也会出现难以恢复的塑性变形。干缩正是物料失去弹性时出现的一种变化，这也是不论有无细胞结构的食品干制时最常见的、最显著的变化之一。

湿物料在干制之前保持不同程度的弹性，干制中应力增大到一定数值，超过了组织的弹性限度，发生了结构的屈服，在应力消失后细胞无法恢复原有形态，便产生了干缩。有充分弹性并呈饱满状态的物料全面均匀而缓慢地失水时，物料随水分的消失将均衡地进行线性收缩，即物体沿长、宽、高度方向均匀地按比例缩小。实际上，物料的弹性并非均匀，干制中食品内的水分也难以均匀地排除，所以干制中食品物料均匀地干缩极为少见。食品物料不同，其干缩形态也不同。蔬菜丁在干制过程中，从脱水干制前的有棱有角状态变为干制初期的表面干缩形态，蔬菜丁的棱角渐变圆滑；继续干制时，干缩不断向物料中心进展，最后形成棱角尖锐的凹面状的干制品。

2. 表面硬化

表面硬化实际上是物料表面收缩和封闭的一种特殊现象。干燥过程中温度过高会导致物料细胞过度膨胀破裂、有机物质挥发、分解或焦化以及物料表面硬化等不利现象发生。有时通风强度越大、温度越高，反而干燥时间越长，严重时会导致产品变色甚至内部腐败。

造成表面硬化现象有两种原因：一种是物料干燥时，其内部的溶质成分因水分不断向表面迁移和积累，而在物料表面上形成结晶的硬化现象；另一种原因是物料的表面干燥过于强烈，水分汽化很快，内部水分不能及时迁移到表面上来，而使物料表面迅速形成一层干硬膜的现象。第一种表面硬化现象常见于含有高浓度糖分和可溶性物质物料的干燥中，例如果品的干燥和腌制品的干燥。第二种表面硬化现象与干燥条件有关，是人为可控制的。实际上许多食品物料干制时所出现的表面硬化现象是上述两种原因同时发生作用的结果。表面硬化后，其表皮透气性很差，影响内部水分的向外移动，以致将大部分残留水分封闭在物料内部，使干燥速度急剧下降，很难进一步地干燥。

3. 食品的多孔性

快速干燥时物料表面硬化及其内部蒸汽压的迅速建立,会促使物料成为多孔性制品。马铃薯的膨化干制就是利用外逸的水蒸气来促进组织结构的膨松。真空干燥时的高度真空也会促使水蒸气迅速蒸发并向外扩散,从而形成多孔性的制品。

目前,有很多的干制技术或干燥前处理都使食品具有更多的微孔,以便于水分转移而加速干燥,但多孔的海绵状结构是优良的绝缘体,会减缓热量传入食品的速率。快速干燥时物料表面硬化及其内部蒸汽压的迅速建立会促使物料成为多孔性制品。干燥前经预处理促使物料形成多孔性结构,有利于水分的转移,加速物料的干燥率。因此,多孔性对干燥速度的最终影响,取决于干制系统和多孔性结构对质、热传递的影响何者为大。不论采用何种干燥技术,多孔性食品能迅速复水或溶解,提高其食用的方便性。

4. 挥发性物质的损失

当水分从被干燥的食品物料中蒸发逸出时,总是夹带着微量的各种挥发物质。挥发物质往往构成了某些食品的特有风味,所以在通常的情况下是不希望损失的。过度加热会引起物料温度升高,溶液自由沸腾,使溶液中挥发性的芳香物质损失增加。干燥中牛乳失去极微量的低级脂肪酸,特别是硫化甲基,虽然它的含量实际上仅亿分之一,但其制品却已失去鲜乳风味。一般处理牛乳时所用的温度即使不高,蛋白质仍然会分解并有挥发硫放出。

5. 热塑性的出现

不少食品具有热塑性,即温度升高时会软化甚至有流动性,而冷却时变硬,具有玻璃体的性质。糖分及果肉成分高的果蔬汁就属于这类食品。例如橙汁或糖浆在平锅或输送带上干燥时,水分虽已全部蒸发掉,残留固体物质却仍像保持水分那样呈热塑性黏质状态,黏结在带上难以取下,而冷却时它会硬化成结晶体或无定形玻璃状而脆化,此时就便于取下。为此,大多数输送带式干燥设备内常设有冷却区。

6. 溶质迁移现象

食品干燥时表层收缩使深层受到压缩,组织中的液态成分穿过孔隙和毛细管向表层移动,溶液到达表面后,水分汽化逸出,外层液体的浓度逐步增加。干制品内部通常存在可溶物质分布的不均匀,愈接近表面,溶质愈多。当表层溶液的浓度逐渐增高,内层溶液的浓度仍未变化,于是在浓度差的推动下表层溶液中的溶质便向内层扩散,因此,在干燥中出现了两股方向相反的物质流:第一股物质流通过溶剂把溶质带往物料表面;第二股物质流因浓差扩散而使溶质重新回到内部,使溶质分布均匀化。干制品内部溶质分布是否均匀,最终取决于干燥速度。只要工艺条件控制适当,就可使干制品溶质分布均匀。

二、化学变化

食品脱水干燥过程,除物理变化外,同时还会发生一系列化学变化,这些变化对干制品及其复水后的品质,如色泽、风味、质地、黏度、复水率、营养价值和储藏期会产生影响。这种变化还因各种食品而异,有它自己的特点,不过其变化的程度却常随食品成分和干燥方法而有差别。

1. 营养成分的变化

食品干燥后失去水分，故每单位质量干制食品中营养成分的含量反而增加。若将复水干制品和新鲜食品相比较，则和其他食品保藏方法一样，它的品质总是不如新鲜食品。

（1）蛋白质　蛋白质对高温敏感，在高温下蛋白质易变性，组成蛋白质的氨基酸与还原糖发生作用，产生美拉德反应而褐变。产生褐变的速度因温度和时间而异。高温长时间的干燥，使褐变明显加重。当物料的温度达到某一个临界值时，其变为棕褐色的速度就会很快。褐变的速度还与物料的水分含量有关。另外，含蛋白质较多的干制品在复水后，其外观、含水量及硬度等均不能回到新鲜时的状态，这主要是由于蛋白质的变性而导致的。在热以及水分脱除的作用下，维持蛋白质空间结构稳定的氢键、二硫键以及疏水相互作用等遭到破坏，从而改变了蛋白质的空间结构而导致变性。蛋白质在干燥过程的变化程度主要取决于干燥温度、时间、水分活度、pH 值、脂肪含量以及干燥方法等。

干燥温度对蛋白质在干制过程中的变化起着重要作用。一般情况下，干燥温度越高，蛋白质变性速度越快，而随着干燥温度的增加氨基酸损失也增加。在高温下蛋白质发生降解还会产生硫味，这主要是二硫键的断裂引起的。

干燥时间也是影响蛋白质变性的主要因素之一。一般情况下干燥初期蛋白质变性速度较慢，而后期加快。但对于冷冻干燥而言则正好相反。整体而言冷冻干燥法引起的蛋白质变性要比其他方法轻微得多。

通常认为脂质对蛋白质的稳定有一定保护作用，但脂质氧化的产物将促进蛋白质的变性。而水分含量也与蛋白质干燥过程的变性有密切的关系。研究发现当水分含量在20% ~30% 及高温条件下，鲈鱼肌原纤维蛋白质将发生急剧变性。

（2）脂肪　高温脱水时脂肪氧化比低温时严重得多，应注意添加抗氧化剂。若事先添加抗氧化剂就能有效地控制脂肪氧化。脂肪含量高的食品对脂肪氧化的预防是保证干制品品质的主要问题，如方便面的加工。一般情况下食品中脂肪含量越高且不饱和度越高，储藏温度越高，氧分压越高，与紫外线接触以及存在铜、铁等金属离子和血红素，将促进脂质氧化。

（3）碳水化合物　水果含有较丰富的碳水化合物，而蛋白质和脂肪的含量却极少。果糖和葡萄糖在高温下易于分解，高温加热碳水化合物含量较高的食品，极易焦化；而缓慢晒干过程中初期的呼吸作用也会导致糖分分解。还原糖还会和氨基酸反应而产生褐变。动物组织内碳水化合物含量低，除乳蛋制品外，碳水化合物的变化不至于成为干燥过程中的主要问题。糖类因加热而引起的分解焦化是果蔬食品干燥时变质的主要原因之一。

（4）维生素　各种维生素的损失是值得重视的问题。水溶性维生素如维生素 C 极易在高温下氧化，硫胺素对热也很敏感，核黄素还对光敏感，胡萝卜素也会因氧化而遭受损失。如果干制前酶未被钝化，维生素的损失非常高。干燥过程会造成部分水溶性维生素被氧化。维生素损耗程度取决于干制前物料预处理条件及选用的脱水干燥方法和条件。维生素 C 和胡萝卜素易因氧化而遭受损失，核黄素对光极其敏感。硫胺素对热敏感，故干燥处理时常会有所损耗。胡萝卜素在日晒加工时损耗极大，在喷雾干燥时则损耗极少。水果晒干时维生素 C 损失也很大，但升华干燥却能将维生素 C 和其他营养素大量地保存下来。

乳制品中维生素含量将取决于原乳内的含量及其在加工中可能保存的量。滚筒或喷雾干燥有较好的维生素 A 保存量。虽然滚筒或喷雾干燥中会出现硫胺素损失,但若和一般果蔬干燥相比,它的损失量仍然比较低。核黄素的损失也是这样。牛乳干燥时维生素 C 也有损耗,若选用升华和真空干燥,制品内维生素 C 保留量将和原乳大致相同。

通常干燥肉类中维生素含量略低于鲜肉。加工中硫胺素会有损失,高温干制时损失量比较大。核黄素和烟酸的损失量则比较少。

日晒或人工干燥时,蔬菜中营养成分损耗程度大致和水果相似。加工时未经酶钝化的蔬菜中胡萝卜素损耗量可达 80%,用最好的干燥方法它的损耗量可下降到 5%。预煮处理时蔬菜中硫胺素的损耗量达 15%,而未经预处理其损耗量可达 75%。维生素 C 在迅速干燥时的保存量则大于缓慢干燥。通常蔬菜中维生素 C 将在缓慢日晒干燥过程中损耗掉。预煮和酶钝化处理也使其含量下降。维生素损耗程度取决于干制前的物料预处理条件及选用的脱水干燥方法以及干制食品储藏条件。

2. 变色

新鲜食品的色泽一般都比较鲜艳。干燥会改变其物理和化学性质,使食品反射、散射、吸收和传递可见光的能力发生变化,从而改变食品的色泽。干燥过程温度越高,处理时间越长,色素变化量也就越多。类胡萝卜素、花青素也会因干燥处理有所破坏。

褐变是食品干制时不可恢复的变化,被认为是产品品质的一种严重缺陷。严重的褐变不但影响干制品的色泽,而且对风味、复水能力和抗坏血酸含量都可能产生不利影响。褐变速度受温度、时间、水分含量的影响,温度升高,褐变明显变快,当温度超过临界值,就会产生非常快速的焦化。时间也是一个重要因素,热敏食品在 90 ℃数秒可以无明显变化,但在 16 ℃,8 ~ 10 h 却会产生明显的褐变。水分含量在 15% ~ 20% 时的褐变速度常常达到最大,应尽快通过该区间。

高等植物中存在的天然绿色是叶绿素 a 和叶绿素 b 的混合物。叶绿素呈现绿色的能力和色素分子中的镁有关。湿热条件下叶绿素将失去镁原子而转化成脱镁叶绿素,呈橄榄绿,不再呈草绿色。肉类中血红素受热后很容易失去鲜艳的红色而变成暗红色。

酶或非酶褐变反应是促使干燥品褐变的原因。植物组织受损伤后,组织内氧化酶活动能将多酚或其他如鞣质、酪氨酸等一类物质氧化成有色色素。这种酶褐变会给干制品品质带来不良后果。为此,干燥前需进行酶钝化处理以防止变色。可用预煮或巴氏杀菌对果蔬进行热处理,或用硫处理也能破坏酶的活性。酶钝化处理应在干燥前进行,因为干燥过程物料的受热温度常不足以破坏酶的活性,而且热空气还具有加速褐变的作用。

糖分焦糖化和美拉德反应(Maillard Reaction)是脱水干制过程中常见的非酶褐变反应。前者反应中糖分首先分解成各种羰基中间物,而后再聚合反应生成褐色聚合物。后者为氨基酸和还原糖的相互反应,常出现于水果脱水干制过程中。脱水干制时高温和残余水分中反应物质的浓度对美拉德反应有促进作用。糖分中醛基和二氧化硫反应形成磺酸,能阻止褐色聚合物的形成。美拉德褐变反应在水分下降到 20% ~ 25% 时最迅速,水分继续下降则它的反应速率逐渐减慢,当干制品水分低于 1% 时,褐变反应可减慢到甚至于长期储存时也难以觉察的程度;水分在 30% 以上时褐变反应也随水分增加而减缓,低温储藏也有利于减缓褐变反应速率。

采用真空干燥特别是连续式的真空干燥可显著地改善果干、果浆或果汁一类粉状水果干制品的品质，对生产晶态果粉特别适宜。

3. 食品风味的变化

引起水分除去的物理力，也会引起一些挥发物质的去除，从而导致风味的变差。在热干燥中，挥发性风味物质比水更易挥发，因为如醇、醛、酮、醋等沸点更低。干制品的风味物质比新鲜制品要少，干制品在干燥过程中会产生一些特殊的蒸煮味，如牛乳干燥后会有少量硫味。热会带来一些异味、煮熟味、硫味、焦香味的生成。

食品失去挥发性风味成分是脱水干制时常见的一种现象，干制时至少会导致风味成分轻微的损耗。如果牛乳失去极微量的低级脂肪酸，特别是硫化甲基，虽然它的含量实际上仅亿分之一，但其制品却已失去鲜乳风味。干制时即使低温干燥也会导致化学变化，而出现食品变味的问题。例如奶油内的脂肪有 δ-内酯形成时就会产生像太妃糖那样的风味，而这种产物在奶粉中也经常见到。低热处理极易促使风味发生变化，因为乳、蛋一类高蛋白质食品会分解出硫化物，它的变化程度则随硫化物分解情况而各异。一般处理牛乳时所用的温度即使不高，蛋白质仍然会分解并有挥发硫放出。

要完全防止干燥过程风味物质损失几乎是不可能的。解决的有效办法：一是芳香物质回收，从干燥设备中回收或冷凝外逸的蒸汽，再加回到干制食品中，以便尽可能保存它的原有风味。也可从其他来源取得香精或风味制剂再补充到干制品中。二是采用低温干燥以减少挥发。三是在干燥前预先添加包埋物质如树胶等，将风味物质包埋、固定，从而减少挥发性风味物质的损失。

第四节 食品干制方法与装置

食品干制有不同的方法，有晒干与风干等自然干燥方法，但更多采用的是人工干燥，如箱式干燥、窑房式干燥、隧道式干燥、输送带式干燥、滚筒干燥、流化床干燥、喷雾干燥、冷冻干燥等。它们主要是按干燥设备的特征来分类的，按干燥的连续性则可分为间歇（批次）干燥与连续干燥。此外也有常压干燥、真空干燥等，是以干燥时空气的压力来分类的。按工作原理可分为对流干燥、传导干燥、真空干燥及辐射干燥，其中对流干燥在食品工业中应用最多。

一、空气对流干燥

空气对流干燥又称热风干燥，它是以热空气为干燥介质，将热量传递给湿物料，物料表面上的水分汽化，并通过表面的界面层向气流主体扩散；与此同时，由于物料表面水分汽化的结果，使物料内部和表面之间产生水分梯度差，物料内部的水分因此以气态或液态的形式向表面扩散。显然，热空气既是载热体又是载湿体。对流干燥进行的必要条件是物料表面的水汽压强必须大于干燥介质（热空气）中的水汽分压。两者的压差愈大，干燥进行得愈快，所以干燥介质应及时将汽化的水汽带走，以便保持一定的传质推动力。若压差为零，则无水汽传递，干燥操作也就停止了。

1. 厢式或盘架式干燥

厢式干燥设备由框架结构组成(见图 6-5),四壁及顶、底部都封有绝热材料以防止热量散失。厢内有多层框架,其上放置料盘,也有将湿物料放在框架小车上推入厢内的。厢式干燥机以间歇式运行,其工艺条件可以严格控制,适用于干燥工艺参数的探索。

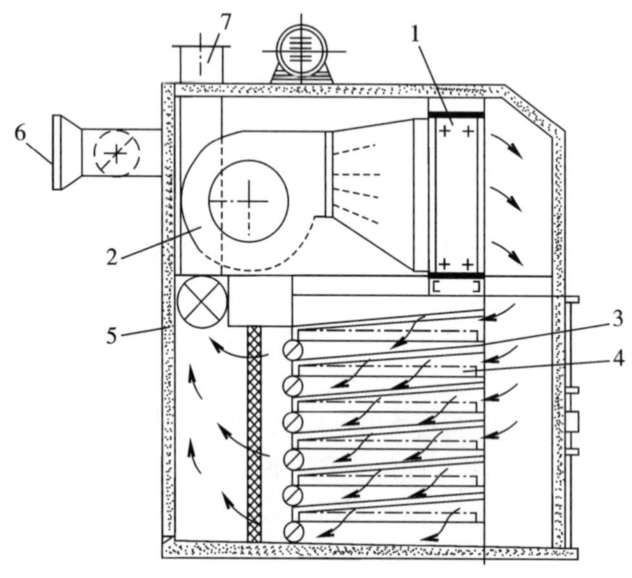

1—加热器;2—循环风机;3—干燥板层;4—支架;5—干燥器箱体;6—吸气口;7—排气口

图 6-5　厢式干燥器

对流厢式干燥,主要是以热风通过湿物料表面达到干燥的目的。热风沿湿物料表面平行通过的称为并流厢式干燥,热风垂直通过湿物料表面的称为穿流厢式干燥。以并流方式干燥食品时,空气流速应以不把制品从盘中吹走为度。并流干燥时干燥面积为盘子表面积,食品床厚度为食品堆积高度。当干燥空气以穿流方式通过食品时,有效干燥面积为食品表面积之和,厚度为颗粒的直径。这种干燥方式,热空气与湿物料的接触面积大,内部水分扩散距离短,因此干燥效果较并流式好,其干燥速率通常为并流式的 3 ~ 10 倍。

2. 隧道式干燥

隧道式干燥机的工作原理与厢式干燥机相同,以半连续式运行。装满料盘的小车从隧道的一端进入,从另一端移出,每辆小车在干燥室内停留的时间为食品干燥需要的时间。隧道干燥设备内高温低湿空气进入的一端称为热端,低温高湿空气离开的一端称为冷端;湿物料进入的一端为湿端,干制品离开的一端为干端。热端为湿端的干燥方式称顺流干燥,热端为干端的干燥方式称逆流干燥。

顺流干燥时湿物料与高温低湿的空气相遇(见图 6-6),水分蒸发非常迅速,物料的湿球温度下降也较大,这就允许顺流干燥使用高一些的空气温度。但物料水分蒸发过速,容易发生表面硬化,干制品内部就会干裂并形成多孔性。在干端,干物料与低温高湿空气相处,水分蒸发极其缓慢,干制品的平衡水分也将相应增加,即使延长干燥通道,也难以使干制品水分降到10%以下。因此,吸湿性较强的食品不宜选用顺流式干燥方法。为了提高热量利用率和避免干燥初期因干燥率过大而出现软质水果内裂和流汁现象,干燥时常循环使用部分吸湿后的热空气。

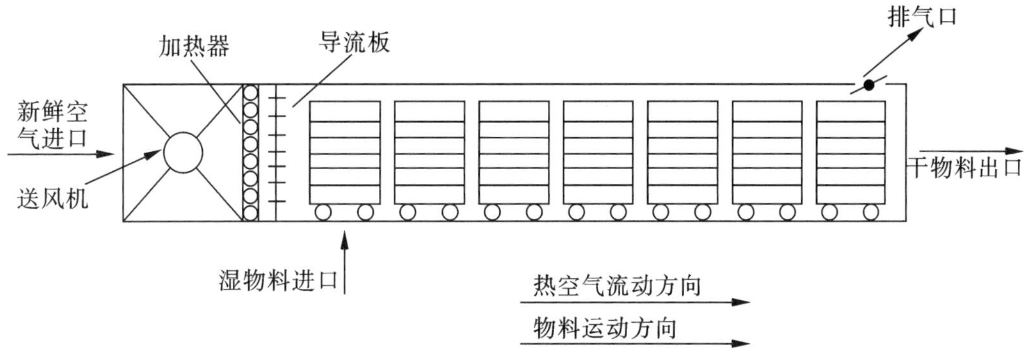

图6-6　顺流式隧道干燥示意图

逆流干燥的情况正好相反(见图6-7),湿物料进入隧道后遇到低温高湿的空气,水分蒸发比较缓慢,物料能够全面均匀地收缩,不易发生干裂。物料在干端处已接近干燥,在高温低湿空气中蒸发仍较缓慢,温度则上升到接近干球温度,停留时间过长容易焦化,因此干端的进口温度不宜过高,一般不超过70 ℃,否则停留时间过长,物料容易焦化。在高温低湿的空气条件下,干制品的平衡水分也将相应降低,可低于5%。

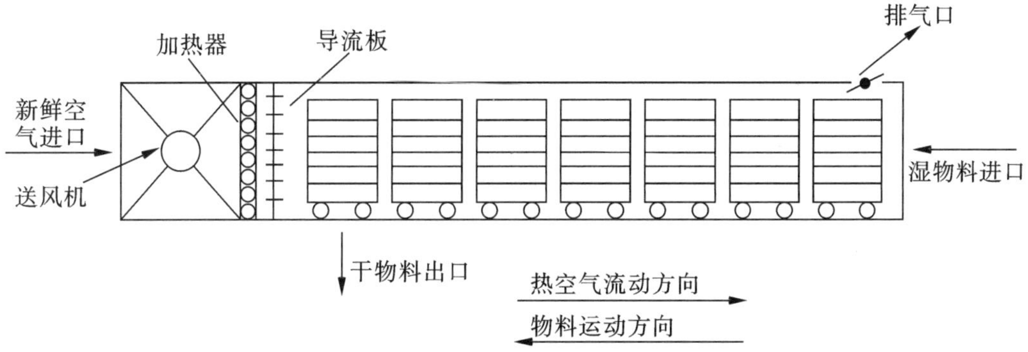

图6-7　逆流式隧道干燥示意图

顺逆流组合式隧道干燥吸取了顺流式湿端水分蒸发速率高和逆流式后期干燥能力强两个优点,由第一阶段顺流干燥和第二阶段逆流干燥组合而成,各干燥阶段的空气温度可独立调节,顺流干燥系统中采用较高的温度,逆流干燥系统则采用较低的温度(图6-8)。顺流干燥阶段比较短,但能将大部分水分蒸发掉,含水分50%～60%的物料在较长的逆流干燥阶段可被干燥到水分含量6%左右。使用双阶段隧道干燥设备时,干燥比较均匀,生产力高,产品品质较好。

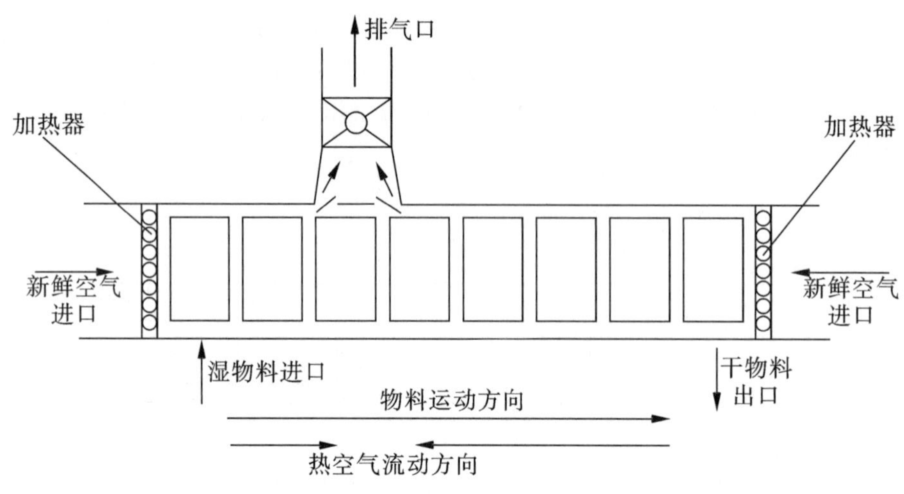

图6-8　混合气流式隧道干燥示意图

3. 输送带式干燥

输送带式干燥机除载料系统由输送带取代装有料盘的小车外,其余部分与隧道式干燥机基本相同,但输送带装卸系统的劳动强度低,可连续化、自动化生产。输送带可以用一根环带,也可以用几根上下放置的环带(见图6-9)。以钢丝网带或漏孔板为输送带时,干燥介质可以穿流方式进行干燥。在干燥前期,空气可以向上吹过制品,在干燥的最后阶段,空气可以向下吹过制品,以防止制品被空气流带走。湿料在干燥前必须制成适当的分散状态,以便空气能穿流上行。干燥机可以划分为几个区段,各区段的空气温度、相对湿度和流速可各自分别控制。

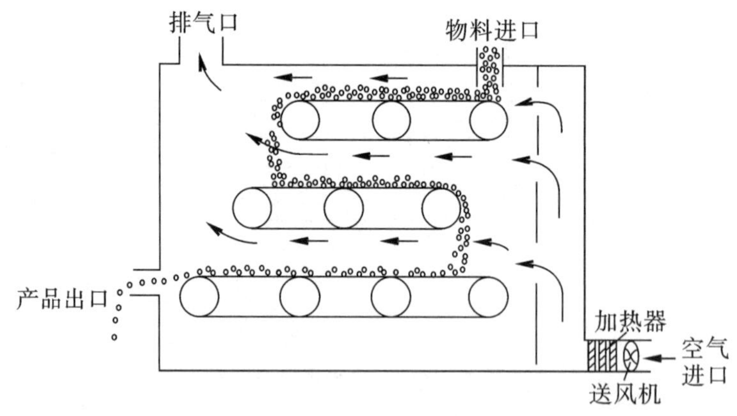

图6-9　多层输送带式干燥示意图

单一输送带式干燥设备可以采用顺流、逆流或穿流式干燥,但更多的是由两条以上各自独立的输送带串联组成(见图6-10)。半干物料从第一干燥阶段输送带末端向下卸落在第二干燥阶段的另一输送带上时,不但混合了一次,而且进行了重新堆积。物料的混合能改善干燥的均匀性,重新堆积因第一阶段物料干缩而可以大量节省原来需要的载料面积。各输送带的移动速度可以相同,也可以不同。带式干燥时,由于物料干燥表面积大,蒸发距离短,因此干燥速率高。

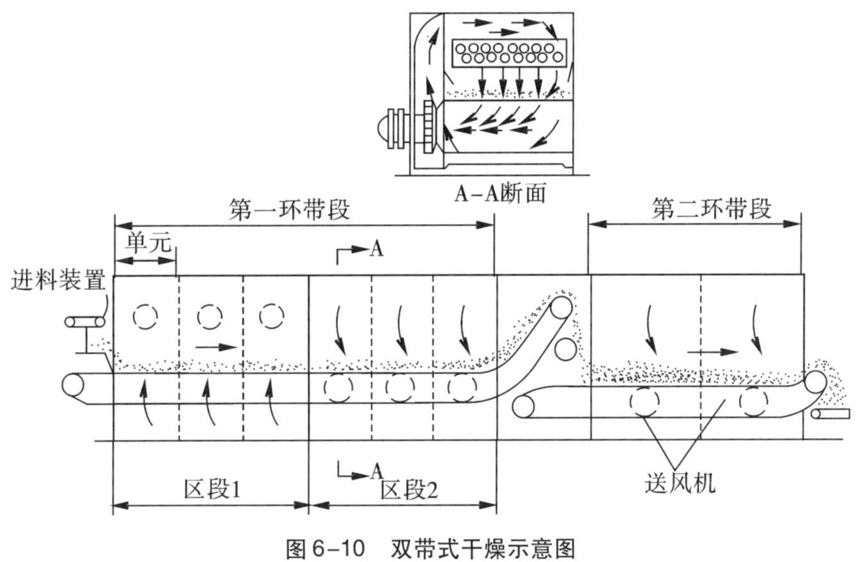

图 6-10　双带式干燥示意图

输送带式干燥的特点是,有较大的物料表面暴露于干燥介质中,物料内部水分移出的路径较短,并且物料与空气有紧密的接触,所以干燥速率很高。但是被干燥的湿物料必须事先制成分散的状态,以便减小阻力,使空气能顺利穿过输送带上的物料层。

4. 流化床干燥

流化床干燥又称沸腾床干燥,它是流态化原理在干燥器中的应用。当空气强制由下而上穿过空气分配板到物料床层时,如果气流速度适当,便可得到床层体积膨胀、颗粒脱离接触、床内剧烈翻腾的流化床(见图 6-11)。流化床干燥时颗粒的表面积都是蒸发面积,而且床内温度分布均匀,可以用温度较高的空气干燥,因此干燥效率高,单位体积设备的处理能力大。调节出口处挡板的高度,可控制颗粒在床内的停留时间,达到控制干制品水分含量的效果。流化床干燥适宜处理粉粒状食品物料。当粒径范围为 30 μm ~6 mm,静止物料层高度为 0.05 ~0.15 m 时,适宜的操作气速可取颗粒自由沉降速度的 40% ~80%。如若粒径太小,气体局部通过多孔分布板,床层中容易形成沟流现象;粒度太大又需要较高的流化速度时,动力消耗和物料磨损都很大。在这两种情况下,操作气体的气流速度需要由实验来确定。干燥非结合水分时,蒸发量为 60% ~80%,干燥结合水分,蒸发量也可达 30% ~50%,因此流化干燥特别适宜于处理含水量不高且已处在降速干燥阶段的粉粒状物料,比如对气流干燥或喷雾干燥后物料所留下的需要较长时间进行后期干燥的水分更为合适。粉状物料含水量要求为 2% ~5%,粒

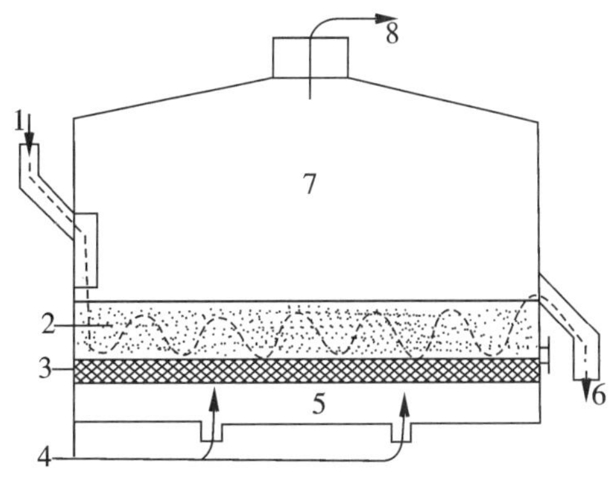

1—湿物料进口;2—流化床;3—空气分布板;4—热空气进口;5—通风室;6—干物料出口;7—干燥室;8—排气口

图 6-11　流化床干燥示意图

状物料则要求低于10%～15%，否则物料的流动性变差。

流化床干燥器结构简单、便于制造、活动部件少、操作维修方便。但由于颗粒在床层中高度混合，可能会引起物料的返混和短路，对操作控制要求较高。为了保证干燥均匀，又要降低气流压力降，就要根据物料特性选择不同结构的流化床干燥器。食品工业常用的有单层流化床、多层流化床、卧式多室流化床、振动流化床等。

单层流化床结构简单(见图6-12)，床层内颗粒静止高度不能太高，一般在300～400 mm，否则气流压力降增大。由于床层单一，物料容易返混和短路，会造成部分物料未经完全干燥就离开干燥器，而部分物料又因停留时间过长而产生干燥过度现象。因此它适用于较易干燥、对产品要求又不太高的物料。主要优点是物料处理量大，生产能力高。

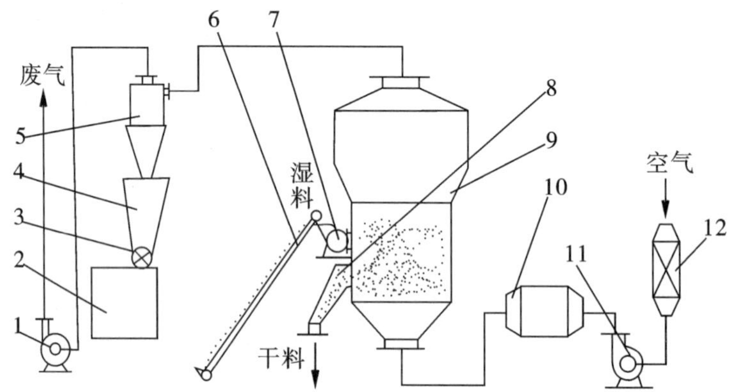

1—抽风机；2—制品仓；3—星形下料器；4—集料斗；5—旋风分离器；6—带式输送机；7—抛料机；8—卸料管；9—流化床；10—空气加热器；11—送风机；12—空气过滤器

图6-12 单层流化床干燥示意图

卧式多室流化床干燥器(见图6-13)，有垂直挡板把干燥器分隔成多室，物料在流化状态下，按顺序溢流到下一隔室，由于挡板的存在，避免了隔室与隔室之间物料的直接混合，因此大大改善了单层床的均匀性。

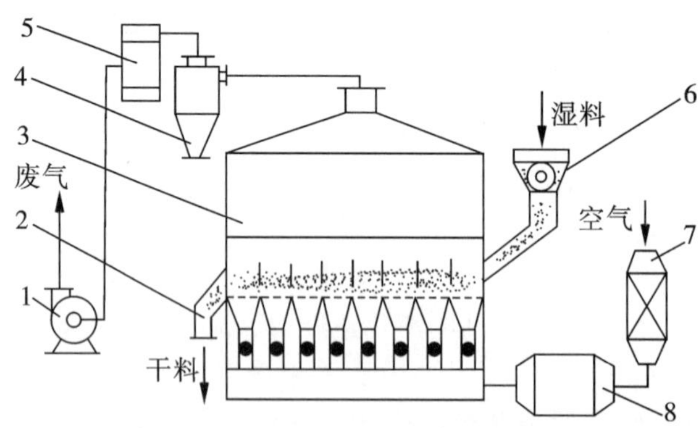

1—抽风机；2—卸料管；3—干燥器；4—旋风分离器；5—袋滤器；6—加料器；7—空气过滤器；8—空气加热器

图6-13 卧式多室流化床干燥流程示意图

振动流化床干燥器是一种新型的流化干燥器(见图6-14),它适合于干燥颗粒太大或太小,易黏结,不易流化的物料。干燥器由分配段、流化段和筛选段三部分组成,在分配段和流化段下面都有热空气进入。如含水4%~6%的湿砂糖由加料器送入分配段,在平板振动的作用下,物料均匀地进入流化段,湿砂糖在流化段停留12 s就可达到干燥要求,产品含水量为0.02%~0.04%。干燥后,物料离开流化段进入筛选段,筛选段分别安装不同网目的筛网,将糖粉和糖块筛选掉,中间的为合格产品。

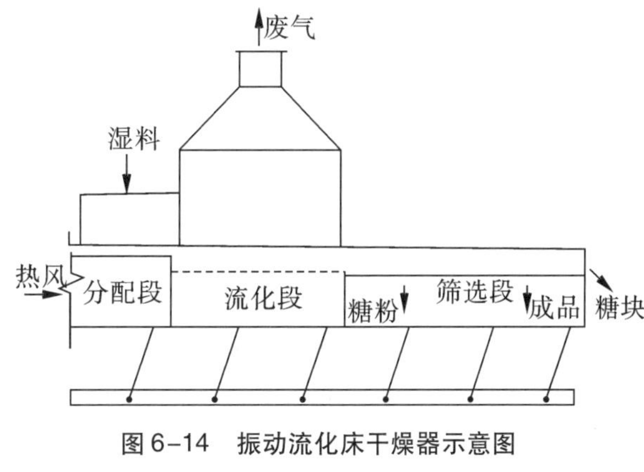

图6-14 振动流化床干燥器示意图

5. 喷雾干燥

喷雾干燥是将液态或浆状食品喷成雾状液滴,在热空气气流中进行脱水干燥的过程。干燥器塔内保持真空状态,当雾滴与热空气接触时,水分迅速蒸发,食品变成干燥微粒脱离气流,湿热空气由风机排出。因雾滴具有极大的表面积,传热传质速度极快,因此干燥时间极短,一般在5~40 s内完成;物料温度低,热损害小,适宜于热敏食品的干燥。

喷雾干燥设备由干燥室、雾化系统、空气加热系统、空气和粉末分离系统、供料和通风系统、控制系统等组成。

通过雾化器将待干燥的液体喷洒成直径10~60 μm的细小雾滴,雾化器可以是压力式、离心式和气流式(表6-6)。食品工业中多选用压力式和离心式,选型时,应根据生产要求、食品物料的性质等具体情况而定。

表6-6 三种雾化器的特点

类型	优点	缺点
离心式	①操作简单,对物料适应性强,适宜于高浓度、高黏度物料的喷雾;②操作弹性大,在液量变化为±25%时,对产品质量和粒度的分布均无多大影响;③不易堵塞,操作压力低;④产品颗粒呈球形,外观规则整齐	①喷雾器结构复杂、造价高、安装精度高;②仅适用于立式干燥机,且并流操作;③干燥机塔径大;④制品松,密度小
压力式	①喷嘴结构简单、维修方便;②可采用多个喷嘴(1~12个)提高设备生产能力;③可用于并流、逆流、卧式或立式干燥机;④动力消耗低;⑤制品蓬松;⑥塔径较小	①喷嘴易堵塞、腐蚀和磨损;②不适宜处理高黏度物料;③操作弹性小
气流式	①可制粒径5 μm以下的产品,可处理黏度较大的物料;②塔径小;③并、逆流操作均适宜	①动力消耗大;②不适宜大型设备;③产品颗粒均匀性差

喷雾干燥是一种重要的干燥方法，几十年来一直在不断发展，其中一个新的发展就是与流化床干燥结合的两阶段干燥法。物料首先被干制成水分为6%的粉末，再进一步干制成水分为2%。这不仅有利于形成大颗粒乳粉，提高它的可溶性、质量和产量，而且对节约能源有好处，这是因为可以降低喷雾干燥设备排出的高温废气的温度，故能比单阶段喷雾干燥节约能源。

为了使分散且不均匀的粉粒能快速溶解，某些情况下，在喷雾干燥后立即进行附聚处理或速溶化处理，制成组织疏松的大颗粒速溶制品。附聚的方法有再湿法和直通法。

再湿法（见图6-15）就是使已干燥的粉末（基粉）通过与喷入的湿热空气（或蒸汽）或料液雾滴接触，逐渐附聚成为较大的颗粒，然后再度干燥而成为干制品。

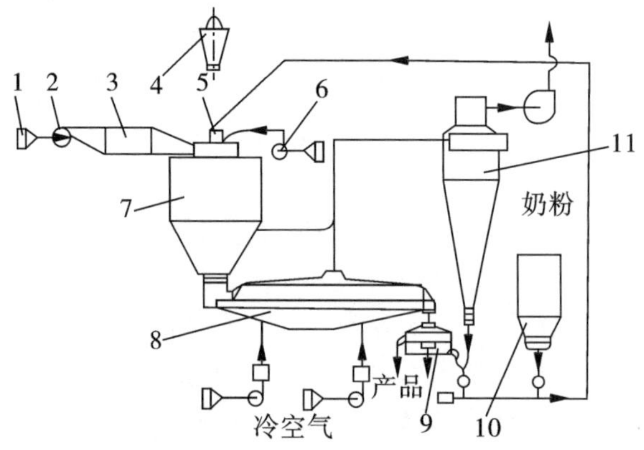

1—空气过滤器；2—风机；3—空气加热器；4—离心雾化器；5—团粒管；6—温湿空气风机；7—干燥塔；8—振动流化床冷却器；9—振动筛；10—粉仓；11—旋风分离器

图6-15 再湿法造粒喷雾干燥流程示意图

直通法（见图6-16）不需要使用已干燥粉作为基粉进行附聚，而是调整操作条件，使经过喷雾干燥的粉粒保持相对高的湿含量（6%～8%），在这种情况下，细粉自身的热黏性促使其发生附聚作用。用直通法附聚的颗粒直径可达300～400 μm。

另一个发展就是针对一些不耐热的食品物料如果蔬、含有生物活性成分的食品等，开发了一种低温喷雾干燥设备，如用于果汁干燥时，干燥塔直径为15 m，高度达66 m，果汁在逆流的低温低湿空气（30 ℃和3%相对湿度）中进行干燥。因雾滴所走的路程长，干燥时间长，一般情况下物料雾滴降落需90 s，可达到预期干燥的要求。

喷雾干燥的特点是干燥速度十分迅速，所得产品基本上能保持与液滴相近似的中空球状或疏松团粒状的粉末状，具有良好的分散性、流动性和溶解性。喷雾干燥生产过程简单、操作控制方便，适宜于连续化大规模生产；但设备比较复杂，一次性投资大。在生产粒径小的产品时，废气中约夹带有20%的微粉，需选用高效的分离装置。热消耗大，热效率一般为30%～40%，动力消耗大。

喷雾干燥只适用于那些能喷成雾状的食品如牛乳、鸡蛋、蛋白、咖啡浸液，也可用于一些果蔬汁甚至糖浆的干燥。一般来说不适于黏度太大的食品，通常需进行特殊的处理

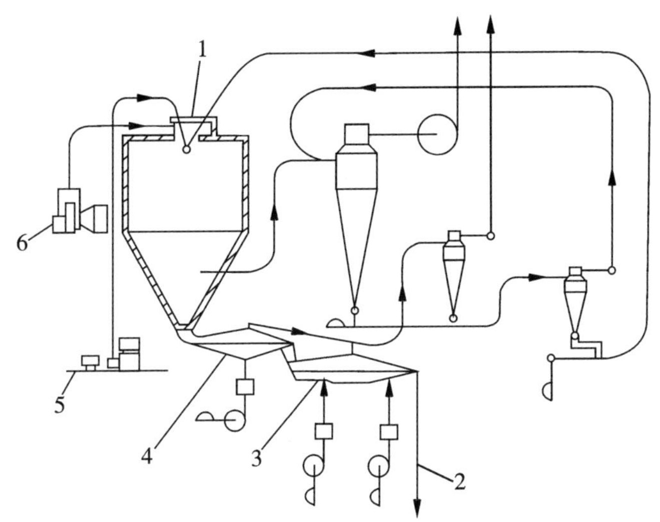

1—雾化器；2—成品；3—冷却流化床；4—热风流化床；5—进料系统；6—热风系统

图 6-16　直通法造粒喷雾干燥流程示意图

才可喷雾，其干燥的最终产品为粉末状。

6. 气流干燥

气流干燥是将粉状或颗粒状食品悬浮在热空气中，在气力输送状态下进行干燥。湿物料在干燥设备底部减压部位进料，在热空气带动下向上运动，并与热空气充分接触，进行传热和传质，达到干燥的效果。干制品从干燥管顶部送出，经旋风分离器回收。也可在顶部增加干燥管直径，气流速度随截面积增加而下降，并被设备上部的转向器导向下降，物料遂与气流分离，沉积在收集器的斜面上，空气则从设备顶部外逸。

气流干燥时物料呈悬浮状态与干燥介质接触，每个颗粒都被热空气包围，干燥强度大，特别在干燥管的进料口附近，干燥强度特别大。设备散热面积小，热损失小，热效率高。干燥非结合水时的热效率可达60%，但干燥后期结合水的热效率只有20%。物料在干燥管内的停留时间短，受干燥管长度的限制，一般为0.5～2.0 s，最长不超过5 s。

气流干燥的缺点：由于气流速度高，对物料有一定的磨损，故对晶体形状有一定要求的产品不宜采用；气流速度大，全系统的阻力大，因而动力消耗大。普通气流干燥器的一个突出缺点是干燥管较长，一般在10 m或10 m以上。因干燥时间短不适宜处理结合水含量高的食品。

二、接触式干燥

被干燥物料与加热面处于直接接触状态，蒸发水分的能量来自固体接触面，热量以传导的方式传递给物料的干燥称为接触干燥。接触干燥多为间壁传热，热源常用热蒸汽、热油和电热。在常压状态下干燥时，需要借助空气流动带走蒸发的大量水蒸气，此时空气与物料也存在热交换。但空气不是热源，其功能是载湿体，以加速物料水分的蒸发。热传导干燥也可在真空状态下进行。接触干燥的传热特性决定了它仅适用于液状、胶状、膏状和糊状食品物料的干燥。

真空干燥

真空冷冻干燥

干制品的包装与储藏

辐射干燥

其他干燥方法

本章小结

食品干制虽然是一种最古老的保藏方法，但因其容易保藏，生产设备可简可繁，且为有时不能得到新鲜食物或不适合方式保藏的食品提供了便利。特别是随着生活水平的提高和经济发展，消费者对天然健康营养的产品需求增加，通过提高产品质量和节能环保技术进步，食品干制保藏理论（如玻璃态保藏理论）、新型干燥技术或联合干燥技术不断探索，有效地提高了干燥效率，减少了干制过程中营养和风味物质损失，保证了干制食品品质，同时干制食品花色品种不断增加，食品干制不断焕发出新活力。

思考题

1. 水分活度与微生物的发育和耐热性有什么关系？水分活度与酶活性和酶耐热性有什么关系？与氧化、非酶褐变有什么关系？
2. 影响食品湿热传递的因素有哪些？
3. 什么是干燥曲线、干燥速率曲线和干燥温度曲线？它们有什么意义？
4. 食品干制过程中发生哪些变化？分析这些变化对食品质量有什么影响。

第七章　食品微波保藏

第一节　概　述

一、微波的概念

微波（microwave）是指波长 1 mm～1 m 范围的电磁波，比普通的无线电波波长更微小，常分为米波、厘米波、毫米波和亚毫米波 4 个波段。由于微波的频率很高，所以在某些场合也称作超高频。

微波与无线电波、红外线、可见光、紫外线、X 射线一样，是电磁波，不同之处在于它们的波长和频率不同，见图 7-1。通常在波长 10^{-6}m（可见光）以上的电磁波能级较低，属非电离（non-ionizing）电磁波。微波的频率（300 MHz～300 GHz）介于无线电频率（超短波）和远红外线频率（低频端）之间。微波的频率接近无线电波的频率，并重叠雷达波频率，会干扰通信。因此，国际上对工业、科学及医学（ISM）使用的微波频带范围都有严格要求，见表 7-1；常用的微波有 4 个波段，见表 7-2。目前工业上只有 915 MHz（美国用 896 MHz）和 2 450 MHz 两个频率被广泛应用于微波加热，另外两个较高频率，由于微波管的功率、效率、成本尚未能达到工业使用要求，故较少应用。

表 7-1　允许用于工业、科学及医疗的微波频率

频　率		中心波长/cm	使用国家
中心频率/MHz	变动范围(±)		
433.92	0.20%	69.1	奥地利、荷兰、德国、瑞士、前南斯拉夫、葡萄牙
896	10 MHz	33.5	美国
915	25 MHz	32.8	全世界
2 375	50 MHz	12.6	阿尔巴尼亚、保加利亚、匈牙利、罗马尼亚、捷克、苏联
2 450	50 MHz	12.2	全世界
3 390	0.60%	8.8	荷兰
5 800	75 MHz	5.2	全世界
6 780	0.60%	4.4	荷兰
24 125	125 MHz	1.2	全世界

表 7-2　国际规定民用的微波频段

频率/MHz	波段	中心频率/MHz	中心波长/m
890 ~ 940	L	915	0.330
2 400 ~ 2 500	S	2 450	0.122
5 725 ~ 5 875	C	5 850	0.052
22 000 ~ 22 250	K	22 125	0.008

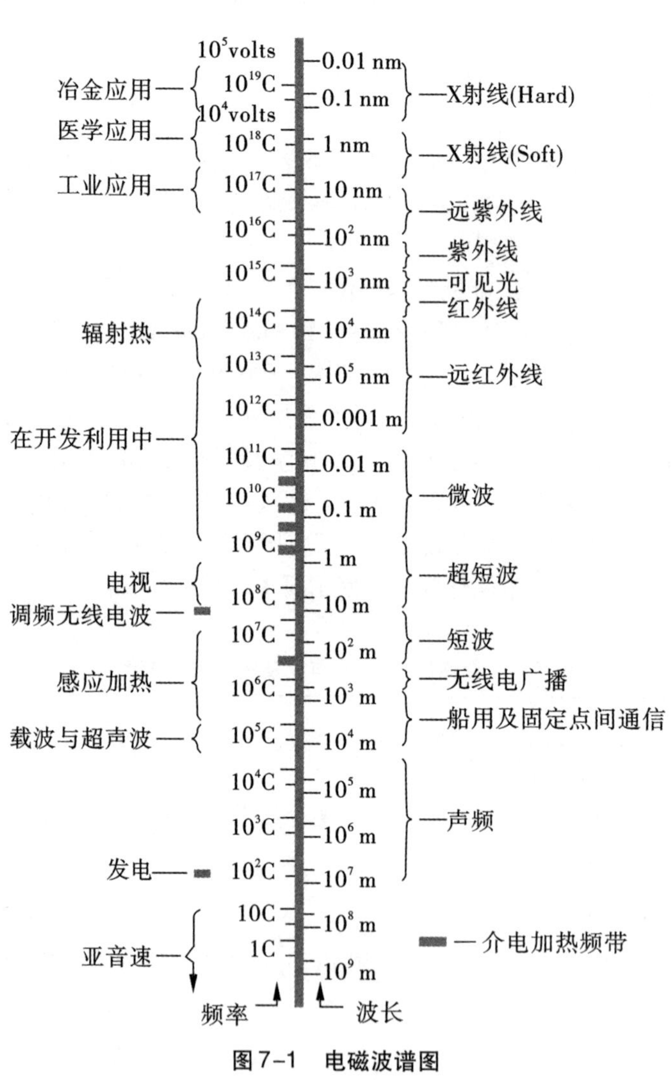

图 7-1　电磁波谱图

二、微波的特点

微波的基本性质通常呈现为穿透、反射、吸收三个。微波对于玻璃、塑料和瓷器，几乎是穿越而不被吸收；对于水和食物等就会吸收微波而使自身发热；而金属类东西，则会反射微波。

(1)微波具有电磁波的波动特性。如反射、透射和干涉、衍射、偏振以及伴随电磁波的能量传输等波动特性,因此微波的产生、传输、放大、辐射等问题也不同于普通的无线电、交流电。在微波系统中,元件的电性质不能认为是集总的,微波系统没有导线式电路,交、直流电的传输特性参数及放电容和电感等概念亦失去了其确切的意义。在微波领域中,通常应用所谓“场”的概念来分析系统内电磁波的结构,并采用功率、频率、阻抗、驻波等作为微波测量的基本量。

(2)微波的能量与其频率成正比,微波的波长与其频率成反比。微波在自由空间以光速传播,自由空间波长与频率有如下关系,见式(7-1):

$$\lambda = \frac{c}{f} \tag{7-1}$$

式中 λ——自由空间波长,cm;

c——光速,3×10^{10} m · s^{-1};

f——频率,Hz。

(3)微波像光一样直线传播,受金属反射,可通过空气及其他物质(如各种玻璃、纸和塑料),并可被不同食品成分(包括水)所吸收。微波被物质反射,并不增加物质的热,物质吸收了微波的能量,则引起该位置变热。

(4)微波能量具有空间分布性质,在微波能量传输方向上的空间某点,其电场能量的数值大小与该处空间的电场强度的二次方成正比,微波电磁场总能量为该点的电场能量与磁场能量叠加的总和。

(5)微波能量的传输与一般高低频电磁波不同。它是一种超高频电磁波,电磁波以交变的电场和磁场的互相感应的形式传输。为了传输大容量功率及减少传输过程的功率损耗,微波常在一定尺寸的波导管(简称波导)内传输。常见的波导有中空的或内部填充介质的导电金属管,如圆形波导、矩形波导和脊形波导等(见图7-2)。波导的尺寸大小及结构要按传输电磁波性质及实际需要进行专门设计及制造。

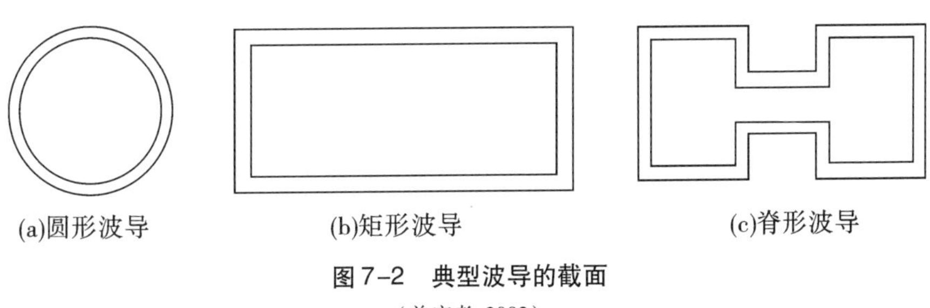

图7-2 典型波导的截面

(曾庆孝,2002)

(6)微波的热效应。①微波被物质反射时,不产热。②微波透过空气、玻璃、纸、塑料、陶瓷时,也不产热。③只有当微波被介质所吸收时,介质吸收了微波能量,才会发热,这就是微波的热效应。食品中的水分、蛋白质、脂肪、碳水化合物等都属于介电材料(dielectric material),微波对它们的加热称作介电感应加热(dielectric heating)。

(7)微波与材料的作用。微波辐射是非电离性辐射。当微波在传输过程中遇到不同的材料时,会产生反射、吸收和穿透现象,这取决于材料本身的几个主要特性:介电常数(dielectric constant,常用 ε 表示)、介质损耗(tan δ,也称介质损耗角正切)、损耗因数或介电损失($\varepsilon \cdot \tan\delta$)、比热、形状和含水量等。在微波加工系统中,常用的材料可分为导体、绝缘体、介质等几类。大多数良导体,如金、银、铝之类的金属,能够反射微波,因此在微波系统中,导体以一种特殊的形式用于传播以及反射微波能量。如微波装置中常用的波导管,微波加热装置的外壳,通常是由铝、黄铜等金属材料制成的。绝缘体可部分反射或透过微波,通常它吸收的微波能较少,大部分可透过微波,故食品微波处理过程用绝缘材料包装或用家用微波炉专用食品器具。介质材料又称介电材料,它的性能介于导体和绝缘体之间。它具有吸收穿透和反射微波的性能。在微波加热过程中,被处理的介质材料以不同程度吸收微波能量,因此又称为有耗介质。特别是含水盐和脂肪的食品以及其他物质(包括生物物质)都属于有耗介质,在微波场下都能不同程度地吸收微波能量并将其转变为热能。极性和磁性化合物,这类材料的一般性能非常像介质材料,也反射、吸收和透过微波。由于微波能对介质材料和有极性、磁性的材料产生影响的电场和磁场,因此许多极性化合物同介质材料一样,也易于作微波加工材料。

三、微波技术的发展历程

自从赫兹发现了电磁波之后人们就逐渐开始加强了对微波的研究,但是长期以来由于微波器件发展的限制,微波技术的发展相对较为落后。在 20 世纪之初就有人对其进行了大量的微波实验,但是由于大部分接收器在灵敏度方面存在着较大的缺陷,并没有取得较为明显的进展,直到 1936 年微波技术才逐渐开始从理论研究转移到实际应用,这主要得益于波导技术的进一步发展。19 世纪 40 年代美国雷生公司制造出第一台微波炉。微波用于食品加工始于 1946 年,19 世纪五六十年代,伴随大功率磁控管研究成功,美英等国隧道式、波导等多种加热器的问世,国外在微波能的应用上掀起一场新的“能源革命行动”。微波能的应用普及到食品、医药、农副土特产品加工、化工及当代尖端技术的各个领域中。但 1960 年以前,微波加热只限于食品烹调和冻鱼解冻上。20 世纪 60 年代起,人们开始将微波加热应用于食品加工业。由于能源成本的提高,促使人们寻找更有效的工业加热和干燥的方法。微波作为热源,具有加热速度快、能量利用率高的特点。因此微波加热技术和微波炉应用获得迅速发展,1965 年首次 50 kW、915 MHz 的隧道式微波烘炉在美国用于烘干油炸马铃薯片,这是食品工业中早期应用微波加热的成功例子。美国 FDA1968 年批准在食品工业中应用微波,随着微波应用于食品加热问题的解决,微波在食品工业的应用愈来愈普遍。微波已成功用于食品发酵、膨化、干燥、解冻、杀菌、灭虫等。以微波能应用为主要手段的微波食品也应运而生,到 1988 年仅在美国上市的微波食品就超过 900 多种。

日本在 1959 年开始采用微波加热技术,在家用微波炉技术上发展尤为迅速,1966 年夏普公司首次在市场出售输出功率 600 W 的家用微波炉。1977 年美国家庭占有微波炉比例为 4%,而到 1990 年,美国家庭微波炉普及率达 82%,日本达 65%。我国到 2001 年为止,大城市中家庭微波炉的普及率也超过 80%。家用微波炉的出现,被认为是一场“厨房革命”,由于其节能、对环境污染少而广为使用。微波炉的普及也促进了食品工业的发展，使微波食品成为另类时兴的食品。

我国从20世纪70年代开始研制、推广微波能应用技术和设备。当时研制的2 450 MHz、45 kW隧道式微波干燥乳儿糕生产线，将原来需要烘烤7 h左右的工艺缩短到9 min完成。目前我国在微波加热用磁控管及各种加热器的设计和研究，电源设备及控制系统的改进，材料特性的研究，以及微波在食品、皮革、木材、烟叶、纸板、纺织品、中药材、粮食、纤维等行业的应用均取得可喜的成绩。微波促使白酒陈化；利用微波加热进行干燥、杀虫、杀菌等技术，已得到广泛应用，国产微波加热、干燥、杀菌设备或生产线也达到较高技术水平。

微波加热与其他能源相比，其工业应用仍处于不断发展中。能源成本、技术难度以及某些综合性因素仍是目前推广应用微波能的主要障碍，缺乏对材料物性及加热技术与设备的基础性研究也是主要原因之一。工业上的微波加热技术有它的特殊性，人们只有充分了解这一特性后，才能有效利用这一技术，更好地为人类服务。

第二节　微波保藏原理

一、微波加热的性质

1. 微波加热的选择性

物质吸收微波加热（microwave heating）的能力，主要由其介质损耗因数来决定。介质损耗因数大的物质对微波加热的吸收能力就强，相反，介质损耗因数小的物质吸收微波加热的能力也弱。若把损耗系数大的食品和损耗系数小的食品混在一起加热，其加热效果如何是一个值得注意的问题。对于潮湿的物料进行加热时，含水分多的部分将被快速加热干燥，因它的损耗系数大，后再对其他部分逐步加热，这样可使干燥速度加快。一般用损耗系数小的物质（如玻璃、塑料、陶瓷等）来做加热容器，在其加入食品，这样微波只能使食品加热，而容器不会发热。

微波的选择性加热的好处：加热效率高，节约能源，易控制；可用于干燥谷物的杀虫。微波的选择性加热的坏处：造成微波加热不均匀（runaway heating）。

2. 微波加热的穿透性

微波进入介电体中由于介电体损耗吸收了微波能量，微波强度将逐渐减弱。微波能量将按一定的规律衰减。微波加热的穿透性就是电磁波穿入到介质内部的本领，电磁波从介质的表面进入并在其内部传播时，由于能量不断被吸收并转化为热能，它所携带的能量就随着深入介质表面的距离，以指数形式衰减。透射深度被定义为：材料内部功率密度为表面能量密度的$1/e$或36.8%算起的深度D，由于微波的波长是红外波长的近千倍，因而微波的加热深度比红外加热大得多。红外加热只是表面加热，微波是深入内部加热，因此具有更好的穿透性。微波透入介质时，由于微波能与介质发生一定的相互作用，以微波频率2 450 MHz，使介质的分子每秒产生24亿5千万次的震动，介质的分子间互相产生摩擦，引起介质温度的升高，使介质材料内部、外部几乎同时加热升温，形成体热源状态，大大缩短了常规加热中的热传导时间，且在条件为介质损耗因数与介质温度呈负相关关系时,物料内外加热均匀一致。

微波的穿透性对于微波加热的好处:实现包装后食品的短时杀菌;加热时间短,干燥速度快,而且对有些食品还能起到特有的膨化效果;可用于冷冻食品的快速解冻。微波加热的穿透性坏处:是造成微波加热不均匀的另一个主要原因之一。

3. 微波加热不均匀性

微波加热最大的问题就是加热不均匀。造成的原因主要有以下几点:

(1)微波加热的选择性。在相同的微波场中,不同的食品材料以及这些材料温度、状态的不同,都会引起食品各部分温度上升的差异。

(2)微波虽然有好的穿透性,可是它在实际加热中受反射、穿透、折射、吸收等影响,使被加热物体各部分产生的热能产生较大的差异。

(3)电场的尖角集中性,也称为棱角效应(edge effect)。微波作为电磁波的一种,其电场也有尖角集中性。当食品放入微波场中进行加热时,某些部分会因为电场集中而产热多,温升快。微波加热过程中热集中的地方称为热点(hot spot)。

克服微波加热不均匀性的措施:①要了解被加热物体的电容特性;②按照半衰深度的大小,将食品进行分割,被加热物体的厚度应在半衰深度的2倍左右;③改进食品包装容器,克服棱角效应;④流体食品可结合搅拌方法;⑤使微波从各个方向照射被加热物体;⑥微波炉炉壁和炉底采用可反射微波的材料;⑦承载被加热物体的托盘采用微波穿透性好的材料,并且可以旋转;⑧可结合远红外、热风加热等方式,先除去部分水分。

二、微波加热的原理

微波加热的优点来自它不同于其他加热方法的独特加热原理。目前,常用的加热方式都是先加热物体的表面,然后热量由表面传到内部,而用微波加热,则可直接加热物体的内部。

被加热的介质是由许多一端带正电、另一端带负电的分子(称为偶极子)所组成的。在没有电场的作用下,这些偶极子在介质中做杂乱无规则的运动,见图7-3(a)。

当介质处于直流电场作用之下时,偶极分子就重新进行排列。带正电的一端朝向负极,带负电的一端朝向正极,这样一来,杂乱无规则排列的偶极子,变成了有一定取向的有规则的偶极子,即外加电场给予介质中偶极子以一定的"位能"。介质分子的极化越剧,介电常数越大,介质中储存的能量也就越多,见图7-3(b)。

若改变电场的方向,则偶极子的取向也随之改变。若电场迅速交替也改变方向,则偶极子亦随之做迅速的摆动。由于分子的热运动和相邻分子间的相互作用,偶极子随外加电场方向改变而作的规则摆动便受到干扰和阻碍,即产生了类似摩擦的作用,使分子获得能量,并以热的形式表现出来,表现为介质温度的升高。

外加电场的变化频率越高,分子摆动就越快,产生的热量就越多。外加电场越强,分子的振幅就越大,由此产生的热量也就越大。用50 Hz工业用电作为外加电场,其加热作用有限。为了提高介质吸收功率的能力,工业上就采用超高频交替变换的电场。实际上常用的微波频率为915 MHz和2 450 MHz。1 s内有9.15×10^{8}次或2.45×10^{8}次的电场变化。分子有如此频繁的摆动,其

微波加热的计算公式

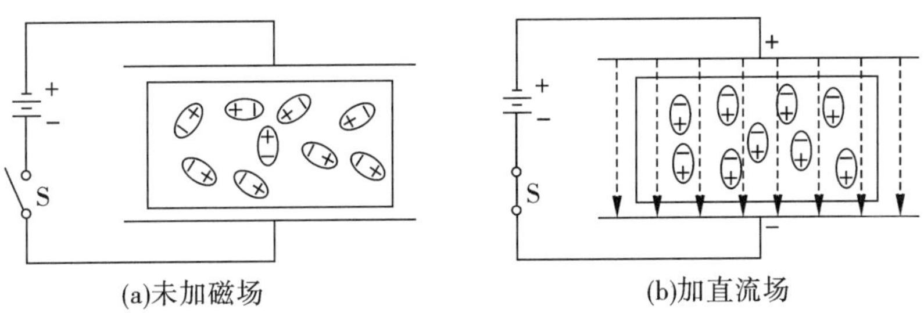

(a)未加磁场　　(b)加直流场

图 7–3　介质中偶极子的排列

（高福成，郑建仙，2011）

摩擦所产生的热量可想而知，可以呈瞬间集中的热量，从而能迅速提高介质的温度，这也是微波加热的独到之处。

除了交变电场的频率和电场强度外，介质在微波场中所产生的热量的大小还与物质的种类及其特性有关。

三、微波加热的特点

微波加热是靠电磁波把能量传播到被加热物体的内部，这种加热方法具有以下优点：

(1)加热速度快　微波加热是利用被加热物体本身作为发热体而进行内部加热，不靠热传导的作用，因此可以令物体内部温度迅速提高，所需加热时间短。一般只需常规方法的 1/10～1/100 的时间就可完成整个加热过程。

(2)加热均匀性好　微波加热是内部加热，所以与外部加热相比较，容易达到均匀加热的目的，避免了表面硬化及不均匀等现象的发生，被加热产品质量高。

当然，加热的均匀性也有一定的限度，取决于微波对物体的透入深度。对于 915 MHz 和 2 450 MHz 微波而言，透入深度大致为几十厘米至几厘米的范围。只有当加热物体的几何尺寸比透入深度小得多时，微波才能够透入内部，达到均匀加热。

(3)加热过程具有自动平衡性　当微波频率和电场强度一定时，物料在加热或干燥的过程中对微波功率的吸收，主要取决于物料的损耗因数($\varepsilon \cdot \tan\delta$)，不同物料的损耗因数是不同的，例如，物料中水的损耗因数比其他物质的大，物料中较湿的地方，水分多，吸收的能量多，温升快，水分蒸发就快。湿地方变干后，水分少，吸收的能量少，温升就变慢。也就是说，微波能不会集中在已干的物质部分，避免了已干物质的过热现象，具有自动平衡的性能。

(4)对热敏性营养成分破坏小　微波加热温度低，而且加热时间又短，因此能够保持食品的色、香、味等，特别是对热敏性食物成分(如维生素 C，必需氨基酸等)比常规加热破坏少。

(5)加热效率高　微波加热设备虽然在电源部分及电子管本身要消耗一部分的热量，但由于加热作用始自加工物料本身，基本上不辐射散热，所以热效率可达 80%。同时，避免了环境的高温，改善了劳动条件，也缩小了设备的占地面积。

由于微波加热具有以上的特点，微波加热在农业、林业、轻纺工业、化学工业、医药工业和食品工业等领域的应用得到了迅速的发展。在食品工业中，微波加热已广泛应用于烹调、脱水与干燥、解冻、消毒与灭菌、焙烤等许多领域。

微波干燥的主要缺点是耗电量较大，干燥成本较高。为此，可以采用热风干燥与微波干燥相结合的方法，以降低干燥费用。即先用热风干燥法将食品的含水量干燥到30%左右，再用微波干燥法完成最后的干燥过程。如此既可使干燥时间比单纯用热风干燥时缩短3/4，又可使能耗比单独用微波干燥时减少3/4。另外，微波加热时，热量易向角及边处集中，产生所谓的尖角效应，也是其主要缺点之一。

第三节　食品微波保藏的方法与装置

由于微波加热具有加热速度快、加热均匀性好、加热易于瞬时控制、选择性吸收、加热效率高的特点，微波加热在农业、林业、轻纺工业、化学工业、医药工业和食品工业等领域的应用得到了迅速的发展。微波被广泛应用于食品生产和保藏过程中，主要是利用微波干燥，杀菌灭酶等方法来提高食品保藏性。此外，在萃取，解冻等方面也有重要的作用。

一、食品微波干燥

（一）微波干燥的原理与特点

1. 微波干燥的原理

微波干燥（microwave drying）的原理基本上和高频干燥相同，是利用微波在快速变化的高频电磁场中与物质分子相互作用，被吸收而产生热效应，把微波能量直接转换为介质热能，从而达到干燥的目的，但微波干燥的效率比高频干燥高上百倍。

微波干燥具有和高频干燥相类似的优点，微波能深入物料的内部加热，而不是仅仅对物料表面加热，因此干燥速度比常规干燥快得多。

2. 微波干燥的特点

微波干燥是微波技术在食品加工中的一项重要应用，其主要是利用微波的加热作用使体系温度升高，从而引起水分蒸发而实现干燥。微波干燥分为微波常压干燥和微波真空冷冻干燥两大类。

微波常压干燥就是在常压下通过微波加热而实现干燥的方法，与其他干燥方法相比，微波干燥具有许多优点，主要优点如下所述。

（1）干燥速度快、干燥时间短　由于微波能够深入到物料内部，使被加热物本身成为发热体，而不是依靠物料本身的热传导进行加热，因此，只需一般方法的1/100～1/10的时间就能完成整个加热和干燥过程。

（2）干燥过程产品品质变化小　由于加热时间短，可以保持食品的色、香、味，营养素的损失也较少。

（3）加热变化快　利用微波加热时，通过调整微波输出功率，物料的加热情况可以瞬间立即改变，热惯性很小，从而实现自动化控制。

(4)加热均匀 微波加热是在物料的各个部位同时进行,避免了传统方法由外向内形成的温度梯度导致的物料表面的硬化或不均匀现象。

(5)加热过程具有自动平衡能力 当频率和电场强度一定时,物料在干燥过程中对微波功率的吸收主要取决于物料的介质损耗。不同物质的介质损耗不同,如水的介质损耗比干物质的大,故吸收能量多,水分蒸发快。因此微波不会集中在已干的物质部分,避免了物质的过热现象,具有自动平衡的能力。

(6)热效率高,设备占地少 微波加热设备本身不耗热,对环境温度几乎没有影响。微波加热设备的体积比传统方法所用设备也小得多。

微波干燥具有很多的优点,但也存在一些缺点,如投资大,耗电量大等。从经济上考虑,对于含水量高的物料,单纯采用微波干燥其经济效益不一定好。实际上,微波加热干燥经常与其他干燥方法如热空气干燥,油炸,甚至近红外干燥技术结合起来使用,而且微波干燥往往用于后续干燥阶段。

(二)微波真空冷冻干燥

冷冻干燥是指物料水分在冻结状态下,从冰晶体直接升华成水蒸气,从而实现干燥。微波真空干燥(microwave vacuum drying)是在真空冷冻干燥的基础上应用微波能加热技术进行干燥的方法。在微波真空冷冻干燥中,微波处理除了加热之外,主要的功能在于提供能量加快水分子运动,从而使水分子易于从体系中逸出。真空结合微波可以缩短干燥的时间,而且利于微波穿透加热为冻结食品提供热能,不会出现制品内外温差大的负效应,内部冰层可以得以迅速升华。微波可以打破干燥层的传热壁垒。

在选择微波冷冻干燥条件时为避免电晕放电现象的发生,一般采用频率为2 450 MHz,该频率可使冻结制品的表面熔融。此外,干燥室内的压强必须控制在8 Pa以下。由于微波加热的特殊方式,微波冷冻干燥时物料的厚度对干燥所需的时间没有影响。

微波真空冷冻干燥所需的时间是普通冷冻干燥过程的1/9~1/3,因此,综合加工成本要低很多。微波真空冷冻干燥技术在食品加工中可用于制作冷冻干燥食品,如咖啡、海产品、水果、蔬菜和调味品等。

微波真空干燥具有以下特点:

1)速度快。很多食品原料用微波真空干燥,由于速度快而不会对其物料有损害。

2)无噪声。

3)无污染。

4)效率高。系统的效率比普通系统高48%。

5)质量高。由于温度低,对干燥物料没有损害,获得的产品品质好。

6)操作简单。

7)安全。没有粉尘爆炸的危险。

8)适应性强。不同的干燥物料,如谷物和种子可以用同一台设备干燥。

二、食品微波干燥系统

1. 一般食品微波干燥系统

图 7-4 是微波干燥示意图，从微波发生器产生的微波由两根 25 kW 的磁控管分配成两条平行的微波隧道，形成微波场干燥区。要干燥的物料由输送带送入微波场，同时加热至 87.7 ~ 104.4 ℃的热空气从载满物料的输送带（干燥区）的下部往上吹送，将干燥时蒸发出来的水分带走。两端的吸收装置防止微波外泄。

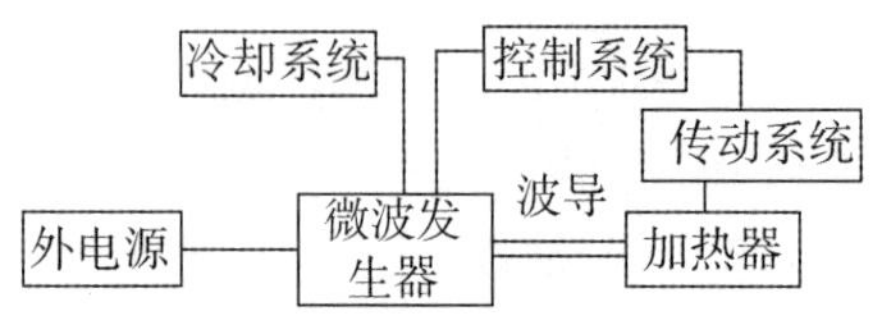

图 7-4　微波干燥设备示意图

（段续，2020）

该装置用于干燥土豆片，物料的停留时间为 2.5 ~ 4 min，产量可以达到 900 kg/h。美国的低温干燥公司在干燥面条时采用如下工艺：首先用热风将含水 30% 的湿面干燥至含水分 18%，然后用微波热风干燥至所要求的水分含量 13%，这一步只需 12 min，这样使原来 8 h 的干燥时间降至 1.5 h。

磁控管是微波发生装置，用于干燥的微波频率为 2 450 MHz 和 915 MHz。目前主要有箱式微波干燥机（图 7-5）、隧道或微波干燥机和平板式微波干燥机（图 7-6）等。

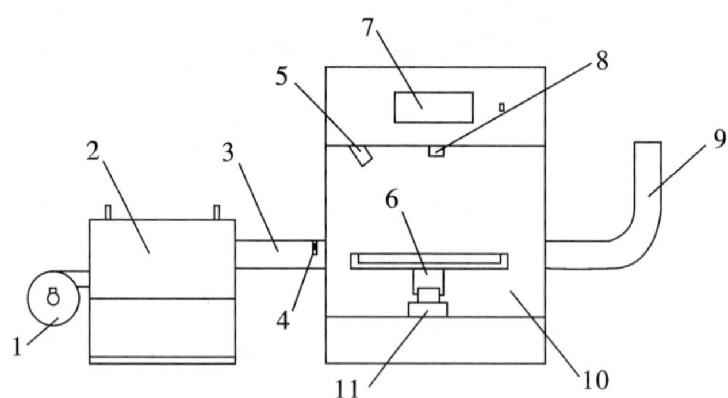

1—风机；2—电加热；3—进风管道；4—温度传感器；5—红外温度传感器；6—物料托盘；7—控制器显示屏；8—波导入口；9—出风管道；10—干燥腔体；11—质量传感器

图 7-5　箱型热风微波联合干燥箱系统示意图

（王鹤，2018）

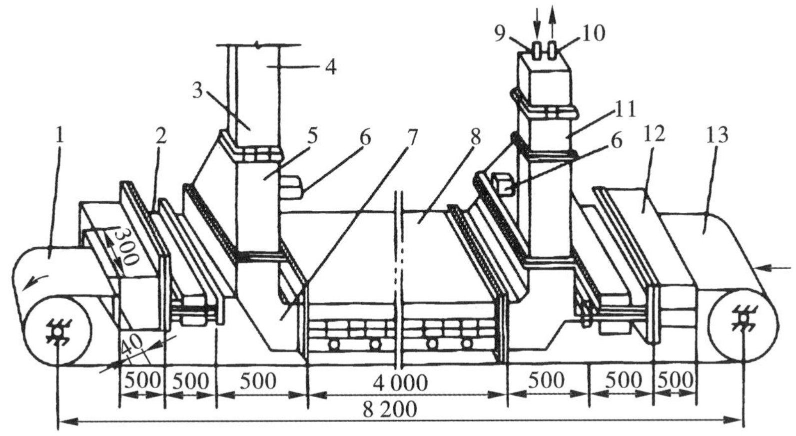

1—输送带;2—抑制器;3—B J22 标准波导;4—接波导输入口;5—锥形过渡器;6—接排风机;7—边放大直角弯头;8—加热器;9—冷水进口;10—热水出口;11—水负载;12—吸收器;13—进料

图 7-6　平板式微波干燥机

(刘建学,2006)

2. 食品微波真空干燥

对于一些热敏性的材料,如果汁,为了保证其品质,宜在低温下干燥:采用微波真空干燥不仅可以降低干燥温度,而且还可大大缩短干燥时间,有利于产品质量的进一步提高。

如图 7-7 所示为微波真空干燥装备三维结构图。所谓微波真空干燥是以微波加热为加热方式的真空干燥,在果汁、谷物和种子的干燥中用得较多。已采用微波真空干燥的果汁有橙汁、柠檬汁、草莓汁、木莓汁等。另外还有茶汁和香草提取液。

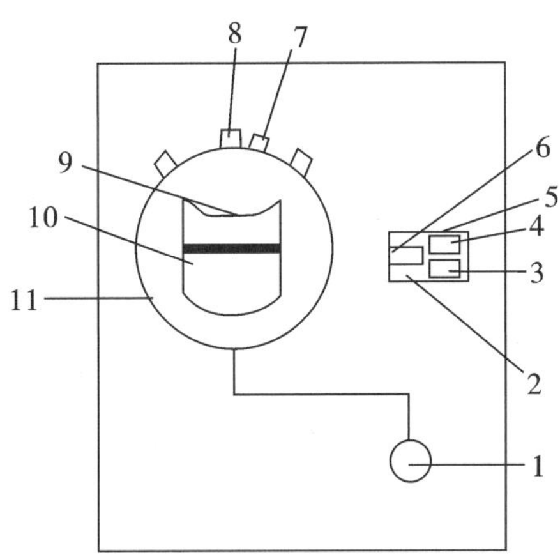

1—真空泵;2—温度显示;3—微波设置;4—操作控制;5—触摸屏控制面板;6—时间控制;7—红外测温器;8—微波发射器;9—料盘;10—空间立体转动装置;11—微波加热腔体

图 7-7　微波真空干燥实验装置示意图

(段续,2020)

法国的一家工厂用48 kW、2 450 MHz 的微波真空干燥设备干燥速溶橘子粉和葡萄粉。其工艺为先用一般方法将果汁浓缩至630° Bx,然后用微波真空干燥至含水率小于2%,干燥时间为40 min,生产能力为49 kg/h。其产品的质量很好,其维生素 C 的保存率高于喷雾干燥。在进行木莓和草莓的微波真空干燥时,其维生素 C 的保存率均高于90%。对于果汁中的挥发性风味物质的保存情况,微波真空干燥的结果均好于冷冻干燥和喷雾干燥,因为冷冻干燥的时间长,喷雾干燥的温度高。

国外某公司采用一立式微波真空干燥器以干燥种子和谷物,其功率为50 kW,频率选用915 MHz,操作压力为3.4 ~6.6 kPa。这种干燥器也可用于干燥其他农作物如豆类、薯类等。

三、食品微波杀菌灭酶

(一)食品微波杀菌的作用机制和特点

1. 食品微波杀菌的作用机制

食品微波杀菌的机制包括热效应和非热生化效应,微波杀菌正是利用此效应起到对微生物的杀灭作用。微波杀菌(microwave sterilization)具有穿透力强、节约能源、加热效率高、适用范围广等特点,并且微波杀菌便于控制,加热均匀,食品的营养成分及色、香、味在杀菌后仍接近食物的天然品质。微波杀菌目前主要用于肉、鱼、豆制品、牛乳、水果及啤酒等的杀菌。

(1)热效应(thermal effect)　微波产生热效应的机制主要是离子极化和偶极子转向。

离子极化:溶液中的离子在电场作用下产生离子极化,带有电荷的离子从电场获得动能,相互发生碰撞作用,从而将动能转化为热能。

偶极子转向:有些电介质,分子的正负电荷重心不重合,即分子具有偶极矩,这种分子称偶极分子(极性分子)。当极性分子受外电场作用时,偶极分子就会产生转矩。在高频电场中,一秒钟内极性分子要进行上亿次的换向“变极”运动,使分子之间产生强烈振荡,引起摩擦发热,使物料温度升高,达到加热目的。

微波作用于食品后,食品表里同时吸收微波能,温度升高。食品中污染的微生物细胞在微波场的作用下,其分子也被极化并作高频振荡,产生热效应,温度升高使其蛋白质结构发生变化,从而失去生物活性,使菌体死亡或受到严重干扰而无法繁殖。

(2)非热生化效应(non-thermal effect)　微波在细菌膜断面的电位分布影响细胞膜周围电子分布和离子浓度,从而改变细胞膜的通透性,导致细菌营养不良,不能正常新陈代谢,生长发育受阻而死亡。从生化角度来看,细菌正常生长和繁殖的核糖核酸(RNA)和脱氧核糖核酸(DNA)是由若干氢键紧密连接而成的卷曲大分子,微波导致氢键松弛、断裂和重组,从而诱发遗传基因突变或染色体畸变,甚至断裂,从而中断细胞的正常繁殖能力。

2. 微波杀菌的工艺特点

(1)物料各部位杀菌的同时性　微波杀菌能对物料的表面和内部进行同时杀菌。物料各部位杀菌的同时性,为缩短总杀菌时间,提高杀菌质量提供了有利条件,并能避免因长时间加热杀菌影响食品品质、口感等。

(2)杀菌时间上的同时性　能保证对物料杀菌工艺条件实施一致,无滞后、顾此失彼。

(二)微波杀菌装置

微波杀菌装置的主要组件包括电源、微波发生器、连接波导、加热器和冷却系统等,原理如图 7-8 所示。

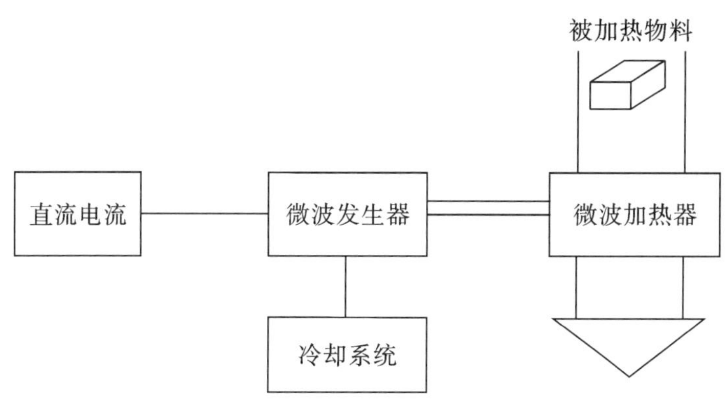

图 7-8　微波杀菌系统组成

(陈从贵,2009)

1. 微波发生器

由直流电源提供高压,产生微波。微波发生器的主要部件是微波管。微波管有微波晶体管和微波电子管两大类。微波晶体管输出功率较小,一般用于测量和通信等领域,食品杀菌设备中常用磁控管、速调管等微波电子管。磁控管是一个置于恒定磁场中的特殊二极管,管内电子在相互垂直的恒定磁场和恒定电场的控制下,与高频电磁场发生相互作用,把从恒定电场中所获能量转变成微波能量,从而达到产生微波的目的。速调管是靠周期性的调制电子流的速度来实现放大和振荡功能的微波电子管。速调管结构比磁控管复杂,效率比磁控管略低,但单管可以获得较大的功率。大功率的微波管一般需要通过软水冷却,其他用强制风冷即可。

2. 微波加热器

微波加热器按被加热物和微波场的作用形式可分为驻波场谐振腔加热器、行波场波导加热器、辐射型加热器和慢波型加热器等四大类,其结构型式有箱式、隧道式、平板式、曲波导式和直波导式几种,其中箱式、平板式和隧道式用得最多。驻波场谐振腔型加热器又名微波炉,如图 7-9(a)所示,由微波电源、微波发生器、矩形谐振腔 7-9(b)等组成。密闭的谐振腔可以反射微波,所以利用率高,泄漏量也少。

图 7-9(b)历示的蛇形(曲折)波导加热器为行波场波导加热器的一种,微波从加热器的一端输入,多余的能量在另一端被水负载所吸收。微波在波导内无反射地向前输送,构成行波场,对通过 V 导的物料进行均匀加热。行波场波导加热器型式多样,除蛇形(曲折)波导加热器外,还有 V 型波导、脊弓型波导和直波导等型式。

辐射型加热器是利用微波发生器产生的微波通过一定的转换装置,再经辐射器(又称照射器、天线)等向外辐射的一种加热器。图 7-9(c)所示为喇叭式辐射加热器。物料的加热和干燥直接采用喇叭式辐射加热器(又称喇叭天线)照射,微波能量便穿透物料的内部。这种加热方法简单,容易实现连续加热,设计制造也比较方便。

慢波加热器是一种微波沿着导体表面传输的加热器。由于它所传送的微波的速度比空间传送慢,因此称为慢波加热器。这种加热的另一特点是能量集中在电路里很窄的区域传送,电场相对集中,加热效率较高。图 7-9(d)所示的慢波加热器主要用于加热表面积较大、热容量较小的薄片状物料,因为物料本身不易被加热,而散热却很快,所以必须在短时间内施加大量微波能。

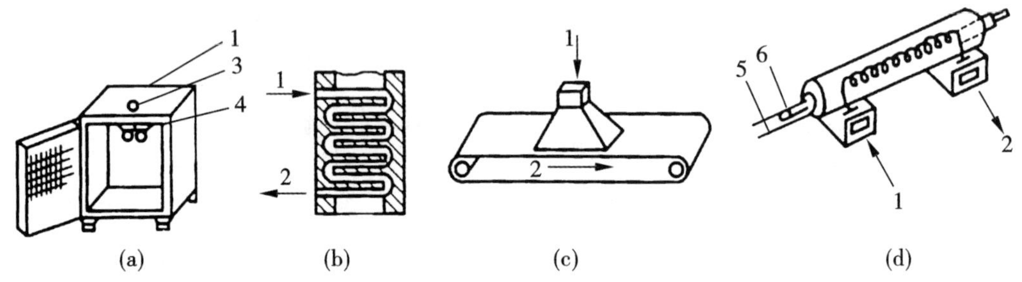

1—微波输入;2—水负载;3—搅拌器;4—反射板;5—传送带;6—物料

图 7-9　微波加热器示意图

(陈从贵,2009)

以高黏度液体食品的管式微波高温杀菌为例,如图 7-10 所示,是适用于处理高黏度物料的连续杀菌装置。该装置主要由料斗、定量泵、微波杀菌部件、控制部件等组成。料液经微波照射升温到规定的温度后,用保温管使食品在杀菌温度下杀菌。在应用该装置杀菌时,有使用与不使用保温管两种工艺,其温度控制如图 7-11 所示。杀菌温度可定至 140 ℃,杀菌时间可在数十秒钟至数分钟之间选定,杀菌温度误差为±2 ℃以内,不会产生焦煳现象。在使用范围上,适用于多品种、小批量的食品生产。

采用微波杀菌可以在包装前进行,也可以在包装好以后进行。包装材料可以用合适的塑料薄膜或复合薄膜。包装好的食品在进行微波加热灭菌时,由于食品加热会产生蒸汽,压力过高时会胀破包装袋,因此整个微波加热灭菌过程应在压力下进行,或将包装好的产品置于加压的玻璃器内进行微波处理。图 7-12 是在加压条件下用微波进行杀菌的系统示意图。

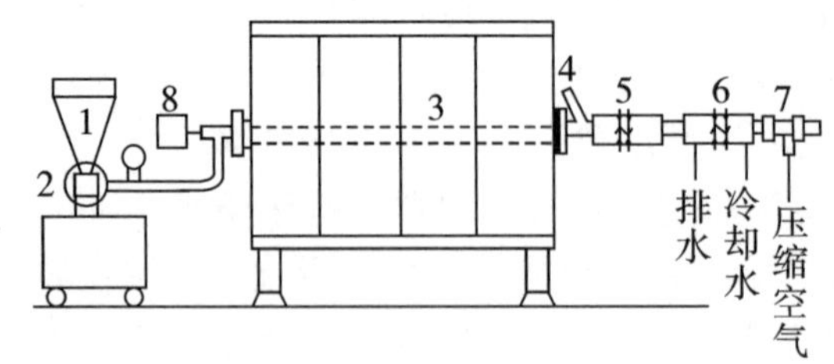

1—料斗;2—定量泵;3—微波照射部;4—测定温度部;5—保温管;
6—冷却管;7—调压部;8—搅拌器

图 7-10　管式微波高温杀菌装置结构

(陈从贵,2009)

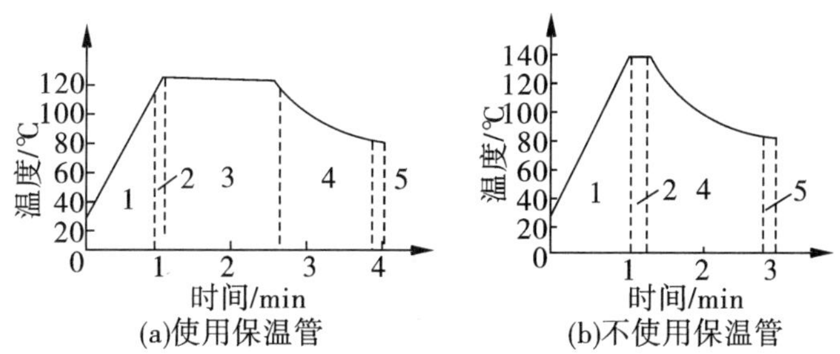

1—微波加热器;2—测定温度部;3—温度控制部;4—冷却部;5—调压器

图 7-11　使用与不使用保温管的温度控制

（陈从贵,2009）

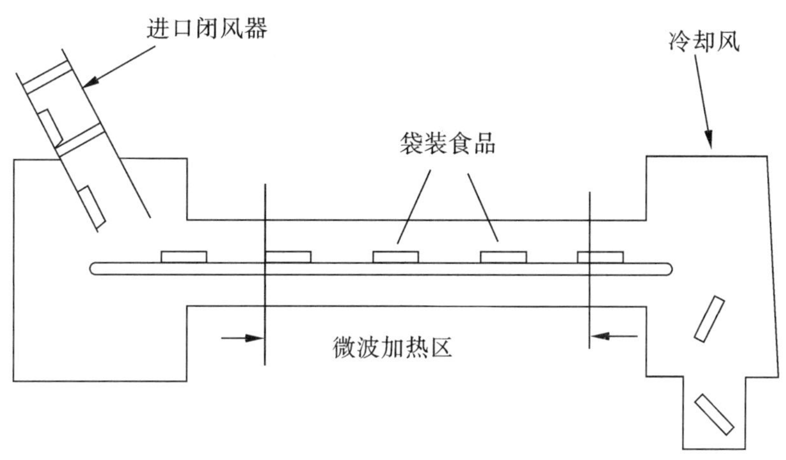

图 7-12　微波杀菌系统示意图

（高福成,2000）

微波还经常用于产品的灭酶保鲜。传统果蔬加工中往往要用沸水烫煮以杀死部分微生物和钝化酶,如此烫煮会使大量的水溶性营养成分(如维生素等)流失。采用微波加热热烫则可克服这个问题。茶叶制造过程中的杀青也可以由微波来完成,并且产品的质量有所提高。在水产品的保鲜(如虾的保鲜)中,经常采用微波来钝化酶以防止酶褐变。

(三)微波灭酶

在食品原料中存在很多酶系,有些酶会使制品的色泽变差,如果蔬中的过氧化物酶能使制品发生褐变,有些水解酶类在制品长期存放过程中会使制品的干物质损失或产生不良异味。在食品加工中常常要进行灭酶处理,尽可能使酶失活。

影响酶活性的因素主要是体系的温度和 pH。钝化酶活性的常用办法是加热。

微波法加热时间短,升温速度快,对食品品质的影响较少。对平菇采用微波灭酶的研究说明,微波处理时制品终温只需达到 90 ℃就能达到灭酶效果;而传统的烫漂用 100 ℃的水,需 5 min 才能灭菌。热水或蒸汽烫漂后平菇中的氨基酸和可溶性固形物都会大量损失,微波灭酶(microwave inactivation)则不会出现此类不良后果。

微波灭酶在谷类制品及其再制品中的应用似乎要比在果蔬加工中的应用更加有意义。目前,国内还没有关于进行稻谷、小麦或面粉微波灭酶商业应用的报道。谷类产品中主要的酶是淀粉酶,淀粉酶的存在会严重影响制品的品质。谷类种子采用微波灭酶时既可以用聚乙烯袋装,又可以散装在传送带上送入微波场。微波对不同酶的钝化作用是有差异的。

微波灭酶技术在应用时要考虑到制品的性质。根据微波加热的特点,制品内部的温度稍高于表面。当制品内部温度达到酶失活温度时,表面温度尚不足以杀灭所有的酶。在蔬菜杀青时,为了克服热水烫漂造成的营养损失的弊端,可将微波与蒸汽结合使用。要注意的是,两者结合使用时,蒸汽的冷凝水必须迅速排出,因为气态的水受微波作用几乎没有热效应,而液态水会因微波作用影响制品品质。

食品微波萃取

食品微波解冻

微波催陈

第四节　微波使用中的安全注意事项

微波的应用主要是利用它的似光性、穿透性和非电离性。似光性是指它与频率较低的无线电波相比,更能像光线一样集中传播;穿透性是指它与红外线相比,照射介质时更易深入到物质内部;非电离性是指它的量子能量还不够大,与物质相互作用时虽能改变其运动状态,但不能改变物质分子的内部结构和分子间的键。由于微波的波长短,因而容易集中和防护。

微波对人体健康影响及防护

微波加工对食物营养成分的影响及防止措施

安全标准

一、微波加热的注意事项

①设法均匀加热;②留意加热设备内的产品负载量,使反射波保持在最少的状况;③注意金属的影响,大金属片会遮蔽微波,影响加热效果;至于尖锐物,电能会在其尖端部位产生加热、放电现象;④防止微波外泄并遵守安全规定。

二、微波杀菌的注意事项

①杀菌温度和时间:不同菌有不同的耐热性,因此杀菌值需足够;微波加热时受热体表面较易蒸发冷却,若兼用远红外线或热风等其他加热方式以保持表面温度,效果更佳。

②容器:微波容器与包装材料本身不易产生高温,附着于其上的细菌容易幸存,所以可采用上述表面加温的方式或另行杀菌处理;另外,包装材料及其印刷均应避免使用金属箔或金属粉,以防止产生烧焦现象。③水分:干燥状况的细菌与霉菌孢子抵抗力较强,因此水分较少的干燥食品,微波杀菌效果不良。此外,某些产品以微波杀菌较传统加热杀菌效果好,但对其他产品则未必,如冷藏新鲜面条以传统热媒(如蒸汽或热水)做表面低温杀菌处理再充气包装,其保存期约 45 d,但以工业微波杀菌系统可延长至 120 d。

三、微波辐射防护措施

(1)减弱辐射源的直接辐射和泄漏,采用合理的微波设备结构。合理使用微波设备,规定维修制度和操作规程。在进行雷达等大功率发射设备的调整和试验时,可利用等效天线或大功率吸收负载的方法来减少从微波天线泄漏的直接辐射,将电磁能转化为热能散掉。由于微波是直线辐射的,在传播时,它的衰减程度与传播距离的平方大致呈反比关系。因此,要求尽量让保护主体远离微波源,做好微波辐射腔的密封屏蔽工作,减少辐射泄漏。设置完善的屏蔽吸收设施,阻挡微波扩散。由于微波具有累积效应,应尽量缩短接触照射的时间,若是在无法避免的场合,应在微波源与保护主体之间设置屏障,使保护区域的微波场强小于国家卫生标准所规定的限值,达到安全防护的目的。工作场所环境的电磁强度和功率密度,不得超过国家规定标准。对于产品设备必须严格执行安全屏蔽措施要求,严防微波泄漏量超标。

(2)屏蔽辐射源及辐射源附近的工作位置。主要采用反射型和吸收型两种屏蔽方法。反射型微波辐射的屏蔽:使用板状、片状和网状的金属组成的屏蔽壁来反射散射微波,以较大幅度地衰减微波辐射作用。吸收型微波辐射的屏蔽:利用吸收材料进行微波吸收。常用的吸收材料有两类。一是谐振型吸收材料,是利用某些材料的谐振特性制成的吸收材料,特点是材料厚度小,只对频率范围很窄的微波辐射具有良好的吸收率。二是匹配型吸收材料,是利用某些材料和自由空间的阻抗匹配,吸收微波辐射能。特点是适于吸收频率范围很宽的微波辐射。实际应用的吸收材料种类很多,可在塑料、橡胶、胶木、陶瓷等材料中加入铁粉、石墨、木材和水等制成,如泡沫吸收材料、涂层吸收材料和塑料板吸收材料等。

(3)加大工作位置与辐射源之间的距离。微波辐射能量随距离加大而衰减,而且波束方向狭窄,传播集中,可以加大微波场源与工作人员或生活区的距离,达到保护人民群众健康的目的。

(4)微波作业人员的个体防护。必须进入微波辐射强度超过照射卫生标准的微波环境操作人员可采取穿微波防护服、戴防护面具、戴防护眼镜等方式对微波进行防护。针对作业人员操作时所处环境,可采取以肌肉和脂肪在相同频率下的介电常数和穿透深度下防护措施:用金属丝织成屏蔽防护服、防护帽、手套等,对微波有较好的阻挡作用;戴涂有二氧化铝层的防护眼镜。在进行微波操作时,只要注意采取防护措施,工作人员的安全完全可以得到保障。在实验室做有关微波实验时,这些实验的微波信号源都是固态式的,其输出微波功率很小,在正常实验时,其输出的微波功率在微瓦数量级,实验时只要尽量远离微波源即可。

微波设备使用单位应该认真进行安全教育,严格执行安全操作方法。同时,加强通风、绿化工作,尽可能降低电磁波造成的污染。对于工作区域中辐射严重的厂区做出显著的标志,以便引起人们的警惕,定期检查身体,及时预防疾病的发生。

四、环境微波防护措施

(1)尽量远离微波辐射源,如电视发射台和开放性天线。

(2)对易受电磁波干扰的电器进行屏蔽,用钢或铝皮、导电网封闭起来。

(3)平时多吃新鲜蔬菜和水果,增强对微波辐射的抵抗力。

(4)对于开放性天线、雷达装置等,由于具有很强的电磁波辐射水平,必须重点加以监督防护;还可在辐射源周围植树造林,让植物吸收电磁波,以减少对人体的危害。

(5)应对微波操作场所外的居民周围环境的无线电波辐射水平进行监测,并设法采取措施控制其强度,达到比国家规定的职业卫生标准低一个数量级的水平,从而保障人们的健康。

五、健康监护

1. 就业前体检

除按一般工作人员要求以外,有严重的神经衰弱、眼睛、心血管系统、血液系统及严重内分泌失调等疾病患者,均不得从事微波工作。

2. 定期体检

一般 1 ~2 年一次,根据微波接触情况的变化,体检次数还可相应增加。内容应包括一般体检的详细项目,重点检查眼晶状体的变化,其次为心血管系统、外周血象和男性生殖器机能等。神经症状明显者应做脑电图。如有神经衰弱综合征的临床表现,应对症治疗,如症状严重,疗效不显著者,可考虑脱离接触,给予适当的休息。

微波辐射对生物体的影响是一分为二的,如果辐射量控制适当,对生物体和人体都能产生良好的作用。例如,微波理疗对各种类症、肌肉劳损均有疗效。但过量过度就对人体健康产生不良的影响。只要掌握它的规律,是完全可以预防和控制的。

(1)做好消毒箱体的密封工作,减少辐射漏出。

(2)设置完善的屏蔽吸收设施,阻挡微波扩散。

(3)工作环境的电磁场强度和功率密度,不要超过国家规定的卫生标准。针对作业人员操作时的环境采取防护措施。例如用金属丝织成屏蔽防护服、帽、手套等对微波有较好的阻挡作用。涂有二氧化铝层的防护眼镜,对眼睛亦有良好的保护作用,进行微波操作时,只要注意采取防护措施,工作人员的安全完全可以得到保障。

本章小结

本章主要讲述应用微波这种独特的保藏方法来获得高质量的产品。微波技术作为一种现代高新技术在食品中的应用将越来越广泛。微波技术在很大程度上促进了食品工业的发展,尤其对于产品价值高、质量要求严、热传导率低、用传统工艺难以解决的物料，微波干燥和杀菌技术发挥了重要作用。目前，我国食品工业中有许多从事微波技术研究和应用的科研、生产单位，每年都有新技术、新工艺投入使用。

微波技术在不断完善自身技术与设备的同时，应该与其他干燥技术如热风干燥、真空干燥、冷冻干燥、远红外线干燥等技术相结合，向更深、更广的方向发展。随着科技的发展和社会的需求，人们更加关注节能、有效的食品高新技术，微波技术在食品工业上的应用是科学发展与人类社会进步的必然产物，目前在国内外已发展成为一项极有前途的新技术。通过微波工业与食品工业技术人员的共同努力，进一步完善微波食品加工理论，开发新型微波技术在不断完善自身技术与设备的同时，应该与其他技术联用，如在微波辅助干燥方面，与热风干燥、真空干燥、冷冻干燥、远红外线干燥等技术相结合，向更深、更广的方向发展。随着科技的发展和社会的需求，人们更加关注节能、有效的食品高新技术，微波技术在食品工业上的应用是科学发展与人类社会进步的必然产物，目前在国内外已发展成为一项极有前途的新技术。

通过微波工业与食品工业技术人员的共同努力，进一步完善微波食品加工理论，开发新型微波加工设备，建立微波食品加工工艺，微波技术在食品加工中的应用将日趋深入与广泛。食品加工的生产效率、工艺水平和食品质量与安全性将会得到进一步提高。因此，微波技术以其独特的加热特点，在食品工业中的应用前景将十分广阔。

思考题

1. 什么是微波？微波的特点是什么？
2. 简述微波加热的性质与原理。
3. 微波加热的特点是什么？影响微波加热的因素有哪些？
4. 微波杀菌的原理是什么？微波杀菌设备的组成有哪些？
5. 微波干燥的原理和特点是什么？请列举出微波干燥系统由哪些部分组成。
6. 简述微波在食品工业中的应用。
7. 微波在食品工业中使用的安全注意事项有哪些？

第八章　食品辐照保藏

第一节　概　述

一、食品辐照的定义及特点

食品辐照(food irradiation)是指利用辐射源产生的γ射线,加速器产生的高能电子束和X射线辐照农产品和食品,抑制食品发芽、推迟成熟、杀虫灭菌、防霉等,达到延长食品保藏期,稳定、提高食品质量的处理技术。用钴60(^{60}Co)、铯137(^{137}Cs)产生的γ射线、5 MeV(兆电子伏)以下的X射线以及电子加速器产生的低于10 MeV电子束照射的食品为辐照食品。

食品辐照技术属于食品加工的物理技术,食品辐照所采用的γ射线、X射线和高能电子束具有较高的能量及穿透力,能够穿透食品的包装材料并透射到食品的深层杀灭寄生虫和致病微生物,经过多年的发展已成为一种安全、环保、低能耗和高附加值的加工新技术。食品辐照技术主要具有以下几个特点:①对食品原有特性影响小。②安全、无化学物质残留。③能耗少、费用低。④多功效。⑤加工效率高,操作适应范围广。不同杀菌处理、保藏方式的能耗见表8-1。

表8-1　食品不同杀菌处理、保藏方式的能耗

(卢晓黎,2014)

方式	能耗/($kW \cdot h^{-1}$)	方式	能耗/($kW \cdot h^{-1}$)
巴氏杀菌	230	辐照	6.30
热杀菌	230~330	辐照巴氏杀菌	0.76
冷藏	90~110		

二、食品辐照技术的发展历程

食品辐照技术可以减少农产品和食品的损失、提高食品质量、控制食源性疾病,因此越来越受到世界各国的重视,表现出技术应用的美好前景。据国际原子能机构(IAEA)统计,目前世界上有53个国家至少批准了一种辐照食品,其中有30多个国家进入大规模商业化生产阶段,已批准的辐照食品包括新鲜水果和蔬菜、香辛料和脱水蔬菜、肉类和禽产品、水产品、谷物和豆类产品,以及一些保健产品。就我国的发展情况为例,已先后开展了辐照马铃薯、大蒜、蔬菜、水果、鸡鸭肉、水产、中草药等的试验研究，取得了巨大的进步。1984 年，我国正式加入 IAEA，1994 年加入国际食品辐照咨询组（ICGFI），先后承担 IAEA 食品辐照研究合同（协议）和技术援助项目 10 多项，扩大了我国在国际上的影响力。到 1994 年我国卫生部已批准了 18 种辐照食品的卫生标准，1996 年颁布了《辐照食品管理办法》，1997 年又公布了 6 大食品的辐照卫生标准，2003 年农业部又批准制定了 5 个包括水产品在内的饲料、茶叶等辐照工艺的行业标准，目前，我国批准的适宜辐照的食品已达 6 大类 57 种，并制定了相关产品的辐射加工工艺标准。辐照食品的卫生标准和加工工艺标准的制定，使我国辐照食品的标准化体系逐步形成，辐照食品的加工处理也走上了法制化管理的轨道，为我国辐照食品的标准和商业化发展创造了良好的条件。表 8-2 为我国批准允许辐照的食品类别与剂量。

表 8-2　我国批准允许辐照的食品类别与剂量

类别	品种	目的	吸收剂量/kGy
豆类、谷类及其制品	绿豆、红豆、大米、面粉、玉米渣、小米	灭虫	0.2（豆类），0.4～0.6（谷类）
干果果脯类	空心莲、桂圆、核桃、山楂、大枣、小枣	灭虫	0.4～1.0
熟畜禽肉类	六合脯、扒鸡、烧鸡、盐水鸭、熟兔肉	灭菌，延长保质期	8.0
冷冻包装畜禽肉类	猪、牛、羊、鸡肉	杀灭沙门氏菌及腐败菌	2.5
香辛料类	五香粉、八角、花椒	杀菌，防霉，延长保质期	<10
新鲜水果蔬菜	土豆、洋葱、大蒜、生姜、番茄、荔枝、苹果	抑制发芽，延缓后熟	1.5
其他	方便面固体汤料、猪肉、薯干酒、花粉		

第二节　食品辐照保藏原理

一、电离辐射的概念及类型

电离辐射，一般也称辐射，是辐射源放出射线，释放能量，能使受辐射物质的原子发生电离作用的一种物理过程。天然辐射是无时无刻不在发生的自然现象。随着辐射生物效应研究的深入，人们发现高能辐射可以杀灭危害食品的微生物和害虫，由此引发了利用辐射保藏食品的研究。由于对辐射食品安全、卫生的高度要求，食品辐射有别于其他工业和医疗辐射，因而常采用“辐照食品”的称谓以示差别。

在食品辐照中涉及的射线主要有以下几种：

(一)电子束射线

用于辐射的电子束由加速到很高速度的电子组成,因而能量很高。运动粒子的能量大小(称之为动能)可用下式计算

$$E = \frac{m_0 c^2}{\sqrt{1 - \frac{v^2}{c^2}}} - m_0 c^2 \qquad (8-1)$$

式中 E——粒子能量;

m_0——粒子的静止质量;

v——粒子达到的速度;

c——电磁辐射的速度(3×10^8 m/s)。

电子是组成原子的一种亚原子粒子,带一单位的负电荷。电子加速器把电子加速到足够的速度时,电子就获得了很高的动能。高能电子束的穿透能力不如 γ 射线和 X 射线,因此适于进行小包装或比较薄的包装食品的辐照。事实上,其他的基本粒子在加速器的作用下也能达到很高的能量水平,但在食品辐照中应用的粒子辐射只有电子束辐射。

(二)γ 射线和 X 射线

γ 射线和 X 射线是电磁波谱的一部分,位于波谱中短波长的高能区,具有很强的穿透能力。电磁辐射具有波粒二相性,不同类型的电磁辐射根据其能量大小按下式加以区别

$$E = h\nu = \frac{hc}{\lambda} \qquad (8-2)$$

式中 E——光子能量;

h——普朗克常数(6.63×10^{-34} J·s);

ν——辐射频率(Hz);

c——光速(3×10^8 m/s);

λ——波长。

γ 射线和 X 射线都是由光子组成的,有非常高的频率,只是波长不同,其中 γ 射线偏短。

(三)激发和电离

激发和电离是辐射与被辐射的物质相互作用的结果,能量足够大的辐射一旦被物质所吸收,便会产生激发或电离。电离指具有一定动能的带电粒子与原子的轨道电子相互间发生静电作用时,前者将其自身的部分能量传递给轨道电子,如果轨道电子获得的动能足以克服原子核的束缚而成为自由电子,此过程叫作电离。如果轨道电子获得的能量不足以使其成为自由电子,而只能从低能级跃迁到高能级的轨道上去,这种过程叫作激发。

当入射的辐射能量高于一次激发或电离所需的能量时,射线可以连续与被照射物质的其他原子相互作用,因而产生多级激发和电离。激发和电离作用在食品辐照中发生

时,仅仅涉及原子的外层电子,也就是那些受核束缚不太紧密的电子,因而激发和电离的效应主要是化学和生物学效应。

二、辐照单位

(一)放射性强度

放射性强度又称放射性活度,是衡量放射性强弱程度的一个物理量,指单位时间内发生核衰变的次数。曾用“居里”表示,SI 单位为 s^{-1},1 居里(Ci)即每秒有 3.7×10^{10} 个原子衰变,现法定的放射性强度单位为贝可(Bq),即每秒有一个原子核衰变为 1 贝可。

$$1\ \text{Bq}=1\ \text{s}^{-1}=2.073\times10^{-11}\ \text{Ci},\quad 1\ \text{Ci}=3.7\times10^{10}\ \text{Bq}$$

(二)照射量

照射量是用来度量 X 射线或 γ 射线在空气中电离能力的物理量,单位为伦琴(R),SI 单位为库伦/千克(C/kg)。在标准状况下(0 ℃,101.325 kPa),每 1 cm^3 干燥空气(0.001 29 g)能形成一个正电或负电的静电单位的 X 射线或 γ 射线照射量为 1 R。1 R=2.58×10^{-4} C/kg。

(三)辐射能量

表示辐射能量单位普遍用电子伏特(eV),即相当于 1 个电子在真空中通过电位差为 1 伏特(V)的电场被加速所获得的动能。

$$1\ \text{eV}=1.602\times10^{-12}\text{erg(尔格)},\quad 1\ \text{MeV}=10^{6}\ \text{eV},1\ \text{keV}=10^{3}\ \text{eV}$$

(四)吸收剂量

吸收剂量是指被照射的物质所吸收的辐射线的能量,SI 单位是戈瑞(Gy)。1 kg 任何物质若吸收的射线能量为 1 J,则吸收剂量为 1 Gy,即 1 Gy=1 J/kg。

吸收剂量的另一个单位是拉德(Rad),即 1 克被辐射物质吸收 100 尔格射线能量为 1 Rad,1 Rad=100 erg/g=6.24×10^{13} eV/g,它们之间的换算关系为:1 Gy=100 Rad=1 J/kg。

三、食品辐照的物理学效应

(一)X 射线和 γ 射线与物质的作用

原子能射线(γ 射线)都是高能电磁辐射线“光子”,与被照射物原子相遇,会产生不同的效应。

1. 光电效应

光子主要与原子内层电子相互作用。当能量为 $h\nu$ 的光子通过物质时,光子与原子内层电子作用,光子将能量全部交给轨道内层电子使其脱离原子自由运动,而光子本身则被原子吸收,这样的过程称为光电效应。

2. 康普顿效应

当入射光子与一个轨道电子相碰撞后,光子的一部分能量传给电子,并将其从原子中击出(也称为康普顿反冲电子),而减少了能量的光子其运动方向也发生了变化,这种散射称为康普顿散射。康普顿效应即指 X 射线、γ 射线和光子被物质散射的效应，散射是由于光子与可被看作是自由电子的电子相互作用而发生的。

3. 电子对效应

当入射光子的能量大于 1.02 MeV（即电子静止能量的 2 倍）时，光子与原子核场相互作用，同时产生一对正负电子而其本身消失，这一过程称为电子对效应。

4. 感生放射

射线能量大于某一阈值，射线对某些原子核作用会射出中子或其他粒子，因而使被照射物产生了放射性，称为感生放射性。能否产生感生放射性取决于射线的能量和被辐照射物质的性质，如 10.5 MeV 的 γ 射线对 ^{14}N 照射可使其射出中子，并产生 N 的放射性同位素；18.8 MeV 的 γ 射线对 ^{12}C 照射，可诱发产生放射线；15.5 MeV 的 γ 射线对 ^{16}O 照射下可产生放射线。因此，为了引起感生放射作用，食品辐照源的能量水平一般不得超过 10 MeV。

（二）高能电子与物质的作用方式

高能电子和物质的作用过程与光子不同，它既带电荷又有静止质量，所以不仅可以与粒子发生直接碰撞，还可以被电场吸引或排斥，高能电子与物质的作用方式有以下几种。

1. 库仑散射

当辐射源射出的电子射线（高速电子流）通过被照射物时，受到原子核库仑场的作用，会发生没有能量损失的偏转，称库仑散射。库仑散射可以多次发生，甚至经过多次散射后，带电粒子会折返回去，发生所谓的“反向散射”。

2. 原子激发和电离

能量不高的电子射线能把自己的能量传递给被照射物质原子中的电子并使之受到激发。若受到激发的电子已达到连续能级区域，它们就会跑出原子，使原子发生电离。电子射线能量越高，在其电子径迹上电离损耗能量比率（物理学称线性能量传递）越低；电子射线能越低，在其电子径迹上电离损耗能量比率反而越高。

3. 韧致辐射

电子射线在原子核库仑场作用下，本身速度减慢的同时放射出光子，这种辐射称韧致辐射。韧致辐射放出的光子，能量分布的范围较宽，能量很大的相当于 γ 射线的光子，能量较大的就相当于 X 射线光子，这些光子对被照射物的作用如同 γ 射线与 X 射线。若放射出的光子在可见光或紫外光范围，就称之为契连科夫（Cerenkov）效应。该效应放出的可见光或紫外线，对被照射物的作用就如同日常可见光或紫外线。

4. 电子俘获

电子射线经散射、电离、韧致辐射等作用后，消耗了大部分能量，速度大为减慢。这些能量小、速度低的电子，有的被所经过的原子俘获，使原子或原子所在的分子变成负离子；有的与阳离子相遇，发生阴、阳离子湮灭，放出两个光子，其光子对被照射物的作用与上述的光子一样。

四、食品辐照的化学效应

食品经辐照处理后可能发生的化学变化，除了涉及食品本身及包装材料以外，还有附着在食品上的微生物、昆虫等生物体。食品及其生物有机体的主要化学变化是水、蛋白质、脂类、糖类及维生素等，这些化学物质分子在射线的辐照下会发生一系列的化学变化。

辐照对食品的化学作用一般可分为以下两种：①直接作用是指通过射线与物质直接接触，或是高能射线粒子与细胞和亚细胞结构撞击，使物质形成离子、激发态分子或分子碎片的过程，即辐射能量的吸收与辐射损伤发生在同一分子中，即为初级辐射；②间接作用主要发生在食品物质的水相中，是指机体内含有的水分受到辐照电离激活后，产生的中间产物与食品中其他组分或有机体的分子间相互作用所引起的辐照效果，即辐射能量的吸收与辐射损伤发生在不同分子中，即为次级辐射。

（一）水

水分子对辐射很敏感，当它接受了射线的能量后，首先被激活，然后和食品中的其他成分发生反应。水接受辐射后的最后产物是氢和过氧化氢等，形成的机制很复杂。现已知的中间产物主要有三种：水合离子（$e^-_{水化}$）、羟基自由基（OH·）、氢自由基（H·）。水发生的主要反应有以下几种。

（1）辐照引起水分子的电离和激发

$$H_2O \longrightarrow H_2O^+ + e^- \qquad H_2O \longrightarrow H_2O^*$$

（2）离子与分子反应生成自由基

$$H_2O + H_2O^+ \longrightarrow H_3O^+ + OH\cdot$$

（3）激发分子分解生成自由基

$$H_2O^* \longrightarrow H\cdot + OH\cdot \qquad H_2O^* \longrightarrow H_2 + O\cdot$$

（4）水化电子的形成

$$e^- + nH_2O \longrightarrow e^-_{水化}$$

（5）自由基相互作用，生成分子产物

$$H\cdot + OH\cdot \longrightarrow H_2O \qquad H\cdot + H\cdot \longrightarrow H_2$$

$$OH\cdot + OH\cdot \longrightarrow H_2O_2$$

（6）水化电子之间，水化电子与自由基之间反应，生成分子和离子

$$e^-_{水化} + e^-_{水化} \xrightarrow{2H_2O} H_2 + 2OH^- \qquad e^-_{水化} + OH\cdot \longrightarrow OH^-$$

$$e^-_{水化} + H\cdot \xrightarrow{H_2O} H_2 + OH^-$$

纯水辐照的化学效应可概括为：

$$H_2O \longrightarrow 2.7OH\cdot + 0.55H\cdot + 2.7e^-_{水化} + 0.45H_2 + 0.71H_2O_2 + 2.7H_3O^+$$

水分子经辐照后，其数量的减少可能没有什么重要性，但是水分子激发和电离而形成的某些中间产物，这些中间产物能在不同的途径中进行反应，$e^-_{水化}$是一个还原剂，OH·是一个氧化剂，H·有时是氧化剂但有时又是还原剂。

这些中间产物很重要，因为它们可以和其他有机体的分子接触而进行反应，特别是

在稀溶液中或含水的食品中，大多由于水的辐射而产生了间接效应进行了氧化反应。

（二）蛋白质与酶

蛋白质辐照可同时发生降解与交联作用，而往往是交联作用大于降解作用。实验表明辐照能够使蛋白质的一些二硫键、氢键、盐键和醚键等断裂，从而使蛋白质的二级结构和三级结构发生变化，导致蛋白质变性。经变性后的蛋白质在溶解度、溶液的强度、电泳性质及吸收光谱方面都发生变化，对酶的反应及其他免疫反应也产生变化。辐射也会促使蛋白质的一级结构发生变化，除了—SH 基氧化外，还会发生脱氨基作用、脱羧作用和氧化作用、蛋白质经射线照射后会发生辐射交联，其主要原因是巯基氧化生成分子内或分子间的二硫键，也可以由酪氨酸和苯丙氨酸的苯环耦合而发生。辐射交联导致蛋白质发生凝聚作用，甚至出现一些不溶解的聚集体。蛋白质的辐照效应均来源于初级（直接）效应和次级（间接）效应的结合。至于哪一个效应更重要，取决于几个因素，如蛋白质含量、氧有效性、温度、蛋白质性质和其他杂质。干燥蛋白质的辐照几乎完全是初级或直接效应。

酶是活体组织中有催化功能的蛋白质，可调节组织细胞中特定的生化过程，对生物体内的代谢起重要调节作用。植物收获后或动物宰杀后体内的酶依然存在和保持活性，除非使用热处理如烹调或脱水等方法使酶失活。辐照处理可以使酶的分子结构发生一定程度的变化，但在目前采用的剂量范围内进行的辐照处理对食品组分的作用是比较温和的，几乎只会引起酶的轻微失活。事实上，含有活性酶的食品，如鲜肉、鱼、禽，需要进行辐射消毒（用食品辐照的最高剂量）处理以便长时间常温保存时，必须在辐射消毒之前采用酶失活的热处理（例如煮至半熟），以获得长货架期的食品。同时，电离辐射还能用于临床与工业用途的干酶制剂的微生物消毒。总之，酶同其他食品蛋白质一样，可不受食品辐照的影响而取得一切实际的用途。如过氧化氢酶在溶液中照射 0.2 kGy 时可使其失去活性，但在马铃薯中 44 kGy 的剂量方能使其失去活力。

（三）脂肪

辐照引起的脂肪变化可分为自氧化和非氧化两种类型。辐照使脂肪变化，取决于脂肪的类型、剂量、温度和氧化速度以及环境条件诸因素，但其主要作用是使脂肪酸长链中的 C—C 键发生断裂，因而形成链烷，继续反应可生成通常的链烯。辐照所形成的特定化合物都与脂类化合物的初始成分有关。

辐照诱导的自氧化过程与无辐照时的自氧化非常相同，但是辐照加速了此过程。自氧化产生自由基的类型和衰变速率受到温度的影响。这些自由基在辐照后相当长的时间内会继续与 O_2 发生反应形成过氧化物，进而产生包括醇、醛、醛酯、烃、氢氧化物、酮酸、酮、内酯、双聚化合物在内的许多化合物。

脂肪的辐照氧化类似于热效应，对于一些高脂肪的食品，在辐照后会产生由脂肪辐照产生的“辐照异味”，尽管目前对引起辐照异味的化合物并不十分清楚。相对而言，不饱和脂肪酸含量高的食品容易发生辐照导致的氧化，采用降低辐照温度、气调包装等方法可以减少和控制辐照过程中脂肪的氧化。因此，只要采取合适的辐照工艺和处理措施，就可以使脂肪的氧化不会成为食品辐照加工中的一个问题。

(四)碳水化合物

食品和农产品中的糖类也称碳水化合物,包括糖、淀粉、半纤维素、纤维素和果胶,是生命活动的主要能量来源。一般来说,碳水化合物对辐照处理是相当稳定的,只有在大剂量辐照处理下,才引起氧化和分解。

糖类分为单糖、寡糖和多糖。许多处于干燥或潮湿状态的食品中均有糖类,它们像结晶体物质一样对辐射敏感,产生大量的产物,如 H_2、CO_2、醛、酮、酸和其他碳水化合物。在水溶液中,糖类的氧化作用发生在分子的末端,并产生酸,醛是由于环断裂造成的。辐射对己醛糖的作用并不限于任何特定的键。有氧存在时会产生次级反应,出现包括乙二醛在内的大量化合物。稀溶液中的单糖经辐照后葡萄糖可生成葡萄糖醛酸、葡萄糖酸、糖二酸、乙二醛、阿拉伯糖、赤藓糖、甲醛和二羟丙酮。果糖经辐照后能分解成酮糖。低聚糖经辐照后可形成单糖和类似单糖的辐射分解产物。多糖(如淀粉和纤维素)辐照后会发生糖苷键的断裂,形成更小单位的糖类,如葡萄糖和麦芽糖等。小麦、玉米、马铃薯、大米、大麦、大豆等的淀粉辐照后对 α-淀粉酶和 β-淀粉酶作用的灵敏性发生变化,而且辐照直链淀粉比辐照支链淀粉损伤重。

所有在溶液中的碳水化合物辐照后都会产生丙二醛和脱氧化合物,其中 pH 是一个重要影响因素。大多数食品的正常 pH 在很大程度上限制这一过程的发生。蛋白质、氨基酸以及其他物质都有保护碳水化合物不至于分解变化的作用。因此,食品中糖对辐照是不敏感的,一般采用灭菌剂量辐照,对糖的消化率和营养价值没有影响,就是剂量提高到 20 ~50 kGy 也不会使糖类的农产品质量和营养价值发生变化。

(五)维生素

脂溶性维生素中的维生素 E 和水溶性维生素中的维生素 B_1、维生素 C 对射线敏感,易与水辐照产生的自由基反应。维生素的辐照稳定性因食品组成、气相条件、温度及其他环境因素而显著变化,在通常情况下,复杂体系中的维生素比单纯维生素溶液的稳定性高。

大部分维生素对热、光、氧和辐照有不同的反应,如表 8-3 所示。

食品中维生素的稳定性主要是由食品的成分、气体环境以及辐照时的温度等环境因素所决定的。尽管电离辐射对食品中的维生素也有不同程度的影响,但其他食品加工方法,如微波处理、热处理和罐藏食品同样可导致维生素的减少。食品辐照后维生素含量一般是下降的,但在有的情况下维生素含量也有增加的。据报道,经一定剂量的 ^{60}Co 射线照射后,小麦、豌豆、花生和稻谷中尼克酸与核黄素含量未见显著下降,除花生仁外的其他三种粮食核黄素增加了 50%。因此,只要采用合适的辐照加工工艺,就可以保证食品加工中对维生素营养的基本要求。

表 8-3 维生素对各种因素的敏感性

（刘建学、纵伟，2006）

维生素		热	氧	光	电离辐射
水溶性维生素类	抗坏血酸	0	++	+	++
	硫胺素	++	0 或+	0 或+	++
	核黄素	0	0	++	0
	烟酸	0	0	0	0 或+
	泛酸	+	0	0	0
	吡哆醇	0	0 或+	+	+
	生物素	+	0	0	0
	叶酸	+	+	+	0
	维生素 B_{12}	0	+	+	++
	胆碱	0	+	0	0
脂溶性维生素类	维生素 A	0 或+	+	+	++
	β-胡萝卜素	0 或+	+	+	+
	维生素 D	0	0 或+	+	0
	维生素 E	0	++	0 或+	++
	维生素 K	0	+	+	+或++

注:0 为稳定,+为较敏感,++为很敏感。

五、食品辐照的生物学效应

食品辐射的生物学效应指辐射对生物体如微生物、昆虫、寄生虫、植物等的影响,这种影响是由于生物体内的化学变化造成的。已证实辐射不会产生特殊毒素,但在辐射后某些机体组织中有时发现带有毒性的不正常代谢产物。辐射对活体组织的损伤主要是有关其代谢反应,视其机体组织受辐射损伤后的恢复能力而异,还取决于所使用的辐射总剂量的大小。由于辐射效应与生物细胞体的特性,尤其是其复杂性有关,因此对所有生物的辐射效应不可能简单加以描述。不同生物的致死剂量范围见表 8-4。

表 8-4 不同生物的致死剂量范围

生物类型	剂量/kGy
高等动物(包括哺乳动物)	0.005～0.010
昆虫	0.1～1
非芽孢细菌	0.5～10
芽孢细菌	10～50
病毒	10～20

(一)微生物

辐照保藏主要是直接控制或杀灭食品中的腐败性微生物及致病微生物,微生物对辐照的敏感性因种类不同而存在差异,其辐照对微生物的作用机制分为直接效应和间接效应。

电离辐射对微生物的作用受下列因素的影响:辐照量、微生物的种类及状态;菌株浓度(细菌数);培养介质化学成分和物理状态及辐照后的储藏条件等。电离辐射杀灭微生物一般以杀灭 90% 微生物所需的剂量(Gy)来表示,即残存微生物数下降到原菌数 10% 时所需用的剂量,并用 D_{10} 值来表示。当知道 D_{10} 值时,就可以按下式确定辐照灭菌的剂量(D 值)。

$$\lg \frac{N}{N_0} = -\frac{D}{D_{10}}$$

式中 N_0——最初微生物数;

N——使用 D 剂量后残留微生物数;

D——辐照的剂量,Gy;

D_{10}——微生物残存数减少到原数 10% 时的剂量,Gy。

1. 病毒

病毒是最小的生物活体。它们与真核生物不同,没有呼吸,依靠寄主取得食物和酶,但它们能够繁殖并影响寄主,而且还能使植物(包括细菌)和动物受到感染。热处理是使病毒失活非常有效的手段,所以在加工期间或准备上桌而经烹调的食品,通常都用不着担心。但食品完成制作之后通过食品处理工具却存在被污染的机会,因此需要重视病毒对食品存在的潜在危害。

脊髓灰质炎病毒与传染性肝炎病毒会通过食品传播给人类。这些病毒可能因带菌人员操作而污染食品,也可能因食品与污水接触,尤其是水生贝壳类动物,而导致食品污染。口蹄疫是偶蹄动物中发生的一种烈性传染病,是一种由口蹄疫病毒引起的世界性的检疫病害,口蹄疫病毒一般情况下不传染给人,但能够使多种动物受害,使生肉受到口蹄疫病毒的污染,这种病毒只有使用高剂量辐照(水溶液状态 30 kGy,干燥状态 40 kGy)才能使其失活,但使用高剂量时会对食品产生一些不希望有的效应,因此常采用辐照与热处理相结合的方式,以降低辐照剂量及抑制病毒活性。

2. 细菌

细菌一般存在于所有的食品之中,除非在食品加工中采用灭菌措施除去食品中的细菌。细菌对食品的影响主要表现在以下几个方面:细菌在食品中能够繁殖,导致食品发生感官和其他方面的变化,一般都与腐败相联系;食品中生长的某些细菌产生出对人体有害的毒素;食品中某些细菌能够感染人和动物,引起疾病。因此,采用有效措施控制或杀灭食品中的微生物是食品保藏的重要措施。

辐射对细菌的作用与受辐射的细菌种类和菌株、细菌浓度或数量、介质的化学组成、介质的物理状况和辐照后的储存环境有关。细菌种类不同,对辐照敏感性也各不相同,辐照剂量越高,对细菌的杀灭率越强,常见几种病原微生物的 D_{10} 值见表 8-5。

表 8-5　一些重要食品致病菌的 D_{10} 值

致病菌	D_{10} 值/kGy	悬浮介质	辐照温度/℃
嗜水气单胞菌(*A. hydrophila*)	0.14～0.19	牛肉	2
大肠杆菌 O157:H7(*E. coil* O157:H7)	0.24	牛肉	2～4
单核细胞杆菌(*L. monocytogenes*)	0.45	鸡肉	2～4
沙门氏菌(*Salmonelia* spp.)	0.38～0.77	鸡肉	2
金色链球菌(*S. aureus*)	0.36	鸡肉	0
小肠结肠炎菌(*Y. enterocolitica*)	0.11	牛肉	25
肉毒梭状芽孢杆菌孢子(*C. botulinum*)	3.56	鸡肉	-30

3. 酵母和霉菌

酵母和霉菌较之一些芽孢细菌对辐射更为敏感,不同品系之间存在巨大差异。对控制酵母引起的腐败所需的剂量为4.65～20 kGy,对霉菌剂量为2.0～6.0 kGy。例如,应用2～3 kGy 的辐照处理可以控制葡萄孢属(*Botrytis*)霉菌对草莓果实的危害,在10 ℃时可将草莓的货架期延长至14 d。

在控制霉菌引起水果腐烂和软化这方面已经作了相当多的工作,大多数情况下,杀死霉菌所需的剂量高于水果可能耐受的剂量。水果组织由于水果胶质降解而发生软化,这种软化有可能使水果易于受到损伤和腐烂,酵母很少引起水果腐败,但它可引起果汁和其他水果产品腐败。由于辐照保鲜所需的剂量太高,因此有可能引起气味的变化。为了有效控制酵母和霉菌对食品的危害,同时减少高剂量辐照的不利影响,可以应用辐射和温热处理相结合的方法降低所需的辐照剂量。

4. 虫类

(1)昆虫　昆虫侵蚀不仅可以造成食品的损失,而且食品经昆虫侵蚀后一般也不适合于人类消费。对检疫昆虫必须实施严格的熏蒸或辐照检疫等措施,以防止检疫昆虫随食品的流通和消费进入非疫区。

昆虫对辐射比较敏感,因此可以将辐射作为控制食品中昆虫侵蚀的有效手段。辐射对昆虫的一般破坏效应是:致死、休克、缩短寿命、延迟羽化、不育、减少孵化、发育迟缓、减少进食和呼吸障碍。辐射对昆虫的效应与昆虫细胞的繁殖活动成正比,而与分化程度成反比。在昆虫的幼虫期,很少有细胞分裂,细胞的分裂和组织分化都发生在卵的胚胎发育期、羽化前和蛹化后的一些主要时期。正在分裂的昆虫细胞对辐射的敏感性与脊椎动物细胞一样,成虫除了性腺细胞外,极少有细胞分裂。性腺细胞对辐射是敏感的,相对低的剂量就可以引起不育或产生遗传紊乱的配子,在更高的剂量下可以导致昆虫死亡。但在一些很低的剂量水平下,也观察到相反的一些效应,包括寿命延长、产卵增加、孵化率提高和刺激呼吸等。表 8-6 为部分贮粮害虫的 γ 射线致死剂量和不育剂量。

表 8-6 部分贮粮害虫的 γ 射线致死剂量和不育剂量

（刘建学，2006） 单位：Gy

种类	致死剂量				成虫不育剂量
	卵	蛹	幼虫	成虫	
谷象	40	112	40	153 ~ 205	80 ~ 100
四纹豆象	30	50	60	170 ~ 245	60
玉米象	40	—	40	112	75 ~ 100
锯谷盗	96	145	86	206	100 ~ 153
杂拟谷盗	4.4	145	52	128	100 ~ 175
赤拟谷盗	109	250	105	212 ~ 345	200

（2）食源性寄生虫　食源性寄生虫可以通过食品消费感染人体，从而对人体健康和公共卫生安全产生威胁，食品中的食源性寄生虫与食品种类和食品来源有关，辐照受侵蚀的食品是控制食源性寄生虫一种有效的方法。

与食品相关的一些食源性寄生虫包括旋毛虫（*Trichinell aspiralis*）、有钩绦虫（*Taenia solium*）、无钩带吻绦虫（*Taeniathynchus saginatus*）、支睾吸虫（*Clonorchis sinenis*）、后睾吸虫（*Opisthorchis viverrini*）、阔节裂头绦虫（*Diphyllobothrium latum*）、卫式并殖吸虫（*Paragonimus westermani*）、人体螺虫（*Ascaris lumbricoides*）、布氏姜片虫（*Fasciolapsis buski*）、肝片吸虫（*Fasciola hepatica*）、异尖线虫（*Anisakis marina*）等。这些食源性寄生虫在它们的整个生命周期表现出多种形式，但只有其中的一种形式是污染食品的基本形式。辐射不管针对哪一种形式均是有效的，随着辐照剂量的增加，幼虫的辐射效应表现为发育后的雌性成虫不育、正常成熟和聚集受阻或死亡。旋毛虫（*Trichinell aspiralis*）的不育剂量大约是 120 Gy；成熟受阻的剂量大约是 200 ~ 300 Gy；致死剂量是 7.5 kGy。对于牛肉和猪肉中的寄生虫，3 ~ 5 kGy 就可以使其致死，低于 1 kGy 的剂量就能控制这些寄生虫对人体的感染。杀死鲱鱼中异尖线虫（*Anisakis marina*）需要高于 6 kGy 的剂量，而杀死哺乳动物中寄生虫，需要的剂量较低。

（二）果蔬

新鲜的水果和蔬菜在室温和通气良好的情况下，细胞呼吸代谢机能比较旺盛，呼吸作用和蒸腾作用依然保持较高的水平，所以很难长期保鲜。对于有呼吸跃变的果实，在高峰出现前对果实进行辐照处理，能改变体内乙烯的生产率，从而影响其生理活动，延长果实的储存期。

1. 水果

辐照处理能够调节果实的生理代谢，延缓成熟和衰老，并对水果的品质产生影响。对于有转跃期的水果来说，转跃期前的最低呼吸是对辐射反应的一个关键点。水果呼吸跃变阶段前的辐照比呼吸跃变阶段开始后进行辐照处理产生更大的效应，巴梨在呼吸跃变峰值期间进行辐照使乙烯量下降，在呼吸跃变前用相对高的剂量（3 ~ 4 kGy）辐照则成熟受阻，甚至置于乙烯环境中也不能成熟。无转跃期的水果对辐射的反应多少类似于有转跃期水果,例如桃和蜜桃采用剂量高达6 kGy进行辐照时呼吸速率和乙烯产量都在增加,可刺激成熟。水果品种的差异可能对辐射反应有重要作用。例如Grox Michel香蕉在辐照后成熟延迟,而Basri品种则不然。

辐射能使水果化学成分发生变化,并影响果实的品质。水果经辐照后,原果胶转化成果胶和果胶酸,纤维素和淀粉发生降解,果实组织变软;果实色素发生变化,果实鲜红的颜色会变为淡红色或粉红色。一些香蕉在辐照后果皮变为棕色,这可能是由于辐射导致细胞损伤引起表皮和果肉中多酚氧化酶活性的增加所致。关于辐照对维生素含量变化的影响,一般认为水果中含有多种维生素和化学成分,辐照对维生素的破坏很少,水果辐照过程中维生素的减少并不是一个明显的问题。

2. 蔬菜

鲜菜与鲜果一样具有缓慢的代谢活动。辐射能够影响蔬菜的代谢速率,其具体效应与辐射剂量有关。新鲜蔬菜的辐射效应包括呼吸速率的变化,细胞分裂受到抑制,正常生长和衰老的受阻,以及化学成分的变化。作物收获后的发芽是食品变坏的一种方式,因此可以采用辐照对它们进行抑制,以延长产品的货架期。抑制发芽所需的剂量因作物种类和所期望的效应不同而异,应用0.15 kGy甚至更低的辐照剂量就可以抑制马铃薯、干薯、洋葱、大蒜和板栗的发芽,而且这个效应是不可逆的。在光照条件下白马铃薯表皮变绿受到抑制。白薯对辐照的反应存在着品种间的差异,过多的辐射会加速腐烂。2 ~ 3 kGy的辐照能够抑制蘑菇延迟打开菌盖,辐照过的莴笋嫩茎并不随时间而加长。

影响食品辐照的因素

辐照对食品成分的影响

第三节　食品辐照装置与保藏方法

一、食品辐照装置

辐照装置主要由辐射源、产品传输系统、安全系统、控制系统、屏蔽系统(辐照室)及其他相关的辅助设施组成。辐照装置的核心是处于辐照室内的辐射源与产品传输和安全控制系统。

1. γ射线辐照装置

典型的γ辐照装置的主体是带有很厚水泥防护墙的辐照室,它主要由辐射源升降系统和产品传输系统组成,按工艺规范进行产品辐照。通过防护迷道把辐照室和产品装卸大厅相沟通。辐照室中间有一个深水井,安装了可升降的辐射源架,在停止辐照时源降至井中安全的储源位置。辐照时装载产品的辐照箱围绕源架移动,得到均匀的辐照。辐照室混凝土屏蔽墙的厚度取决于放射性核素的类型、设计装载的最大辐照源活度和屏蔽材料的密度。

目前使用的γ辐照装置基本上都是固定源室湿法储源型辐照装置。这类装置还可以进一步按辐射源类型分为^{60}Co或^{137}Cs γ射线辐照装置，按辐射源排列方式分为圆筒源、单栅板源和双栅板源辐照装置，按辐照方式分为动态步进、静态辐照、动态连续及产品流动型γ射线辐照装置等。目前的辐照方式实际上只有动态步进和静态辐照两种，前者采用产品辐照箱传输系统，产品辐照与进出辐照室时辐射源始终处于辐照位置；后者在产品采用人工进出辐照室、产品堆码、人工翻转时，辐射源必须降到储源水井的安全储藏位置。

2. 电子束辐照装置

电子束辐照装置是指用电子加速器产生的电子束进行辐照、加工处理产品的装置。电子束辐照装置包括电子加速器、产品传输系统（束下装置）、辐射安全连锁系统、产品装卸和储存区域，供电、冷却、通风等辅助设备，控制室、剂量测量和产品质量检验实验室等。电子加速器系统包括辐射源、电子束扫描装置和有关设备（如真空系统、绝缘气体SF6系统、电源等）。

电子加速器是利用电磁场使电子获得加速，提高能量，将电能转变为辐射能的装置。电子束辐射加工用加速器主要是指能量高于150 keV的电子束的直流高压型和脉冲调制型加速器（表8-7）。加速电子有两种基本方法：一类是直流高压型加速器，它是通过一系列的加速阳极产生的电位差使电子获得高能量，如高频高压发生器；另一类是脉冲调制型加速器，它是通过电子枪产生的脉冲电子沿着波导管或在谐振腔，由运动着的电磁波不断被加速或多次反复被加速至高能量，束流呈脉冲状。

表8-7　常用的辐射加工用电子加速器

加速器		能量/MeV	束流强度/mA
直流高压型	变压器型	0.75～3.5	80～100
	绝缘磁芯变压器（ICT）	0.3～3	40～100
	高频高压发生器（地纳米）	0.4～4.5	25～160
脉冲调制型	微波直线加速器（Linac）	3～12	0.5～5（平均）
	高频单腔电子加速器	3～8	1～10
	RhodotronTT电子加速器	5～10	15～100

由于工作机制的不同，直流高压型加速器和脉冲调制型加速器在性能上存在较大差别，具有各自的优势和不足，见表8-8。直流高压型较适合5 MeV以下、束流功率较大的场合；脉冲调制型适用于能量5 MeV以上、束流功率较小的场合。但随着粒子加速技术的迅速发展，第二种类型加速器的电子束能量为10 MeV时，束流功率可达500 kW以上。

表 8-8 直流高压型与脉冲调制型加速器比较

	直流高压型	脉冲调制型
优点	1. 获得的是直流束 2. 效率高，一般在 50% 以上 3. 易于获得低能大功率束能 4. 能散小，照射场均匀性好 5. 能量调节方便，可连续调节	1. 易于获得较高能量 2. 无直流耐压问题，设备空间小 3. 能满足特殊脉冲束流的应用需求
缺点	1. 直流高压的绝缘耐压困难 2. 设备体积大 3. 难于获得高能量(5 MeV 以上)	1. 效率低，一半在 20% 以下 2. 能量调节困难，且对效率影响大 3. 能散较大，不易均匀扫描 4. 获得大功率困难 5. 高频或微波源中电子管器件寿命较短

电子束辐照装置类型如下：

(1)单面辐照电子束辐照装置　辐照产品垂直通过扫描电子束，根据电子束深度剂量分布、电子束扫描剂量分布和产品剂量不均匀度要求，确定可辐照的产品厚度。产品吸收剂量可通过调节束流和产品传输速度来实现。

(2)两面辐照电子束辐照装置　辐照产品在传输带上同样垂直通过扫描电子束，但在同一扫描装置下有两条方向相反的产品传输线。产品在辐照室外从一条传输线进辐照室通过电子束后在传输线末端进行翻面，再转移到另一条传输线，实施两面照射后离开辐照室。

(3)谷物杀虫电子束辐照装置　散装流动装置中被照射的液体或粒状产品(如谷物等)流动通过辐照区域。采取一定倾斜度或振动等方法利用产品自身重力控制产品的厚度和流动速度，产品的平均速度必须与加速器束流特性和束流扫描参数相匹配，保证辐照稳定高效和产品中的吸收剂量均匀。

3. X 射线辐照装置

随着辐射加工行业的发展，^{60}Co 辐射源日渐供不应求，价格有所上升，这不仅促使电子束辐照向医疗用品灭菌和食品辐照转移，而且加快了 X 射线辐照装置的研发力度。

对 X 射线辐照装置的理论和实验研究已有多年的历史，初期由于电子加速器成本较高与 X 射线能量转换效率偏低等，实用化困难很大，但近年来随着加速器和靶工艺学的进展，有关 X 射线辐照装置的报道逐渐增多。

具有一定动能的电子束打击在重金属靶上会产生穿透力很强的 X 射线。3 MeV 电子产生的 X 射线与^{60}Co γ 射线具有很相似的穿透特性。75 kW、3 MeV 的电子在金靶上产生的 X 射线，其转换系数约为 10%，功率相当于 7.5 kW，即 1.9×10^4 TBq 的^{60}Co。X 射线的空间分布不像^{60}Co γ 射线那样均匀地呈 4π 立体角发射而略倾向前方。因此产品传输系统的设计较简单，辐照效率也较高。

二、辐照在食品保藏中的应用

（一）辐射剂量类型

在食品辐照中，根据不同辐照保藏目的，以及拟达到辐照目的的平均辐射剂量，各种食品用各种不同剂量处理可以产生不同效果，即各种不同的应用。它们的照射剂量可以相差几倍甚至几百倍，一般按其照射采用的剂量可分为以下三类：

（1）低剂量辐照　低剂量辐照剂量范围约在 1 kGy 以下，主要用于抑制马铃薯、洋葱等的发芽；杀死昆虫和肉类的病原寄生虫，延缓水果和蔬菜的生理过程。

（2）中等剂量辐照　中等剂量辐照的平均辐照剂量范围在 1 ~ 10 kGy，主要目的是减少食品中微生物的负荷量，减少非芽孢致病微生物的数量，保证食品室温保藏的货架稳定性和改良食品的工艺品质。

（3）高剂量辐照　高剂量辐照的平均辐照剂量范围在 10 ~ 50 kGy，主要用于商业目的的灭菌和杀灭病毒。如对某些食品添加剂和调味品去污染和消毒。

（二）食品辐射保藏

1. 果蔬类

水果蔬菜是有生命的活体，辐照的剂量控制尤为重要。储藏寿命较短的水果如草莓用较小的剂量即可抑制其生理作用。储藏期较长的水果如柑橘就需要完全控制霉菌的危害，剂量一般为 0.3 ~ 0.5 kGy。水果的辐照处理，除了能延长储藏寿命外，辐照还可以促进水果中色素的合成，如桃、苹果等辐照后可促进胡萝卜素、花青素等的生成。辐照还可以使涩柿子提前脱涩和增加葡萄的出汁率。

蔬菜的辐照处理主要是抑制发芽，杀死寄生虫。其中效果最明显的是马铃薯、洋葱、大蒜、萝卜等的抑制发芽作用，同时也有延缓这些蔬菜新陈代谢的作用。辐照后，在常温下储藏时，储藏期可延长至 1 年以上。蘑菇经辐照后延长期限较短，一般十几天，目的是防止其开伞。马铃薯使用剂量在 80 kGy 即可，洋葱可用 40 ~ 80 kGy，随蔬菜的种类和品种而异。干制品经辐照后则可以提高其复水的速度和复水后的品质。

2. 粮食干货类

造成粮食耗损的重要原因之一是昆虫的危害和霉菌活动导致的霉烂变质。辐照粮食杀虫灭菌利用射线的致电离、激发作用，使粮食中有害生物产生一系列物理、化学及生物学效应，对粮虫粮菌构成辐射损伤，进而导致其代谢功能紊乱，遗传物质错位、断裂，最终致虫、菌失活，停止生长，不育或死亡。杀虫的效果与辐照剂量有关，0.1 ~ 0.2 kGy 辐照可以使昆虫不育，1 kGy 可使昆虫几天内死亡，3 ~ 5 kGy 可使昆虫立即死亡；抑制谷类霉菌的蔓延发展的辐照剂量为 2 ~ 4 kGy，小麦和面粉杀虫的剂量为 0.20 ~ 0.75 kGy，焙烤食品为 1 kGy。王传耀等研究证实 0.6 ~ 0.8 kGy 剂量辐照玉米象成虫，照后 15 ~ 30 d 内全部死灭。经 0.2 ~ 2.0 kGy 剂量辐照玉米、小麦、大米，其营养成分未发生明显变化。

3. 肉禽类

畜、禽被屠宰后，若不及时加工处理，就很容易造成腐败变质。我国与其他许多国家一样对肉类产品的辐照保藏进行了大量的研究。

沙门菌是最耐辐照的非芽孢致病菌,1.5～3.0 kGy 剂量可获得99.9%至99.99%的灭菌率;而对 O157:H7 大肠杆菌,1.5 kGy 可获得99.999%的灭菌率(D_{10}=0.24 kGy);革兰氏阴性菌对辐照较敏感,1 kGy 辐照可获得较好效果,但对革兰氏阳性菌作用较小。由于使酶失活辐照剂量高达 100 kGy,在杀菌辐照剂量范围内不能使肉中的酶失活,所以常常结合热处理来辐照保藏鲜肉。如用加热使鲜肉内部的温度升高到 70 ℃,保持 30 min,使其蛋白分解酶完全钝化后才进行辐照,其效果最好。否则辐照虽杀死了有害微生物,但酶的活动仍然可使食品质量不断下降。用高剂量辐照处理肉类产品之后不需要冷冻保藏,所用辐照剂量能破坏抗辐照性强的肉毒梭状芽孢杆菌菌株,对低盐、无酸的肉类需用剂量约 45 kGy。产品必须密封包装(金属罐最好)防止辐照后再受微生物的污染。然而高剂量辐照处理会使产品产生异味,此异味随肉类的品种不同而异,牛肉产生的异味最强。对牛肉异味中化合物的鉴定已有研究,其辐照分解的产物以蛋氨醛、1-壬醛及苯乙醛为主。由于肉的组成是蛋白质、脂肪等,所以,它的辐照分解的产物也有正烷类、正烯类、异烷类、硫化物、硫醇等。对异味的抑制方法,还没有彻底地解决,目前防止异味的最好方法是在冷冻温度-80～-30 ℃下辐照,因为异味的形成大多是间接的化学效应,在冰冻时水中的自由基的流动性减少,这样就防止或减少了自由基与肉类成分的相互反应。辐照也会引起畜肉、禽肉颜色的变化,在有氧存在时更为显著。

4. 水产类

高剂量辐照时与肉类类似,但产品产生的异味不如肉类明显,使用的最高剂量为 3 kGy左右,低剂量辐照的目的是延长新鲜品的储藏期,与 3 ℃左右的冷藏相结合会取得更好的效果。在 3 ℃左右可以防止带芽孢的菌株产生毒素。对水产品进行低剂量辐照处理可达到两个目的:第一,在储藏和市场出售期间防止干鱼被昆虫侵害;第二,减少包装的和未包装的鱼类和鱼类产品的微生物负荷及某些致病微生物的数量。

FAO、IAEA 和 WHO 联合批准用于第一个目的时辐照剂量需在 1 kGy 以下;用于第二个目的的辐照剂量需在 2.2 kGy 以下,并且辐照时和储藏期间的温度应保持在融冰的温度下。当平均辐照剂量低于 2.2 kGy 时,预期由存活的肉毒梭状芽孢杆菌产生足量的毒素危害食品之前,食品早已腐败而不能食用。产品被指定在融冰的温度下储藏,是防止肉毒梭菌产毒的附加措施,如果不能维持这一低温的话,就必须采用其他有效的措施来代替,如干燥或盐腌等储藏方法。

5. 香辛料及调味料

天然香辛料容易生虫长霉,传统的加热或熏蒸消毒法有药物残留,且易导致香味挥发甚至产生有害物质。辐照处理可避免引起上述的不良效果,控制昆虫侵害,减少微生物的数量,保证原料的质量。全世界至少已有 15 个国家批准 80 多种香辛料和调味品进行辐照。

辐照剂量与原料最初微生物负荷有关,一般来说,剂量为 4～5 kGy 就能使细菌总数减少到 10^4 g^{-1}以下,剂量为 15～20 kGy 时可达到商业上灭菌的要求。

为了防止香料和调味品辐照处理后产生变味现象,某些国家进行了许多研究工作,初步确定了辐照引起调味品味道变化的剂量阈值,芫荽(香菜)为 7.5 kGy;黑胡椒为 12.5 kGy;白胡椒为 12.5 kGy;桂皮为 8.0 kGy;丁香为 7.0 kCy;辣椒粉为 8.0 kGy;辣椒为4.5～5.0 kGy。

6. 蛋类

蛋类的辐照主要是为了杀灭其中的沙门氏菌。蛋白质受到辐照降解而使蛋液黏度降低。一般蛋液及冰冻蛋液可用 β 及 γ 射线辐照，灭菌效果良好。对带壳鲜蛋可用 β 射线辐照，剂量在 10 kGy 左右。高剂量的 γ 射线辐照会使其带有 H_2S 等异味。

7. 酒类

辐照能够促进酒类的陈化。我国在白酒的辐照方面已取得显著成绩。辐照处理薯干酒，使酒中酯、酸、醛有所增加，酮类化合物减少，甲醇、杂醇含量降低，酒的口味醇和、苦涩辛辣味减少、酒质提高。对白兰地新酒进行 1.33 kGy 剂量的辐照，可以得到 3 年老酒的效果，经过气相色谱分析，没有新物质的产生或某种组成的消失，但是色谱峰高度有所变化，辛酸乙酯、正乙酸乙酯、正丁酸丁酯等成分有不同程度的提高。辐照黄酒可以使氨基酸的含量有所增加，相应地改善了黄酒的风味和营养，香气浓郁、醇厚、爽口。对曲酒的辐照结果同样使其质量明显改善。

8. 辐照的其他应用

食品中化学成分的辐照化学效应，有时却可产生有益的辐照加工效果。目前，各国都在这个领域展开研究，有些已投入商业应用。如黄豆发芽 24 h 后，用 2.5 kGy 剂量辐照，可减少黄豆中棉子糖和水苏糖（肠内胀气因子）等低聚糖的含量；小麦经杀虫剂量辐照，其面粉制成面包体积增大，柔软性好和组织均匀，口感提高；葡萄经 4～5 kGy 辐照可提高出汁率 10%～12%；空气干燥过的黄豆辐照后，煮熟时间仅为未处理过的 66%；脱水蔬菜如芹菜，用 10～30 kGy 处理，可使复水时间大大缩短，仅为原来的 1/5，密封容器内的食物，对于热敏而不受辐照影响的食品，采用高剂量辐照的方法可以生产能在室温下长期保藏的食品，辐照剂量一般在 20～60 kGy。

第四节　辐照食品的安全与法规

一、辐照食品的卫生安全性

辐照食品卫生安全性的国际性研究，最早开始于 20 世纪 60 年代。特别是联合国粮农组织（FAO）、国际原子能机构（IAEA）和世界卫生组织（WHO）成立了关于辐照食品的联合专家委员会（JECFI），对推动辐照食品的卫生安全性的全球性研究和辐照食品的商业化应用起到了决定性的作用。JECFI 1976 年首次阐明食品辐照同热加工和冷藏一样，实质上是一种物理过程，辐照食品卫生安全性评价涉及的问题应该与食物添加剂和食品污染遇到的问题区别开来。该委员会同年审查并批准 8 种（类）辐照食品。

2003 年 7 月，国际食品法典委员会（CAC）在意大利罗马召开了第 26 届大会，会议通过了修订后的《辐照食品国际通用标准（CODEX STAN 106—1983，Rev. 1—2003）》和《食品辐照加工工艺国际推荐准则（CAC/RCP 19—1979，Rev. 1—2003）》，从而在法规上突破了食品辐照加工中 10 kGy 的最大吸收剂量的限制，允许在不对食品结构的完整性、功能特性和感官品质发生负面作用和不影响消费者的健康安全性的情况下，食品辐照的最大剂量可以高于 10 kGy,以实现合理的辐照工艺目标。

我国在 20 世纪 50 年代也开始了对马铃薯辐照的研究,同时进行了某些动物的毒理学试验,20 世纪 70 年代开展了全国范围的辐照食品动物毒理学试验研究项目,得出没有发现与辐照食品相关的有害作用的研究结论。

我国现已颁布《辐照新鲜蔬菜、水果类卫生标准》《辐照香辛料类卫生标准》《辐照豆类、谷类及其制品卫生标准》等辐照食品的国家标准。在辐照食品卫生安全性的研究工作方面我国处于世界领先地位,已对 37 种辐照食品在理化分析、毒理学试验及动物试验的基础上进行的人体试食实验,得出的结论结束了由印度学者引起的世界上长达10 多年的多倍体之争。

二、辐照食品的营养安全性

辐照食品的营养价值可根据辐照后食品中维生素稳定性和生理有效性;脂肪含量、质量与基本脂肪酸的组成;蛋白质质量;食品中脂肪、糖类和蛋白质组分的消化特性及其潜在生物能的有效性;是否存在抗代谢物;食品感官品质变化等方面进行评估。本章已经介绍了辐照对食品中主要营养成分的影响,碳水化合物、蛋白质、脂肪在辐照过程中仅发生微小的变化,维生素、必需氨基酸和矿质元素的变化也很小。辐照对食品中一些营养成分的影响可以通过化学分析加以评价,但综合评价所有营养成分的最好方法是通过动物喂养实验,研究诸如生长、繁殖、食品消耗和利用效率,以及出现个体异常性等项目。国内外大量的动物喂养实验和一些人体食用实验也证明了辐照食品营养的安全性。

根据国内外辐照食品的营养价值的大量研究结果,辐照食品保持了其宏观营养成分(蛋白质、脂类和糖类)的正常营养价值。在某些辐照食品应用中可能发生维生素损失,然而这种损失很少,而且同其他普通食品加工过程类似。动物喂养和人体食用实验证明,辐照对食品营养价值的影响很小。同时,由于辐照食品在食物中占的比例很小,对食物的吸收和利用几乎没有影响。因此辐照食品具有可接受的营养价值。

色、香、味、形是食品及其制品的感官指标,也是顾客选择和食用食品的依据。为此,食品经辐照处理后,会引起什么样的变化,是人们十分关心的事。蛋白质经辐照处理后发生的变化对食品及其制品的色、香味及物质性质有较大的影响。例如,瘦肉和某些鱼的颜色主要取决于结合蛋白(即肌红蛋白)。如果肉中存在一定数量的红蛋白,辐照可引起这两种色素发生氧化还原反应,并改变其颜色,在真空包装情况下,辐照处理鸡肉和猪肉可以看到颜色不变,但在有氧情况下辐照处理肉,会产生似醛的气味,在氮气中则产生硫醇样的气味。总之,食品及其制品,经辐照处理后,产生的气味与蛋白质有关。

脂肪和油容易自动氧化而腐败产生臭味,通过辐照处理和热处理,可以加速食品及其制品中脂肪的自氧化过程,尤其在有氧情况下更是如此。当肉的脂肪被单独辐照处理后,会产生一种典型的"辐射脂肪"气味。鱼经过辐照处理后,产生的臭气,主要是由于不饱和脂肪酸的氧化形成的。对多糖类物质,在固态和水溶液中辐照处理后,对其理化性质的变化没有什么区别,除熔点和旋光度的降低外,辐照处理主要引起光谱和多糖结构的变化。在直链淀粉、支链淀粉中观察到有棕色生成,而颜色的强度随剂量升高而增加,然而,葡萄糖的颜色则没有变化。糖类和氨基酸混合物的辐照导致聚合作用,随之产生棕黄色。这种效应与辐照剂量和糖及氨基酸类型有关，这种现象比在热处理中看到的更为普遍。

辐照处理后食品及其制品会产生辐照异味，而且随辐照量的增大而增强。低温辐照是克服辐照异味的一种好途径，这可能是由于低温条件限制了辐照使介质产生自由基的过程，减轻辐照的次级作用，从而减少了组成辐照异味的低分子挥发性物质，因此异味就减轻。

三、辐照食品的微生物学安全性

辐照食品微生物学安全性是指食品辐照后能够抑制或消灭致病或致腐微生物，保证食品的安全，同时不产生新的食品安全问题。食品灭菌的要求随灭菌处理类别而异。对于消毒产品，使用的剂量必须能够破坏所有腐败微生物或使其失活。高水分、低盐、低酸食品易使肉毒杆菌芽孢萌发，必须有足够的剂量使孢子数量减少到 10^{-12}，也就是说需要使用 $12D_{10}$的剂量。值得注意的是，对于最耐辐射的 A 型肉毒杆菌，要求剂量大约为 45 kGy。为了保证食品的绝对安全，通常应用一种“接种包研究（inoculated pack study）”的方法，即在受怀疑的特定食品中接种一定的肉毒杆菌芽孢，经几种不同剂量辐照处理后，将食品放在允许芽孢萌发的条件下储存，观察肉毒杆菌芽孢生长及毒性的产生与辐照剂量的关系，找出防止肉毒杆菌生长与毒性产生的最低剂量。

对于应用低于消毒剂量的辐照控制微生物腐败的食品，则存在另外一些微生物学上的考虑。辐射能消除或抑制食品中常见微生物的正常过分生长，同时可能导致另一种不同微生物的过分生长和腐败类型。因此必须鉴定这一新的类型，并确定它能否对食品消费者产生健康危害。食品中出现正常过分生长类型的一个原因，是具有过分生长类型特征的细菌对辐射的敏感性往往高于其他微生物，它们在一定剂量辐照后，不管其他细菌存在与否，都可能失活，在随后的生长中那些辐照后存活下来的细菌就会成为优势微生物。在一些特定食品（如鲜肉）中已经观察到这种受到改变的过分生长的机制。改变食品中微生物过分生长类型的另一种机制可能是辐射诱发细菌的突变，产生具有较大的辐射抗性的微生物类型，但食品中的细菌污染物由于辐射诱变改变其正常特性而导致消费者受到健康危害的事至今尚未观察到。

四、辐照食品的管理法规

辐照食品的卫生和工艺标准体系在保证辐照食品的质量，保护消费者健康，促进辐照食品的国际贸易等方面都具有重要意义。全球经济贸易的一体化促使各国都要履行义务，执行标准，加强各自的辐照食品加工、工艺和质量控制体系，实施并强化辐照食品卫生安全控制战略。建立和完善辐照食品的标准体系，最大限度地实现对整个辐照食品产业链的全面控制，是与国际接轨并符合 CAC 标准要求所必需的。

在中国政府和 IAEA 的支持下，中国在辐照食品的卫生安全、工艺剂量、辐照食品质量保证、包装材料评估、人体试验和经济可行性评估等方面进行了广泛的研究。1984—1996 年间，中国政府批准了 18 种辐照食品的卫生标准，1986 年，卫生部颁布了修订的《辐照食品卫生管理条例》，根据 ICGFI 推荐的方法，1997 年卫生部按类重新批准了六类食品的卫生标准（表 8-9），在“九五”期间，国家攻关项目“食品辐照加工工艺的研究”正式立项，由农业部辐照产品质量监督检验测试中心组织国内食品辐照加工的研究和应用单位制定了33个辐照食品的工艺标准，其中17项辐照食品加工工艺标准已经经过国家技术监督局批准为国家标准(表8-10)。

表8-9 中国辐照食品卫生标准

批准时间	数量	批准的辐照食品及吸收剂量/kGy
1984年11月	7	马铃薯(0.2)、洋葱(0.25)、大蒜(0.2)、大米(0.45)、蘑菇(1)、花生仁(0.4)、香肠(8)
1988年9月	1	苹果(0.4)
1994年2月	10	扒鸡(8)、花粉(8)、果脯(1)、生杏仁(1)、番茄(0.4)、猪肉(0.65)、荔枝(0.5)、熟肉(4)、蜜橘(0.1)、薯干酒(4.0)
1997年4月	6	豆类谷物及其制品、干果果脯类、熟畜禽肉类、香辛料、新鲜水果蔬菜、冷冻分割包装畜禽肉类及其制品

表8-10 中国辐照食品加工工艺标准

标准号	名称	标准号	名称
GB/T 18524—2016	食品安全国家标准 食品辐照加工卫生规范	GB/T 18526.1—2001	速溶茶辐照杀菌工艺
GB/T 18525.1—2001	豆类辐照杀虫工艺	GB/T 18526.2—2001	花粉辐照杀菌工艺
GB/T 18525.2—2001	谷类制品辐照杀虫工艺	GB/T 18526.3—2001	脱水蔬菜辐照杀菌工艺
GB/T 18525.3—2001	红枣辐照杀虫工艺	GB/T 18526.4—2001	香料和调味品辐照杀菌工艺
GB/T 18525.4—2001	枸杞干、葡萄干辐照杀虫工艺	GB/T 18526.5—2001	熟畜禽肉辐照杀菌工艺
GB/T 18525.5—2001	干香菇辐照杀虫防霉工艺	GB/T 18526.6—2001	糟制肉食品辐照杀菌工艺
GB/T 18525.6—2001	桂圆干辐照杀虫防霉工艺	GB/T 18526.7—2001	冷却包装分割猪肉辐照杀菌工艺
GB/T 18525.7—2001	空心莲辐照杀虫工艺	GB/T 18527.1—2001	苹果辐照保鲜工艺
		GB/T 18527.2—2001	大蒜辐照抑制发芽工艺

为了加强对辐照加工业的监督管理，我国也先后发布了有关法规和标准使辐照加工业逐步走向法制化和国际化。例如《辐射加工用^{60}Co装置的辐射防护规定》(GB 10252—1988)、《辐射防护规定》(GB 8703—1988)、《辐照食品标准》(GB 14891—1994)。1996年卫生部发布了《辐照食品卫生管理办法》，规定从事食品辐照加工的单位和个人，必须取得食品卫生许可证和放射工作许可证后方可开展工作，辐照食品在包装上必须有统一制定的辐照食品标识。2001年，农业部颁布的《食品辐照通用技术要求》(GB 18524—2001)，规定了食品辐照的基本要求和操作，2016年修订的《食品安全国家

标准 食品辐照加工卫生规范》(GB 18524—2016),规定了食品辐照加工的辐照装置、辐照加工过程、人员和记录等基本卫生要求和管理准则。

食品辐照通用标准的制定应在《食品辐照加工工艺国际推荐准则》(CAC/RCP 19—1979,Rev. 1—2003)的基础上,参照 ICGFI 制定的一系列食品辐照工艺规范(GIP),并与我国现行的法规和标准协调一致。通用标准特别强调的内容是最低有效剂量和最高耐受剂量,明确指出工艺剂量应该是在最低有效剂量与最高耐受剂量之间。

食品辐照加工标准的制定要按照全面规划、突出重点、分步进行、与国际接轨的原则,从主要农产品的生产加工标准化入手,积极引进和采用国际标准,并逐步与国际接轨。根据"九五"国家科技攻关项目"辐照食品商业化加工工艺研究"的成果制定的 17 个辐照食品加工工艺标准,大部分在技术内容上非等效采用了 ICGFI 制定的国际标准,它是在与国内现有标准协调一致的情况下提出的,具有一定的先进性。考虑到中国食品辐照商业化规模的快速发展,今后应继续扩大辐照食品加工工艺标准的研究,加强有关按类制定的辐照食品通用工艺标准、辐照食品包装材料的标准、辐照食品辐照鉴定方法的标准、辐照食品感官分析和抽样方法标准、农产品食品辐照装置的检定规范、辐照食用农产品质量评价标准等标准的研究,加快建立中国辐照食品的标准体系。

本章小结

近年来,越来越多的人将目光集中在食品安全当中,辐照食品也逐渐走入人们的视线。辐照保藏技术是指放在辐射场内的食品,经过 γ 射线或电子高速射线的辐射,其中的生物体的细胞结构遭到破坏,不能进行正常的生理代谢反应,从而起到抑制微生物生长,保持食品品质的作用。该技术广泛应用于肉制品、蛋制品、水产品、蔬果粮食制品的生产过程当中,并能起到杀虫灭菌、保留营养、防止变质以及保存风味的作用。由于社会对辐射和电离的概念存在理解偏差,辐照食品很容易被消费者误解成具有二次辐射、食品品质下降等弊端。而事实上,与其他保藏技术相比,辐照保藏技术具有消灭微生物彻底、无有害物质残留、节能环保、操作简便、保持食品原有营养和口感特质的优点。因此,食品的辐照保藏技术在未来具有非常广阔的发展前景。

思考题

1. 为什么食品可以采用辐射的方式处理?
2. 辐射保藏食品的原理(辐射效应对微生物、酶、病虫害、果蔬等的影响)是什么?
3. 用于食品加工的辐射源有哪些?
4. 辐射有哪些化学效应及生物学效应?
5. 辐射对微生物的作用机制如何?
6. 为什么说辐射能杀虫、灭菌,而对食品的营养价值无明显的影响?
7. 辐射在食品保藏与加工中有哪些应用?
8. 如何看待辐射食品的安全性与卫生性问题?

第九章　食品化学保藏

食品保藏技术中,较为传统的保藏手段有加热、冷藏、干燥和发酵等技术。从20世纪初期开始广泛将人工化学制品应用于食品保藏,1906年可用于食品的化学品已达12种。20世纪30年代使用化学品作为防腐剂还不普遍。20世纪50年代,化学品在食品保藏以及在食品加工中的使用才日益增长,使化学品添加剂在食品中大规模地应用并生产,形成了食品添加剂行业。目前,随着化学工业和食品科学的发展,化学合成的和天然提取的食品保藏剂逐渐增多,食品化学保藏技术不断取得进展,成为食品保藏不可缺少的一部分。

第一节　概　述

一、概念

食品化学保藏就是在食品生产和储运过程中使用化学制品(化学保藏剂)来防止食品变质和延长保质期,以提高食品的耐藏性及尽可能保持食品原有品质的一种方法。

食品化学保藏的优点在于,食品中添加少量化学制品,如防腐剂、抗氧化剂或保鲜剂等到食品中,就能在室温条件下延缓食品的腐败变质,与其他食品保藏方法如低温保藏、热处理保藏等相比,此方法简便又经济。食品化学保藏的缺点在于只能控制或延缓微生物的生长,或短时间内延缓食品的化学变化,即只能在有限的时间内保持食品原有的品质状态,属于一种暂时性的或辅助性的保藏方法。除此之外,还需要考虑化学保藏剂可能产生的异味或其他安全性问题,其用量和适用范围也有限制。

食品化学保藏中应用的添加剂种类繁多,按照其保藏原理的不同,化学保藏剂大致可以分为三类,即防腐剂、抗氧化剂和保鲜剂。根据获取方式不同,化学保藏剂可分为人工合成及天然提取两类。

二、卫生与安全

一般来说,化学保藏剂的用量越大,延缓腐败变质的时间越长,不过合成的化学保藏剂或多或少对人体存在一定的副作用,需要注意其安全性,而且它们大多对食品品质本身也有影响,过多添加可能会引起食品风味的改变,因此只能有限地使用,必须符合食品添加剂法则,必须严格按照食品卫生标准规定控制其用量,以保证食品的安全性。

另外,需要注意的是,化学保藏剂的利用需要掌握时机,只有未遭细菌严重污染的食品,利用化学防腐剂才有效,抗氧化剂也是如此,要用在化学反应发生前,时机不当无预期作用。保藏剂的使用并不能改善低质量食品的品质,食品腐败变质一旦开始以后,腐败变质的产物已留在食品中，此时决不能利用化学保藏剂将已经腐败变质的食品改变成优质的食品。

总之，化学保藏剂使用需要注意以下几方面：①使用化学保藏剂的种类需符合国家有关规定；②使用量受到限制，需考虑毒理性质和食品品质影响；③化学保藏的方法并不是全能的，它只能在一定时期内防止食品变质，仅起延缓微生物生长或食品内部化学变化的作用；④需要掌握化学保藏剂的添加时机，时机不当起不到预期作用。

第二节 食品防腐剂

一、食品防腐剂概念及种类

食品防腐剂是指能抑制微生物引起的腐败变质、延长食品保存期的一类食品添加剂，又称为抗菌剂。这里不包括有防腐作用的调味品如盐、糖、醋和香辛料等。目前，防腐剂在食品中使用最为广泛。允许在食品中使用的防腐剂，美国约有 50 种，日本约有 40 种，我国有 30 多种。

食品防腐剂按其来源不同，分为化学合成防腐剂和天然防腐剂两大类。化学合成防腐剂由人工合成，种类较多，也是目前在食品中广泛使用的；天然防腐剂是生物体分泌或生物体内存在的、经人工提取后得到的防腐物质，由于其本身就是某种食用成分，因此不会对人体造成伤害。

按照防腐剂对微生物的作用程度，可将其分为杀菌剂和抑菌剂。具有杀菌作用的物质称为杀菌剂，而仅具有抑菌作用的物质称为抑菌剂。一种化学或生物制剂的作用是杀菌或抑菌通常是难以严格区分的。同一种抗菌剂浓度高时，可杀菌，而浓度低时只能抑菌；又如作用时间长可以杀菌，短时间作用只能抑菌；由于不同类微生物结构特点、生理特性和代谢方式等有差异，所以同一种防腐剂对不同微生物抑制效果不一样，同一种防腐剂可能对某一种微生物具有杀菌作用，而对另一种微生物仅具有抑菌作用。抑菌剂和杀菌剂概念在植物保护学中有比较严格的区分，但在食品学中，抑菌剂和杀菌剂之间并无绝对严格的界限。

二、食品防腐剂作用机制

防腐剂抑制与杀死微生物的机制十分复杂，不同防腐剂防腐作用的机制各不相同，迄今为止也尚有不明之处。目前使用的防腐剂一般认为对微生物具有以下几方面作用：①破坏微生物细胞膜的结构或改变细胞膜的渗透性，使微生物体内的酶类和代谢产物逸出细胞外，导致微生物正常的生理平衡被破坏而失活。②防腐剂与微生物的酶作用，如与酶的巯基作用，破坏多种含硫蛋白酶的活性，干扰微生物体的正常代谢，从而影响其生存和繁殖。通常防腐剂作用于微生物的呼吸酶类，如乙酰辅酶 A 缩合酶、脱氢酶、电子传递酶系等。③其他作用，包括防腐剂作用于蛋白质，导致蛋白质部分变性、蛋白质交联而导致其他的生理作用不能进行等。

三、影响防腐剂防腐效果的因素

同一种防腐剂在不同条件下使用时,其抗菌和杀菌效果是不一样的。这主要是因为防腐剂的防腐效果受到多方面因素的影响,如 pH 值、细菌状况、防腐剂的溶解性和分散性、是否与其他物质联用等。

(一) pH 值

对于酸型防腐剂,在含水或水溶液体系中,其防腐作用主要依靠未解离的酸对微生物的作用,而解离出来的 H^+作用较小。因此使用这类防腐剂时,要在食品体系许可范围内,尽量提高未解离酸的比例,以增加防腐效果和减少防腐剂的用量。对于同种防腐剂,其 pH 值与解离度比例之间有密切关系,不同 pH 条件下,不同防腐剂未解离酸的比例见表 9-1。因此,这类防腐剂的防腐效果很大程度上受 pH 值的影响,一般 pH 值越低,未解离比例就高,其防腐效果越好,如 pH=6.0 时,山梨酸对黑根霉起完全抑制作用的最小浓度为 0.2%,而在 pH=3.0 时浓度仅需达到 0.007%,前者浓度是后者浓度的 30 倍左右。

表 9-1 不同 pH 时防腐剂未解离酸的比例 单位:%

防腐剂	解离常数	pH								
		3.0	3.5	4.0	4.5	5.0	5.5	6.0	6.5	7.0
苯甲酸	6.46×10^{-5}	94	83	61	33	13	5	1.5	0.5	0.15
山梨酸	1.73×10^{-5}	98	95	85	65	37	15	5.5	1.8	0.6
丙酸	1.32×10^{-5}	99	96	88	71	43	19	7.0	2.3	0.8
脱氢乙酸	5.30×10^{-5}	100	98	95	86	65	37	15.9	5.6	1.9

从表 9-1 可以看出,这类防腐剂在 pH 较低时,防腐效果较好;山梨酸适宜的 pH 范围大于苯甲酸。

(二) 水分活度(A_w)

允许不同微生物生长的最低 A_w

水分活度(A_w)指一定温度下食品所显示的水蒸气压 P 与同一温度下纯水蒸气压 P_o 之比,即 $A_w=P/P_o$。各种微生物必须在各自的 A_w 以上才能正常生长。水分活度 A_w 低于 0.6 时,绝大部分微生物均不能生长。因此,降低食品体系的 A_w,可达到抑制微生物生长的目的。另外,在水中加入电解质或可溶性物质,并达到一定浓度,可降低体系的 A_w,这样对防腐剂也有增效作用。

pH、水分活度与防腐剂的联合效应,可以用"栅栏原理"形象地描述,即使其中任何单独一个不能足够地抑菌,但若以足够的数量和浓度共同作用于基质,就能一起防止微生物的生长。

(三) 防腐剂的溶解与分散

防腐剂的溶解性和分散性好坏将影响其作用效果,溶解性和分散性好则易使其均匀分散于食品中,溶解性和分散性差的防腐剂则很难均匀分布于食品中,这将导致食品中某些部位的防腐剂含量过少而起不到防腐作用,某些部位又会因防腐剂过多而超标。

使用防腐剂时,须针对食品腐败的具体情况进行处理。有些情况,腐败开始只发生在食品外部,如水果、薯类、冷冻食品等,那么只要将防腐剂均匀地分散在食品表面即可,甚至不需要完全溶解。而对于饮料、罐头、焙烤食品等就要求防腐剂均匀地分散其中,所以,这时要注意防腐剂的溶解分散性。对于易溶于水的防腐剂,可将其水溶液加入;易溶于有机溶剂的,一般用不同浓度的食用酒精等溶剂;水、乙醇不溶或难溶的,就要用化学方法改性增加其溶解性或使用分散剂将其分散。

不同防腐剂的分散特性

(四)防腐剂添加时间

食品最初污染菌数、污染微生物种类、是否有芽孢、是否形成细菌生物膜等情况对防腐剂防腐效果有很大的影响。如防腐剂加入时食品染菌程度愈重,防腐效果则愈差。如果食品已变质,则加入任何防腐剂也无济于事,这个过程是不可逆转的。因此一定要保证食品本身处于良好的卫生条件下添加防腐剂,即加入时间应在微生物生长的诱导期,如微生物的增殖已进入对数期,不仅防腐效果将大打折扣,而且此时再单纯使用防腐剂很难保证食品储藏的安全性。

一般防腐剂若对食品是必需的话,应尽早及时加入,这样效果好,用量少。防腐剂的用量可在相关的手册中查找。

(五)防腐剂的抑菌范围及配合使用

每种防腐剂都有各自的作用范围,没有任何一种防腐剂能够在食品中抵抗可能出现的所有腐败性微生物,而且许多微生物都会产生抗药性,这两种情况都会使防腐剂效果下降。为了弥补这种缺陷,在某种情况下两种以上防腐剂同时并用,往往可以起到协同作用而且比单独使用更为有效。例如饮料中苯甲酸钠与二氧化碳并用,有的果汁中苯甲酸钠与山梨酸并用,就可扩大抑菌效果的范围。

但是这里也要指出,防腐剂的并用也必须符合使用标准,要反复实践决定最有效的配合比例。并用的使用总量要按比例折算不能超过最大使用量。实际上由于使用标准的限制,不同防腐剂并用的实例并不多,但同一种类型的防腐剂联用如山梨酸与其钾盐联用,几种对羟基苯甲酸酯并用,或防腐剂与其他增效剂之间联用如防腐剂与食盐、糖等联用,鱼精蛋白与乙醇联用等,则较为普遍。

四、防腐剂与物理防腐方法的结合

1. 防腐剂与食品热处理的结合

一般情况下,加热可增强防腐剂的防腐效果。在加热杀菌时若存在防腐剂,则杀菌时间可以缩短。例如在实验室条件下已经证实山梨酸与加热方法合用,可使酵母菌失活时间缩短 30% ~80%,在 56 ℃ 使酵母菌数减少 1/50 需要 90 min,若在加热前加入 0.01% 对羟基苯甲酸丁酯,则缩短为 48 min,若加入 0.05% 则仅需 4 min。可见防腐剂与热处理在防腐方面有协同作用。像果汁在用二氧化碳保藏前,采用有效的巴氏杀菌,可降低微生物数量并抑制酶的活性,能获得更好的效果。同样,山梨酸对假单胞菌也有同样的作用，但是防腐剂与加热方法只是同用，而不能代替巴氏灭菌或其他灭菌方法。它们之间的配合也要符合食品加工工艺的要求。

防腐剂在普通食品的加热条件下不会分解，一般可以在加热前添加。但是苯甲酸与山梨酸在酸性条件下有随同水蒸气挥发的性质，所以酸性食品使用时，不宜在加热前添加，可根据具体情况在加热过程接近结束或在冷却时添加。

2. 防腐剂与冷冻处理

冷冻可限制微生物的繁殖，在室温条件下，不足以防止食品腐败变质的防腐剂用量，在冷冻条件下是足量的。加入防腐剂一般都能延长食品的冷冻保存期。

3. 防腐剂与辐照处理

在辐射保藏食品实验中，发现防腐剂与电离和电磁辐射之间存在着增效作用，如在苹果、蔬菜、果汁、干酪和其他乳制品中使用山梨酸，可降低辐照保鲜处理的辐照剂量，这样有利于减少和防止辐照的副作用，节约能源和材料，但是发射剂量的降低不能低于所要杀灭微生物的致死量。

五、常用防腐剂

（一）化学合成型有机防腐剂

1. 苯甲酸和苯甲酸钠

（1）特性　苯甲酸和苯甲酸钠分子式和结构式如下：

苯甲酸　$C_7H_6O_2$

苯甲酸钠　$C_7H_5O_2Na$

苯甲酸，又名安息香酸，白色有荧光的鳞片状结晶或针状结晶，或单斜棱晶，质轻无味或微有安息香或苯甲酸的气味，化学性质稳定，有吸湿性，在常温下难溶于水（17.5 ℃时在水溶液中的溶解度仅达0.21%），微溶于热水，溶于乙醇、氯仿、乙醚、丙酮、二硫化碳和挥发性、非挥发性油中，微溶于已烷。未解离的苯甲酸具有较强的抗菌作用。

苯甲酸钠，白色颗粒或晶体粉末，无臭或微带安息香气味，味微甜，有收敛性，在空气中稳定，极易溶于水（20 ℃时在水中的溶解度为61%，100 ℃时其为100%），在水溶液中的 pH=8.0，溶于乙醇。

（2）作用效果及使用方法　由于苯甲酸难溶于水，食品防腐时一般都使用苯甲酸钠，但它的防腐作用仍来自苯甲酸本身。苯甲酸及其钠盐在酸性条件下，以未解离的分子起抑菌作用，其防腐效果视介质的 pH 值而定，一般 pH<5 时抑菌效果较好，pH=2.5～4.0 时抑菌效果最好。例如当 pH 值由 7 降至 3.5 时，其防腐能力可提高 5～10 倍。但在酸

性溶液中其溶解度降低，故不能单靠提高酸性来提高抑菌活性。

就防腐效果而言，1.18 g 苯甲酸钠相当于 1.0 g 苯甲酸。苯甲酸对酵母菌、部分细菌效果很好，对霉菌的效果差一些，但在允许使用的最大范围内（2 g/kg），pH = 4.5 以下，对各种菌都有效。若苯甲酸与苯甲酸钠同时使用时，以苯甲酸计，不超过最大使用量。在酸性条件下，苯甲酸可随水蒸气挥发，故应在食品加热后期添加。

联合国粮农组织（FAO）和世界卫生组织（WHO）1994 年规定，苯甲酸的每日允许摄入量（ADI）为 0 ~ 5 mg/kg。关于苯甲酸及其钠盐使用范围和最大使用量的规定见《食品安全国家标准 食品添加剂使用标准》（GB 2760—2021）。

苯甲酸及其钠盐的使用范围及最大使用量

使用苯甲酸时，先用少量乙醇溶解，再添加到食品中。使用苯甲酸钠时，一般先配制成 20% ~ 30% 的水溶液，再加入到食品中，搅拌均匀即可。

（3）机制　苯甲酸及苯甲酸钠是广谱性抑菌剂，其抑菌机制是使微生物细胞的呼吸系统发生障碍，使三羧酸循环（TCA 循环）中乙酰辅酶 A→乙酰乙酸及乙酰草酸→柠檬酸之间的循环过程难于进行，并阻碍细胞膜的正常生理作用。

（4）安全性　苯甲酸及苯甲酸钠作为广谱抑菌剂相对较安全。苯甲酸摄入人体后经肝脏作用，大部分在 9 ~ 15 h 内与甘氨酸结合形成无害的马尿酸，其余部分与葡萄糖醛酸结合生成苯甲酸葡萄糖醛酸从尿中排出。实验证明不在人体中积累，所以苯甲酸毒性较小，是我国允许使用的有机防腐剂之一，但对肝功能衰弱者不太适宜。

2. 山梨酸和山梨酸钾

（1）特性　山梨酸和山梨酸钾分子式和结构式如下：

山梨酸　$C_6H_8O_2$

山梨酸钾　$C_6H_7KO_2$

山梨酸，又称为花楸酸，无色针状结晶或白色结晶性粉末，无味或略带刺激性臭味。受光和热的影响很小，但长期将其置于空气中则极易氧化变色。难溶于水，能溶于乙醇、乙醚、丙二醇、花生油、甘油和冰醋酸。20 ℃时 100 mL 水中能溶解 0.16 g，常温下 100 mL 无水乙醇中能溶解 1.29 g。山梨酸在加热至 60 ℃时升华，228 ℃时分解。

山梨酸钾，白色至浅黄色鳞片状结晶或颗粒或粉末状，无臭或微有臭味。长期暴露在空气中易吸潮、易氧化分解。易溶于水，并溶于乙醇、丙二醇，100 mL 水中的溶解度 20 ℃时为 67.8 g。山梨酸钾加热至 270 ℃时分解。

（2）作用效果及使用方法　山梨酸和山梨酸钾是良好的食品防腐剂，在西方发达国家广泛使用，但目前在我国应用范围还比较有限。山梨酸和山梨酸钾对污染食品的霉菌、酵母和好气性微生物有明显抑制作用，但对于能形成芽孢的厌气性微生物和嗜酸乳酸杆菌的抑制作用甚微。山梨酸和山梨酸钾的防腐效果同样也与食品的 pH 值有关，随 pH 值增大防腐效果减小，pH = 8.0 时丧失防腐作用，试验证明它们的抗菌力在 pH 值低于 5 ~ 6 时最佳。使用范

山梨酸和山梨酸钾使用范围及最大使用量

围比苯甲酸类防腐剂要宽。山梨酸 ADI 值为 0～25 mg/kg(以山梨酸计,FAO/WHO,1994)。对山梨酸与山梨酸钾使用范围和最大使用量均有规定,见《食品安全国家标准 食品添加剂使用标准》(GB 2760—2021)。

使用山梨酸时,应先将其溶解在少量乙醇或碳酸氢钠、碳酸氢钾的溶液中,随后添加到食品中。为了防止山梨酸受热挥发,最好在食品加热过程的后期添加。山梨酸钾使用方便,但其1%水溶液的 pH 值为 7～8,有使食品 pH 值升高的倾向,应予注意。

(3)机制　山梨酸的抑菌作用机制是作用于微生物的脱氢酶系统,与微生物的有关酶的巯基相结合,从而破坏许多重要酶的作用,此外,它还能干扰传递机能,如细胞色素 C 对氧的传递,以及细胞膜表面能量传递的功能,抑制微生物增殖,达到防腐的目的。

(4)安全性　山梨酸属于不饱和六碳酸,是一种国际公认安全的防腐剂,摄入人体后能在正常的代谢过程中被氧化成水和二氧化碳,一般属于无毒害的防腐剂。山梨酸的毒副作用比苯甲酸、维生素 C 和食盐还要低,毒性仅为苯甲酸的 1/4、食盐的 1/2。山梨酸对人体不会产生致癌和致畸作用。

3. 丙酸和丙酸盐

(1)特性　丙酸、丙酸钙和丙酸钠分子式和结构式如下:

丙酸　$C_3H_6O_2$　CH_3CH_2COOH

丙酸钙　$C_6H_{10}O_4Ca$　$(CH_3CH_2COO)_2Ca$

丙酸钠　$C_3H_5O_2Na$　CH_3CH_2COONa

丙酸又称初油酸,纯丙酸是无色、有腐蚀性的液体,有刺激性气味。它与水混溶,可混溶于乙醇、乙醚、氯仿。

丙酸盐防腐剂主要包括丙酸钠和丙酸钙两种,它们均为白色的结晶颗粒或结晶性粉末,无臭或略有异臭,易溶于水。丙酸钠溶于乙醇,微溶于丙酮。丙酸钙对光和热稳定,有吸湿性,不溶于乙醇和醚类。

(2)作用效果及使用方法　丙酸盐的抑菌谱较窄,对霉菌、需氧芽孢杆菌或革兰氏阴性杆菌有较强的抑制作用,对引起食品发黏的菌类如枯草杆菌抑菌效果好,对防止黄曲霉毒素的产生有特效,对酵母菌无作用。所以丙酸盐广泛用于面包、糕点、酱油、醋、豆制品等的防霉。丙酸钠在 pH 值较低的介质中抑菌作用强,例如最小抑菌浓度在 pH=5.0 时为 0.01%,在 pH=6.5 时为 0.5%。丙酸钙的防腐性能与丙酸钠相同,在酸性介质中形成丙酸而发挥抑菌作用。丙酸钙抑制霉菌的有效剂量较丙酸钠小,但它与膨松剂碳酸氢钠一起使用会生成不溶性盐类,降低 CO_2 的产生,故西点中常用丙酸钠,然而其优点在于糕点、面包和乳酪中使用丙酸钙可补充食品中的钙质,因此在面包中常用丙酸钙。日本规定最大用量为 5 g/kg 以下。《食品安全国家标准 食品添加剂使用标准》(GB 2760—2021)中,关于丙酸和丙酸盐使用范围和最大使用量均有规定,具体可参考此标准。

丙酸和丙酸盐的使用范围和最大使用量

(3)机制　丙酸及其钠盐、钙盐是酸型防腐剂,起防腐作用的主要是未解离的丙酸。丙酸是一元羧酸,是通过抑制微生物合成 β-丙氨酸而起到的抗菌作用。

(4)安全性　丙酸和丙酸盐均很易为人体吸收,并参与人体的正常代谢过程,安全无毒,其 ADI 不做限制性规定,但抗菌作用没有山梨酸类和苯甲酸类强。丙酸钠小鼠经口

LD_{50}为 5.1 g/kg,丙酸钙大鼠经口 LD_{50}为 3.34 g/kg。

4. 对羟基苯甲酸酯类

(1)特性 对羟基苯甲酸酯,又称对羟基安息香酸酯或尼泊金酯,是苯甲酸的衍生物,是国际上允许使用的一类食品抑菌剂。主要包括对羟基苯甲酸甲酯、乙酯、丙酯和异丙酯、丁酯和异丁酯、庚酯等,其中对羟基苯甲酸丁酯防腐作用最好,它们的结构式如下:

HO— —COOR

式中,R 分别为$—CH_3$(甲酯),$—CH_2CH_3$(乙酯),$—(CH_2)_2CH_3$(丙酯),$—CH(CH_3)CH_3$(异丙酯),$—(CH_2)_3CH_3$(丁酯),$—CH_2CH(CH_3)CH_3$(异丁酯),$—(CH_2)_6CH_3$(庚酯)。

对羟基苯甲酸酯类物质为无色小结晶或白色结晶性粉末,无臭,开始无味,随后稍有涩味,吸湿性小,对光和热稳定,难溶于水,可溶于乙醇、乙醚、丙二醇、冰醋酸、丙酮等有机溶剂以及花生油。

(2)作用效果及使用方法 对羟基苯甲酸酯类抑菌谱广,对羟基苯甲酸酯类对霉菌、酵母菌与细菌有广泛的抗菌作用,对霉菌、酵母的作用较强,但对细菌特别是革兰氏阴性杆菌及乳酸菌的作用较差。但总体的抗菌作用较苯甲酸和山梨酸要强,而且对羟基苯甲酸酯类的抗菌能力是由其未水解的酯分子起作用,所以其抗菌效果不像酸性防腐剂那样易受 pH 值变化的影响,在 pH 值为 4 ~8 的范围内都有较好的抗菌效果。抗菌作用:异丁酯=丁酯>丙酯>乙酯>甲酯。

对羟基苯甲酸酯类都难溶于水,所以通常是将它们先溶于氢氧化钠、乙酸、乙醇中,再分散到食品中。为更好地发挥防腐作用,最好是将 2 种或 2 种以上的该酯类混合使用。对羟基苯甲酸乙酯一般用于酱油和醋中,而对羟基苯甲酸丙酯一般使用于一些水果饮料和果蔬保鲜,使用时可以添加、浸渍、涂布、喷雾,将其涂于表面或使其吸附在内部。有无芽孢和孢子等情况对其防腐效果都有很大的影响。《食品安全国家标准 食品添加剂使用标准》(GB 2760—2014)中,关于对羟基苯甲酸酯类及其钠盐使用范围和最大使用量均有规定,具体可参考此标准。

对羟基苯甲酸酯类及其钠盐的使用范围和最大使用量

(3)机制 对羟基苯甲酸酯抑菌机制与苯甲酸类似,是通过抑制微生物细胞的呼吸酶系与电子传递酶系的活性,以及破坏微生物的细胞膜结构,使细胞内的蛋白质变性,从而起到防腐作用。有些实验证明,在有淀粉存在时,对羟基苯甲酸酯类的抗菌力减弱。

(4)安全性 对羟基苯甲酸酯在人体内的代谢途径与苯甲酸基本相同,动物毒理试验结果表明其毒性比苯甲酸低,但高于山梨酸,是较为安全的抑菌剂。它的毒性与烷基链的长短有关,烷基链短者毒性大,故对羟基苯甲酸甲酯很少作为食品防腐剂使用。

5. 其他有机类防腐剂

除上述几种防腐剂外,还有一些有机物在食品保藏中使用。例如,甘氨酸、蔗糖脂肪酸酯、脱氢乙酸及其钠盐、乙氧基喹、仲丁胺、双乙酸钠、噻苯咪唑、桂醛、乙萘酚及单辛酸甘油酯等,这些防腐剂在我国生产实际中已用于果蔬、肉乳类制品的储藏保鲜,并取得较好的效果。

(1)脱氢乙酸及其钠盐 脱氢乙酸及其钠盐的分子式和结构式如下:

脱氢乙酸　$C_8H_8O_4$

脱氢乙酸钠　$C_8H_8O_4Na \cdot H_2O$

脱氢乙酸又称脱氢醋酸（DHA）极难溶于水，易溶于乙醇等有机溶剂，故多用其钠盐做防腐剂。脱氢乙酸钠为白色结晶性粉末，在水中的溶解度可达33%。脱氢乙酸及其钠盐对光和热较稳定，适应的pH值范围较宽，但以酸性介质中的抑菌效果最好。脱氢乙酸钠为乳制品的主要防腐剂，常用于干酪、奶油和人造奶油。《食品安全国家标准 食品添加剂使用标准》（GB 2760—2021）中，关于脱氢乙酸及其钠盐使用范围和最大使用量均有规定，具体可参考此标准。

脱氢乙酸及其钠盐的使用范围和最大使用量

脱氢乙酸和脱氢乙酸钠是联合国粮农组织（FAO）和世界卫生组织（WHO）认可的一种安全型食品防霉、防腐剂。脱氢乙酸钠在水溶液中降解为醋酸，对人体无毒，是一种广谱型防腐剂。本品与山梨酸钾混合使用时，有较好的协同作用。用于谷物防霉时，应注意控制温度和湿度。脱氢乙酸及其钠盐对霉菌和酵母菌的作用较强，对细菌的作用较差。其抑菌作用是由三羧基甲烷结构与金属离子发生螯合作用，通过损害微生物的酶系而起到防腐作用。

（2）双乙酸钠　双乙酸钠的分子式和结构式如下：

双乙酸钠　$C_4H_7NaO_4$

双乙酸钠为白色结晶，易溶于水，具吸湿性，呈酸性，常有乙酸味道。其抗菌作用来源于乙酸。双乙酸钠在酸性介质中的抗菌效果要比中性介质中的好。

0.4%双乙酸钠对镰刀菌菌丝抑制率为91%，镰刀菌产孢量抑制率为93%。0.2%双乙酸钠可完全抑制镰刀菌分生孢子的萌发。0.1%双乙酸钠可完全抑制欧氏杆菌的生长。双乙酸钠对革兰氏阴性菌有较强的抑菌效果。

双乙酸钠既是防腐剂，又是一种螯合剂，在谷类和豆制品中有防止霉菌繁殖的作用。国内外大量实验证明，双乙酸钠对黄曲霉、灰绿曲霉、白曲霉、绳状青霉菌、大肠杆菌、李斯特菌、革兰氏阴性菌有较强的抑制作用，其效果优于常用防腐剂苯甲酸钠、山梨酸钾，可用作肉类、高水分粮食、饮料、豆制品、腌渍品、调味品、焙烤食品、饲料等的防腐抗霉剂。《食品安全国家标准 食品添加剂使用标准》（GB 2760—2021）中，关于双乙酸钠使用范围和最大使用量均有规定，具体可参考此标准。

双乙酸钠的使用范围和最大使用量

双乙酸钠中含有可释放的4%游离乙酸分子，在水溶液中呈酸性，其释放出的乙酸能渗入霉菌细胞壁，干扰细胞内各种酶体系而产生作用，使细胞内蛋白质变性，抑制微生物生长繁殖,从而达到高效防霉防腐作用。而对乳酸菌、面包酵母无作用。

双乙酸钠在人体及动物新陈代谢过程中能被分解成二氧化碳、水、钠,并经自然渠道排出,在体内无残留,且无毒、无致癌作用,被世界卫生组织与联合国粮农组织批准为食品防霉添加剂。

(二)无机防腐剂(杀菌剂)

杀菌剂按其杀菌特性可分为三类,氧化型杀菌剂、还原型杀菌剂和其他杀菌剂。氧化型杀菌剂的作用就在于它们的强氧化作用,在食品中常用的氧化型杀菌剂有过氧化物和氯制剂等。还原型杀菌剂如二氧化硫、亚硫酸及其盐类,在食品保藏中其杀菌机制是利用亚硫酸的还原性消耗食品中的氧使好气性微生物缺氧致死,同时还能抑制微生物生理活动中酶的活性并破坏其蛋白质中的二硫键等从而控制微生物的生长繁殖。除此之外,还有醇、酸等其他杀菌剂,它们的杀菌机制既不是利用氧化作用也不是利用还原型,例如醇类可以通过和蛋白质竞争水分,使蛋白质因脱水而变性凝固,从而导致微生物的死亡。

1. 氧化型杀菌剂

在食品加工与保藏中常用的氧化型防腐剂(杀菌剂)有过氧化氢、二氧化氯、过氧乙酸、臭氧、氯、漂白粉、漂白精等。该类防腐剂(杀菌剂)的氧化能力较强,反应迅速,直接添加到食品中会影响食品的品质,目前绝大多数仅作为杀菌剂或消毒剂使用,应用于生产环境、设备、管道或水的消毒或杀菌。

(1)过氧化氢　过氧化氢又称为双氧水,分子式为 H_2O_2。在无水状态下,双氧水是一种无色、有苦味的液体,并且带有类似臭氧的气味。过氧化氢 0.1% 浓度在 60 min 内可以杀死大肠杆菌、伤寒杆菌和金黄色葡萄球菌;1% 浓度需数小时能杀死细菌芽孢;3% 浓度的过氧化氢只需几分钟就能杀死一般细菌。有机物存在时会降低其杀菌效果。

过氧化氢属于强烈的氧化剂,作为生产加工助剂具有消毒、杀菌、漂白等功效。在《食品安全国家标准 食品添加剂使用标准》(GB 2760—2021)标准中规定,过氧化氢已成为可在各类食品加工过程中使用,残留量不需限定的加工助剂之一。在食品工业中可用于软包装纸的消毒、罐头厂的消毒剂、奶和奶制品杀菌、面包发酵、食品纤维的脱色等,3% 以下的双氧水稀溶液还可用作医药上的杀菌剂。在许多国家,食品级双氧水在食品行业中早已普遍使用,在乳品及饮料等食品的无菌包装以及纯净水、矿泉水、乳品、饮料、水产品、瓜果、蔬菜、啤酒等食品的生产过程中都广泛使用食品级双氧水。

(2)过氧乙酸　过氧乙酸又称过氧醋酸,其分子式为 $C_2H_4O_3$,结构式为 CH_3COOH。过氧乙酸性状为无色液体,有强烈刺激气味,易溶于水、醇、醚、硫酸,性质极不稳定,尤其是低浓度溶液更易分解释放出氧,但在 2 ~6 ℃低温条件下分解速度减慢。

过氧乙酸是一种广谱、高效、速效的强力杀菌剂,对细菌及其芽孢、真菌和病毒均有较高的杀灭效果,特别是在低温下仍能灭菌,这对保护食品的营养成分有极为重要的意义。一般使用浓度 0.2% 的过氧乙酸便能杀灭霉菌、酵母及细菌,用浓度为 0.3% 的过氧乙酸溶液可以在 3 min 内杀死蜡状芽孢杆菌。过氧乙酸几乎无毒性,它的分解产物是乙酸、过氧化氢、水和氧,使用后即使不去除,也无残毒遗留。

过氧乙酸多作为杀菌消毒剂,用于食品加工车间、工具及容器的消毒。喷雾消毒车间时使用的是浓度为 0.2 g/m^3 的水溶液;浸泡消毒工具和容器时常用浓度为 0.2% ~

0.5%的溶液；水果、蔬菜用0.2%溶液浸泡（抑制霉菌）；鲜蛋用0.1%溶液浸泡；饮用水用0.5%溶液消毒20 s。

过氧乙酸对纸、木塞、橡胶和皮肤等有腐蚀作用。它是爆炸性物质，浓度大于45%就有爆炸性，遇高热、还原剂或有金属离子存在就会引起爆炸。但是当在有机溶剂中浓度小于55%时，室温下操作是安全的，但该试剂应该在通风橱中使用，使用时有必要准备一个安全护罩。

（3）臭氧（O_3）　臭氧常温下为不稳定的无色气体，有刺激腥味，具强氧化性。对细菌、霉菌、病毒均有强杀灭能力，能使水中微生物有机质进行分解。臭氧可用于瓶装饮用水、自来水等的杀菌。臭氧在水中的半衰期在pH=7.6时为41 min，pH=10.4时为0.5 min，通常为20～100 min。在常温下能自行分解为氧气。臭氧气体难溶于水，40 ℃时的溶解度为494 mL/L。水温越低，溶解度越大。含臭氧的水一般浓度控制在5 mg/kg以下。

臭氧是一种强氧化剂，氧化能力高于氯和二氧化氯，能破坏分解细菌的细胞壁，很快地扩散透进细胞内，氧化分解细菌内部氧化葡萄糖所必需的葡萄糖氧化酶等，也可以直接与细菌、病毒发生作用，破坏细胞、核糖核酸，分解DNA、RNA、蛋白质、脂质类和多糖等大分子聚合物，使细菌的代谢和繁殖过程遭到破坏。

臭氧与次氯酸类消毒剂不同，其杀菌能力不受pH值变化和氨的影响，其杀菌能力比氯大600～3 000倍，它的灭菌、消毒作用几乎是瞬时发生的。此外，臭氧是强氧化剂，但其氧化能力是有选择性的，像乙醇这种易被氧化的物质却不容易和臭氧作用。

（4）二氧化氯　二氧化氯别名过氧化氯，化学式为ClO_2。二氧化氯是红黄绿色气体，有不愉快臭味，对光较不稳定，可受日光分解，微溶于水。冷却压缩后成红色液体，沸点11 ℃，熔点-59 ℃，含游离氯25%以上。

二氧化氯属无毒型消毒剂，一般使用浓度较小，可直接用于水果、蔬菜、肉类的杀菌、保鲜。将水果、蔬菜在二氧化氯溶液中浸泡片刻，既能杀死微生物又不与脂肪酸反应，不破坏蔬菜的纤维组织并对果蔬的味道、营养无任何损害，且无须再用清水清洗。在流通领域中，有些不宜水洗的果蔬，可用固体的二氧化氯与果蔬一起装入包装箱，可长时间缓慢放出二氧化氯，既灭菌，又可达到保鲜作用。经二氧化氯溶液浸泡的鱼、鸡、禽类，不仅可消除腥臭味，还可有效控制微生物生长，延长储藏期，并能保持鲜美的口味。用二氧化氯处理禽蛋，保鲜效果亦良好，且不影响蛋的孵化。《食品安全国家标准 食品添加剂使用标准》（GB 2760—2021）中，关于稳定态二氧化氯使用范围和最大使用量均有规定，具体可参考此标准。二氧化氯还可用作杀菌、杀虫剂和水质净化剂。二氧化氯ADI值：0～30 mg/kg（FAO/WHO，1994）。

稳定态二氧化氯使用范围和最大使用量

（5）氯　氯有较强的杀菌作用，饮料生产用水、食品加工设备清洗用水，以及其他加工过程中的用具清洗用水都可用加氯的方式进行消毒，主要是利用氯在水中生成的次氯酸（如下式）：

$$Cl_2+H_2O \longrightarrow HCl+HOCl$$

次氯酸有强烈的氧化性，是一种有效的杀菌剂。当水中余氯含量保持在0.2～0.5 mg/L时，就可以把肠道病原菌全部杀死。使用氯消毒时，需注意的是由于病毒对氯的抵抗力较细菌大，要杀死病毒需增加水中加氯量。食品工厂一般清洁用水的余氯量控制在25 mg/L以上。另外,有机物的存在会影响氯的杀菌效果。此外,降低水的pH值可提高杀菌效果。

(6)漂白粉　漂白粉是一种混合物,包括次氯酸钙、氯化钙和氢氧化钙等,其中有效的杀菌成分为次氯酸钙等复合物[$CaCl(ClO)\cdot Ca(OH)_2\cdot H_2O$]分解产生的有效氯。

漂白粉为白色至灰白色粉末或颗粒,性质极不稳定,吸湿受潮经光和热的作用而分解,有明显的氯臭,在水中的溶解度约为6.9%。漂白粉主要成分次氯酸钙中的次氯酸根(OCl^-)遇酸则释放出"有效氯"(HOCl),具强烈杀菌作用。我国药典(1963年)规定漂白粉的有效氯含量不低于25%。目前生产的漂白粉有效氯含量在28%~35%。

漂白粉对细菌、芽孢、酵母、霉菌及病毒均有强杀灭作用。0.5%~1%的水溶液5 min内可杀死大多数细菌,5%的水溶液在1 h内可杀死细菌芽孢。漂白粉杀菌效果和作用时间、浓度及温度等因素有关,其中尤以pH值影响最显著,pH值降低,能明显提高杀菌效果。

漂白粉在我国主要用作食品加工车间、库房、容器设备及蛋品、果蔬等的消毒剂。使用时,先用清水将漂白粉溶解成乳剂澄清液密封存放待用,然后按不同消毒要求配制澄清液的适宜浓度。一般对车间、库房预防性消毒,其澄清液浓度为0.1%;蛋品用水消毒按冰蛋操作规定,要求水中有效氯为80~100 mg/L,消毒时间不低于5 min;用于果蔬消毒时,要求有效氯为50~100 mg/kg。

(7)漂白精　漂白精又称为高度漂白粉,化学组成与漂白粉基本相同,但纯度高,一般有效氯含量为60%~75%,主要成分为次氯酸钙复合物[$3Ca(ClO)_2\cdot 2Ca(OH)_2\cdot 2H_2O$]。通常呈白色至灰白色粉末或颗粒,性质较稳定,吸湿性弱,但是遇水和潮湿空气或经阳光暴晒和升温至150 ℃以上,会发生燃烧或爆炸。

漂白精在酸性条件下分解,其消毒作用同漂白粉,但消毒效果比漂白粉高1倍。工具消毒用0.3~0.4 g/kg水,相当于有效氯200 mg/kg以上。

2. 还原型防腐剂

还原型防腐剂主要是亚硫酸及其盐类,这类添加剂除了具有一定的防腐作用外,更多的是用作漂白剂、抗氧化剂,国内外食品储藏中常用的品种有二氧化硫、无水亚硫酸钠、亚硫酸钠和焦亚硫酸钠等。

(1)二氧化硫(SO_2)　二氧化硫又称亚硫酸酐,在常温下是一种无色而具有强烈刺激性臭味的气体,对人体有害。二氧化硫易溶于水和乙醇,在水中形成亚硫酸,0 ℃时其溶解度为22.8%。当空气中二氧化硫含量超过20 mg/m^3时,对眼睛和呼吸道黏膜有强烈刺激,如果含量过高,则能窒息死亡。

二氧化硫常用于植物性食品保藏。二氧化硫是强还原剂,可以减少植物组织中氧的含量,抑制氧化酶和微生物的活动,从而阻止食品的腐败变质、变色和维生素C的损耗。因为二氧化硫具有毒害性,其ADI值为0~0.7 mg/kg(FAO/WHO,1994)。

(2)无水亚硫酸钠　无水亚硫酸钠的分子式为Na_2SO_3。该杀菌剂为白色粉末或结晶,易溶于水,微溶于乙醇,0 ℃时在水中的溶解度为13.9%。无水亚硫酸钠比含结晶水的亚硫酸钠性质稳定,但在空气中会缓慢氧化成硫酸盐,失去杀菌能力。无水亚硫酸钠与酸反应生成二氧化硫,所以需在酸性条件下使用。其ADI值为0~0.7 mg/kg(FAO/

WHO,1994)。

(3)亚硫酸钠　亚硫酸钠又称结晶亚硫酸钠,化学式为 $Na_2SO_3 \cdot 7H_2O$。亚硫酸钠为无色至白色结晶,易溶于水,微溶于乙醇,遇空气中氧则慢慢氧化成硫酸盐,丧失杀菌作用。亚硫酸钠在酸性条件下使用,产生二氧化硫。其 ADI 值为 0 ~ 0.7 mg/kg(FAO/WHO,1994)。

(4)低亚硫酸钠　低亚硫酸钠又称连二亚硫酸钠,商品名是保险粉,分子式为 $Na_2S_2O_4$。低亚硫酸钠为白色粉末状结晶,有二氧化硫浓臭,易溶于水,久置空气中则氧化分解,潮解后能析出硫黄。应用于食品保藏时,具有强烈的还原型和杀菌作用。其 ADI 值为 0 ~ 0.7 mg/kg(以 SO_2 计,FAO/WHO,1994)。

(5)焦亚硫酸钠　焦亚硫酸钠又称为偏重亚硫酸钠,分子式为 $Na_2S_2O_5$。该杀菌剂为白色结晶或粉末,有二氧化硫浓臭,易溶于水与甘油,微溶于乙醇。焦亚硫酸钠与亚硫酸氢钠可成可逆反应,目前生产的焦亚硫酸钠为焦亚硫酸钠和亚硫酸氢钠两者的混合物,在空气中吸湿后能缓慢放出二氧化硫,具有强烈的杀菌作用,可以在新鲜葡萄、脱水马铃薯、黄花菜和果脯、蜜饯等的防霉与保鲜中应用,效果良好。其 ADI 值为 0 ~ 0.7 mg/kg(FAO/WHO,1994)。

由于使用亚硫酸盐后残存的二氧化硫能引起严重的过敏反应,尤其是对哮喘患者,被 FDA 于 1986 年禁止在新鲜果蔬中作为防腐剂使用。《食品安全国家标准 食品添加剂使用标准》(GB 2760—2021)中,关于二氧化硫、焦亚硫酸钾、焦亚硫酸钠、亚硫酸钠、亚硫酸氢钠、低亚硫酸钠的使用范围和最大使用量均有规定,具体可参考此标准。

二氧化硫、焦亚硫酸钾、焦亚硫酸钠、亚硫酸钠、亚硫酸氢钠、低亚硫酸钠的使用范围和最大使用量

还原型防腐剂使用时应注意以下事项:①亚硫酸及其盐类的水溶液在放置过程中容易分解逸散二氧化硫而失效,所以应现用现配。②亚硫酸分解或硫黄燃烧产生的二氧化硫是一种对人体有害的气体,具有强烈的刺激性和对金属设备的腐蚀作用,所以在使用时应做好操作人员和库房金属设备的防护管理工作,以确保人身和设备的安全。③在实际应用中,需根据不同食品的杀菌要求和各亚硫酸杀菌剂的有效二氧化硫含量(表 9-2)确定杀菌剂用量及溶液浓度,并严格控制食品中的二氧化硫残留量标准,以保证食品的卫生安全性。

表 9-2　亚硫酸及其盐类的有效二氧化硫含量

名称	化学式	有效二氧化硫含量/%
液态二氧化硫	SO_2	100
亚硫酸(6%溶液)	H_2SO_3	6.0
亚硫酸钠	$Na_2SO_3 \cdot 7H_2O$	25.42
无水亚硫酸钠	Na_2SO_3	50.84
亚硫酸氢钠	$NaHSO_3$	61.59
焦亚硫酸钠	$Na_2S_2O_5$	57.65
低亚硫酸钠	$Na_2S_2O_4$	73.56

3. 其他无机防腐剂

(1)二氧化碳(CO_2) 高浓度的二氧化碳能阻止微生物的生长,因而能保藏食品。高压下二氧化碳的溶解度比常压下大。

对于肉类、鱼类产品采用气调保鲜处理,高浓度的CO_2可以明显抑制腐败微生物的生长,而且抑菌效果随着CO_2浓度的升高而增强。大多数生鲜果蔬的致病菌需要在果蔬成熟衰老后才能引起腐烂,适量CO_2可以推迟果蔬成熟,抑制果蔬中的抗病物质的快速下降,从而间接达到防止果蔬腐烂。也有少数果蔬,例如草莓等,能耐15% CO_2,高CO_2可以直接抑制灰霉病等繁殖,减少腐烂。害虫是粮食储藏中的最大危害,据研究,15% CO_2能够使不同害虫的发育期明显推迟,具有明显的防治害虫的效果。

CO_2能有效抑制好氧性微生物并防止脂质氧化酸败。新鲜鱼、肉的蛋白质、脂肪、水分含量均很高,极易在环境的影响下变质腐败。鱼类脂肪中因含有较多的不饱和脂肪酸而对O_2更敏感。另一方面,CO_2能够显著抑制好氧微生物尤其是G^-菌。在同温同压下,CO_2可以30倍于O_2的速度渗入细胞,对细胞膜和生物酶的结构和功能产生影响,导致细胞正常代谢受阻使细菌的生长发育受到干扰甚至破坏。引起鲜肉腐败的常见菌——假单胞杆菌、变形杆菌、无色杆菌等在20% ~30%的CO_2中受到明显抑制。

《食品安全国家标准 食品添加剂使用标准》(GB 2760—2021)中,关于二氧化碳作为防腐剂的使用范围和最大使用量均有规定,具体可参考此标准。

二氧化碳使用范围和最大使用量

(2)亚硝酸盐和硝酸盐 亚硝酸盐包括亚硝酸钠和亚硝酸钾,硝酸盐包括硝酸钠和硝酸钾,其中以硝酸钠和亚硝酸钠在生产中比较常用。硝酸钠为无色透明或白微带黄色菱形晶体,味苦咸,易溶于水和液氮,微溶于甘油和乙醇中,易潮解,特别在含有极少量氯化钠杂质时潮解性大为增加。在加热时,硝酸钠易分解成亚硝酸钠和氧气。亚硝酸钠是白色至浅黄色粒状、棒状或粉末,有吸湿性,易溶于水和液氮,微溶于乙醇、甲醇、乙醚等有机溶剂,有咸味,在空气中可慢慢氧化为硝酸钠。

硝酸盐和亚硝酸盐主要用于肉制品中,作为发色剂和防腐剂使用,不仅能保持肉的鲜红色,还可以起到抑制肉毒梭状芽孢杆菌繁殖的作用,使肉制品免受微生物的浸染。此外,还具有抗氧化和增进风味的作用。

硝酸盐和亚硝酸盐的使用范围和最大使用量

硝酸钠有刺激性,毒性很小,但对人体有危害。亚硝酸钠是一种工业盐,和食盐氯化钠很像,但亚硝酸钠有毒,不能食用。硝酸盐和亚硝酸盐会与人体血液作用,形成高铁血红蛋白,从而使血液失去携氧功能,若抢救不及时将危及生命;不仅如此,亚硝酸盐还会与仲胺类作用形成亚硝胺类,有致癌作用,所以一定要严格控制硝酸盐和亚硝酸盐的使用量。ADI值分别为:硝酸盐类0 ~5 mg/kg,亚硝酸盐类0 ~0.2 mg/kg(FAO/WHO,1994)。另外,欧盟儿童保护集团(HACSG)建议在婴幼儿食品中限制使用硝酸钠,而亚硝酸钠则不得用于儿童食品。

在《食品安全国家标准 食品添加剂使用标准》(GB 2760—2021)中,关于硝酸盐和亚硝酸盐作为防腐剂的使用范围和最大使用量均有规定,具体可参考此标准。

(三)天然防腐剂

天然防腐剂以其抗菌性强、安全无毒、水溶性好、热稳定性好、作用范围广等优点,越来越受到研究者的青睐。天然防腐剂按其来源可分为微生物源防腐剂、动物源防腐剂和植物源防腐剂。

1. 微生物源防腐剂

微生物源防腐剂又常被称为生物抗菌剂。现已从微生物中得到的天然防腐剂有乳酸链球菌素、纳他霉素、溶菌酶、聚赖氨酸、苯乳酸等。

(1)乳酸链球菌素(nisin)　乳酸链球菌素又称乳酸链球菌肽或乳球菌肽,是由乳酸链球菌分泌的由34个氨基酸残基组成的多肽类化合物,其分子式为 $C_{143}H_{228}N_{42}O_{37}S_7$。它是世界公认的一种安全的天然生物性食品防腐剂和抗菌剂。

乳酸链球菌素是一种白色或灰白色的粉末,使用时需溶解于水或液体中,其溶解度主要取决于液体的pH值,在pH值较低情况下,溶解性较好。其溶解度随pH值的降低而升高,pH=5.0时溶解度为4.0%,pH=2.5时溶解度为12%。其在中性和碱性条件下几乎不溶解,所以在应用时,一般先用0.02 mol/L盐酸溶解或用蒸馏水溶解后再加入到食品中。乳酸链球菌素能有效抑制革兰氏阳性菌,如对肉毒杆菌、金黄素葡萄球菌、溶血链球菌及李斯特菌的生长繁殖,尤其对产生孢子的革兰氏阳性菌和枯草芽孢杆菌及嗜热脂肪芽孢杆菌等有很好的抑制效果,一般来说对革兰氏阴性菌、霉菌和酵母的抑制作用很弱,但有研究指出,在一定条件下,如冷冻、加热、降低pH和EDTA、柠檬酸盐等处理,一些革兰氏阴性菌,如沙门氏菌、大肠杆菌、假单胞菌、拟杆菌、放线杆菌、克雷伯氏菌,同样对乳酸链球菌素敏感。

在《食品安全国家标准 食品添加剂使用标准》(GB 2760—2021)中,关于乳酸链球菌素作为防腐剂使用范围和最大使用量均有规定,具体可参考此标准。

乳酸链球菌的使用范围和最大使用量

(2)纳他霉素(nataycin)　纳他霉素,其分子式为 $C_{33}H_{47}NO_{13}$,为白色或奶油黄色结晶性粉末,几乎无臭无味,熔点280 ℃,微溶于水,难溶于大部分有机溶剂,溶于冰醋酸和二甲基亚砜。

纳他霉素是纳塔尔链霉菌经过发酵得到的一种次级代谢产物,它属于多烯大环内酯类抗菌剂,是一种高效、安全的新型生物防腐剂。纳他霉素是目前国际上唯一的抗真菌微生物防腐剂。

纳他霉素是真菌抑制剂,能够抑制酵母菌和霉菌,且具有专一性,能够阻止丝状真菌中黄曲霉毒素的形成,其抑菌作用是山梨酸的50倍,但对细菌和病毒无效。因此,它在以细菌发酵为基础的食品行业有着广泛的应用前景。将纳他霉素喷淋在霉菌容易增殖、暴露于空气中的食品表面时,有良好的抗霉效果。用于发酵干酪,可选择性地抑制霉菌的繁殖而让细菌得到正常的生长和代谢。

纳他霉素抗菌机制在于它能与细胞膜上的甾醇化合物反应,由此引发细胞膜结构改变而破裂,导致细胞内容物的渗漏,使细胞死亡。

纳他霉素的使用范围和最大使用量

纳他霉素对人体无害,很难被人体消化道吸收,而且微生物很难对其产生抗性,1997年我国卫生部正式批准纳他霉素作为食品防腐剂,目前该产品已经在50多个国家得到广泛应用。ADI值为0~0.3 mg/kg(FAO/WHO,1994)。在《食品安全国家标准 食品添加剂使用标准》(GB 2760—2021)中,关于纳他霉素作为防腐剂的使用范围和最大使用量均有规定,具体可参考此标准。

(3)ε-聚赖氨酸(ε-poly-lysine) ε-聚赖氨酸为淡黄色粉末,吸湿性强,略有苦味,易溶于水,微溶于乙醇,不溶于乙醚、乙酸乙酯等有机溶剂。它不受 pH 值影响,热稳定性高。在中性或微酸、微碱性环境中均有较强的抑菌性,而在酸性和碱性条件下,抑菌效果不太理想。ε-聚赖氨酸是混合物,没有固定的熔点,高于 250 ℃开始软化分解。

ε-聚赖氨酸具有较好的广谱抑菌性,对酵母菌、革兰氏阳性菌、革兰氏阴性菌及霉菌均有一定程度的抑制作用。尤其是对革兰氏阳性微球菌、保加利亚乳杆菌、热链球菌、革兰氏阴性的大肠杆菌、沙门氏菌以及酵母菌的生长有明显抑制效果。由于对热稳定,加入后可热处理,因此还能抑制耐热芽孢杆菌等。

ε-聚赖氨酸抑菌机制主要表现在对微生物细胞膜结构破坏,从而引起细胞的物质、能量和信息传递中断,还能与细胞内的核糖体结合影响生物大分子的合成,最终导致细胞的死亡。

ε-聚赖氨酸是由人体必需氨基酸 L-赖氨酸构成的多肽,经消化后可变成单一的赖氨酸而成为人体营养的强化剂,故其作为食品防腐剂具有无毒副作用、安全性高等特点。而且 ε-聚赖氨酸可以作为一种赖氨酸的来源。它的研究在国外特别是在日本已经比较成熟,在我国刚刚起步。在日本,ε-聚赖氨酸已用于快餐、乳制品、面点、酱类、饮料、果酒类、肉制品、海产品、肠类、禽类的保鲜防腐。在《食品安全国家标准 食品添加剂使用标准》(GB 2760—2021)中,关于 ε-聚赖氨酸作为防腐剂的使用范围和最大使用量均有规定,具体可参考此标准。

(4)溶菌酶(lysozyme) 溶菌酶是一种专门作用于微生物细胞壁的水解酶,多存在于哺乳动物的乳汁、体液和禽类蛋白中,植物和微生物中也存在。溶菌酶为白色或微黄色结晶体或无定形粉末,是一种比较稳定的碱性蛋白质,含有 129 个氨基酸。它易溶于水,不溶于丙酮及乙醚,遇丙酮、乙醇易产生沉淀,酸性溶液中较稳定。

ε-聚赖氨酸的使用范围和最大使用量

溶菌酶在动植物体内广泛存在,能溶解细菌细胞壁,具有多种药理作用。对革兰氏阳性菌、好气性孢子形成菌、枯草杆菌、地衣型芽孢杆菌等均有良好的抗菌能力,尤其对溶壁微球菌的溶菌能力最强。溶菌酶本身是一种无毒、无害、安全性很高的蛋白质,可用于食品的防腐,如作为母乳化奶粉中的防腐剂,且具有一定的保健作用。

溶菌酶具有水解球菌细胞中肽聚糖的特殊作用,能够溶解许多细菌的细胞膜,使细胞膜的糖蛋白类加水发生分解而引起溶菌现象。它具有选择性分解微生物的细胞壁,而不作用于其他物质的优点。溶菌酶仅对细菌、酵母菌和霉菌的细胞壁具有破坏作用,可以使细胞壁中的糖苷键、肽键等断裂,主要作用于 N-乙酰胞壁酸(NAM)与 N-乙酰葡萄糖胺(NAG)之间的 β-1,4 糖苷键,重新构成一种多糖。这种多糖是细菌细胞壁的主要成分,它经过溶菌酶的作用后,使细胞因渗透压不平衡而引起破裂,最后导致细胞溶解而死亡。

溶菌酶的使用范围和最大使用量

在《食品安全国家标准 食品添加剂使用标准》(GB 2760—2021)中,关于溶菌酶作为防腐剂的使用范围和最大使用量均有规定,可参考此标准。

(5)苯乳酸(phenyllacticacid) 苯乳酸有 D-苯乳酸和 L-苯乳酸两个对映异构体,其亲水性较强,能够在各种食品体系中均匀分散。苯乳酸对热和酸的稳定性也较好,熔点为 121～125 ℃，并于 121 ℃ 条件下可保持 20 min 不被破坏，可在广泛的 pH 值范围内保持稳定。

苯乳酸具有较广的抑菌谱，能抑制食源性致病菌、腐败菌，特别是能抑制真菌的污染。苯乳酸既具有抗革兰氏阳性菌的作用，又具有抗革兰氏阴性菌和真菌等多种功能。

2. 动物源天然食品防腐剂

动物源防腐剂指主要从与动物相关的物质中提取得到的防腐剂，如壳聚糖、鱼精蛋白等。

（1）壳聚糖　壳聚糖又名乙酰几丁质、甲壳素，在自然界含量丰富，主要来源于节肢动物（如虾、蟹等）和软体动物。壳聚糖对大肠杆菌、枯草杆菌、普通变形杆菌、金黄色葡萄球菌均有较强的抑制作用，其抗菌机制在于它能作用于微生物细胞表层，影响物质通透性，损伤细胞。壳聚糖的脱乙酰程度越高，即氨基越多，抗菌活性越强。它不溶于水，而溶于醋酸、乳酸等，在应用时，通常将其溶解在食醋中，由于它对蛋白质起凝聚作用，所以常适用于不含蛋白质的酸性食品，如酱菜、腌菜、瓜果之类。

壳聚糖无毒、安全且无味，具有良好的生物降解性、生物相溶性、无毒性无异味和广谱抗菌性等特点，近年来它作为食品防腐剂的研究已十分活跃。日本已有专门的研究机构和商品化的壳聚糖产品，我国也已经有商品化的壳聚糖产品。在《食品安全国家标准 食品添加剂使用标准》（GB 2760—2021）中，壳聚糖当作增稠剂和被膜剂可用于西式火腿（熏烤、烟熏、蒸煮火腿）类和肉灌肠类，最大使用量为 6 g/kg。

（2）鱼精蛋白　鱼精蛋白是存在于鱼精、鱼卵和胰腺等组织中的一种多聚阳离子肽，属于简单的球形蛋白质，具有高效、安全、功能性等特点。它能溶于水和氨水，是高度碱性的蛋白，和强酸反应生成稳定的盐。精蛋白加热不凝结。鱼精蛋白抑菌范围和食品防腐范围均较广，对枯草杆菌、芽孢杆菌、干酪乳杆菌、胚芽乳杆菌、乳酸菌、芽孢耐热菌等均有较强的抑制作用，对酵母菌和霉菌也有明显的抑制效果。但对革兰氏阴性细菌抑制效果不明显。鱼精蛋白的抑菌机制是作用于微生物细胞的不同部位，有两种可能的机制。一种是作用于微生物细胞壁，破坏细胞壁的合成从而达到抑菌效果；另一种是作用于微生物细胞质膜，通过破坏细胞对营养物质的吸收实现抑菌作用。由于鱼精蛋白能抑制多种食品腐败菌，而应用于面包、蛋糕、水产品、调味料等。但是生产鱼精蛋白的费用就目前来说还是比较高，因此，其在食品工业方面的应用虽然广，但还是不常用，有待于进一步研发改进其生产工艺以降低其成本，从而得到较广普及。

（3）蜂胶　蜂胶是蜜蜂从植物幼芽及树干上采集的树脂，混入上颚的分泌物、蜂蜡等加工而成的一种具有芳香气味的不透明胶状固体。蜂胶颜色呈褐色或灰褐色，味道有点苦，不溶于水，可溶于乙醇、乙醚等有机溶剂。蜂胶具有抗菌、消炎、防腐、护肤、促进机体免疫功能等作用，广泛应用于食品、医药、轻工和化工等领域圈。蜂胶不仅对一些常见的食品微生物有抑制作用，而且还可加强产品的营养保健作用。蜂胶对人体无毒无害，它降解的产物是苯甲酸，也是一种天然食品防腐剂。

3. 植物源天然食品防腐剂

（1）香辛料提取物　香辛料作为调味剂和防腐剂，应用于食品可谓是历史悠久。近些年来，人们开始从香辛料中提取有效成分作为食品防腐剂。这些物质安全又有效，目前使用最多的是大蒜素。

大蒜属百合科植物，具有很强的杀菌、抑菌能力。大蒜的食疗作用早已被人们认识，它可以治疗肠胃病、肺病、感冒等病症。大蒜起杀菌、抑菌作用的主要成分是蒜辣素和蒜氨酸。蒜辣素具有不愉快的臭气，而蒜氨酸则无味。因此，蒜氨酸适合作食品防腐剂。在提取制备蒜氨酸时，应先加热杀死蒜酶，防止蒜氨酸转化成蒜辣素。大蒜水溶液对痢疾杆菌等致病细菌有较强的抑制作用，其防腐效果与山梨酸、苯甲酸等效果相近。

此外，丁香中所含的丁香油、肉豆蔻中所含的肉豆蔻油及芥子中所含的芥子油均具有杀菌、抑菌作用，但是由于多数具有辛辣味，没有被作为食品防腐剂大量使用。

(2)中草药提取物　我国中草药品种繁多，资源十分丰富，研究和利用的历史源远流长。多年来国内外学者对中草药的抗菌作用进行了大量的研究和探讨。中草药抑菌试验结果显示对多种常见病原菌均有较强的抑制作用，还发现黄连的抑菌能力最强，其次为大黄、黄芩、大青叶、艾叶、鱼腥草等，再其次为黄檗、玄参、知母、马鞭草、乌梅、白头翁、茵陈、蒲公英等。

(3)其他植物提取物　竹类是我国南方地区常见的植物种类，资源十分丰富，竹叶中含有黄酮类、酚类及酯类等成分，具有抗氧化作用，对细菌、霉菌等容易导致食品腐败变质的微生物均有高效的抑制作用。在食品生产中可用作广谱抗菌剂。

芦荟是百合科植物，其所含的芦荟酊和芦荟素 A 等成分均具有很强的抑菌作用。芦荟提取物能有效抑制大肠杆菌、金黄色葡萄球菌、绿脓杆菌等细菌生长，芦荟汁中抗菌成分的热稳定性较好，适合于需要高温加工处理食品的防腐。此外，马蹄皮的提取物、苦瓜汁、欧亚甘草根部的萃取物、柠檬草粉等作为食品加工中的天然防腐剂的研究均有报道。

第三节　食品抗氧化剂和脱氧剂

在食品保藏中常常添加一些化学制品，以延缓或阻止氧气所导致的氧化变质，这类化学制品包括抗氧化剂和脱氧剂。

一、食品抗氧化剂

食品抗氧化剂是添加于食品后防止或延缓食品氧化，提高食品稳定性和延长食品储藏期的一类食品添加剂。主要应用于防止油脂及含脂食品的氧化酸败，防止食品褪色、褐变以及维生素被破坏等。

(一)食品抗氧化剂作用机制

抗氧化剂的作用机制是比较复杂的。食品抗氧化剂的种类很多，抗氧化作用的机制也不尽相同，大致分为以下 4 种情况：①抗氧化剂自身被氧化，消耗食品内部和环境中的氧气从而保护食品不被氧化；②抗氧化剂通过提供氢原子阻断食品自动氧化的连锁反应；③抗氧化剂抑制氧化酶的活性而防止食品氧化变质；④将能催化或引起氧化反应的物质封闭，如络合能催化氧化反应的金属离子等。

对于油脂自动氧化酸败，众所周知，不饱和脂肪酸容易被氧化，油脂及含油脂食品置于空气中，与氧接触可自动氧化，产生游离脂肪酸，即为酸败。油脂类抗氧化剂主要有丁基羟基茴香醚(BHA)、二丁基羟基甲苯(BHT)、叔丁基对苯二酚(TBHQ)、没食子酸丙酯(PG)及生育酚(维生素 E)等,它们均属于酚类抗氧化剂,能够提供氢原子与油脂自动氧化产生的自由基相结合,形成相对稳定的结构,阻断油脂的链式自动氧化过程。反应如下:

$$R\cdot + AOH \longrightarrow AO\cdot + RH(\text{稳定产物})$$

$$ROO\cdot + AH \longrightarrow AO\cdot + ROOH(\text{稳定产物})$$

此时,抗氧化剂的作用机制最主要是终止链式反应的传递,抗氧化剂本身产生的自由基(AO·)没有活性,它不能引起链式反应,却能参与一些终止反应。但此类提供氢原子的抗氧化剂不能使已酸败的油脂恢复原状,必须在油脂未发生自动氧化或刚刚开始氧化时添加才有效。

对于食品酶促氧化褐变,发生酶促氧化褐变需要三个条件——酚氧化酶、氧、适当的酚类物质,这三个条件缺一不可。因此抑制食品酶促氧化褐变可从这三个方面考虑。由于从食品中除去酚类物质的可能性很小,这样可以采用的主要措施就是破坏和抑制酚氧化酶的活性及消除氧。在食品中添加适量的抗氧化剂,通过还原作用消耗掉食品体系中的氧,就可起到防止食品的酶促氧化褐变。

(二)食品抗氧化剂种类和特性

食品抗氧化剂按来源不同,可分为合成的和天然抗氧化剂两类;按溶解性不同,分为脂溶性和水溶性抗氧化剂。

1. 脂溶性抗氧化剂

脂溶性抗氧化剂易溶于油脂,主要用于防止食品油脂的氧化酸败及油烧现象。

(1)丁基羟基茴香醚(BHA) 丁基羟基茴香醚又称为特丁基-4-羟基茴香醚,简称 BHA,由 3-BHA 和 2-BHA 两种异构体混合组成,分子式为 $C_{11}H_{16}O_2$,结构式分别为:

OCH_3 / $C(CH_3)_3$ / OH

3-BHA(3-异构体)

OCH_3 / $C(CH_3)_3$ / OH

2-BHA(2-异构体)

BHA 为白色或黄色蜡状结晶性粉末,有酚类的刺激性臭味,不溶于水,溶于油脂、丙二醇、丙酮、乙醇等溶剂。

相对来说,BHA 对动物性脂肪的抗氧化作用较之对不饱和植物油更有效。它对热较稳定,在弱碱条件下也不容易被破坏,因此有一种较好的持久能力,尤其是对使用动物脂肪的焙烤制品。具有一定的挥发性,能被水蒸气蒸馏,故在高温制品中,尤其是在煮炸制品中易损失。但可将其置于食品的包装材料中。BHA 是目前国际上广泛应用的抗氧化剂之一,也是我国常用的抗氧化剂之一。

BHA 的使用范围和最大使用量

BHA 的 ADI 值为 0～0.5 mg/kg(FAO/WHO,1994)。欧盟儿童保护集团(HACSG)规定不得用于婴幼儿食品,除非同时增加维生素 A。在《食品安全国家标准 食品添加剂使用标准》(GB 2760—2021)中,关于 BHA 抗氧化剂的使用范围和最大使用量均有规定,具体可参考此标准。

(2)二丁基羟基甲苯(BHT)　二丁基羟基甲苯又称为 2,6-二特丁基对羟基甲苯,或简称 BHT,分子式为 $C_{15}H_{24}O$,结构式如下。

BHT 的使用范围和最大使用量

BHT 为白色结晶,无臭无味,溶于乙醇、豆油、棉籽油、猪油,不溶于水和甘油,热稳定性强,对长期储藏的食品和油脂有良好的抗氧化效果,基本无毒。

在《食品安全国家标准 食品添加剂使用标准》(GB 2760—2021)中,关于 BHT 抗氧化剂的使用范围和最大使用量均有规定,具体参见此标准。

对于不易直接拌和的食品,BHT 可溶于乙醇后喷雾使用。BHT 与 BHA 混合使用时,总量不得超过 0.2 g/kg。

(BHT)　　(PG)

(3)没食子酸丙酯(PG)　没食子酸酯类抗氧化剂包括没食子酸丙酯、辛酯、异戊酯和十二酯,其中普遍使用的是丙酯,又称为酸丙酯,或简称 PG。分子式为:$C_{10}H_{12}O_5$,结构式如上。

PG 的使用范围和最大使用量

PG 为白色至淡褐色结晶,无臭,略带苦味,易溶于醇、丙酮、乙醚,脂肪和水中较难溶解。易与铁离子作用生成紫色或暗紫色化合物。PG 有一定的吸湿性,遇光分解,与其他抗氧化剂并用可增强效果。没食子酸丙酯有与铜、铁等金属离子反应变色的特性,所以在使用时应避免使用铜、铁等金属容器。

在《食品安全国家标准 食品添加剂使用标准》(GB 2760—2021)中,关于 PG 抗氧化剂的使用范围和最大使用量均有规定,具体参见此标准。

(4)特丁基对苯二酚(TBHQ)　又称为叔丁基氢醌,简称 TBHQ。分子式为 $C_{10}H_{14}O_2$,结构式为:

(TBHQ)

TBHQ 为白色或微红褐色结晶粉末,有一种极淡的特殊香味,几乎不溶于水(约为 5%),溶于乙醇、乙酸乙酯、乙醚等有机溶剂。TBHQ 为较新的一种酚类抗氧化剂。在许多情况下，对大多数油脂，尤其是对植物油具有较其他抗氧化剂更为有效的抗氧稳定性。它耐高温，对热的稳定性优于 BHA 和 BHT，故常用于煎炸食品的抗氧化，如薯片、薯条等的生产，最高承受温度可达 230 ℃以上。但在饼干等焙烤食品中的持久力不强，需要与 BHA 合用。在植物油、膨松油和动物油中，TBHQ 一般与柠檬酸结合使用。此外，它不会因遇到铜、铁之类而发生颜色和风味方面的变化，只有在有碱存在时才会转变成粉红色。同时，TBHQ 还可有效抑制枯草芽孢杆菌，金黄色葡萄球菌，大肠杆菌，产气短杆菌等细菌以及黑曲菌、杂色曲霉、黄曲霉等微生物生长。

使用时，需要注意的是：TBHQ 可以与 BHA、BHT，柠檬酸或维生素 C 合用；不得与没食子酸丙酯（PG）混合使用；应避免在强碱条件下使用，以免导致产品变色；使用时需确保抗氧化剂的全部溶解并均匀分布于脂肪和油脂中。TBHQ 的 ADI 值为 0～0.2 mg/kg（FAO/WHO，1991）。在《食品安全国家标准 食品添加剂使用标准》（GB 2760—2021）中，关于 TBHQ 抗氧化剂的使用范围和最大使用量均有规定，具体参见此标准。

TBHQ 的使用范围和最大使用量

（5）混合生育酚浓缩物（mixed tocopherol concentrate） 生育酚又称维生素 E，属于脂溶性抗氧化剂。广泛分布于动植物体内，已知的同分异构体有 8 种，其中主要有四种（α、β、γ、δ-生育酚），经人工提取后，浓缩即成为生育酚混合浓缩物，结构式为：

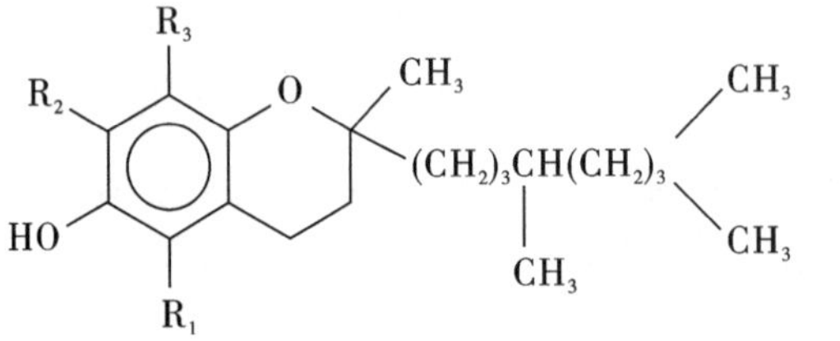

同分异构体名称	相对分子质量	R_1	R_2	R_3
生育酚	388.64	H	H	H
α-生育酚	430.72	CH_3	CH_3	CH_3
β-生育酚	416.69	CH_3	H	CH_3
γ-生育酚	416.69	H	CH_3	CH_3
δ-生育酚	402.67	H	H	CH_3

混合生育酚浓缩物为黄色至褐色、无臭、透明黏稠液，溶于乙醇，不溶于水，能与油脂完全混溶，对热稳定。其在空气及光照下，会缓慢地变黑。其耐光，耐紫外线和耐辐射性较 BHA 和 BHT 强。所以，除用于一般的油脂食品外，还是透明包装食品的理想抗氧化剂，也是目前国际上唯一大量生产的天然抗氧化剂。

生育酚的使用范围和最大使用量

在《食品安全国家标准 食品添加剂使用标准》（GB 2760—2021）中，关于混合生育酚浓缩物抗氧化剂的使用范围和最大使用量均有规定，具体参见此标准。

2. 水溶性抗氧化剂

水溶性抗氧化剂主要用于防止食品氧化变色，常用的种类是抗坏血酸类抗氧化剂。此外，还有异抗坏血酸及其盐类、植酸、茶多酚、氨基酸类、肽类、香辛料和糖苷、糖醇类抗氧化剂。

（1）抗坏血酸（ascorbic acid）　抗坏血酸类抗氧化剂包括抗坏血酸、抗坏血酸钙、抗坏血酸钠、抗坏血酸棕榈酸酯。抗坏血酸又称维生素 C，其分子式为 $C_6H_8O_6$，结构式为：

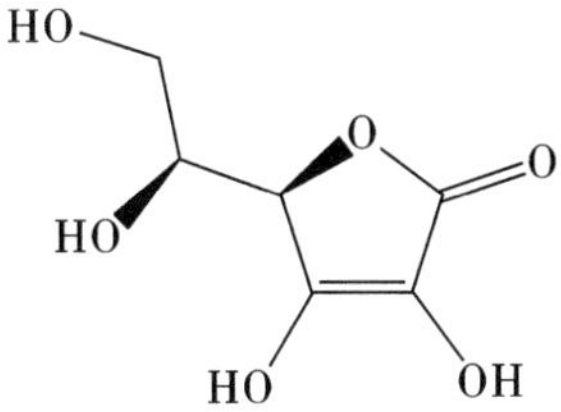

抗坏血酸

抗坏血酸为白色至微黄色结晶或结晶性粉末，无臭、带酸味，其钠盐有咸味，易溶于水和乙醇，不溶于氯仿、乙醚和苯。呈强还原性。在 pH = 3.4 ~ 4.5 时稳定。但易受空气、水分、光线、温度的作用而氧化、分解，特别是在碱性介质中或有微量金属离子存在时，分解更快。

抗坏血酸及其钠盐对人体无害，其 ADI 值为 0 ~ 15 mg/kg（FAO/WHO，1994）。在《食品安全国家标准 食品添加剂使用标准》（GB 2760—2021）中，关于抗坏血酸类抗氧化剂的使用范围和最大使用量均有规定，具体参见此标准。

抗坏血酸的使用范围和最大使用量

异抗坏血酸是抗坏血酸的异构体，化学性质类似于抗坏血酸，抗氧化性较抗坏血酸强，价格低廉，但几乎没有抗坏血酸的生理活性。它耐光性差，遇光则缓慢着色并分解，极易溶于水和乙醇。异抗坏血酸可用于一般的抗氧化、防腐，也可作为食品的发色助剂。异抗坏血酸及其钠盐作为抗氧化剂主要用于浓缩果蔬汁（浆）、葡萄酒，用于葡萄酒时最大使用量为 0.15 g/kg（以抗坏血酸计）。

（2）植酸（phytic acid）　植酸别名肌醇六磷酸，分子式为 $C_6H_{18}O_{24}P_6$，其结构式为：

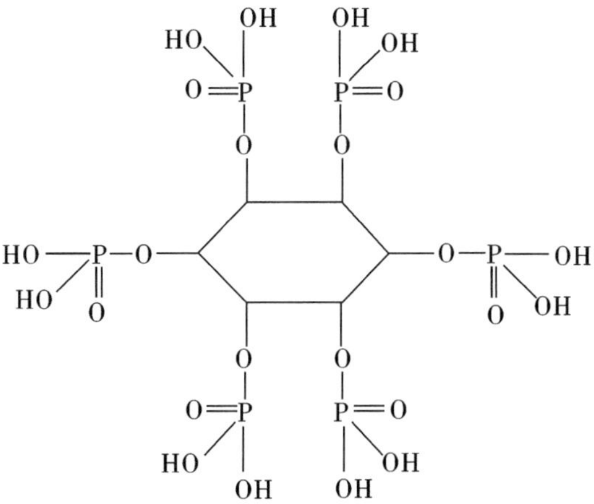

植酸

植酸为淡黄色或淡褐色黏稠液体，易溶于水，对热较稳定。有较强金属螯合作用，具有抗氧化增效能力。植酸对油脂有明显的降低过氧化值作用，植酸及其钠盐可用于对虾保鲜，可用于对食用油脂、果熟制品、果蔬汁饮料及肉制品的抗氧化，还可以用于清洗果蔬原材料表面农药残留，还可防止水产罐头产生结晶与变黑等作用。如添加0.01%～0.05%的植酸与0.3%亚硫酸钠能很有效地防止鲜虾变黑，并且可以避免二氧化硫的残留量过高。在植物油中添加0.01%植酸，可以明显防止植物油的酸败，其抗氧化效果因植物油的种类不同而已。在大马哈鱼、鳟鱼、虾、金枪鱼等罐头中，常发现有玻璃状结晶的磷酸铵镁，添加0.1%～0.2%的植酸以后就不再产生玻璃状结晶。贝类罐头加热杀菌可产生硫化氢等，其与肉中的铁、铜以及金属罐表面溶出的铁、锡等结合产生硫化而变黑，添加0.1%～0.5%的植酸可以防止变黑。蟹血液中含有一种含铜的血蓝蛋白，在加热杀菌时所产生的硫化氢与铜反应，容易发生蓝变现象，添加0.1%的植酸和1%的柠檬酸钠能防止蟹肉罐头出现蓝斑。

植酸在国外作为抗氧化剂、稳定剂和保鲜剂已广泛应用于水产品、酒类、果汁、油脂食品。在《食品安全国家标准 食品添加剂使用标准》(GB 2760—2021)中，关于植酸抗氧化剂的使用范围和最大使用量均有规定，具体参见此标准。

植酸的使用范围和最大使用量

(3)茶多酚(tea polyphenol)　茶多酚又名维多酚，属于水溶性抗氧化剂。茶多酚是茶叶中30多种多酚类物质的总称，主要包括儿茶素类、花色苷类、黄酮类、黄酮醇类和酚酸类等，其中儿茶素的数量最多，占茶多酚总量的60%～80%。

从茶叶中提取的茶多酚为白褐色粉末，易溶于水、甲醇、乙醇、醋酸乙酯、冰醋酸等。难溶于苯、氯仿和石油醚。对酸和热较稳定。茶多酚的抗氧化性强于生育酚混合浓缩物，为BHA的数倍。茶多酚中起抗氧化作用的主要是儿茶素。儿茶素主要包括表儿茶素(EC)、表没食子儿茶素(EGC)、表儿茶没食子酸酯(ECG)和表没食子儿茶素没食子酸酯(EGCG)。它们的等摩尔浓度抗氧化能力的顺序为：EGCG>EGC>ECG>EC。

茶多酚无毒，对人体无害。在《食品安全国家标准 食品添加剂使用标准》(GB 2760—2021)中，关于茶多酚抗氧化剂的使用范围和最大使用量均有规定，具体参见此标准。

茶多酚的使用范围和最大使用量

3. 天然抗氧化剂

上述生育酚、茶多酚、植酸等均属于天然抗氧化剂，除此之外，还有愈创树脂等。

愈创树脂为绿褐色至红褐色玻璃样块状物。其粉末在空气中逐渐变成为暗绿色。有香脂的气味、稍有辛辣味，易溶于乙醇、乙醚、氯仿和碱性溶液，难溶于二氧化碳和苯，不溶于水。它对油脂具有良好的抗氧化作用。

愈创树脂是最早使用的天然抗氧化剂之一，也是公认安全性高的抗氧化剂。国外将其用于牛油、奶油等易酸败食物的抗氧化，一般只需添加0.005%即有效。在油脂中用量在1 g/kg以下。我国虽然对愈创树脂早有研究，但由于愈创树脂本身具有红棕色，在油脂中的溶解度小，成本高，所以目前还未列入食品添加剂。

4. 抗氧化增效剂

是配合抗氧化剂使用并能增加抗氧化剂效果的物质，这种现象称为“增效作用”。例如油脂食品为防止油脂氧化酸败，添加酚类抗氧化剂的同时用某些酸性物质，如柠檬酸、磷酸、抗坏血酸等，则有显著的增效作用。

（三）抗氧化剂使用注意事项

1. 使用时机和用量要恰当

食品中添加抗氧化剂需要特别注意时机，一般应在食品保持新鲜状态和未发生氧化变质之前使用抗氧化剂，否则，在食品已经发生氧化变质现象后再使用抗氧化剂则效果显著下降，甚至完全无效。这一点对防止油脂和含油食品的氧化酸败尤为重要。根据油脂自动氧化酸败的连锁反应，抗氧化剂应在氧化酸败的诱发期之前添加才能充分发挥抗氧化剂的作用。

添加在食品中的抗氧化剂必须用量得当，如叔丁基对羟基茴香醚（BHA）的用量在0.02%时，比用量在0.01%的抗氧化效果可提高10%，而超过0.02%的用量，效果反而下降。另外，由于抗氧化剂的溶解度、毒性等问题，油溶性抗氧化剂的使用浓度一般不超过0.02%，如果浓度过大除造成使用困难外，还会引起不良作用。水溶性抗氧化剂的使用浓度相对较高，一般不超过0.1%。

2. 抗氧化剂与增效剂并用

增效剂是配合抗氧化剂使用并能增加抗氧化剂效果的物质，这种现象称为“增效作用”。例如油脂食品为防止油脂氧化酸败，添加酚类抗氧化剂的同时并用某些酸性物质，如柠檬酸、磷酸、抗坏血酸等，则有显著的增效作用。例如柠檬酸和BHT共同添加到精炼油中，其储存时间比单加BHT可增加近1倍。又例如乙二胺四乙酸二钠（EDTA-2Na）是一种重要的螯合剂，能螯合溶液中的金属离子。利用其螯合作用，可保持食品的色、香、味，防止食品氧化变质。

3. 对影响抗氧化剂还原性的因素加以控制

抗氧化剂的作用机制是以其强烈的还原性为依据的，所以使用抗氧化剂应当对影响其还原性的各种因素进行控制。光、温度、氧、金属离子及物质的均匀分散状态都影响抗氧化剂效果。紫外线及高温能促进氧化剂的分解和失效。例如BHT在70 ℃以上，BHA高于100 ℃的加热条件便可升华挥发而失效。所以在避光和较低温度下，抗氧化剂效果容易发挥。

氧是影响抗氧化剂的敏感因素，如果食品内部及其周围的氧浓度高，则会使抗氧化剂迅速失效。为此，需要在添加抗氧化剂的同时采用真空和充氮密封包装，以隔绝空气中氧，则能获得良好的抗氧化效果。

铜、铁等金属离子起着催化抗氧化剂分解的作用，在使用抗氧化剂时，应尽量避免混入金属离子或者采取某些增效剂螯合金属离子。

抗氧化剂在食品中的用量很少，如果采用机械搅拌或添加乳化剂增加其均匀性分布，则更有利于抗氧化效果。

二、食品脱氧剂

脱氧剂不是食品添加剂，它不直接接触食品，而是在密封包装中与外界呈隔离状态，通过吸除包装内的氧防止食品氧化变质，是一种对食品无直接污染、简便易行、效果显著的保藏辅助措施。目前，脱氧剂不但可用来保持食品品质，而且也用于谷物、饲料、药品、衣料、皮毛、精密仪器等类物品的保存、防锈等。

（一）食品脱氧剂的种类及作用原理

1. 铁粉脱氧剂

目前应用最广的是以铁粉或亚铁盐为主的脱氧剂。铁粉脱氧剂脱氧作用机制是特制铁粉先与水反应，再与氧结合，最终生成稳定的氧化铁，从而消耗氧气，反应式如下：

$$Fe+2H_2O \longrightarrow Fe(OH)_2+H_2\uparrow \quad ①$$

或

$$3Fe+4H_2O \longrightarrow Fe_3O_4+4H_2\uparrow \quad ②$$

$$4Fe(OH)_2+O_2+2H_2O \longrightarrow 4Fe(OH)_3 \longrightarrow 2Fe(OH)_3 \longrightarrow 2Fe_2O_3\cdot 3H_2O \quad ③$$

反应①和③可以将包装中的氧气脱除，而反应②则是可能发生的副反应之一。在不发生任何副反应的情况下，1 g 铁粉可以和大约 100 mL 或重 0.14 g 的氧气发生反应，即 1 g 铁可处理 500 mL 空气中的氧。在使用时对其反应产生的氢应该注意，可在铁粉的配制中增添处理氢的物质。由上述反应式可知：铁系脱氧剂的脱氧与包装中的湿度有关，如果用于水分高的食品，则脱氧效果发挥得快；反之，在干燥食品中，则脱氧缓慢。研究表明，相对湿度 90% 以上时，18 h 后包装中的残留氧气接近零，而湿度在 60% 时则需 95 h。这种脱氧剂由于原料来源充足，成本降低，使用效果良好，在生产实际中得到广泛应用。

2. 连二亚硫酸钠

这种脱氧剂以连二亚硫酸钠为主剂，以氢氧化钙和植物活性炭为辅料配合而成，水、活性炭、脱氧剂并存时，1 ~2 h 内可以除去密封容器中 80% ~90% 的氧，经过 3 h 几乎达到无氧。

其脱氧机制是以活性炭为催化剂，连二亚硫酸钠遇水发生脱氧化学反应，并产生二氧化硫和热量，其发生的反应如下：

$$Na_2S_2O_4+O_2 \xrightarrow{\text{水、活性炭}} Na_2SO_4+SO_2$$

$$Ca(OH)_2+SO_2 \longrightarrow CaSO_3+H_2O$$

总反应式为：

$$Na_2S_2O_4+Ca(OH)_2+O_2 \xrightarrow{\text{水、活性炭}} Na_2SO_4+CaSO_3+H_2O$$

在标准状态下，1 g 连二亚硫酸钠可以吸收大约 130 mL 或重 0.184 g 的氧气，即可以除掉大约 645 mL 空气中的氧气。如铁系脱氧剂一样，如果包装内的湿度增加，脱氧速度则随之加快。

这类脱氧剂还可以加入 $NaHCO_3$，制备成复合脱氧保鲜剂，用于鲜活食品脱氧保藏。

3. 碱性糖制剂

这类脱氧剂是由糖为原料生成的碱性衍生物，其脱氧机制是利用还原糖的还原性，与氢氧化钠作用形成儿茶酚等多种化合物，详细机制尚不清楚。这类脱氧剂的脱氧速度差异很大，有的在 12 h 内可除去密封容器中的氧，有的则需要 24 h 或 48 h。此外，该脱氧剂只能在常温下显示其活性，当处于-5 ℃时，除氧能力减弱，再回到常温下也不能恢复其脱氧活性，如果温度降至-15 ℃时，则完全丧失脱氧能力。

（二）脱氧剂的应用

1. 食品保鲜

对于油炸食品、奶油食品、月饼、奶酪之类的富含高油脂的食品，脱氧剂具有防止油脂氧化的作用，从而能有效保持食品的色、香、味，防止维生素等营养物质被氧化破坏。另外，由于脱氧剂对好气性微生物生长具有良好的抑制作用，因此，对年糕或蛋糕的防霉有明显的效果。特别是在食品行业禁止使用富马酸二甲酯后，脱氧剂在月饼中的应用研究被广泛推行。

2. 名贵药材的保存

由于一些名贵药材特别容易发生霉变和虫蛀，不仅直接影响它们的质量，而且可能造成很大的经济损失，因此如何存好药材受到广泛关注。脱氧剂用于保存冬虫夏草的试验证明能杀灭虫菌有效防止冬虫夏草的虫害、发霉、变质和变味。在人参的保存试验中，经过两年以后测定人参的各项指标均和试验之初没有明显的变化。还有另外一些试验中也证实脱氧剂在中草药及其他名贵药材保存上有良好的效果。

3. 水果蔬菜的保鲜

脱氧剂可以明显延长水果蔬菜的保鲜期，可以很好地保持它们的新鲜色泽、风味以及营养物质。试验证明，脱氧剂能有效去除包装中的氧气，因此能有效防止果实的褐变及果实的保鲜。

需要注意的是，不同种类的脱氧剂脱氧能力不同，同类脱氧剂也具有不同的规格和脱氧速度，而且脱氧剂的脱氧能力与温度、湿度、压力、催化物质和包装内食品的种类等因素有关。因此，必须根据保存物品的实际情况选择合适的脱氧剂种类和型号；另外，还必须选择合适的包装材料，并注意包装的气密性。

总之，脱氧剂是一类新型而简便的化学除氧物质，广泛应用于食品和其他物品的保藏中，防止各种包装加工食品的氧化变质现象和霉变；此外，在防治仓库谷物的虫害方面，脱氧剂也有显著的杀虫效果。

第四节 食品保鲜剂

一、食品保鲜剂概念及作用

为了防止新鲜食品脱水、氧化、变色、腐败变质等而在其表面进行喷涂、喷淋、浸泡或涂膜的物质可称为食品保鲜剂。作为食品保鲜剂，它不仅针对微生物，同时还针对鲜活食品本身的生理活性。因此，其对象更多情况是指生鲜食品，尤其是水果、蔬菜、肉制品等。

一般来说，在食品上使用保鲜剂有如下目的：①减少食品水分散失；②防止食品氧化；③防止食品变色；④抑制生鲜食品表面微生物的生长；⑤保持食品的风味；⑥保持和增加食品，特别是水果的硬度和脆度；⑦提高食品外观可接受性；⑧减少食品在储运过程中的机械损伤。

二、保鲜剂种类及特点

本章前面所述防腐剂同样也是食品保鲜剂。本节重点介绍其他食品保鲜剂。

（一）吸附型保鲜剂

吸附型保鲜剂主要通过清除果蔬储藏环境中的乙烯，降低 O_2 的含量或脱除过多的 CO_2

而抑制果蔬的后熟,以达到保鲜的目的。主要包括乙烯吸收剂、吸氧剂和 CO_2 吸附剂。

1. 乙烯吸收剂

乙烯吸收剂主要由物理吸附剂和化学反应剂 2 种类型组成。物理吸附剂包括多孔结构的活性炭、矿物质、分子筛,以及合成树脂等物质。它们对乙烯气体分子的吸附是靠分子间作用力进行的,属弱吸附,容易脱附。因此,一般不单独用物理吸附剂来吸附乙烯,而常被用作乙烯化学脱除剂的载体。乙烯化学反应剂是指与乙烯反应,能够使乙烯被脱除的一类物质。其作用原理各异,但主要有以下 3 种类型:①催化反应型反应剂。该类乙烯吸收剂主要是由铁及稀有金属催化剂为反应主剂,以及活性炭等多孔物质为载体所组成。②氧化型反应剂。主要由与乙烯能够发生氧化还原反应的高锰酸钾、过氧化氢及过氧化钙等组成。③加成反应型反应剂。乙烯的双键结构决定它能发生加成反应。高温条件下吸收溴而制成的活性炭吸附树脂分子筛,可以高速、高效地脱除果蔬储藏环境中的乙烯。

2. 吸氧剂

目前已经应用的吸氧剂的共同特点都是以氧化还原反应为基础的,即这些吸氧剂与包装储藏体系中的氧,化合生成新的化合物,从而消耗掉体系中的氧气,达到脱氧的目的。吸氧剂的类型有速效型、标准型和迟效型,其吸氧能力各不相同,吸氧所需时间也不同,但除氧的绝对能力是相同的。吸氧剂一般必须具备无毒无害、与氧气有适当的反应速度、无嗅无味、不产生有害气体和不影响食品品质的性质,以及价格低廉的特点。常用的吸氧剂主要有抗坏血酸、亚硫酸氢盐和一些金属,如铁粉等。

3. CO_2吸附剂

主要是利用物理吸附和化学反应,脱除、消耗储藏环境中的 CO_2,以达到保鲜的目的。常用的 CO_2吸附剂有活性炭、消石灰和氯化镁等。另外,焦炭分子筛既可吸收乙烯,又可吸收 CO_2。以上吸附剂一般要装入密闭包装袋内,与所储藏的果蔬放在一起,使用时注意选择适当的吸附剂包装材料,如尽量采用多孔透气包装,以使吸附剂发挥最大作用。

(二)溶液浸泡型防腐保鲜剂

溶液浸泡型防腐保鲜剂主要通过浸泡、喷施等方式达到防腐保鲜的目的,是最常用的防腐保鲜剂,其作用有的是能够杀死或控制果蔬表面或内部的病原微生物,有的还可以达到调节果蔬采后代谢的目的。

1. 防护型杀菌剂

防护型杀菌剂主要有硼砂、硫酸钠、山梨酸及其盐类、丙酸、邻苯酚(HOPP)、氯硝胺(PCNA)、克菌丹和抑菌灵等。主要作用是防止病原菌侵入果实,对果蔬表面微生物有杀灭作用,但对侵入果实内部的微生物效果不大,与内吸式杀菌剂配合使用效果较好。目前主要用作洗果剂,最常用的是邻苯酚钠(SOPP)。

2. 内吸型防腐保鲜剂

苯并咪唑及其衍生物是广谱内吸型防腐保鲜剂,它对侵入果蔬的病原微生物效果明显,操作简便。主要有苯来特、噻苯咪唑、托布津、甲基托布津和多菌灵等,都是高效、广谱的内吸型杀菌剂,可抑制青霉菌丝的生长和孢子的形成。但长期使用易产生抗性菌株,并对一些重要的病原菌如根霉、链格孢子菌、疫霉、地霉和毛霉,以及细菌引起的软腐病无抑制作用。苯来特不能与碱性药剂混用,甲基托布津不能与含铜药剂混用。

3. 新型抑菌剂

新型抑菌剂主要有抑菌唑、双胍盐、米鲜安、三唑灭菌剂、抑菌脲和乙膦铝等。这类药为广谱型抑菌剂,能有效抑制对苯肼咪唑产生抗性的菌株。抑菌唑主要用于柑橘,对镰刀孢子有特效,对青霉菌孢子的形成有抑制作用,具有保护和治疗功能。双胍盐类抑菌剂不含金属和氯磷成分,是一种毒性较低的烷基胍类杀菌剂。该药剂对酸腐病有特效,同时对青霉菌和绿霉菌的抑制作用也比较明显,这是苯并咪哇类杀菌剂难以相比的。但双胍盐不能提供长期保护作用,其在国际上使用还不普遍,只有德国、瑞典等少数几个国家批准使用。米鲜安能抑制指状青霉和意大利青霉;抗苯来特和噻苯咪唑的菌株常用于桃和李的保鲜;三唑灭菌剂对酸腐病有强的抑制作用,常用于梨的保鲜;抑菌脲可抑制根霉、链格孢和灰葡萄孢等;乙膦铝为良好的内吸剂。

4. 中草药煎剂

中草药中含有杀菌成分,并有良好的安全性和成膜特性。出于对食品安全和化学保鲜剂的毒性与残留的考虑,目前这方面研究应用日趋增多,现在研究利用的主要有精油、高良姜煎剂、魔芋提取液、大蒜提取液和肉桂醛等。但是中草药有效成分的提取及大批量生产还存在提取纯化技术、药效和成本等较多问题,广泛应用尚待时日。

(三)熏蒸型防腐剂

熏蒸型防腐剂是指在室温下能挥发成气体形式以抑制或杀死果蔬表面的病原微生物,而其本身对果菜毒害作用较小的一类防腐剂。目前已大量应用于果蔬及谷物防腐,常用的有仲丁胺、O_3、SO_2释放剂、二氧化氯和联苯等。

仲丁胺熏蒸剂多用于柑橘,还用于苹果、山楂、番茄和葡萄等的防腐,用量一般为$25\times10^{-6}\sim200\times10^{-6}$。由于用量大,成本高,所以我国将其生产为复方型药剂如橘腐灵、保果灵、克霉灵等。

SO_2熏蒸剂主要用于葡萄的保鲜,对灰霉葡萄孢和链格孢有较强的抑制作用,可直接燃硫熏蒸,也可用亚硫酸加干燥硅胶混合,装小袋和葡萄混放。以焦亚硫酸钾为主剂制成片剂进行熏蒸,同时可抑制多酚氧化酶活性而防止褐变,但熏蒸浓度要适当,浓度过高会造成SO_2残留。

(四)涂膜保鲜剂

涂膜保鲜是将蛋白质、天然树脂、脂类、多糖等成膜物质制成适当浓度的水溶液或者乳液,采用浸渍、涂抹、喷洒等方法涂布于果蔬表面,达到保鲜效果。在这类保鲜剂中动植物多糖类及蛋白质类等高黏度成膜保鲜剂用于果蔬保鲜研究发展最快,应用也最为广泛。

1. 蛋白质

以动植物分离蛋白为原料制成的具有一定黏度的可成膜保鲜剂中,常用的植物来源的蛋白质包括:玉米醇溶蛋白、小麦谷蛋白、大豆蛋白、花生蛋白和棉籽蛋白等,动物来源的蛋白有角蛋白、胶原蛋白、明胶、酪蛋白和乳清蛋白等。它们可分别或复合制成可食性膜用于食品保鲜。如乳蛋白中的酪蛋白和玉米醇溶蛋白可用于共挤肉制品和坚果、糖果上的保鲜。由于大多数蛋白质膜是亲水的,因此对水的阻隔性差。干燥的蛋白质膜,如玉米醇溶蛋白、小麦谷蛋白和大豆蛋白对氧有阻隔作用。

2. 脂类化合物

脂类涂膜保鲜剂是以蜂蜡、石蜡油、矿物油、蓖麻油、菜油、花生油、乙酰单甘酯及其乳胶体等脂类化合物为原料制成的可成膜保鲜剂。这些脂类化合物可以单独或与其他成分混合在一起用于食品涂膜保鲜。它们具有极性弱和易于形成致密分子网状结构的特点,所形成的膜阻水能力极强,但由于单独由脂类形成膜的强度较低,很少单独使用,因此常与多糖类物质混合使用。

3. 多糖

由多糖形成的天然亲水性膜有不同的黏性与结合性,对气体的阻隔性好,但隔水能力差。羧甲基纤维素、淀粉、果胶薄膜、甲壳质类、阿拉伯树胶、角叉菜胶、褐藻酸盐、琼脂、海藻酸钠制作可食性膜。

4. 甲壳质类

甲壳质类属于多糖中的一类,由于其较为特殊,且近年来尤为引人注目,所以单独加以介绍。

甲壳素也称几丁质,将甲壳素分子中的 C2 上的乙酰基脱除后可制成脱乙酰甲壳质,称为壳聚糖。壳聚糖具有安全无毒、价廉、高效的优点,壳聚糖具有成膜性、人体可吸收、抗辐射和抑菌防霉等作用。同时,壳聚糖有很强的杀菌能力。它可以被水洗掉,也可以被生物降解,不存在残留毒性问题,可在果蔬表面形成半透膜,对 O_2、CO_2、乙烯具有一定的选择渗透作用,可调节果蔬采后生理代谢,并对许多微生物有抑制作用。可用于食品、果蔬的保鲜,通常使用浓度为 0.5% ~2% 的溶液,喷在果蔬表面形成一层薄膜就可达到保鲜效果。

5. 树脂

天然树脂来源于树或灌木的细胞。合成的树脂一般是石油产物。

紫胶是由紫胶桐酸和紫胶酸组成,与蜡共生,可赋予涂膜食品以明亮的光泽。紫胶在果蔬和糖果中应用广泛。紫胶和其他树脂对气体的阻隔性较好,对水蒸气一般。松脂可用于柑橘类水果的涂膜保鲜剂。苯并呋喃-茚树脂也可用于柑橘类水果。

此外,在涂膜保鲜剂中常常要加入一些其他成分或采取其他措施,以增加保鲜剂的功能。如常用丙三醇、山梨醇增塑剂;用苯甲酸盐、山梨酸盐、仲丁胺、苯并咪唑类(包括苯来特、特克多、多菌灵、托布津、甲基托布津等)作为防腐剂;用单甘酯、蔗糖酯作为乳化剂,用 BHA、BHT、PG 作为抗氧化剂以及浸渍无机盐溶液如 $CaCl_2$溶液等。

(五)乙烯抑制剂

乙烯抑制剂主要通过与果蔬发生一系列生理生化反应来阻止内源乙烯的生物合成或抑制其生理作用,故分为乙烯合成抑制剂和乙烯作用抑制剂两类。

乙烯合成抑制剂主要通过抑制乙烯生物合成中两个关键酶,即 ACC 合成酶(ACS)和 ACC 氧化酶(ACO),而达到抑制乙烯产生的目的。乙烯生物合成抑制剂主要有氨基乙氧基乙烯基甘氨酸(AVG)、氨基氧代乙酸(AOA)、CO^{2+}、Ni^{2+}、自由基清除剂、多胺、低氧分压及解偶联剂等。

乙烯作用抑制剂是通过自身作用于受体而阻断乙烯的正常结合,抑制乙烯所诱导的成熟衰老过程。在果蔬上,乙烯作用抑制剂包括丙烯类物质和 CO_2。丙烯类物质是乙烯反应的有效抑制剂,是阻断乙烯信号的有机分子,主要包括环丙烯(CP)、1-甲基环丙烯(1-MCP)和3,3-二甲基环丙烯(3,3-DMCP)等,它们均具有抑制活性,并且在常温下都为气体,无色、无味、无毒。其中,CP、1-MCP是3,3-DMCP活性的1 000倍,但1-MCP稳定性高于CP,所以目前绝大多数研究都集中在1-MCP。1-MCP主要是可以与乙烯竞争乙烯结合位点,从而阻止了乙烯与受体的结合。CO_2拮抗乙烯主要是由于它们共同竞争一个活性位点。但是CO_2对活性位点的亲和力远低于乙烯,因此,拮抗乙烯需要高浓度的 CO_2。

(六)生理活性调节剂

利用生理活性调节剂来调节果蔬生理活性,以达到延缓果蔬成熟衰老的目的。目前研究应用的生理活性调节剂主要分生长素类、赤霉素类、细胞分裂素类等。柑橘、葡萄用生长素类物质浸果,可降低果实腐烂率,防止落蒂。赤霉素类调节剂可阻止组织衰老、果皮褪绿变黄、果肉变软。细胞分裂素(如BA)有保护叶绿素、抑制衰老的作用,可用来延缓绿叶蔬菜如甘蓝、花椰菜等和食用菌的衰老。此外,像油菜素内酯、茉莉酸及其甲酯、水杨酸等调节物质在果蔬的保鲜、抗病等多方面也取得较满意的效果。许多植物生理活性调节剂作为果蔬保鲜剂在延缓果实软化衰老方面效果显著。但使用时应谨慎选择,有些生理活性调节剂对人体健康和环境有负面作用,已被限制使用。

(七)气体发生保鲜剂

气体发生保鲜剂是利用挥发性物质或经化学反应产生的气体杀菌消毒或脱除乙烯以达到延长保鲜的目的,包括酒精气体发生剂,二氧化硫发生剂和卤族气体发生剂等。

如酒精气体发生剂,它可通过食品级酒精的缓慢释放,蒸发到包装内部空隙,可抑制多种霉菌、细菌及腐败菌的滋生。保质期根据食品包装不同而有所长短,一般为普通包装的5~20倍。酒精气体发生剂是推迟了菌类的繁殖,并未达到使其死亡的程度,因此在食品制造阶段必须严格进行管理,控制初发菌数,不让微生物高度污染。另外,在使用酒精发生剂时,要分别测定各种食品中的水分活性,对应测定值确定其附加量,对于包装外袋,应选用KOP/CP、OP/CP等对酒精有阻隔性的复合包装材料。酒精发生剂安全性高,可采取直接添加、喷雾、浸渍等方法在食品中被利用。目前,还开发出了兼有pH调整剂和其他抗菌剂等功能性酒精制剂。

浓度在10%~20%以下的酒精没杀菌作用,但有阻碍菌类繁殖的效果;部分菌类即使在1%左右的浓度下也被阻碍繁殖;浓度在4%~5%时,大部分菌类的繁殖被阻碍;在20%以上的高浓度,特别是60%~90%,具有杀菌作用。但是,高浓度或大量的酒精,由于损害食品的滋味和香气,对其使用有一定的限度。即使低浓度酒精也会导致香气问题,目前已开发出从制剂中缓慢释放香气的慢性化技术,并已被产品化。

(八)湿度调节保鲜剂

果蔬保藏过程中,为保持一定的湿度,通常采取在塑料薄膜包装内施用湿度调节保鲜剂(如水分蒸发抑制剂和防结露剂)的方法来调节,以达到延长保藏期的目的。将聚丙乙烯酸钠包装在透气的小袋内,与果蔬一起封入塑料薄膜内,当袋内湿气降低时,它能放出已捕集的水分以调节湿度,使用量一般为果蔬重量的0.06%~2%。此保鲜剂适宜于葡萄、桃、李、苹果、梨、柑橘等水果和蘑菇、菜花、菠菜、蒜薹、青椒、番茄等蔬菜。

(九)生物保鲜剂

生物保鲜剂是一种以菌治菌的方式,国内外对此研究十分活跃。由于此方式没有化学防腐保鲜剂所带来的环境污染、农药残留及抗药性等问题,且有储藏条件易控制、处理目标明确等优点。目前较成功地用于菠萝、草莓、菠菜、白菜等果蔬。其作用机制是通过利用拮抗微生物产生的抗生素,拮抗菌和病原菌之间营养、空间、氧气的竞争,直接在病原菌上附生以及诱发寄主抗病性,达到以菌治菌,改善微生态环境及果蔬表面微生态平衡的目的,其中产生抗生素很可能是大多数拮抗微生物抑制病原菌生长和繁殖的主要作用机制。

本章小结

化学保藏对于食品安全及食品货架期具有重要意义。由于化学保藏有诸多优点,方法简单易行、经济可靠,现代食品工业大量使用的还是化学防腐剂。近些年来,食品化学保藏的研究和应用已进入快速发展时期,随之而来的安全应用问题也成为人们最为关注的问题。如:①使用劣质防腐剂(降标使用);②超标使用;③超范围使用;④不标注使用;⑤不能科学使用。

为此,在生产和选用化学保藏剂时,首先要求保藏剂必须符合食品添加剂的卫生安全性规定,并严格按照食品卫生标准规定控制其用量,以保证食用者的身体健康。在尚未确定某种食品添加剂使用后对人体无毒害或尚未确定其使用条件之前,必须经过足够时间的动物生理、药理和生物化学试验,为确定食品保藏剂的安全使用量提供科学的依据。同时还需要由有经验的专家对其使用量的确定做出判断,然后才能对保藏剂的使用给予最后的考虑。核准使用的保藏剂还应在改变使用条件下继续进行观察,再根据新的认识做进一步改进。

食品生产者使用食品保藏剂时还应受到以下几点限制:①不允许将食品保藏剂用来掩盖因食品生产和储运过程中采用错误的生产技术所产生的后果;②不允许使用食品保藏剂后导致食品内营养素的大量消耗;③已建立经济上切实可行的合理生产过程并能取得良好的保藏效果时,不应再添加食品保藏剂。

思考题

1. 名词解释:防腐剂、抗氧化剂、脱氧剂、保鲜剂。
2. 化学保藏的基本原理是什么?化学保藏有哪些优点?
3. 简述食品保藏中常用的化学防腐剂的种类及特点。
4. 为什么说苯甲酸及其钠盐和山梨酸及其钾盐是酸性防腐剂?
5. 常用防腐剂中哪些可以抑制真菌?哪些对酵母无效?
6. 简述食品保藏中常用的抗氧化剂的种类和特点。
7. 简述食品保藏中常用的脱氧剂的种类和特点。

第十章　食品腌制、烟熏与发酵保藏

第一节　概　述

一、概念

（一）食品腌制

腌制，又称为腌渍，是一种利用食盐或糖处理食品原料的加工方法，当食盐或糖渗入食品组织内部后，可以提高其渗透压，降低水分活度，抑制微生物生长，防止食品腐败变质，保持食品的食用品质或获取更好的感官品质，并延长保质期的储藏方法。经腌制后的食品风味发生改变，颜色、结构等均得到不同程度的改善。同时腌制也作为一种常见的食品保藏方法，在我国有着悠久的历史，其制品称为腌渍食品，腌制所使用的材料通常称为腌渍剂。食品的腌渍保藏主要有食盐腌渍、糖腌渍、醋腌渍、酒腌渍，其中食盐腌渍品和糖渍品最为常见。因其制作方法简单易行，产品耐储藏，且原料来源广泛，品种丰富，物美价廉，风味各异，能增进食欲，深受人们喜爱，目前广泛地应用于食品加工领域。

腌制是鱼、肉、蛋类食物长期以来的重要保藏手段。可以直接利用腌制和风干技术保藏。例如：咸肉、咸鱼、风鹅、咸蛋等腌制品。其中腌禽蛋即用盐水浸泡或含盐泥土黏制，并添加石灰、纯碱等辅料的方法制得的产品，主要有咸鸡蛋、咸鸭蛋和皮蛋等。

现在为了腌制品更具健康和良好的风味特征，常结合低温保藏。在 18 ℃以下能良好保藏，超过该温度就容易产生化学反应和酶性变质。但在冷库和家用冰箱普及的国家和地区，腌制品已经成为膳食中调剂风味的菜肴，单纯的高盐、高糖、高酸腌渍保藏品已经减少，更多的是结合新发展食品加工技术，如非热力加工技术、保鲜技术等。

（二）食品烟熏

食品的烟熏保藏是在腌制的基础上利用木材不完全燃烧时产生的烟气熏制食品的方法，它可赋予食品特殊的风味并能延长其储藏期，是一种传统的食品保藏方法。在古代，一般在阴湿天气不能依靠太阳和风来干燥多余的猎物，只好借助于火进行露天烘干，在长期的实践中逐渐发现烟熏可以提高食物的防腐能力，延长保藏期，并且还产生了令人喜好的烟熏味，使人养成了食用烟熏食品的嗜好。通常烟熏与腌渍结合使用，腌肉一般需要再烟熏，烟熏肉则预先腌渍。有时烟熏也常常和加热干燥结合使用。食品的烟熏主要用于动物性食品的制作，如肉制品、禽制品和鱼制品。

二、特点

（1）原料来源广泛　以蔬菜腌制为例，我国蔬菜品种丰富，有根菜类、茎菜类、叶菜类、花菜类、果菜类等十几个大类，几千个品种。而熏制食品原料可以是动物来源，如鸡、鸭、猪、牛、羊等陆生动物，或鲑鱼、鳕鱼、鲱鱼等水产品，也可以是一些植物性食品，如豆制品（熏干）和干果（乌枣）等。

（2）制作方法多样　各类蔬菜的腌制方法不尽相同，即使同一种蔬菜，在我国不同地区制作方法也有差异。如用盐腌渍、糖腌渍、酒腌渍、醋腌渍等，有时还会几种方法结合使用，甚至在同一种工艺类型中，也有很大差异。烟熏的方法有冷熏法、温熏法、热熏法、电熏法、液熏法等。一些烟熏方法还可以再细分为不同的操作方法，比如液熏法还包括熏蒸法、注入法、注射法、浸渍法、喷雾法等。

（3）风味独特　在各类食品腌制过程中，使用到各种腌制剂，包括油料、糖料、药料、调味料等，使腌制食品具有咸、酸、甜、辣、柔、脆、面等不同味道和口感。不少产品还利用霉菌的作用，分解蛋白质等高分子物质，使产品风味更好。例如，金华火腿等。对于烟熏制品，以不同原材料，经不同的烟熏工艺而成的熏制品，色泽、形状、风味差异很大。比如，熏鱼、食用槟榔、熏制圆火腿、熏枣等。

（4）产品丰富多样　以不同原材料腌制后，经不同工艺腌制而成的腌制品，色泽不同、形状不同、口味不同，满足多元化需求。另外针对不同熏制品的品质要求，烟熏调味品可以通过混合法、调和法、浸渍法、置入法、涂抹法、注射法等多种形式完成对制品的添加。

（5）装置多样　食品腌制过程中所用到的容器有池、桶、缸、坛、盆、瓶、袋、筐、篓等，容积有大有小。封存方法多样，有盐卤封存、盖盐封存、贴泥封存、密闭封存等。对于工业化生产，则包括预处理设备、腌制设备、脱水设备、拌料设备、包装设备、杀菌设备等。每一道工序在实际生产中又有不同的可选择性，如灭菌设备，可以选择巴氏流水线灭菌机，也可以选择微波或辐照灭菌等。而烟熏装置既可以采用直接发烟式烟熏，包括单层和多层烟熏室；也可以采用间接发烟式烟熏包括阿特摩斯式烟熏室、盖尔摩斯式烟熏室、连续式间接烟熏室等。

第二节　食品的腌制保藏

一、腌制原理

食品腐败变质的主要原因是有害微生物在食品中大量生长繁殖。腌渍能抑制有害微生物的活动，延长食品的保质期。食品在腌渍过程中，无论是采用食盐还是糖进行腌渍，食盐或糖都会使食品组织内部的水渗出，而自身扩散到食品组织内，从而降低了食品组织内的水分活度，提高了结合水含量和渗透压。正是在高渗透压的影响下，加上辅料中酸及其他组分的杀（抑）菌作用，微生物的生理活动受到了抑制，从而起到抑制腐败变质的作用。

（一）溶液浓度与微生物的关系

溶液浓度

微生物细胞实际上是由细胞壁保护及原生质膜包围的胶状原生浆质体。细胞壁是全透性的，原生质膜则为半透性的，它们的渗透性随微生物的种类、菌龄、细胞内组成成分、温度、pH、表面张力的性质和大小等因素的变化而变化。根据微生物细胞所处的溶液浓度的不同,可把环境溶液分成三种类型,即等渗溶液、低渗溶液和高渗溶液。

微生物细胞所处溶液的渗透压与微生物细胞液的渗透压相等,这种溶液即等渗溶液。例如0.9%的食盐溶液就是等渗溶液(习惯上称为生理盐水)。在等渗溶液中,微生物细胞保持原形,如果其他条件适宜,微生物就能迅速生长繁殖。微生物所处溶液的渗透压低于微生物细胞的渗透压,这种溶液即低渗溶液。在低渗溶液中,外界溶液的水分会穿过微生物细胞壁并通过细胞膜向细胞内渗透,渗透的结果使微生物的细胞呈膨胀状态,如果内压过大,就会导致原生质胀裂,微生物无法生长繁殖。微生物所处的渗透压大于微生物细胞的渗透压,这种溶液即高渗溶液。处于高渗溶液中的微生物,细胞内的水分会透过原生质膜向外界溶液渗透,其结果是细胞的原生质脱水而与细胞壁分离,这种现象为质壁分离。质壁分离的结果使细胞变形,微生物的生长活动受到抑制,脱水严重时还会造成微生物死亡。如高浓度的食盐对微生物有明显的抑制作用。这种抑制作用表现为降低水分活度,提高渗透压。腌渍就是利用这种原理来达到保藏食品的目的。在用盐、糖等腌渍时,当它们的浓度达到足够高时,就可以抑制微生物的正常生理活动,并且还可以赋予腌渍制品特殊风味和口感。在高渗透压下,微生物的稳定性取决于它们的种类,其质壁分离的程度取决于原生质的渗透性。如果溶质极易通过原生质膜,即原生质的通透性较高,细胞内外的渗透压就会迅速达到平衡,不再存在质壁分离的现象。因此微生物的种类不同时,由于其原生质膜也不同,对溶液浓度反应也就不同。

(二)盐在腌渍中的作用

1. 食盐的防腐机制

(1)食盐溶液对微生物细胞的脱水作用　食盐在溶液中完全解离为 Na^+ 和 Cl^-,以致食盐溶液具有很高的渗透压。例如,1%食盐溶液就可以产生61.7 kPa的渗透压,而通常大多数微生物细胞的渗透压只有30.7～61.5 kPa,因此食盐溶液会对微生物细胞产生强烈的脱水作用,使微生物生长受到抑制,造成生长缓慢或停止生长,甚至死亡。

(2)食盐溶液中氧的浓度下降　食品腌制使用的盐水或由食盐渗入食品组织中形成的盐浓度很大,使氧气溶解度下降,形成了缺氧环境。缺氧环境不仅能抑制需氧菌生长,还能防止维生素C等物质的氧化。

(3)食盐溶液能降低水分活度　食盐溶于水后,离解出来的 Na^+ 和 Cl^- 与极性的水分子通过静电引力的作用,在每个 Na^+ 和 Cl^- 周围都聚集了一群水分子,形成了水化离子 $[Na(CH_2O)_n]^+$ 和 $[Cl(H_2O)_m]^-$。食盐浓度越高,所吸收的水分子就越多,这些水分子因此由自由状态转变为结合状态,导致了水分活度的降低。在20 ℃时,浓度为26.5%的食盐溶液水分活度约为0.85。在这种条件下细菌、酵母菌等微生物难以生长。

表10-1为食盐溶液的水分活度与渗透压的关系。

表 10-1　食盐溶液的水分活度和渗透压

（曾庆孝,2007）

食盐溶液浓度/%	0	0.857	1.75	3.11	3.50	6.05	6.92	10.0	13.0	15.6	21.3
水活度/A_w	1.000	0.995	0.990	0.982	0.980	0.965	0.960	0.940	0.920	0.900	0.850
渗透压/MPa	0	0.64	1.30	2.29	2.58	4.57	5.29	8.09	11.04	14.11	22.40

（4）食盐溶液对微生物产生生理毒害作用　食盐溶液中含有 Na^+ 和 Cl^- 等,在高浓度时能对微生物产生毒害作用。钠离子能和细胞原生质的阴离子结合,这种作用随着溶液 pH 的下降而加强。例如酵母在中性食盐溶液中,盐液的浓度达到 20% 时才会受到抑制作用;但在酸性溶液中时,浓度为 14% 就能抑制酵母的活动。另外食盐对微生物的毒害作用还来自氯离子,因为食盐溶液中的氯离子也会和微生物细胞原生质结合,从而促使微生物死亡。

以上因素共同作用的结果,使食盐具有防腐作用。但是,食盐溶液仅仅能抑制微生物的活动而不能杀死微生物,不能消除微生物污染腌制食品的危害,有些嗜盐菌在高浓度盐溶液中仍能生长,因此在食品腌制过程时要注意腌制液的卫生,使用清洁没有污染细菌的盐和水,控制腌制室的温度(低温)。

2. 不同微生物对食盐溶液的耐受力

微生物不同,其细胞液的渗透压也不一样,因此它们所要求的最适渗透压即等渗溶液也不同,而且不同微生物对外界高渗透压溶液的适应能力也不一样。微生物等渗溶液的渗透压越高,它所能忍耐的盐液浓度就越大;反之就越小。

各种微生物均具有耐受不同盐含量的能力。一般来说,盐溶液浓度在 1% 以下时,微生物的生理活动不会受到任何影响。当浓度为 1% ~3% 时,大多数微生物就会受到暂时性抑制。当浓度达到 6% ~8% 时,大肠杆菌、沙门氏菌、肉毒杆菌停止生长。当浓度超过 10% 时,大多数杆菌不再生长。球菌在 10% 盐溶液中仍能生长,霉菌必须在盐液浓度达到20% ~25% 时才能被抑制。所以腌制食品容易受到酵母菌和霉菌的污染而变质。

某些乳酸菌、酵母菌和霉菌对一定浓度以上的盐液耐受性差,它们在乳酸菌产生的乳酸和盐液两者互补作用下会受到抑制。脂肪分解菌等同样也会在酸和盐的互补作用下受到抑制,不过这些菌对酸比对盐敏感得多。如果耐盐的霉菌和能利用酸的菌生长以致发酵食品中的酸度下降,那么脂肪分解菌等就会大量生长而导致食品的腐败。另外,腌制食品时,微生物虽不能在较高的盐溶液中生长,但如果只是短时间的盐液处理,那么当微生物再次遇到适宜环境时,仍能恢复正常的生理活动。

蔬菜腌制过程中,几种微生物所能耐受的最高食盐溶液的浓度见表 10-2。

表 10-2 几种微生物所能耐受盐溶液的最高浓度

(曾庆孝,2007)

微生物	所属种类	能耐受盐的最高浓度/%	微生物	所属种类	能耐受盐的最高浓度/%
Bact. brassicae fermentati	乳酸菌	12	*Bact. amylobacter fermentati*	丁酸菌	8
Bact. cueumeris fermentati	乳酸菌	13	*Bact. proteus vulgare*	变形杆菌	10
Bact. aderholdi fermentati	乳酸菌	8	*Bact. botulinus*	肉毒杆菌	6
Bact. coli	大肠杆菌	6			

3. 食盐质量和腌制食品之间的关系

我国盐业资源极为丰富,世界上现有的各类食盐,如海盐、池盐、井盐、矿盐等,我国都有。我国食用盐国家标准《食用盐》(GB 5461—2016)将食盐分为食用盐、精制盐、粉碎洗涤盐和日晒盐。食盐的主要成分为 NaCl,产地不同,其成分也不同。

食盐常含有杂质,如化学性质不活泼的水和不溶物,化学性质活泼的钙、镁、铁等氯化物和硫酸盐等。食盐的不溶物主要是指沙土等无机物,其溶解度比较大。由表 10-3 可以看出,$CaCl_2$ 和 $MgCl_2$ 的溶解度远远超过 NaCl 的溶解度,而且随着温度的升高,其溶解度增加较多,因此,若食盐中含有这两种成分,则会大大降低其溶解度。

另外,$CaCl_2$ 和 $MgCl_2$ 具有苦味,在水溶液中 Ca^{2+} 和 Mg^{2+} 浓度达到 0.15% ~0.18% 以及在食盐中的浓度达到 0.6% 时,即可察觉出苦味。食盐中含有钾化合物时就会产生刺激咽喉的味道,含量多时还会引起恶心、头痛等现象,岩盐中钾化合物含量较多,海盐中较少。可见食盐中所含的一些杂质会引起腌制品的味感变化,因此腌制食品时要考虑到食盐中杂质的含量及种类。

表 10-3 几种盐成分在不同温度下的溶解度

(于海杰,2017) 单位:g/100 g H_2O

温度/℃	NaCl	$CaCl_2$	$MgCl_2$	$MgSO_4$
0	35.5	49.6	52.8	26.9
5	35.6	54.0	53.1	29.3
10	35.7	60.0	53.5	31.5
20	35.9	74.0	54.5	36.2

食盐具有迅速而大量吸水的特性,食盐中水分含量变化较大,因此,腌制时必须考虑其水分含量。水分含量多时用量就相应增加。食盐含水量和晶粒大小也有关系,晶粒大的要比晶粒小的含水量少。食盐含水量达到 8% ~10% 时,用手握可结成块状。

干燥盐粒在制盐和储藏过程中,常常因卫生控制不严格而混有细菌。低质盐特别是晒制盐,微生物的污染极为严重,腌渍食品变质往往是由此引起的。精制盐经过高温处理制成，微生物含量要低很多。因此，腌渍食品要尽可能使用高质量的盐。

腌制中的微生物与食盐用量（浓度）关系密切，以在 30 ℃时为例说明：盐含量在 5% 以下，有乳酸菌繁殖产生的酸味，也会存在腐败菌繁殖而使制品腐败。盐含量在 8% ~ 10% 时，乳酸菌生长繁殖，因乳酸的产生和盐的共同作用抑制腐败菌的作用，但不久则因表面产生膜酵母而使乳酸被消耗掉，腐败菌繁殖，不可长期保存制品。当盐含量达到 15% 时，仅有发生腌菜臭的细菌繁殖。在该盐浓度时，一些腌制品如腌茄子有可能会变色。

（三）糖在腌渍中的作用

食糖是微生物主要的碳素营养，低浓度糖液能促进微生物的生长繁殖，只有高浓度糖液才能对微生物起不同的抑制作用。

1. 糖溶液的防腐机制

（1）食糖溶液对微生物细胞的脱水作用　糖溶液都具有一定的渗透压，糖液的浓度越高，渗透压越大。高浓度糖液具有强大的渗透压，能使微生物细胞质脱水收缩，发生生理干燥而无法活动。蔗糖浓度要超过 50% 才具有脱水作用而抑制微生物活动。但对有些耐渗透压的微生物，如霉菌和酵母菌，糖浓度要提高到 72.5% 以上时才能抑制其生长危害。

（2）高浓度糖液具有抗氧化作用　糖溶液的抗氧化作用是糖制品得以保存的另一个原因。其主要作用机制是氧在糖液中的溶解度小于在水中的溶解度，糖浓度越高，氧的溶解度越低。如浓度为 60% 的蔗糖溶液，在 20 ℃时，氧的溶解度仅为纯水的 1/6。糖液中的氧含量降低，有利于抑制好氧微生物的活动，也有利于制品色泽、风味的形成和维生素 C 的保存。

（3）高浓度糖液能降低水分活度　食品水分活度（A_w）是表示食品中游离水数量的指标。大部分微生物的存活要求 A_w 值在 0.9 以上。当原料加工成糖制品后，食品中的可溶性固形物增加，游离水含量减少，即 A_w 值降低，微生物就会因为游离水的减少而受到抑制。

虽然糖制品的含糖量一般达到 60% ~70%，但由于存在少数在高渗透压和低水活度情况下尚能生长的霉菌和酵母菌，因此对于长期保存的糖制品，宜采用杀菌或加酸降低 pH 值以及真空包装等有效措施来防止产品的变质。

（4）高浓度糖溶液加速原料脱水吸糖　高浓度糖液的强大渗透压亦会加速原料的脱水和糖分的渗入，缩短糖渍和糖煮时间，有利于改善制品的质量。然而，糖制品初期若糖浓度过高，会使原料因脱水过多而收缩，降低成品率。

2. 不同微生物对糖溶液的耐受力

糖的种类和浓度决定其加速或抑制微生物生长的作用，浓度为 1% ~10% 的蔗糖溶液会促进某些微生物的生长，浓度达到 50% 时则阻止大多数细菌的生长，而要抑制耐高糖溶液的酵母菌和霉菌的生长，则其浓度应达到 65% ~75%，以 72% ~75% 为最适宜。

3. 食糖质量和腌制食品之间的关系

我国砂糖主要是蔗糖和甜菜糖，即使是精制的白砂糖中也会存在少量的灰分和还原糖。砂糖中常常混有微生物，这些微生物的存在会引起某些食品的腐败变质，尤其是在低浓度溶液中最易发生。腌渍时多使用砂糖。白砂糖

白砂糖的质量指标

主要质量指标国家标准为《白砂糖》(GB/T 317—2018)。

(四)食品腌渍过程中的扩散与渗透作用

食品腌渍过程中,除了会发生一系列的物理化学和生物化学变化及微生物的发酵现象外,还始终贯穿着腌渍剂的扩散和渗透现象。

1. 扩散

腌渍时,盐或糖等腌渍剂溶于水中形成腌渍液。高浓度的腌渍液与食品之间存在着浓度差,盐或糖等溶质在腌渍过程中逐渐扩散到食品内部。扩散是分子或微粒在不规则运动下浓度均匀化的过程,一般发生在溶液浓度不平衡的情况下,扩散的推动力就是浓度差,因此扩散的方向总是由浓度高朝向浓度低的方向进行,并持续到各处浓度平衡时才停止。扩散的过程通常比较缓慢。

2. 渗透

扩散系数

渗透是溶剂从低浓度溶液经过半透膜向高浓度溶液扩散的过程,也可以理解为水分从高浓度区域向低浓度区域转移。半渗透膜只允许溶剂或一些物质通过,而不允许另一些物质通过。细胞膜就属于一种半透膜。

食品腌渍过程相当于将细胞浸入食盐或食糖溶液中,细胞内呈胶体状态的蛋白质不会溶出,但电解质则不仅会向已死亡的动植物组织细胞内渗透,同时也向微生物细胞内渗透,因而腌渍不但阻止了微生物对食品营养物质的利益,也使微生物细胞脱水,正常生理活动被抑制。

食品腌渍时,腌渍的速度取决于渗透压,而渗透压与溶液的温度和浓度有关,与溶液的数量无关。因此要提高腌渍速度,就要尽可能提高腌渍温度和腌渍液浓度。另外,溶质相对分子质量对腌渍过程有一定影响,溶质的相对分子质量越大,需要的溶质质量也就越大。如在同样的百分浓度下,葡萄糖、果糖溶液的抑菌效果要比乳糖、蔗糖好,这是因为葡萄糖和果糖是单糖,相对分子质量为180,蔗糖和乳糖是双糖,相对分子质量为342,所以在同样的百分浓度时,葡萄糖和果糖溶液的质量摩尔浓度就要比蔗糖和乳糖的高,故渗透压也高,对细菌的抑制作用也相应加强。如果溶质能解离为离子,则用量显然可以少些,如用食盐和糖腌渍食品时,为了达到同样的渗透压,食盐的浓度比糖的浓度要小得多。

3. 扩散、渗透平衡

渗透压计算公式

食品腌渍过程实际上是扩散和渗透相结合的过程。这是一个动态平衡过程,其根本推动力就在于浓度差的存在,当浓度差逐渐降低直至消失时,扩散和渗透就达到平衡。

食品在腌渍时,食品外部溶液和食品组织细胞内部溶液之间借助溶剂的渗透过程及溶质的扩散过程,浓度会逐渐趋向平衡,其结果是食品组织细胞失去大部分自由水分,溶液浓度升高,水分活性下降,渗透压得以升高,从而可以抑制微生物的侵袭造成的腐败变质,延长了食品的保质期。

4. 渗透压抑菌

食盐、糖、酒精等水溶液具有较高的渗透压。酵母引起的袋装蔬菜腌渍品变质,可用日本小川提出的渗透压理论,即发酵性酵母在所含食盐、糖、酒精具有的渗透压总和达到

122 个大气压以上时(1 个大气压=98.066 5 kPa),可抑制酵母的增殖,各种成分的渗透压的计算公式如下:

食盐的渗透压 $P_{30℃}=766C/(100-0.36C)$,式中,$C=W/V$;

蔗糖的渗透压 $P_{30℃}=72.6C/(100-0.36C)$,式中 $C=W/V$;

葡萄糖的渗透压 $P_{30℃}=138C/(100-0.36C)$,式中 $C=W/V$;

酒精的渗透压 $P_{30℃}=539C/(100-C)$,式中 $C=V/V$。

上述式中 $P_{30℃}$ 为 30 ℃时的渗透压大小,单位为大气压。因此用渗透压计算公式可以求出防止酵母变质时所需的食盐、糖或酒精的量。

(五)微生物的发酵作用

1. 乳酸发酵

乳酸发酵通常被认为是保藏食品的重要措施。能够进行乳酸发酵的微生物在自然界分别非常广泛,当然也存在于果、蔬、乳、肉类食品中,能在不适于其他微生物的生长条件下生存。乳酸发酵在厌氧条件下进行,由微生物作用将食品中糖分几乎全部转变为乳酸,这一过程称为乳酸发酵。发酵性腌菜主要靠乳酸菌发酵,产生乳酸来抑制微生物活动,使蔬菜得以保存,同时也有食盐及其他香料的防腐作用。乳酸发酵是蔬菜腌制过程中非常重要的发酵过程,乳酸菌也常常因酸度过高而死亡,乳酸发酵液因而自动停止。腌制过程中,乳酸量的积累一般可达到 0.79% ~1.40%,这取决于糖分、盐液浓度、温度和菌种。有些乳酸菌不仅能形成乳酸,同时还形成其他最终产物,诸如产生醋酸、琥珀酸、乙醇、二氧化碳、氢气等,这类乳酸发酵称为异型乳酸发酵。腌渍过程前期以异型乳酸发酵为主,后期以同型乳酸发酵为主。

2. 醋酸发酵

在蔬菜腌渍过程中还有微量醋酸形成。醋酸是由醋酸细菌氧化乙醇而生成的,一般都在液体表面上进行。大肠杆菌类细菌也同样能产生醋酸。在蔬菜制品中常含有醋酸、丙酸和甲酸等挥发酸,它的含量可高达 0.20% ~0.40%(按醋酸计)。制作泡菜、酸菜需要利用醋酸发酵,而制造咸菜酱则必须将醋酸发酵控制在一定的限度,否则咸菜酱制品变酸,成为产品败坏的象征。对含酒精食品来说,醋酸菌常成为促使酒精消失和酸化的变质菌。

3. 酒精发酵

蔬菜腌制过程中也伴随着酒精发酵,酒精产量可达 0.5% ~0.7%。酒精发酵生成的乙醇,对于腌制品后熟期中发生的酯化反应而生成的芳香物质是重要的,其产量对乳酸发酵并无影响。

总之,微生物导致食品发生变化的类型很多,它们的反应也各不相同,这就需要根据对食品的品质要求,有效地控制各种反应,即促进或抑制某些反应,以期获得理想的腌制效果。

(六)蛋白质的分解作用及其他生化作用

在蔬菜腌渍及制品后熟过程中,所含的蛋白质受到微生物和蔬菜本身所含有的蛋白质水解酶的作用逐渐被分解为氨基酸,从而产生色、鲜、香和甜味等风味物质。

1. 鲜味的产生

蛋白质水解产生的各种具有鲜味的氨基酸，赋予腌制品一定的风味。蔬菜腌制品鲜味的主要来源是由谷氨酸与食盐作用生产的谷氨酸钠。

2. 香气的产生

主要通过以下几个方面产生香气。

(1)微生物的发酵作用产生香气　蛋白质水解生成氨基丙酸与酒精发酵产生的酒精反应，失去一分子水，生产的酯类物质芳香味更浓。氨基酸种类不同，所产生的酯也不同，其香味也各不相同，例如，氨基丙酸与乙醇生成氨基丙酸乙酯。

(2)原料成分及加工过程中形成香气　腌制品产生的香气有些来源于原料及辅料中的呈香物质，有些则由呈香物质的前体在风味酶或热的作用下经水解或裂解而产生。

(3)吸附产生的香气　主要靠扩散和吸附作用，是腌制品从辅料中获得外来的香气，其品质的高低与辅料的质量及吸附量密切相关。

(4)苷类物质水解　一些蔬菜因含有某些苷类物质具有苦涩、辛辣味。但是在腌渍过程中一些苷类物质也可以被水解生成具有芳香气味的物质，如十字花科蔬菜中的芥菜含有黑芥子苷，水解后可产生具有特殊香气的芥子油，从而改善制品的风味。

3. 色泽的产生

色泽的产生主要是褐变和吸附。褐变包括酶促褐变和非酶促褐变，对于深色酱菜、酱油渍和醋渍产品，褐变形成的色泽对品质是有利的；但是对有些腌渍品，褐变是降低品质的主要原因，加工过程中必须加以控制，减少褐变的发生。

抑制褐变发生的措施主要有以下方面：①抑制酚酶活性；②隔绝空气；③添加抗坏血酸；④采用二氧化碳或亚硫酸盐抑制非酶促褐变和酶促褐变；⑤降低反应物浓度、降低介质pH、避光和低温保藏抑制非酶促褐变；⑥保证乳酸发酵的正常进行，是抑制腌渍品褐变的有效途径。蔬菜经腌渍后，细胞膜变为透性膜，失去对渗透物质的选择性，加工处理后，细胞内溶液浓度降低，外界溶液浓度大于细胞内溶液浓度，在扩散作用下，辅料的色素微粒就向细胞内扩散，结果使得蔬菜细胞吸附了辅料中的色素，使产品具有类似辅料的色泽。为防止产品吸附色素不均匀出现“花色”，就需要特别注意生产过程中的“打扒”或翻动。

4. 甜味和酸味的变化

有些产品在腌渍过程中变甜，尤其是淀粉含量高的原材料，如甜面酱在发酵过程中淀粉经曲霉淀粉酶水解生成葡萄糖和麦芽糖，并由蛋白质分解的某些氨基酸，如组氨酸、丝氨酸及甘氨酸等也是甜面酱味的主要来源。但是对一般发酵型腌制品而言，制品经过发酵作用后含糖量降低，而酸含量相应增大。非发酵性腌制品，其含量基本没有变化。

5. 维生素C的变化

在腌渍过程中，维生素C因氧化作用而大量减少，造成减少的原因：一是腌渍时间越长，维生素C损耗越多；二是用盐量越大，微生物C损失越多；三是产品露出盐卤表面接触空气越多，维生素C破坏越快；四是产品多次冻结和解冻也会造成维生素C的大量损失。

6. 矿物质含量变化

经过腌渍的各种腌渍品灰分含量有显著提高。钙含量亦有提高，磷和铁含量降低，而酱菜的情况则是钙含量及其他矿物质含量均有不同程度的提高。

(七)香料与调味料的防腐作用

酱腌菜要用到的香料与调味品主要有食盐、酱油、食醋、食糖、酒类、大蒜、鲜姜、大葱、红辣椒以及茶叶、食用油等,这些香料与调味品除赋予酱腌菜特有的色、香、味等食用品质外,还具有一定的防腐功能。食盐和食糖由于渗透和扩散作用,能很好地抑制微生物生长繁殖;食醋也是蔬菜腌渍时经常使用的调味料,除含有醋酸外,还含有乳酸、琥珀酸、柠檬酸、苹果酸等有机酸。这些酸可以与酒精结合生成芳香酯类而使之富有香味。腌渍用的调味酒包括白酒和黄酒。酒的主要成分是酒精和水,加入适量的白酒或黄酒,不仅可以产生特殊香味,还具有杀菌防腐作用。香辛料除含有浓郁的辛辣味外,还含有相当数量的挥发性芳香油,使它们具有特殊的芳香气味。芳香油里有些成分具有一定的杀菌能力,因此,香辛料不仅是酱腌菜加工过程中重要的调味品,而且具有一定的防腐作用。

二、腌制分类

(一)按蔬菜加工部位分类

可将腌制菜分为根菜类、茎菜类、叶菜类、花菜类、果菜类和其他类。每一类又可以再根据蔬菜名称分小类,小类中列举出腌制菜具体品种。

(二)按腌制菜生产中是否发酵分类

严格意义上讲,腌制菜生产过程中均会产生不同程度的发酵作用,习惯上将腌制菜分为发酵性腌制品和非发酵性腌制品两大类。一般来说,发酵性腌制品中食盐用量较少,有明显的乳酸发酵作用,伴随着微弱的酒精和醋酸发酵作用。而非发酵性腌制品制作过程中食盐用量较多,主要是利用食盐及其他调味品保藏制品,在生产过程中也会有微弱的发酵作用。

(三)按照腌制菜加工工艺分类

1. 酱渍菜类

酱渍菜类是以蔬菜为主要原料,经盐水渍或盐渍成蔬菜咸胚后,经脱盐并脱水,再酱渍而成的蔬菜制品,如酱姜片、酱莴苣片。

2. 糖醋渍菜类

糖醋渍菜类是以蔬菜咸胚为原料,经脱盐、脱水后,用糖、糖水、食醋或糖醋液浸渍而成的蔬菜制品,如糖醋黄瓜、甜头。

3. 糟渍菜类

糟渍菜类是以蔬菜咸胚为原料,经脱盐、脱水后,再用酒糟糟制而成,其中糟渍菜类的代表性产品有糟瓜、独山盐酸菜等。

4. 糠渍菜类

糠渍菜类以蔬菜咸胚为原料,用稻糠或米糠与香辛料混合糠渍而成的蔬菜制品,代表性产品为米糠萝卜。

5. 盐水渍菜类

盐水渍菜是将新鲜蔬菜经适当切分或不切分,用盐水和香辛料混合液,生渍或熟渍而成的蔬菜制品,如泡菜等。

三、腌制方法

食品的腌制方法很多,大致可以归纳为干腌、湿腌、混合腌制以及动脉或静脉注射腌制等。干腌和湿腌是基本的腌制方法,而动脉或肌肉注射腌制仅适用于肉类腌制。不论采用何种腌制方法,腌制时都要求腌制剂渗入食品内部深处并均匀分布于其中,这时腌制过程才基本完成,因而腌制时间主要取决于腌制剂在食品内进行均匀分布所需要的时间。腌制剂通常用食盐。腌肉时除食盐外,还加有用糖、亚硝酸钠及磷酸盐、抗坏血酸盐或异构抗坏血酸盐等混合制成的混合盐,以改善肉类色泽、持水性、风味等。硝酸盐除改善色泽外,还具有抑制微生物繁殖,增加腌肉风味的作用。醋有时也用做腌制剂成分。食品腌制后期耐藏性得以提高,同时其质地、色泽和风味也得以改善。

(一)食品腌制剂

1. 咸味料

咸味料主要是食盐。食盐在食品腌制中具有重要的调味和防腐作用,是食品腌制加工的主要辅料之一。应选择色泽洁白、氯化钠含最高、水分及杂质含量少、卫生状况符合《食品安全国家标准 食用盐》(GB 2721—2015)的粉状精制食盐为食品腌制的咸味剂。

食盐具有维持人体正常生理功能、调节血液渗透压的作用。但过量摄入食盐会导致心血管病、高血压及其他疾病,原因是一旦人体摄入的钠、钾、钙、镁等处于极不平衡状态时,身体中的电解质将失去平衡,导致人体发生病变,其中最易引起的就是高血压。

2. 甜味料

腌制食品所使用的甜味料主要是食糖。食糖的种类很多,有白糖、冰糖、红糖、饴糖和蜂糖等。

(1)白糖　以蔗糖为主要成分,色泽白亮,含蔗糖99%上,甜度较大,味道纯正。

(2)红糖　以色浅黄红而鲜明、味甜浓厚者为佳。红糖含蔗糖约84%,含游离果糖、葡萄糖较多,水分2%~7%,由于未脱色精制,杂质较多,容易结块、吸潮,多用在红烧、酱、卤等肉制品和酱腌菜的加工中。

(3)饴糖　又称糖稀、糖肴或水饴,是将米或淀粉质原料蒸熟后,用麦芽糖化、过滤、浓缩而成,含大量的麦芽糖和糊精,以颜色鲜明、汁稠味浓、洁净不酸者为上品。能增加酱腌菜的甜味及黏稠性,用于糖醋大蒜、甜酸荞头等,具有增色、护色的作用。

在肉制品腌制中,还原糖(葡萄糖、果糖、麦芽糖等)能吸收氧而防止肉品脱色。在快速腌制时最好选用葡萄糖,长时间腌制时用蔗糖。

肉制品在腌制过程中,在糖和亚硝酸盐共存的条件下,当pH值为5.4~7.2时,盐水可以在微生物的作用下形成氢氧化铵。它可能钝化微生物体内的过氧化氢酶,抑制对腌制有害的微生物如*clostridium*(梭菌属)的发育。

除食糖外,在果蔬腌渍时,还经常使用甘草、甜菊糖苷、甜蜜素、蛋白糖等甜味料。

3. 酸味料

腌渍食品所使用的酸味料主要是食醋。食醋分为酿造醋和人工合成醋两种。

(1)酿造醋　酿造醋又分为米醋、熏醋和糖醋三种。

1)米醋　又名麸醋,是以大米、小麦、高粱等含淀粉的粮食为主料,以麸皮、谷糠、盐等为辅料，用醋曲发酵，使淀粉水解为糖，糖发酵成酒，酒氧化为醋酸的制品。

2）熏醋　又名黑醋，原料与米醋基本相同，发酵后略加花椒、桂皮等熏制而成，颜色较深。

3）糖醋　用饴糖、醋曲、水等为原料搅拌均匀，封缸发酵而成。色较浅，故又叫白醋。糠醋易长白膜，由于醋味单调，缺乏香气，不如米醋、熏醋味美。

（2）人工合成醋　人工合成醋是用醋酸与水按一定比例合成的，称为醋酸醋或白醋。品质不如酿造醋，多用于西菜。

食醋的主要成分是乙酸，是一种有机酸，具有良好的抑菌作用。当乙酸质量分数达0.2%时，便能发挥抑菌的效果；当保藏液中乙酸的质量分数达0.4%时，就对各种霉菌以及酵母菌发挥优良的抑菌防腐作用。食醋除含乙酸外还含有多种氨基酸、酸类及芳香物质，这些物质对微生物也有一定的抑制作用。

4. 肉类发色剂

在肉类腌制品中最常使用的发色剂是硝酸盐及亚硝酸盐。

5. 肉类发色助剂

在肉品加工中作为发色助剂使用的主要是L–抗坏血酸及其钠盐、异抗坏血酸及其钠盐以及烟酰胺等。

抗坏血酸和异抗坏血酸通常用来加速产生并稳定腌肉的颜色。用量一般为原料肉的0.02%～0.05%。抗坏血酸有3个主要作用：一是参与将氧化型的褐色高铁肌红蛋白还原为红色还原型肌红蛋白，加快腌制速度，以助发色；二是抗坏血酸盐与亚硝酸盐共同使用，可增加肉制品的弹性并防止亚硝胺的生成；三是抗坏血酸盐具有抗氧化作用，有助于稳定肉制品的颜色和风味。

烟酰胺在加工肉品时作为发色助剂使用，添加量为0.01%～0.02%，其作用机制为与肌红蛋白结合生成很稳定的烟酰胺肌红蛋白，使之不被氧化成高铁肌红蛋白。葡萄糖因具有较强的还原性，可有效防止因肉类发色产物一氧化氮肌红蛋白的氧化而使产品过早褪色。作为肉制品的发色助剂，其用量通常为0.3%～0.4%。

6. 品质改良剂

品质改良剂通常是指能改善或稳定制品的物理性质或组织状态，如增加产品的弹性、柔软性、黏着性、保水性和保油性等的一类食品添加剂。

磷酸盐是一类具有多种功能的物质，在食品加工中广泛用于各种肉禽、蛋、水产品、乳制品、谷物制品、饮料、果蔬、油脂及变性淀粉等，具有明显的改善品质的作用。食品加工中使用的磷酸盐主要有正磷酸盐、焦磷酸盐、聚磷酸盐和偏磷酸盐等，通常几种磷酸盐复合使用，其保水效果优于单一成分。对于磷酸盐的作用机制目前尚无一致说法，一般有如下解释。

（1）提高pH值　当肉的pH值在5.5左右时，已接近于蛋白质的等电点，此时肉的持水性最差。磷酸盐呈碱性反应，加入磷酸盐可使肉的pH值高于蛋白质的等电点，从而能增加肉的持水性。

（2）增加离子强度　多聚磷酸盐是多价阴离子化合物，即使在较低的浓度下也具有较高的离子强度，使处于凝胶状态的球状蛋白的溶解度显著增加而成为溶胶状态，从而提高了肉的持水性。

(3)螯合金属离子　多聚磷酸盐对多种金属离子有较强的螯合作用,对 pH 值也有一定的缓冲能力,能结合肌肉结构蛋白质中钙离子、镁离子,使蛋白质的羧基(—COOH)解离出来。由于氨基之间同性电荷的相斥作用,使蛋白质结构松弛,以提高肉的保水性。

(4)解离肌动球蛋白　焦磷酸盐和三聚磷酸盐有解离肌肉蛋白质中肌动球蛋白的功能,可将肌动球蛋白解离成肌球蛋白和肌动(肌凝)蛋白。肌球蛋白的增加也可使肉的持水性提高。

(5)抑制肌球蛋白的热变性　肌球蛋白是决定肉的持水性的重要成分,但肌球蛋白对热不稳定,其凝固温度为 42 ~ 51 ℃,在盐溶液中 30 ℃就开始变性。肌球蛋白过早变性会使其持水性降低。焦磷酸盐对肌球蛋白变性有一定的抑制作用,可以使肌肉蛋白质的持水性提高。

7. 防腐剂

防腐剂是指防止食品腐败变质、延长食品保存期限、抑制食品中微生物繁殖的一类食品添加剂。食品腌制中使用的防腐剂主要有以下几种。

(1)苯甲酸及苯甲酸钠　苯甲酸又名安息香酸,为白色鳞片或针状结晶,无臭或略带杏仁味,在 100 ℃时开始升华,在酸性条件下容易随蒸汽挥发,易溶于酒精,难溶于水。所以多用其钠盐——苯甲酸钠。苯甲酸钠为白色颗粒或结晶性粉末,溶于水,在空气中稳定,但遇热易分解。

苯甲酸及其钠盐的防腐效果相同,在酸性条件下防腐作用强,具有广谱性的抑菌作用,尤其是对霉菌和酵母菌作用较强,但对产酸菌作用较弱,当 pH 值在 5.5 以上时,对许多霉菌和酵母菌的作用也较弱。其抑菌作用的最适 pH 值为 4.5 ~ 5.0。此时它对一般微生物完全抑制的最低浓度为 0.05% ~ 0.1%。我国《食品添加剂使用标准》(GB 2760—2021)规定:苯甲酸及其钠盐在蜜饯凉果中的最大使用量为 0.5 g/kg,在腌制的蔬菜中的最大使用量为 1.0 g/kg,苯甲酸与苯甲酸钠同时使用时,以苯甲酸计,不得超过最大使用量。

(2)山梨酸及山梨酸钾　山梨酸又名花楸酸,为无色针状结晶状粉末,无臭或稍带刺激臭,耐光、耐热。但在空气中长期放置时易被氧化着色,从而降低防腐效果。易溶于乙醇等有机溶剂,微溶于水,所以多使用其钾盐——山梨酸钾。山梨酸钾为白色鳞片状结晶或结晶性粉末,无臭或微臭,易溶于水,也溶于高浓度蔗糖和食盐溶液。

山梨酸及其钾盐具有相同的防腐效果,可以延长肉制品、禽蛋制品的储存期。在腌熏肉制品中加入山梨酸盐,可减少亚硝酸钠的用量,降低形成致癌物亚硝胺的潜在危险,它们能够抑制包括肉毒杆菌在内的各类病原体滋生。对霉菌、酵母菌和好气性腐败菌的抑菌效果好,但对厌气性细菌和乳酸菌几乎无作用。它只适用于具有良好的卫生条件和微生物数量较少的食品的腐败。但在微生物数量过高的情况下,山梨酸会被微生物作为营养物摄取,不仅没有抑菌作用,相反会促进食品的腐败和变质。

山梨酸及其钾盐也属于酸型防腐剂,其防腐效果随 pH 值上升而下降,但适宜的 pH 值范围比苯甲酸及其钠盐广,在 pH 值为 5 以下的范围内使用为宜。

山梨酸是一种不饱和脂肪酸,在体内参与正常的代谢活动,最后被氧化成二氧化碳和水。国际上公认它为无害的食品防腐剂，所以目前在国内外广泛使用。我国《食品添加剂使用标准》(GB 2760—2021)规定：山梨酸及其钾盐在腌制的蔬菜、果酱类最大使用量为1.0 g/kg，在蜜饯凉果的最大使用量为0.5 g/kg。山梨酸与山梨酸钾同时使用时，以山梨酸计，不得超过最大使用量。

(3)亚硫酸及亚硫酸盐　果蔬糖渍中常采用硫处理。亚硫酸是强还原剂，能消耗组织中的氧，抑制好气性微生物的活动，并能抑制某些微生物活动所必需的酶的活性，对于防止果蔬中维生素C的氧化破坏很有效。亚硫酸还能与许多有色化合物(特别是花色苷类)结合变为无色衍生物，而具有漂白作用。亚硫酸的防腐作用与一般防腐剂类似，与pH值、温度、浓度及微生物的种类有关。

亚硫酸属于酸型防腐剂，也是靠其未解离的分子发挥防腐作用。在pH值为3.5以下，亚硫酸保持分子状态而不形成离子，在pH值为3.5时二氧化硫含量为0.03%～0.08%，即能抑制微生物的增殖。pH值为7.0时，二氧化硫含量即使达到0.5%，也不能抑制微生物增殖，所以亚硫酸盐必须在酸性条件下应用。用亚硫酸保藏苹果酱，当温度降为75 ℃时，二氧化硫的含量只需0.05%就能使其不败坏；但当温度降为30～40 ℃时，二氧化硫含量就要增加到0.1%～15%；而将温度降低到22 ℃时，其防腐作用就显著减弱。不过，在实际应用时，一般不可通过提高温度来增强防腐作用。因为在没有严密密闭的情况下，亚硫酸因提高温度而分解，同时果蔬长期处于高温条件下，也是不适宜的。所以用亚硫酸处理的果蔬原料，往往需要在较低的温度下储藏，以防有效二氧化硫浓度的降低。

8. 抗氧化剂

抗氧化剂是指能防止或延缓食品的氧化变质，提高食品稳定性和延长食品储存期的食品添加剂。在腌渍食品中使用的主要有丁基羟基茴香醚(BHA)、二丁基羟基甲苯(BHT)、没食子酸丙酯(PG)等油溶性抗氧化剂和L-抗坏血酸及其钠盐、异抗坏血酸及其钠盐、苯多酚等水溶性抗氧化剂。抗氧化剂的使用量一般较少，在腌渍食品中的使用量一般为0.065～0.2 g/kg。

抗氧化剂的作用机制比较复杂，存在着多种可能性，归纳起来大致有以下两类：一是通过抗氧化剂的还原反应，降低食品内部及其周围的氧含量，有些抗氧化剂如抗坏血酸与异抗坏血酸本身极易被氧化，能使食品中的氧首先与其反应，从而避免了油脂等易氧化成分的氧化；二是抗氧化剂能释放出氢原子与油脂自动氧化反应产生的过氧化物结合，终止链式反应的传递。

有一些物质本身虽没有抗氧化作用，但与酚型抗氧化剂如BHA、BHT、PG等并用时，却能增强抗氧化剂的效果，这些物质统称为抗氧化增效剂。常用的增效剂有柠檬酸、磷酸、酒石酸、植酸、乙二胺四乙酸二钠等。一般认为这些物质能与促进油脂自动氧化反应的微量金属离子起钝化作用。

(二)食品的盐渍

1. 干腌法

干腌法是利用食盐、混合盐或盐腌剂涂擦在食品表面，使之有汁液外渗现象(腌鱼时则不一定先擦透)，然后层堆在腌制架上或层装在腌制容器内，各层间还均匀地撒上食盐，依次压实，在外加压力或不加压力的条件下，依靠外渗汁液形成盐液进行腌制的方法。由于开始腌制时仅加食盐不加盐水，故称干腌法。干腌法腌制时间通常较长，腌制后需要经过长时间的成熟过程，有利于腌制品形成特有的风味和质地。我国传统的金华火腿、腊肉和风干类禽肉制品等多采用这种方法腌制。

干腌法的优点是简单易行，操作方便，用盐量较少，腌制品含水量低，利于储藏，同时食品营养成分流失较少（肉腌制时蛋白质流失量为0.3% ~0.5%）。其缺点是食品内部盐分分布不均匀，失重大，味太咸，色泽较差，而且由于盐卤不能完全浸没原料，使得肉、禽、鱼暴露在空气中的部分容易引起“油烧”现象，蔬菜则会出现生醭和发酵等劣变。

干腌法的腌制设备一般采用水泥池、陶瓷罐或坛等容器及腌制架。腌制时，采取分次加盐法，并对腌制的原料进行定期翻倒（倒池、倒缸，以保证食品腌制均匀和促进产品风味品质的形成）。翻倒的方式因腌制品种类别不同而异，例如腌肉采用上下层依次翻倒；腌菜则采用机械抓斗倒池，工作效率高，可节省大量劳动力和费用。我国的名特产制品火腿则采用腌制架层堆方法进行干腌的，并必须翻倒七次、覆盐四次以上才能达到腌制要求。

2. 湿腌法

湿腌法又称盐水腌制法。它是将食品原料浸没在盛有一定浓度食盐溶液的容器设备中，利用溶液的扩散和渗透作用使腌制剂均匀地渗入原料组织内部，直至原料组织内外溶液浓度达到动态平衡的一种腌制方法。湿腌时多采用饱和盐溶液，一般用老卤腌制。分割肉、鱼类和蔬菜均可采用湿腌法进行腌制。湿腌法适合腌制中式酱肉产品、酱禽产品和无注射的西式火腿产品。此外果品中的橄榄、李子、梅子等加工凉果所采用的胚料也是采用湿腌法来保藏的。

湿腌法的优点是食品原料完全浸没在浓度一致的盐溶液中，既能保证原料组织中的盐分分布均匀，又能避免原料接触空气而出现“油烧”现象。其缺点是制品色泽和风味不及干腌法，且用盐多，易造成原料营养成分较多流失（腌肉时，蛋白质流失0.8% ~0.99%），并因制品含水量高，不利于储藏，并且劳动强度大于干腌法，需要的容器设备多。另外，卤水溶液变质，保存较难。

用湿腌法腌肉一般在冷库（2 ~3 ℃）中进行，先将肉块附着的血液洗去，再堆积在腌渍池中，注入肉重量二分之一的盐腌液，盐液温度2 ~3 ℃，在最上层放置格形木框，再压重石，避免腌肉上浮。腌制时间随肉块大小而定，一般每千克肉块腌制4 ~5 d即可，肉块大者，在腌制中尚需翻倒，以保证腌肉质量。

果蔬湿腌的方法有多种：①浮腌法，即将果蔬和盐水按比例放入腌制容器，使果蔬悬浮在盐水中，定时搅拌并随着日晒水分蒸发使菜卤浓度增高，最终腌制成深褐色，菜卤越老，品质越佳；②泡腌法，即利用盐水循环浇淋腌池中的果蔬，能将果蔬快速腌成；③低盐发酵法，即以低于10%的食盐水腌制果蔬，该方法乳酸发酵明显，腌制品咸酸可口，除直接食用外，还可作为果蔬保藏的一种手段。

3. 腌晒法

腌晒法是一种腌、晒结合的方法，即单腌法盐腌，晾晒脱水成咸胚。盐腌是为了减少果蔬胚中的水分，提高食盐的浓度，有利于装坛储藏。进行晾晒是以去除原料中的一部分水分，防止在盐腌时果蔬营养成分过多地流失，影响制品品质。有些品种如榨菜、梅干菜在腌制前先要进行晾晒，去除部分水分，而有些品种如萝卜头、萝卜干等半干性制品则要先腌后晒。

4. 烫漂盐渍法

新鲜的果蔬先经沸水烫漂2～4 min，捞出后用常温水浸凉，再经盐腌而成的盐渍品或咸胚。烫漂处理可以除去原料中的空气，使果蔬显出鲜艳的颜色，并可钝化果蔬中影响产品品质的氧化酶类，另外，还可以杀死部分果蔬表面所带有的害虫卵和微生物。

5. 动脉或肌肉注射腌制法

注射腌制法是进一步改善湿腌法的一种措施，为了加速腌制时的扩散过程、缩短腌制时间，最先出现了动脉注射腌制法，其后又发展了注射腌制法。注射法目前在生产西式火腿、腌制分割肉时使用较广。

(1)动脉注射腌制法　动脉注射法是用泵及注射针头将盐水或腌制液经动脉系统送入分割肉或腿肉内的腌制方法。由于一般分割胴体时并没有考虑原来动脉系统的完整性，所以此法仅用于腌制前后腿。

该法在腌制肉时先将注射用的单一针头插入前后腿的股动脉切口内，然后将盐水或腌制液用注射泵压入腿内各部位上，使其重量增加8%～10%，有的增至20%左右。为了控制腿内含盐量，还可以根据腿重和盐水浓度，预先确定腿内应增加的重量，以便获得规格统一的腌制品。有时厚肉处，须再补充注射，其盐液或腌制液须适当增加，以免该部分因腌制不足而腐败变质。这样可以显著地缩短腌制液全面分别的时间。因腌制液或盐液同时通过动脉注射和精密向各处分布，故它的确切名称应为“脉管注射”。

动脉注射法的优点是腌制速度快，出货迅速、产品得率高。若加用碱性磷酸盐，得率还可以进一步提高。缺点是只能用于腌制前后腿，胴体分割时要注意保证动脉的完整性，并且腌制品易腐败变质，需冷藏运输。

(2)肌肉注射腌制法　肌肉注射又分为单针头和多针头注射法两种，目前多针头注射法使用较广，主要用于生产西式火腿和腌制分割肉。肌肉注射法与动脉注射法基本相似，主要的区别在于肌肉注射法不需要经动脉而是直接将腌制液或盐水通过注射针头注入肌肉中。

1)单针头肌肉注射。单针头肌肉注射腌制法可用于分割肉，与动脉无关。一般每块肉注射3～4针，每针盐液注射量为85 g左右。盐液注射总量根据盐液浓度算出的注射量而定。对含有150 mg/kg硝酸盐或碱性磷酸盐的16.5 °Bé的盐液来说，其增量为10%左右。一般肌肉注射在磅秤上进行。用肌肉注射腌液时所得的半成品的湿含量比用动脉注射时所得的湿含量要高，因而需要仔细操作才能获得品质良好的产品。这是因为注射时盐液经常会过多地聚集在注射部位的四周，短时间内难以散开，因而肌肉注射时就需要更长的注射时间以获得充分扩散盐液的时间，不至于局部聚积过多。

2)多针头肌肉注射。多针头肌肉注射最适用于形状整齐而不带骨的肉类，用于腹部肉、肋条肉极为适宜。带骨或去骨腿肉也可采用此法。其操作和单针头肌肉注射相似。它可以缩短操作时间并提高生产率，用盐液注射法腌制时可提高得率，降低生产成本。但是其产品质量不及干腌制品，风味略差，煮食时肌肉收缩的程度也比较大。

动脉或肌肉注射腌制法在工业生产中会使用到一些相关加工设备，如盐水配制机、盐水注射机等。其中盐水配制机是配制盐水注射机用于注射盐水的专用设备，配制好的盐水用于注射，其外形和结构示意图分别见图 10-1 和图 10-2。盐水注射机是用大块肉低温火腿生产的主要加工设备，其作用是将盐水通过多针注射的方式，均匀注入大块肉内部，使整块肉得到均匀嫩化、腌制和发色，其外形图和结构示意图分别见图 10-3 和图 10-4。

图 10-1　普通型盐水配制机

（韩青荣，2013）

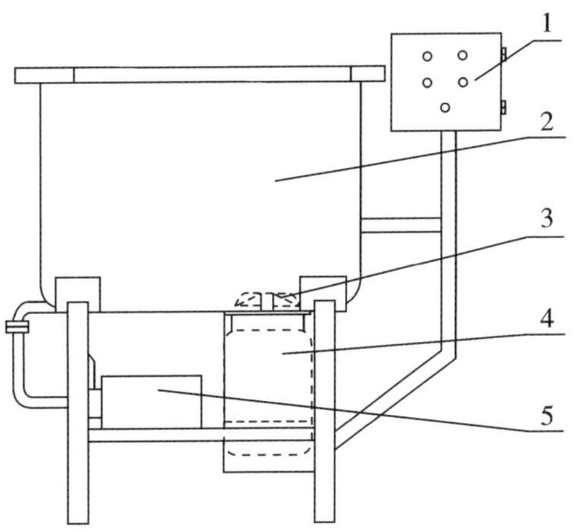

1—电控箱；2—盐水箱；3—搅拌桨叶；4—电机；5—盐水泵

图 10-2　盐水配制机结构示意图

（韩青荣，2013）

图 10-3　盐水注射器外形图

（韩青荣，2013）

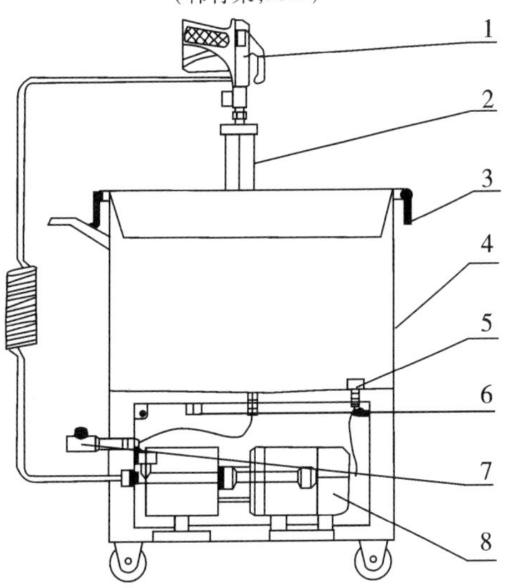

1—注射枪；2—注射针；3—注射工作台；4—盐水箱；5—过滤器；6—开关；7—排水阀；8—盐水泵

图 10-4　盐水注射器结构示意图

（韩青荣，2013）

6. 滚揉腌制法

这属于肉类快速腌制方法中的一种,不仅可以加快腌制速度,缩短腌制时间,还可以增加肉制品的保水性,改善腌制品品质。滚揉的程序和操作条件对肉制品的品质、出品率具有重要影响。通常将预先适当腌制(如3~5 ℃下15 h左右)后的肉料放入滚揉机内连续或间歇地滚揉,或肉料与腌制剂混合在滚揉机内连续或间歇滚揉,滚揉时间可控制在5~24 h,温度2~5 ℃,转速3.5 $r \cdot min^{-1}$。肉块在滚揉机内上下翻滚,从而起到促进腌制液的渗透和盐溶蛋白的提取以及肉块表面组织的破坏作用,以缩短腌制周期、提高保水性和黏结性。此法常与肌肉注射法及湿腌法结合使用。目前真空滚揉腌制技术在真空条件下联合滚揉方法,不仅可以提高腌制剂渗透速率,还可以增加肉制品的嫩度,提高肉制品的品质。

在低温火腿生产中,经常会利用真空滚揉机,完成对原料肉的滚揉、按摩与腌制等工序。真空滚揉机的种类很多,主要是根据滚揉桶内部桨叶结构和滚揉状态来区分(图10-5),但其作用一致,均是为了使肉块发色,提高肉块嫩度和保水性。根据生产工艺和生产量等需求,可以将真空滚揉机分为小型真空滚揉机、重型真空滚揉机和大型真空滚揉机。

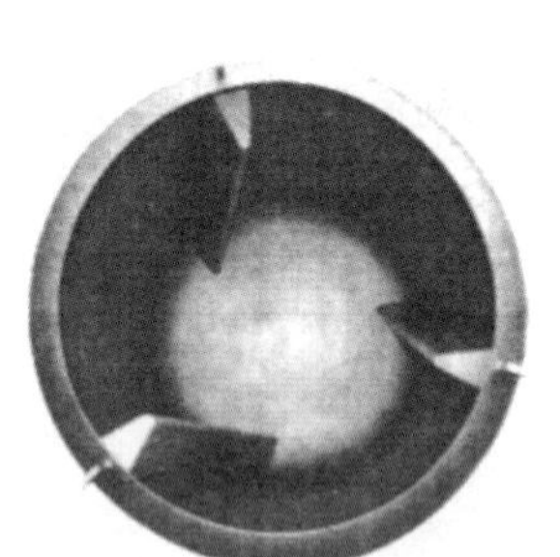

图 10-5 滚揉桶内部桨叶结构

左图为水平翻转滚揉桶桨叶结构,右图为倾斜翻转滚揉桶桨叶结构

图 10-6 小型真空滚揉机

(韩青荣,2013)

小型真空滚揉机(图10-6)的滚揉桶一般体积较小,通常在200 L以下,产量不大,故而适用于肉制品研发室或小型肉制品加工企业使用。小型滚揉机主要由机架、真空系统、滚揉桶、翻转组件、电控箱及电机等构成(图10-7)。使用时,将嫩化后的原料肉倒入滚揉桶内,盖上滚揉桶盖并锁紧。将连接真空泵的真空管快速接头插入滚揉桶盖上的真空嘴,开启真空泵,抽到设定真空度时停机。然后设定滚揉时间,开机即进入滚揉工作状态,直至滚揉时间结束,释放真空,排除负压后开盖出料,滚揉结束。

中型真空滚揉机(图10-8)的滚揉容积通常为300~1 000 L,较适用于中小型肉制品加工企业使用,是目前国内肉制品加工企业使用最多的滚揉机规格。图10-8所示真空滚揉机的滚揉桶出料形式为反转出料,还有滚揉桶前后角度可以调节的和滚揉桶可以与机架分离的结构形式。中型真空滚揉机主要由机架、真空系统、电机、滚揉桶和电控箱等构成(图 10-9)。整机使用时与小型真空滚揉机相同。

大型真空滚揉机(图 10-10)的滚揉容积通常为 1 500 L 或每批次原料肉滚揉量在 1 000 kg以上,较适用于大型肉制品加工企业加工大产量低温火腿时使用。由于该机型一次性装料量较多,故常采用呼吸式真空滚揉,以提高滚揉质量。中型真空滚揉机主要由机架、真空系统、电机、滚揉桶、加料口和电控箱等构成(图 10-11)。整机工作时,为了使滚揉桶内原料肉获得充分而均匀的按摩,设定滚揉桶内部一段时间处于真空状态,另一段时间处于常压状态,如此循环交替滚揉。这种滚揉方法相对于滚揉桶内的原料肉时而收缩,时而松弛,就像人的呼吸一样,故称为呼吸式真空滚揉。

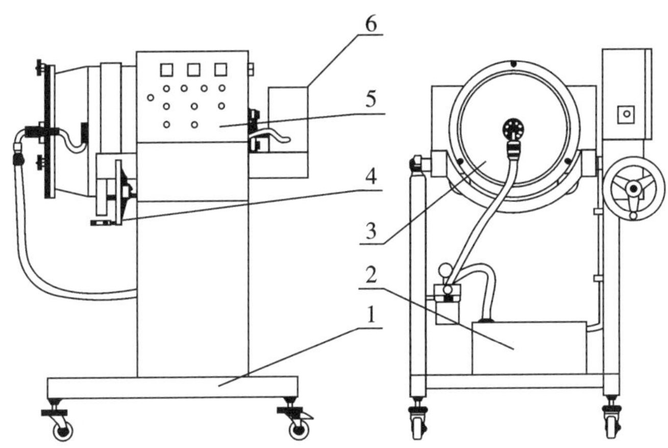

1—机架;2—真空系统;3—滚揉桶;4—翻转组件;5—电控箱;6—电机

图 10-7　小型真空滚揉机结构示意图

(韩青荣,2013)

图 10-8　中型真空滚揉机

(韩青荣,2013)

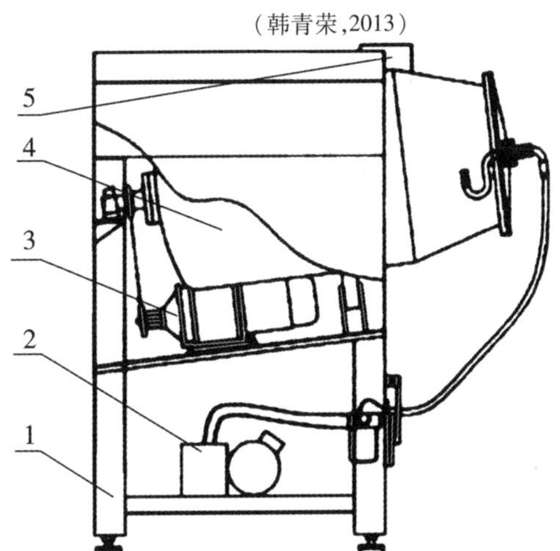

1—机架;2—真空系统;3—电机;4—滚揉桶;5—电控箱

图 10-9　中型真空滚揉机结构示意图

(韩青荣,2013)

图 10-10　大型真空滚揉机

(韩青荣,2013)

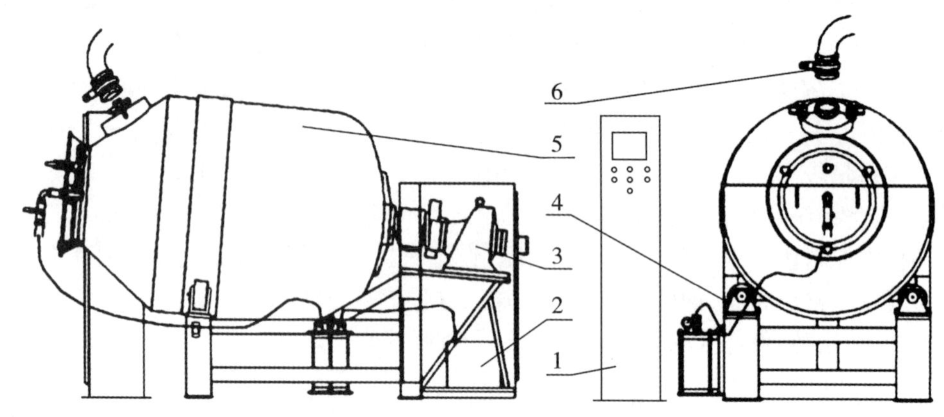

1—电控箱;2—真空系统;3—电机;4—机架;5—滚揉桶;6—加料口

图 10-11　大型真空滚揉机结构示意图

(韩青荣,2013)

7. 高温腌制法

该方法是使腌制液在腌制罐和储藏罐内循环,贮液罐可进行加热,从而使腌制液保持在 50 ℃左右进行腌制的方法。高温可缩短腌制的时间,还可使腌制肉料嫩而风味好,但该方法操作时要注意防止微生物污染造成肉类的变质。

8. 混合腌制法

这是一项由两种或两种以上的腌制方法相结合的腌制技术,常用于鱼类(特别适用于多脂鱼)。例如,先经湿腌后,再进行干腌,或者加压干腌后,再进行湿腌;或者以磷酸调节鱼肉的 pH 值至 3.5 ~4.0,再湿腌;或者采用减压湿腌及盐腌液注射法等。若用于肉类,可先行干腌后堆放入容器内,再加 15 ~18°Bé 盐水(硝石用量 1%)湿腌半个月。此法腌制的成品具有色泽好、营养成分流失少(蛋白质流失量 0.6%)、咸度适中等优点。

用注射盐液法腌肉时一般也可以采用混合腌制法,即将盐液注射入鲜肉,再按层擦盐并堆放于腌制架上,或装入容器内加食盐或腌制剂进行湿腌,但盐水浓度应低于注射用的盐水浓度,以便肉类吸收水分。干腌和湿腌相结合可以避免湿腌液因食品水分外渗而降低浓度,因为干盐可及时溶解于外渗水分内。同时,混合腌制时不会出现干腌时产生的食品表面脱水现象。

(三)食品的糖渍

食品的糖渍主要用于某些果品和蔬菜。糖渍的原料应选择适于糖渍加工的品种,且具备适宜的成熟度,加工用水应符合国家饮用水标准。糖渍前还要对原料进行各种预处理,砂糖要求蔗糖含量高,水分及非蔗糖成分含量低,符合砂糖国家标准《白砂糖》(GB/T 317—2018)规定。食品糖渍法按照产品的形态不同可分为两类。

1. 保持原料组织形态的糖渍法

(1)糖煮法　糖煮是将原料用热糖液煮制和浸渍的操作方法,多用于肉质致密的果品和蔬菜。其优点是生产周期短、应用范围广,但因经热处理,产品的色、香、味不及蜜制产品,而且维生素 C 损失较多。按照原料糖煮过程中的不同,糖煮又分为常压糖煮和真空糖煮，其中常压糖煮可再分为一次煮成法和多次煮成法。

(2)糖腌法　糖腌即果品原料以浓度为60% ~70%的冷糖液浸渍，不需要加热处理，适用于肉质柔软而不耐糖煮的果品。例如我国南方地区的糖制青梅、杨梅、枇杷和樱桃等均采用此种操作进行糖腌。糖腌产品的优点是冷糖液浸渍能够保持果品原有的色、香、味及完整的果形，产品中的维生素 C 损失较少。其缺点是产品含水量较高，不利于保藏。

2. 破碎原料组织形态的糖渍法

采用这种糖渍法，食品原料组织形态被破碎，并利用果胶质的凝胶性质，加糖熬煮浓缩使之形成黏稠状或胶冻状的高糖高酸性食品。如山楂糕、果丹皮等果糕食品。加糖煮制有利于糖分迅速渗入，缩短加工期，但色香味较差，维生素损失较多。煮制常分常压煮制和减压煮制两种。

其中常压煮制又分为一次煮制、多次煮制和快速煮制三种。

(1)一次煮制法　将预先处理好的原料在加糖后一次性煮制成功，如苹果脯、蜜枣等。其具体过程为：先配好40%的糖液入锅，倒入处理好的果实，加大火使糖液沸腾，果实内的水分外渗，糖液浓度稀释，然后加糖使糖液浓度缓慢增高至60% ~65%后停火。此法快速省工，但若持续加热时间长，原料易烂，色、香、味差，维生素破坏严重，糖分难以达到内外平衡，致使原料失水过多，从而出现干缩现象。在生产上较少采用。

(2)多次煮制法　经过3 ~5 次完成煮制。其过程为：先用30% ~40%的糖溶液煮原料，至其稍软时，放冷糖渍24 h。其后，每次煮制增加糖浓度10%，煮2 ~3 min，直至糖浓度达到60%以上。此法每次加热时间短，辅以放冷糖渍，逐步提高糖浓度，因而能获得满意的产品质量，适用于细胞壁较厚难以渗糖和易煮烂的柔软原料或含水量高的原料。但此法加工时间长，煮制过程不能连续化，费工、费时，占容器。

(3)快速煮制法　即将原料在糖液中交替进行加热糖煮和放冷糖渍，使果蔬内部的水气压迅速消除，糖分快速渗入而达到平衡。其处理方法是将原料装入网袋中，先在30%的热糖液中煮4 ~8 min，取出立即浸入等浓度的15 ℃糖液中冷却。如此交替进行4 ~5 次，每次提高糖浓度10%，最后完成煮制过程。此法可连续进行，时间短，产品质量高，但需准备足够的冷糖液。

减压煮制分为降压煮制和扩散煮制两种。

(1)降压煮制法又称真空煮制法　原料在真空和较低温度下煮沸，因组织中不存在大量空气，糖分能迅速渗入达到平衡。温度低、时间短，制品色、香、味都比常压煮制优。

(2)扩散煮沸法　原料装在一组真空扩散器内，用由稀到浓的几种糖液对一组扩散器内的原料连续多次进行浸渍，逐步提高糖浓度。操作时，先将原料密闭在真空扩散器内，抽真空排除原料组织中的空气，而后加入95 ℃热糖液，待糖分扩散渗透后，将糖液顺序转入另一扩散器内，再在原来的扩散器内加入较高浓度的热糖液，如此连续进行几次，制品即可达到要求的糖浓度。这种方法以真空处理，煮制效果好，可连续化操作。

糖渍是在室温下进行的，要保证糖渍的效果，需要注意以下几点：

①糖液宜稀不易浓　稀糖液的扩散速度较快，浓糖液的扩散速度较慢。糖液浓度应当逐渐增高，使糖液均匀渗入组织中。

②果蔬组织宜疏松　果蔬组织的紧密程度与糖液的渗入关系密切,在室温条件下,紧密的组织是难以渗透的,因此,应当选择组织疏松的果蔬品种。

③时间宜长不宜短　在室温下,物质分子的运动速度较低,糖分子在果蔬组织中的扩散速度很慢,为保证渗透效果,只能延长糖渍时间,其生产周期一般为 15 ~20 d。

在果蔬糖渍过程中,糖液浓度与制品的品质、糖渍速率等均有关系。控制不当会严重影响制品的质量,应该加以关注。

(四)食品腌制方法的改进

随着科技的发展,一些辅助腌制工艺方法也得到了发展和应用,如真空腌制技术、酸辅助腌制技术、超声波腌制技术等。

1. 真空腌制技术

植物原料作为多孔性介质而具有一定的孔隙率,为了加快盐渍而缩短加工时间,目前多采用真空浸渍技术,即利用负压使细胞膨大,细胞间距增大而利于浸渍液快速渗入。通常在湿腌法的基础上,将腌渍品放入大型真空干燥器中,连接真空泵以调节不同的真空度,在室温条件下进行真空腌渍的方法。真空渗透可以改善液固系统的传质过程,通过真空形成的低氧环境,可以减轻或避免制品氧化的发生。另外形成的压力差,能够加速物料中物质分子的运动和气体分子的扩散,对于一些肉类产品的腌渍过程,真空盐渍可以明显增加肉中食盐的内渗量和水分的流失,显著缩短盐渍时间。

真空腌制技术主要利用压力差和浓度梯度实现对物料的快速腌制,该技术多用于西式肉制品的加工,在真空条件下结合滚揉可提高腌制剂的渗透速度,增加肉质嫩度,提升肉制品品质。也有报道采用脉动真空腌制的方式进行盐渍,以促进扩散。有研究表明,腊肉加工过程中,同一阶段真空腌制的样品检测出的挥发性风味物质的种类及相对含量均高于传统干腌法,这也说明真空腌制技术在提高腊肉的保水性、促进腌制剂的吸收及改善腊肉风味和颜色等方面发挥作用。

2. 酸辅助腌制技术

该技术一般是将肉进行酸渍腌制,通常选择弱有机酸,如乳酸、柠檬酸和醋酸等。腌制过程可以选择将肉浸泡在酸液中,也可以把弱有机酸通过注射处理方法进入肉中。通过弱有机酸和盐腌结合处理对肉制品的品质改善尤为重要,比如经柠檬酸处理的牛半腱肌肉的保水性和嫩度均有显著提高。

3. 超声波腌制技术

超声波腌制技术是利用产生机械弹性振动波的空化效应、热效应和机械效应改变物料的组织微观结构,除此之外还有力学效应和微流效应。超声波的"力学效应"赋予溶剂对细胞膜更大的渗透力,并强化细胞内外的质量传输;"微流效应"也能促进物质的运动,此外超声波能刺激活细胞和酶,参与生物化学反应,影响物质的分解,促进氯化钠的渗透与扩散。超声腌制是一种可靠且非破坏性的腌制方法,可以提高干腌火腿的质构特性,蒸煮得率也会相应提高。利用超声波辅助腌制可以加快 NaCl 等腌制剂的渗透速度,明显缩短腌制时间,加快肉类腌制进程,提高肉制品品质和生产效率。利用超声波处理还可以对肉类进行一定程度的嫩化效果,进一步改变肌肉组织的微观结构,促进肌纤维胀大,提高肌肉组织的吸水性,改善肉品质构特性。

4. 加压腌制技术

高压处理可以延长制品的货架期，同时高压处理可以使肉的结构发生变化，从而影响其功能和品质特性。加压腌制技术能够有效缩短腌制品的腌制周期，提高腌制效率。

超高压腌制技术是以水或其他流体作为传导介质，将腌渍品密封于高压处理仓中，保压一段时间，此过程会使大分子物质失活、糊化和变性，从而达到冷杀菌和蛋白质大分子改性等效果，超高压处理对肉的品质有显著的改善作用。与传统腌制工艺相比，超高压腌制技术安全性高、无污染。超高压腌制技术能够保留食物固有的感官品质（质地、颜色、外形、生鲜风味、滋味和香气等）以及营养成分（维生素、蛋白质、脂质等），也可赋予腌制品新的风味。此外，超高压腌制技术还可影响微生物的新陈代谢，如破坏细胞膜，改变微生物遗传机制，从而控制微生物生长繁殖，延长腌制品的货架期。

除上述腌制技术外，目前还有一些辅助腌制技术，如加酶腌制技术，比如通过添加木瓜蛋白酶、菠萝蛋白酶等用以改善肉制品的品质。另外，与常压腌制、真空腌制和加压腌制技术相比，静态变压腌制技术可以显著提高腌制效果、改善肉的品质。

四、腌制影响因素

（一）食盐

食盐在蔬菜腌渍过程中起着重要的作用，不仅具有防腐作用，能抑制微生物活动，而且食盐的高渗透压作用，可以使蔬菜组织中的水分外渗，并赋予制品咸味。在腌渍过程中微生物所能耐受食盐浓度是不同的。其中酵母菌和霉菌的耐盐力最强。各类腌渍品由于其加工工艺条件不同，生物化学变化不一，所要求的含盐量也有较大差异。生产实践中各类腌制品所要求的食盐含量：泡菜 0% ~4%；咸菜 10% ~14%；酱菜 8% ~14%；糖醋菜 1% ~3%；需要过夏的盐渍菜食盐含量应达到 25%。

（二）温度

各种微生物的生命活动，都有其最适应的温度范围。乳酸菌，生长的适宜温度为 26 ~30 ℃，在这个温度范围内，发酵快、产酸多、成熟早。在适宜的温度范围内，随着温度上升，发酵速度加快，产酸量增高，过高或过低的温度，都会减缓发酵速度，降低产酸量。因此，在生产实践中，可以根据实际需要人为控制调整环境温度，改善发酵条件。

（三）酸度

酸度对微生物的生命活动有极大的影响。在蔬菜腌渍过程中的有害微生物，除了霉菌的抗酸能力强之外，其他几类微生物的抗酸能力都不如乳酸菌和酵母菌。因此，当腌渍液与腌渍品汁液中的 pH 在 4.5 以下时，能够抑制许多有害微生物的生命活动。对于发酵性腌制品，为了创造有利于发酵作用进行的条件，抑制有害微生物的活动，需要在腌渍初期迅速提高腌渍环境的酸度，如采用适当提高发酵初期的温度或分批加盐的方法，均可促进乳酸的迅速生产。

（四）原材料质量及卫生处理

供腌渍的食品本身含糖量的多少，对于发酵作用和酸量的生成有很大影响。当其他条件相同时，在一定限度内，含糖量与发酵作用呈正相关。所以，为了促进发酵性腌渍初期乳酸发酵,产生较多的乳酸,原料和腌渍液应具有一定的营养物质。此外,应注意改善腌渍环境的卫生条件,如原料的选择、容器的刷洗、消毒等。还可适量添加香料调味品(大蒜、芥籽、八角、姜、花椒等),既具有调味作用,又可增强防腐能力。

五、腌渍与食品品质控制

(一)腌制的过程控制

腌渍过程中对蔬菜进行保绿和保脆、防止亚硝酸盐的形成等操作,对改善制品风味、提高制品的品质具有重要作用。

1. 腌渍蔬菜的保绿与保脆

蔬菜在腌渍过程中,由于乳酸和其他有机酸的作用,叶绿素的氢离子被镁离子取代,形成脱镁叶绿素而失去绿色,变成黄绿色或灰绿色。甚至变为黄褐色,从而大大降低腌制品的色泽品质,这种色泽的变化就叫做失绿,是由叶绿素本身的性质决定的。碱性物质可以将叶绿素酯基碱化,生产叶绿酸盐而保持绿色。根据这一性质,在腌渍前,对蔬菜适当地采取碱性物质处理,则可保持绿色。例如在腌黄瓜时,先将黄瓜放在 pH 7.4 ~ 8.3 的微碱性水中浸泡,并多次换水,然后再用食盐进行腌渍;或者在腌渍黄瓜时,在盐溶液中添加适量的弱碱性物质如石灰乳、碳酸钠、碳酸氢钠或碳酸镁等,则可以保持腌黄瓜的绿色。蔬菜腌渍后,色泽都会有所加深,但除一些品种的特殊要求外,腌制品一般为翠绿色或黄褐色,如果变成黑褐色,就是发生了劣变,为防止劣变,还必须做到以下几点:

(1)腌渍时食盐的分布要均匀,含盐量多的部位正常发酵菌的活动受到抑制,而含盐量少的部位有害菌会迅速繁殖。

(2)腌渍蔬菜不应暴露于腌渍液面之上,致使产品氧化严重和受到有害菌的侵染。

(3)尽量不使用铁质器具,铁和原料中的单宁物质共同作用会使产品变黑,因此,要尽可能使用陶瓷类器具。

(4)抑制氧化酶的活性,隔绝空气,降低溶液的氧含量。

口感脆嫩是腌渍菜的一项重要的感官质量指标,优质的腌渍蔬菜滋味鲜美、质地脆嫩,有特有的鲜香味。造成蔬菜失去脆性的原因主要有以下几点:

(1)蔬菜在采收之后、腌渍之前,不能及时运输,堆放时间较长,经风吹日晒脱水而变软。

(2)腌渍菜加工过程中,蔬菜组织细胞膨压变化和细胞胞间层中原果胶水解引起蔬菜脆性变化。一些有害微生物的活动,分泌果胶酶类,继而分解菜体内的果胶物质,使腌制品失去脆性。

(3)蔬菜腌渍前由于成熟过度,果胶物质在自身果胶酶的作用下,分解为果胶酸而使蔬菜组织变软失脆,如果用这种原料进行腌渍,其制品就不会有脆性。

为了保证腌渍蔬菜有良好的脆性,加工过程中可以从以下几方面着手:

(1)原料采收后应及时运输和处理,原料入厂后要尽快加工,避免呼吸消耗细胞内营养物质引起蔬菜品质下降,使其保持原有的脆性。不能及时加工的,应将原料放在阴凉的地方摊开放置,防止由于堆集时产生的呼吸热不能及时排除,导致微生物浸染,使蔬菜质地变软、败坏。

(2)原料晾晒和盐渍用盐量需恰当,保持产品有一定水分。

(3)在腌制前,剔除那些过熟的或受过机械伤的蔬菜,选择成熟适度的蔬菜进行腌制。

(4)运用保脆剂进行处理,腌渍前将原料放在石灰水中浸泡,钙离子能与果胶酸作用生成果胶酸钙的凝胶,有时也用0.05%的氯化钙作为保脆剂。

(5)控制腐败微生物活动,有害微生物大量生长繁殖是造成腌渍蔬菜脆性下降的重要原因之一。蔬菜腌渍时应严格控制腌渍的环境条件,如盐水的浓度、菜卤的 pH 和环境的温度等,抑制微生物的活动,使之不产生或少产生果胶酶类,保持制品较好的脆性。

2. 亚硝盐控制

腌渍类食品中的亚硝酸盐、硝酸盐等,可能产生致癌物质亚硝酸胺。胺类、亚硝酸盐及硝酸盐是合成亚硝基化合物的前体物质,存在于各种食品中,尤其是质量不新鲜的或是加过硝酸盐或亚硝酸盐保存的食品中。防止腌渍蔬菜中亚硝酸盐形成的措施有以下几方面。

(1)选用新鲜蔬菜。腌渍蔬菜要选用新鲜的、成熟度合适的蔬菜为原料。堆放时间长、温度较高的、特别是已发黄的蔬菜,亚硝酸盐含量较高,不宜采用。蔬菜在腌渍前经过水洗、晾晒可以减少亚硝酸盐的含量。如选已含有亚硝酸盐的大白菜,晒 3 天后,亚硝酸盐几乎完全消失。

(2)用盐要适量。腌渍蔬菜时,用盐太少会使亚硝酸盐含量增多,且查收速度加快。研究表明食盐浓度为 3% 时对腐败菌的繁殖力抑制很微小。食盐浓度为 6% 时已能防止腐败菌的繁殖,但是乳酸菌及酵母菌尚能繁殖,可作为腌渍发酵时的浓度。食盐浓度为 12% ~15% 时乳酸菌也不能活动,细菌大部分不能繁殖,适宜长久贮存腌渍。

(3)严格控制腌菜液表面生霉点,腌渍蔬菜时,要使腌渍液表面不生霉点,就要采取严格防霉措施,如腌菜不要漏出腌渍液面,尽量减少与空气接触;取菜时要用清洁的专用工具;一旦腌菜液生霉或霉膜下沉,则必须加温处理或更换新液。

(4)保持腌菜液面菌膜。一般腌菜液表面菌膜不要打捞,更不要搅动,以免下层菜液腐败产生胺类物质。

(5)久贮的腌菜要用薄膜封好缸口。要久贮的腌菜,在缸内未出现霉点之前,在缸口盖上塑料薄膜,并加盐泥塑封,使腌菜不与外面空气接触。为便于缸内二氧化碳排除,泥封面可留一小孔。

(6)腌渍蔬菜时间最好要 1 个月,至少不少于 20 天再食用。腌菜除了要腌透外,食用前还要用清水洗涤几遍,以减少腌菜中亚硝酸盐的含量。

(7)经常检查腌菜液的酸碱度(pH),如发现腌菜液的 pH 上升(碱性增大)或霉变,要迅速处理,不能再继续贮存,否则亚硝酸盐含量会迅速增长。

(8)腌菜用的水质要符合国家卫生标准要求。含有亚硝酸盐的井水绝对不能用于腌菜。

3. 食盐的纯度

食盐中除氯化钠外,尚有镁盐和钙盐等杂质。在腌制过程中,它们会影响食盐向食品内渗的速度。用纯粹食盐腌制时从开始到渗透平衡仅需 5 天半,若含有 1% 氯化钙就需要7天,含有4.7%氯化镁时就需要23天之久。因此,为了保证食盐迅速渗入食品内,应尽可能选用纯度较高的食盐,以便尽早阻止食品向腐败变质方向发展。食盐中的硫酸镁和硫酸钠过多还会使腌制品具有苦味。食盐中不应有微量铜、铁、铬存在,它们对腌肉制品中的脂肪氧化酸败会产生严重的影响,如果食盐中含有铁,腌制蔬菜时,使腌制品发黑。目前,我国一般除乳制品的食盐用精选食盐外,其他制品腌制时选用的食盐多为粗盐,纯度较差,有待进一步改进。

4. 食盐用量或盐水浓度的控制

腌制时食盐的用量需根据腌制目的、环境条件,如气温、腌制对象、腌制品种和消费者口味而定。为了达到完全防腐的目的,要求食品内盐分浓度至少在17%以上,因此所用的盐水的浓度至少应在25%以上。腌制时气温若低,用量可减少,气温若高,用量宜多些。

(1)腌肉制品　腌肉时,因肉类容易腐败变质,需加硝石才能完全防止腐败。冬季腌肉时的用盐量为每100 kg鲜肉用14~15 kg盐,而一般气候腌肉时每100 kg鲜肉用12~20 kg盐。金华火腿各次覆盐后的总用盐量为每100 kg鲜肉用31 kg左右的盐。这些产品盐分含量较高,能耐久藏,但是,一般来说,盐分过高,就难以食用。从消费者能接受的腌制品咸度来看,其盐分以2%~3%为宜。现在国外的腌制品一般都趋向于采用低盐水浓度进行腌制。洋火腿干腌时用盐量一般在鲜重的3%以下,并分次擦盐,每次隔5 d,共覆盐2~3次。若在2~4 ℃的温度下,腌制40 d后腿中心的盐分可达1%,而表层则为5%~7%,约需再冷藏30 d,盐分浓度分布才会均匀化。

(2)腌菜制品　蔬菜腌制时,盐水浓度一般在10%~15%的范围内,有时可低至2%~3%,视需要发酵程度而异。盐分在7%以上一般有害微生物就难以生长,在10%以上就不易“生花”。盐分在10%以上时,乳酸菌的活动能力大为减弱,减少了酸的生产。因此,若需要高度乳酸发酵,就应该用低浓度盐分。

腌酸菜,如腌制包心菜时一般只加2%~3%的盐,发酵快且产酸多。泡菜所用的盐水浓度虽然有时高达15%,但加入蔬菜后经过平衡,其浓度显著下降,一般维持在5%~6%,使发酵迅速进行。在酸和盐的相互作用下,有害微生物的活动迅速受到抑制。若单靠食盐保藏,则盐的浓度须达到15%~20%,这一浓度一般常用于腌制蔬菜咸坯。对于高盐分的腌渍品,由于发酵作用较弱,缺少一些风味和香气,其主体风味主要由后期添加的调味品形成,不仅失去了传统泡菜的风味特征,且口味过咸不利于健康。

5. 温度的控制

腌制时的温度越高,腌制所需的时间越短,但温度越高,微生物的生长也就越迅速,从而导致腌制品的腐败,故应选用适宜的温度。

(1)腌肉制品　就鱼、肉类的腌制来说,为了防止在食盐渗入制品内部以前就出现腐败变质的现象,腌制时应在低温条件下进行,我国对肉类的腌制一般都在立冬以后到立春之前的冬季进行,这一时期的温度是符合这一条件的。有冷藏库时,肉类宜在2~4 ℃的温度条件下腌制。腌制时,鲜肉和盐溶液都先预冷到2~4 ℃,配制盐液用的冷水预冷到3~4 ℃。冷藏库的温度不低于2 ℃;也不宜高于4 ℃。

近年来,为了利用高温条件加上腌液内渗和缩短腌制时间,人们尝试采用高温腌制法。它可以干腌或湿腌,关键是要保证腌液冷却前已经完全均匀地分布在肉各个部位上。动脉或肌肉注射腌液时采用高温腌制法最为适宜,腌液可在注射前或刚开始注射时加热,而后将腌制品放置在高温腌液中。17.7°Bé 腌液的温度应在 59 ~60 ℃之间。腿肉静置在高温腌液内的时间不宜超过 1 h,一般以 30 min 为宜,取出后可直接送至烟熏室,过夜后再烟熏,可以获得较好的效果。高温腌制不适宜大块肉的腌制。

鱼肉的腌制同样要在低温条件下进行,最适宜的腌制温度为 5 ~7 ℃,但小型鱼类可以采用较高的温度腌制,因为在这种条件下食盐内渗速度比腐败变质速度快。还有研究报道,通过低温循环腌制草鱼,不仅能够实现快速腌制的目的,同时在后续检测样品的硬度、弹性等指标结果均优于静置盐水腌制。

(2)腌菜制品　腌制蔬菜时对温度的要求有所不同,因为有些蔬菜需要乳酸发酵,而适宜乳酸菌活动的温度为 26 ~30 ℃。在此温度范围内发酵快、时间短,低于或高于适宜生长温度需时就长。酸累积和温度也有关系,蔬菜腌制时一般不采用纯粹培养的乳酸菌接种,最初腌制温度不宜过高(30 ℃以下),以免出现丁酸菌。发酵高潮过去后,应将温度降下来,以防止其他有害菌的生长。

6. 氧气与二氧化碳的控制

(1)腌肉制品　肉类腌制时,保持缺氧环境将有利于避免制品褪色。当肉类无还原物质存在时,暴露于空气中的肉表面的色素就会氧化,并出现褪色现象。

(2)腌菜制品　腌制蔬菜时必须控制好氧气量。乳酸菌为厌氧菌,只有缺氧时才能进行乳酸发酵,才能减少维生素 C 的损耗。为此,腌制蔬菜时必须把容器装满、压紧;湿腌时需装满盐水,将蔬菜浸没,不让其漏出液面,而且装满后必须将容器密封,以避免与空气接触。同时,发酵时产生的二氧化碳有助于形成缺氧的环境。

腌制黄瓜时会产生大量的二氧化碳,从而引起黄瓜特别是大型黄瓜肿胀,高温腌制时尤为突出。为此,腌制黄瓜时要控制二氧化碳的产生。大肠杆菌、酵母菌和异型发酵乳酸菌发酵可产生二氧化碳,黄瓜本身也易产生二氧化碳。容器越深,二氧化碳保留量越大。为此,需要对发酵进行控制,要求腌制前清洗黄瓜,酸化黄瓜,接入纯种菌如胚芽乳杆菌;另外,还需通入氯气,将盐液中的二氧化碳赶出。

(二)腌渍对食品品质的影响

蔬菜经过腌渍后,由于蛋白质的分解及其他生化作用,其营养成分和风味发生了改变。风味的变化包括:甜度的变化、酸度的增强、香气的产生和色泽的变化等;蔬菜中的蛋白质、脂肪、糖、无机盐、维生素和纤维素等物质,经过腌渍酱渍之后,失掉一些水溶性维生素,但可获得一些无机矿物质和酱料等调味品中的营养成分。腌渍蔬菜维生素会有所损失,但是矿物质的含量会更加丰富。有一些蔬菜本来含钙、铁的含量较高,经过腌渍后得到浓缩,钙、铁含量更高,腌雪里蕻、大头菜、洋姜、榨菜、白菜等都在此列。此外,腌渍菜鲜味和香味独特,能促进食欲。在所有的腌渍菜中,以泡菜的营养价值最高。腌渍菜中所含有的乳酸是一种有机酸,可以被人体消化,对人体有益无害,不仅能促进人体对钙的吸收,还可以刺激胃液分泌,帮助消化。咸菜经腌渍、脱水后,膳食纤维含量大为增加,而摄取植物性的食物纤维对人体是大有益处的。

与腌制品的食用品质有关的主要是色泽和风味。颜色是食品重要的品质之一。食品的腌制过程中色泽的变化和形成主要通过褐变、吸附及添加的发色剂的作用而产生。

1. 褐变形成的色泽

蔬菜和水果中含有多酚类物质、氧化酶类、羰基化合物和氨基化合物。这些物质在腌制过程中会发生酶促褐变和非酶促褐变，使腌制品呈现出浅黄色、金黄色，甚至出现褐色、棕红色等。褐变引起的颜色变化对制品的影响依产品种类的不同而有所不同。

对于颜色较深的制品，如酱菜、干腌菜和醋渍品来说，常常需要褐变所产生的颜色。如果在腌制过程中褐变受到抑制，则会使产品颜色变差。

对于有些产品，如腌白菜、鲜绿及鲜红的腌菜和很多的糖渍品来说，褐变会降低产品的色泽品质。所以在这类产品腌制时，应采取措施来抑制褐变的发生，保证产品的质量。

在实际生产中，通过抑制酚酶和隔氧等措施可以抑制酶促褐变；降低反应物的浓度和介质的 pH 值、避光及降低温度，则可抑制非酶促褐变的进行。

2. 吸附形成的色泽

在食品腌制时使用的腌制剂如糖液、酱油、食醋等，有些含有色素。食品原料经腌制后，这些腌制剂中的色素向组织细胞内扩散，结果使产品具有类似所用的腌制剂的颜色。通过吸附形成的颜色与腌制剂有密切关系，通过提高扩散速度和加大腌制剂的浓度可以提高食品原料对色素的吸附量。

3. 发色剂形成的色泽

肉类制品在腌制过程中形成的腌肉颜色主要是加入的发色剂与肉中的色素物质作用的结果。肉的颜色是由肌红蛋白和血红蛋白产生的。肌红蛋白为肉自身的色素蛋白，肉色的深浅与其含量多少有关。血红蛋白存在于血液中，对肉颜色的影响要视放血的好坏而定。放血良好的肌肉中肌红蛋白色素占 80% ~90%，比血红蛋白丰富得多。

肉经腌制后，由于肌肉中色素蛋白和亚硝酸盐发生化学反应，会形成鲜艳的亮红色，在以后的热加工中又会形成稳定的粉红色。

(1)硝酸盐或亚硝酸盐对肉色的作用　肉制品中使用的硝酸盐和亚硝酸盐发色剂不仅能防止腊肉色素的裂解，而且在腌制过程中分解为 NO，并与肉中的色素发生反应，形成具有腌肉特色的稳定性色素。

NO-肌红蛋白（亚硝基肌红蛋白）是构成腌肉颜色的主要成分，它是由 NO 和色素物质肌红蛋白发生反应的结果。NO 是由硝酸盐或亚硝酸盐在腌制过程中经过复杂的变化而形成的。

硝酸盐本身并没有防腐发色作用，但它在酸性环境中，在还原性细菌的作用下，会生成亚硝酸盐。

$$NaNO_3+H_2O \xrightarrow{\text{硝酸还原菌}} NaNO_2+2H_2O$$

亚硝酸盐在微酸条件下形成亚硝酸。

$$NaNO_2+CH_3CH(OH)COOH \xrightarrow{H^+} HNO_2+CH_3CH(OH)COONa$$

肉中的酸性环境主要是由乳酸造成的。由于血液循环停止，供氧不足，肌肉中的糖原通过糖酵解作用分解产生乳酸，随着乳酸的积累，肌肉组织中的 pH 值逐渐降低到 5.5 ~ 6.5，这样的条件下有利于亚硝酸盐生成亚硝酸，亚硝酸是一种非常不稳定的化合物，腌制过程中在还原性物质作用下形成 NO。

$$3HNO_2 \longrightarrow H^+ + NO_3^- + 2NO + H_2O$$

这是个歧化反应，亚硝酸既被氧化又被还原。NO 的生成速度与介质的酸度、温度以及还原性物质的存在有关。所以形成 NO-肌红蛋白需要有一定的时间。直接使用亚硝酸盐比使用硝酸盐的发色速度要快。

现在腌制剂中常加有抗坏血酸盐和异抗坏血酸盐，腌肉时能加快氧化型高铁肌红蛋白（Met-Mb）还原并能使亚硝酸生成 NO 的速度加快。

$$HNO_2 \longrightarrow NO + H_2O$$

这一反应在低温下进行得较缓慢，但在烘烤和熏制的时候会显著地加快。并且在抗坏血酸存在的情况下，可以阻止 NO-Mb 进一步被空气中的氧气氧化，使其形成的色泽更加稳定。

生成 NO 后，NO 和肌红蛋白反应，取代与肌红蛋白分子中与铁相连的水分子，从而形成 NO-Mb，为鲜艳的亮红色，很不稳定。NO 并不能直接和肌红蛋白反应，许多迹象都表明最初和 NO 起反应的色素是 Met-Mb，大致经历以下三个阶段，才形成腌肉的色泽。

①NO + Met-Mb ⟶ NO-Met-Mb

一氧化氮　　高铁肌红蛋白　一氧化氮高铁肌红蛋白

②NO-Met-Mb ⟶NO-Mb

一氧化氮肌红蛋白

③NO-Mb+热+烟熏⟶NO-血色原（Fe^{2+}）

一氧化氮亚铁血色原（稳定的粉红色）

这些反应虽然还未最后获得结论性的证实，但是可以从生产肠制品的肉色变化加以证实。在加腌制剂前斩拌时，和氧充分接触的肉由肌红蛋白与氧结合成为氧合肌红蛋白，但是斩拌肉加腌制剂时会立刻呈现棕色，这显然是氧合肌红蛋白已被腌制剂氧化成高铁肌红蛋白的现象。肠制品加热和烟熏后迅速出现粉红的腌肉色泽，即高铁肌红蛋白经过消化和还原以及蛋白质变性转变成一氧化氮亚铁血色原。

（2）影响腌肉制品色泽的因素　腌肉制品的颜色受很多因素的影响，如腌制的方法、腌制剂的用量、原料肉的质量等。生产中为获得理想的色泽，应严格控制腌制的条件。

1）亚硝酸盐的使用量　肉制品的色泽与亚硝酸盐的使用量有关，用量不足时，颜色淡而不均，在空气中氧的作用下会迅速变色。为了保证肉呈红色，亚硝酸钠的最低用量为 0.05 g/kg（最高不能超过国家标准规定的最高限量）。

2）肉的 pH 值　亚硝酸钠只有在酸性介质中才能还原成 NO，故 pH 值接近 7.0 时肉色就淡，特别是为了提高肉制品的持水性，常加入碱性磷酸盐，加入后常造成 pH 值向中性偏移，往往使呈色效果不好，所以其用量必须注意。一般发色最适宜的 pH 值范围为 5.6～6.6。

3）温度　生肉呈色的过程比较缓慢，经过烘烤加热后，则反应速度加快，而如果配好料后不及时处理，生肉就会褪色，这就要求迅速操作，及时加热。

（3）腌肉色泽的保持　肉制品的色泽受各种因素的影响，在储藏过程中常常发生一些变化。如脂肪含量高的制品往往会褪色发黄；被微生物污染的灌肠，肉馅松散褪色，外表灰黄色不鲜艳。就是正常腌制的肉,切开置于空气中后切面也会褪色发黄。这是因为一氧化氮肌红蛋白在微生物的作用下引起卟啉环的变化。一氧化氮肌红蛋白不仅能受微生物影响,对可见光线也不稳定,在光的作用下,NO-血色原失去 NO,再氧化成高铁血色原,高铁血色原在微生物等的作用下,使得血色素中的卟啉环发生变化,生成绿色、黄色、无色的衍生物,这种褪(变)色现象在脂肪酸败、有过氧化物存在时可加速发生。有时制品在避光的条件下储藏也会褪色,这是 NO-肌红蛋白单纯氧化造成。肉制品的褪色与温度也有关,在 2 ~8 ℃温度条件下褪色比在 15 ~20 ℃的温度条件下慢很多。

综上所述,为了使肉制品获得鲜艳的颜色,除了要有新鲜的原料外,必须根据腌制时间长短,选择合适的发色剂,掌握适当的发色剂用量,在适当的 pH 值条件下严格操作。为了保持肉制品的色泽,要注意低温、避光、低脂肪,并采用添加抗氧化剂,真空或充氮包装等方法。

第三节　食品的烟熏保藏

一、烟熏目的

烟熏的目的主要是提高肉制品的保藏期和形成该类食品的色泽和风味。食品烟熏所起的主要作用:首先,赋予产品特殊的烟熏风味,由于熏制过程中,肉制品局部高温,使其表面烟焦而产生焦煳香味,可以增加人们的食欲;其次,防止腐败变质,防止脂肪氧化,在烟熏过程中,熏烟或烟熏液成分中含有醛类和酚类,可以起到防腐、防氧化的作用。由于聚合作用,在熏制品的表面形成茶褐色的有光泽且干燥的薄膜,不仅使产品获得较好的色泽,同时还能够增加制品的耐保藏性;另外对于一些肉制品,经过熏制干燥,促进颜色变红,并除去产品表面多余的水分,使产品适度的收缩,赋予制品良好的质地和色泽等。还有研究表明,通过制备可降解抗菌缓释膜,可以延长烟熏牛肉制品在低温条件下的储藏期限。

二、烟熏材料

用以熏制食品的烟气、火,主要是由阔叶树硬木的木材不完全燃烧和木炭的红火烤制而成。传统烟熏食品所用的熏材种类繁多、来源广泛、形态各异,其中包括木材、树枝、锯末稻谷壳、茶籽壳、米糠、秸秆等。通常用来烟熏的木材有橡木、栖、柞、槲、榛、枫、山胡桃、山毛榉、榆、白桦、青冈栎、樱桃木、赤杨、枫树木、法国梧桐、苹果、李和梅等,其中以胡桃为标准优质烟熏材料。

传统的熏材具有一定的局限性,烟熏过程中熏烟成分易受材料自身物质组成、温度、时间等因素影响,会产生带有毒性的 3,4-苯并芘致癌物质,严重危害食用者的健康。有研究表明,当以山草、炭、柴、煤为烟熏材料,对罗非鱼片进行烟熏烘烤,其苯并芘含量依次升高,即山草<炭<柴<煤。因此,烟熏材料的选择是降低和控制食品中有害物质的一个重要的因素。

三、熏烟成分及作用

熏烟主要是不完全氧化产物，包括挥发性成分和微粒固体，如碳粒等，以及水蒸气、二氧化碳等组成的混合物。在熏烟中对制品产生风味、发色作用以及防腐效果的有关成分就是不完全氧化产物，人们从这种产物中分离出400多种化合物，一般认为最重要的成分有酚、醇、酸、羰基化合物和烃类等。

（一）熏烟的主要成分

1. 酚

从木材熏烟中分离出来并经过鉴定的酚类达40多种。其中愈创木酚、4-甲基愈创木酚、4-乙基愈创木酚、临位甲酚、间位甲酚、对位甲酚、4-丙基愈创木酚、香兰素、2,6-双甲氧基-4甲基木酚以及2,6-双甲氧基-4-丙基酚等对熏烟"熏香"的形成起重要作用。熏制肉品特有的风味主要与存在于气相的酚类物质有关，然而熏烟风味还和其他物质有关，它是许多化合物综合作用的结果。在鱼肉类烟熏制品中，酚有三种作用：①抗氧化作用；②形成特有的烟熏味和呈色作用；③抑菌防腐作用。

2. 醇

木材熏烟中醇的种类很多，有甲醇（又称木醇）、乙醇及多碳醇。甲醇是熏烟中最简单和最常见的一种，是木材分解蒸馏中主要产物之一。醇类通常被氧化成相应的酸类，醇的作用中，保藏作用不是主要的，其主要作用是为其他有机物挥发创造条件，也就是挥发性物质的载体。

3. 有机酸

在整个熏烟组成中存在有含1～10个碳的简单有机酸；熏烟蒸汽相内为1～4个碳的有机酸类，常见的有甲酸、醋酸、丙酸、丁酸和异丁酸；5～10个碳的长链有机酸附着在熏烟内的微粒上，有戊酸、异戊酸、己酸、庚酸、辛酸。

有机酸对烟熏制品的风味形成极为微弱，有微弱的防腐能力，但其杀菌作用也只有当积聚在制品表面，以至酸度有所增长的情况下才能显示出来；能促进肉烟熏时表面蛋白质凝固，形成良好的外皮，使肠衣易剥除。

4. 羰基化合物

熏烟中存在有大量的羰基化合物，这类化合物目前分离鉴定的有40多种，包括戊酮、戊醛、丁酮等。同有机酸一样，它们存在于蒸汽蒸馏组分内，也存在于熏烟内的颗粒上。虽然绝大部分羰基化合物为非蒸汽蒸馏性的，但一些短链的醛酮化合物在气相内，有非常典型的烟熏风味和芳香味，羰基化合物与肉中的蛋白质、氨基酸发生美拉德反应，产生烟熏色泽。

5. 烃类

从烟熏食品中能分离出许多多环烃类（polycyclic aromatic hydrocarbons，PAHs），其中有苯并（a）蒽、二苯并（a，h）蒽、苯并（a）芘，芘以及4-甲基芘。多环芳烃的含量水平取决于使用的燃料种类、热源距离、持续处理时间、肉制品特性等因素，在精炼、浓缩、破碎等环节会增强一些食品中多环芳烃的含量。多环烃对烟熏制品并不起重要的防腐作用，也不会产生特有的风味，且多有致癌作用，已经通过动物试验证实苯并（a）芘和二苯并（a， h)蒽是致癌物质。波罗的海渔民和冰岛居民习惯以烟熏鱼作为日常食品，他们患癌症的比例往往比其他地区要高，这也暗示了这些化合物有导致癌症的可能性。研究发现这些烃类物质多附着在熏烟的固相上，因此可以清除掉。现已研制出不含苯并(a)芘和二苯并(a,h)蒽的液体烟熏制剂，使用时可以避免食品因烟熏而含有致癌物质。另外，研究还发现，通过生物降解途径可以减少多环芳烃，其主要是利用乳酸菌的代谢作用实现。

6. 气体物质

气相中最有意义的可能是一氧化二氮，它与烟熏食品中的亚硝胺(一种致癌物)和亚硝酸盐等的形成有关。一氧化二氮直接与食品中的二级胺反应可以生产亚硝胺，也可以通过先形成亚硝酸盐进而再与二级胺反应，间接地生成亚硝胺。如果肉的 pH 处于酸性范围，则有碍一氧化二氮与二级胺反应形成 N-亚硝胺。

(二)熏烟的主要作用

1. 呈味作用

烟气中的许多有机化合物附着在制品上，赋予特有的烟熏风味，增进香味，如酚类、芳香醛、酮、羧基化合物、有机酸类物质。特别是甲基苯、愈创木酚、察香草酚、甲基愈创木酚、丁香酚的香气最强，使制品香味增加。试验证明，只有酚类物质使制品具有烟熏的风味。

2. 杀菌防腐作用

熏烟中的酚、甲醛、有机酸杀菌作用较强。熏烟的杀菌作用较为明显的是在表层，产品表面的微生物经熏制后可明显减少。大肠杆菌、变形杆菌、葡萄状球菌对熏烟最敏感，3 h 即死亡，但霉菌及细菌芽孢对熏烟的作用较稳定。研究发现，将波罗尼亚肠从表层到中心部分切成 14～16 mm 厚度，对各层成分进行分析，结果酚类在表面附着显著，愈接近肠中心愈少，酸类则相反；碳水化合物仅表层含量高，从第二层到中心部各层浓度差异不显著，直径粗的肠和大块肉制品如带骨火腿，微生物在表面被抑制，而中心部位可能增殖。

3. 脱水干燥作用

肉制品烟熏时，要进行干燥，使制品表面脱水干燥，抑制细菌生长，同时在烟熏过程中利于烟气的附着和渗透。烟熏和干燥都是加温过程，两种结合使制品蛋白质凝固和水分蒸发，从而使制品有一定硬度，组织结构致密，质地良好。烟熏温度高则硬度大，烟熏时，高温可以促进组织酶的活性，使制品保持一定的风味。

4. 抗氧化作用

烟中的许多成分具有抗氧化性质，通过对烟熏鲈鱼的体外消化试验显示，来自 ω-3 和 ω-6 的挥发性氧化标记物丰度较低。还有相关研究表明熏制品在温度 15 ℃下保存 30 d，过氧化物含量无变化。而未经腌渍的肉制品过氧化物含量增加 8 倍。烟中抗氧化作用最强的是酚类，其中邻苯二酚、邻苯三酚及其衍生物作用尤为显著。

研究表明，在酚类成分中，高沸点的酚类成分是最主要的抗氧化成分，而低沸点的酚类抗氧化性能力相对较弱。如果将熏烟成分分成酸性、中性和碱性 3 类成分，中性成分由于包含了大部分的酚类组分而具有最强的抗氧化能力，酸性成分几乎没有抗氧化性，而碱性成分甚至还有促进氧化的可能。

5. 发色作用

烟熏赋予肉制品良好的色泽，表面呈亮褐色，脂肪呈金黄色，肌肉组织呈暗红色。肉制品保持特有的色泽，是首先引起食欲的重要因素，因此发色程度为影响烟熏制品风味的因素之一。发色的原因是熏烟成分与制品成分和空气中的氧发生化学反应，熏烟成分中的羰基化合物也可以和肉中的蛋白质或其他含氮物中的游离氨基发生美拉德反应。加温可促进发色效果，烟熏时不加热则不发色或发色不完全。不同烟熏温度范围内，发色效果也不同。这可能有两个原因：一是硝酸盐还原为亚硝酸盐情况不好而不发色；二是烟熏加热促进硝酸盐还原菌增殖及由于加热蛋白质变性，游离出半胱氨酸，促进硝酸盐还原，发色效果良好。另外，受热情况下有脂肪外渗起到润色作用。

烟熏和蒸煮常相辅并进，在热的影响下，有利于形成稳定的腌肉色泽。烟熏将促使许多肉制品表面形成棕褐色，其色泽常随燃料种类、熏烟浓度，树脂含量、温度和表面水分而不同。

四、烟熏方法

（一）按制作的加工过程分类

（1）熟熏　烟熏前已经熟制的产品称为熟熏。如酱卤类、烧鸡等的熏制都是熟熏。一般熏制温度高、时间短。

（2）生熏　熏制前只是对原料进行整理、腌制等处理过程，没有经过热加工，称为生熏。这类产品有西式火腿、培根（bacon）、灌肠等。一般熏制温度低、时间长。

（二）按熏烟的生产方法分类

（1）直接火烟熏　这是一种原始的烟熏方法，在烟熏室内直接燃烧木材进行熏制。烟熏室下部燃烧木材，上部垂挂产品。这种方法不需要复杂的设备，熏烟的密度和温度、湿度均分布不均匀，熏制后产品的质量也不均一。

（2）间接发烟法　用发烟装置（熏烟发生器）将燃烧好的一定温度和湿度的熏烟送入烟熏室与产品接触后进行熏制，熏烟发生器和烟熏室分别是两个独立结构。这种方法不仅可以克服直接火烟熏时熏烟的密度和温、湿度不均匀的问题，而且可以通过调节熏材燃烧的温度和湿度以及接触氧气的量来控制烟气的成分，现在使用较广泛。

（三）按熏制过程中的温度范围分类

（1）冷熏法　制品周围的熏烟和空气混合物气体的温度不超过 22 ℃的烟熏过程称为冷熏。熏前原料须经过较长时间的腌制，由于熏制过程较长，在烟熏过程中产品进行了干燥和成熟，使产品的风味增强，保存性提高。其特点是：冷熏时间长，需要 4 ~ 7 d，熏烟成分在制品中渗透较均匀且较深，冷熏时虽然制品干燥比较均匀，但程度较大，失重量大，有干缩现象。同样由于干缩提高了制品内盐含量和熏烟成分的聚集量，制品内脂肪熔化不显著或基本没有，因此冷熏制品耐藏性比其他烟熏法稳定，主要用于干制的香肠，如色拉米香肠、风干香肠，特别适用于烟熏生香肠；也可以用于带骨火腿及培根的熏制。也有研究发现，通过冷熏法处理的大西洋鲑鱼，对其颜色影响较小，与真空冷藏 14 d 的大西洋鲑鱼色度相近。如需进一步提高冷熏鱼的储藏期，可以在制品表面覆一层加有橄榄叶粉的可食用薄膜,可以有效抑制单核细胞增生李斯特菌,减少这种病原体在鱼上的生长。

(2)温熏法　在30~50 ℃的温度范围内进行烟熏的方法称为温熏法。这一温度范围超过了脂肪的熔点,所以脂肪容易游离出来,而且部分蛋白质开始凝固,因此烟熏过的制品质地稍硬。由于这种烟熏法的温度有利于微生物的生长,因此烟熏的时间不能太长,一般控制在5~6 h,最长不能超过2~3 d。温熏法常用于熏制脱骨火腿和通脊火腿及培根等。熏制时温度缓慢上升。重量损失少、产品风味好,但耐藏性差。

(3)热熏法　制品周围熏烟和空气混合气体的温度超过22 ℃的烟熏过程称为热熏。烟熏温度在50~85 ℃,常用的在60 ℃左右,烟熏温度对于烟熏抑菌左右有较大影响:温度为30 ℃,浓度较淡的熏烟对细菌影响不大;温度为43 ℃而浓度较高的熏烟能显著降低微生物数量;温度为60 ℃时,不论淡还是浓的熏烟都能将微生物数量下降到原数的0.01%。温度较高,烟熏时间短,4~6 h。

在肉类制品或肠制品中,有时烟熏和加热蒸煮同时进行,因此在生产烟熏熟制品时,常用60~110 ℃温度。热熏时,因蛋白质凝固,以致制品表面很快形成干膜,妨碍了制品内部的水分渗出,延缓了干燥过程,也阻碍了熏烟成分向制品内部渗透,因此,其内渗透度比冷熏浅,色泽较浅。

(4)焙熏法　制品周围的熏烟和空气混合气体的温度在90~120 ℃的烟熏过程,称为焙熏。由于熏制的温度较高,熏制和熟制同时完成。焙熏法的熏制时间短,一般为2~12 h。由于温度高,采用了焙熏法烟熏的食品表面蛋白质会迅速凝固,以至于制品的表面上很快形成干膜,阻碍了制品内部水分外渗,延长了干燥过程,同时也阻碍了熏烟成分向制品内部渗透,故制品的含水量高(50%~60%),盐分及熏烟成分含量低,且脂肪因受热容易熔化,不利于储藏,一般只能存放4~5 d。

(四)电熏法

电熏法是应用静电进行烟熏的一种方法。在烟熏室内配有电线,电线上吊挂原料后,给电线通上10 000~20 000 V高压直流电或交流电,进行电晕放电,熏烟由于放电而带电荷,可以进入制品的深层,以提高风味,延长储藏期。电熏法除使制品储藏时间延长、不易生霉外,还能缩短烟熏时间。使用电熏法的烟熏时间只需温熏法的1/2,且制品内部的甲醛含量较高,使用直流电时烟更容易渗透。但用电熏法时在熏制品的尖端部分熏烟成分沉积较多,造成烟熏不均匀,再加上成本较高,因此电熏法还不很普及。

(五)液熏法

烟熏液使用方法

液熏法又称为湿熏法或无烟熏法,它是利用木材干馏生成的木醋液或用其他方法制成与要求成分相同的无毒液体,浸泡食品或喷涂在食品表面,以代替传统的烟熏方法。液熏法最早见于19世纪后期,通过利用木材燃烧的烟雾冷凝物得到液体烟熏香料,早期用于火腿和培根的固化,以及烤豆的调味。液熏法使烟熏食品生产能够实现科学化、卫生化、连续化。

液熏法具有以下优点:首先,调配方便,且无须熏烟发生装置,节省了大量的设备投资费用;其次,由于烟熏剂成分比较稳定,便于实现熏制过程的继续化和连续化,可大大缩短熏制时间，且渗透性强、使用效率高、产品品质稳定；再次，用于熏制食品的液态烟熏剂已除去固相物质及其吸附的烃类，致癌危险性较低。液熏法避免了燃烧产生的烟雾与食品的直接接触，极大降低了有毒化合物的含量，是一种食用安全的食品添加剂。因此，使用液态烟熏剂代替传统的木屑烟熏，不仅能够降低烟熏制品中多环芳烃类致癌物质的含量，而且便于进行现代工业自动化的生产，提高生产效率。

五、烟熏装置

(一)烟熏炉的选择依据

烟熏炉一般由烟熏室和发烟器组成，烟熏室用于熏制产品，发烟器用于制造熏烟，是熏制过程完成的主要组成部分。按发烟的方式，发烟器分为燃烧式、摩擦式、湿热分解式、流动加热式、液熏式等。

(1)以木棒作为熏材应采用摩擦式发烟器，它是通过木棒与金属摩擦轮之间摩擦起热而产生烟熏的。它的特点是发烟量易控制，发烟快，但设备成本高。

(2)以木屑、小木片为熏材，对采用燃烧式或流动加热式发烟器，燃烧式发烟器由电热丝对木屑或木片直接加热使其燃烧，通过风机将熏烟送入烟熏室。这种方式的发烟温度在 800 ℃左右，熏烟含焦油量大，易起火，因此会影响烟熏时间和温度控制。但这种发烟器结构简单，成本低。流动加热法是用压缩空气使木屑飞入反应室内，经 300 ~ 400 ℃的过热空气，使浮游于反应室内的木屑热分解产生熏烟，但熏烟进入烟熏室之前要先将木屑残渣通过分离器分离出来。相对而言，流动加热式比燃烧式发烟器好用，不易起火，很少产生有害物质。

(3)以锯末、稻壳、碎甘蔗皮为熏材，易采用湿热分解式发烟器，它的发烟方式是将水蒸气与空气适当混合，加热到 180 ~ 400 ℃，使热蒸汽通过熏材使热分解产生的熏烟，送入烟熏室内的熏烟要先冷却到 80 ℃左右时，使烟凝缩，从而附着在产品上，又叫凝缩法。这种方法的特点是产品的出品率高，烟的成分中不含有焦油、煤油和木馏油等有害物质，不会污染烟熏制品，可减少大量的清洗时间。

(4)以熏液为烟熏材料的烟熏炉为液熏式，它是将木炭在干馏过程中产生的烟收集起来，进行浓缩精制而成的熏液。这种方法的优点是烟熏温度比较稳定，产品相对卫生。

(二)熏烟发生装置

现在通常采用熏烟发生器，其发烟方式有 3 种：①木材、木屑直接用燃烧方式发烟，发烟温度一般在 500 ~ 600 ℃，有时达 700 ℃，由于高温，焦油较多，存在多环芳烃化合物的问题；②用过热空气加热木屑发烟，温度不超过 400 ℃，不用担心多环芳烃类化合物的问题；③用热板加热木屑发烟，热板温度控制在 350 ℃，也不存在多环芳烃化合物。

直接发烟式烟熏

烟熏装置按照烟熏方式分为直接发烟式（单层烟熏炉和多层烟熏炉）、间接发烟式（间歇式和连续式）等。

间接发烟式烟熏

现在连续生产系统中已设计有专供生产肠衣制品的连续烟熏房，这种系统通常每小时能生产 1.5 ~ 5 t。产品的热处理、烟熏加热、热水处理、预冷却和快速冷却均在通道内连续不断进行。原料从一侧进入,产品从另一侧出来。这种设备的优点是效率极高,通道内装有闭路电视,便于观察控制,全程均可实现自动控制调节。不过该装置初期的投资费用大,不适合批量小、品种多的生产。

六、烟熏过程及品质控制

(一)烟熏过程控制

1. 烟熏产生的温度

熏烟是植物性材料缓慢燃烧或不完全氧化产生的水蒸气、气体、液体(树脂)和颗粒固体的混合物。要做到缓慢氧化或不完全氧化,就必须控制在较低的燃烧温度范围内,且空气供应量适当。当木材在缓慢燃烧或不完全氧化时,首先会脱水,在脱水过程中,燃烧外边温度稍高于 100 ℃,发生氧化反应,而内部则进行着水分的扩散和蒸发,温度低于 100 ℃,这时会产生一氧化碳、二氧化碳和挥发性短链有机物。当木材或木屑内部的水分含量接近零时,温度迅速升高,可达 300 ~ 400 ℃,在这样高的温度下,燃料中的组分发生热分解,发烟开始。实际上,在 200 ~ 260 ℃,内部有熏烟产生;温度达到 260 ~ 310 ℃时,会产生焦木液和一些焦油,温度上升到 310 ℃以上时,木质素裂解产生酚及其衍生物,而苯并芘和苯并蒽等致癌物质多在 400 ~ 1 000 ℃时产生。考虑到烟气中有益成分如酚类、羰基化合物和有机酸等在 600 ℃时形成最多,所以一般讲熏烟产生的温度控制在 400 ~ 600 ℃,再结合一些处理方法排除致癌物,如过滤、冷水淋洗及静电沉降等,这样就可以生产出高质量的熏烟。

2. 烟熏的浓度

烟熏时,熏房中熏烟的浓度一般可用 40 W 电灯来确定,若距离 7 m 时仍可见物体,则熏烟不浓;若距离 60 cm 时就看不见物体,则说明熏烟很浓。

3. 烟熏方法的选择

高档产品、非加热制品最好采用冷熏法,而热熏肉制品时,以不发生脂肪熔融为宜。例如烟熏火腿以接受的热量足以杀死肉旋毛虫为限,肉内部最后达到的温度为 60 ℃。各种肠制品和方形肉制品的最终肉中心温度则为 68.5 ℃。

4. 烟熏程度的判断

判断熏烟程度主要根据熏烟上色程度。这可以通过分析化学方法,测定肉制品中所含的酚、醛量来确定。具体做法就是从制品表面一定深度(5 mm 或 10 mm)进行采样分析,以 μg/g 表示。

(二)烟熏食品的品质控制

1. 烟熏对食品色泽的影响

烟熏对食品的色泽有显著影响,这种影响不仅仅是由于熏烟颗粒在食品表面的沉积,也由于烟熏成分与食品组分的相互作用。

研究表明,熏烟成分中的羰基化合物与食品组分中氨基酸的反应是导致食品在烟熏中发生颜色反应的主要原因之一。制品的色泽与烟熏材料的种类、烟气的浓度、树脂的含量、熏制的温度以及肉品表面的水分等因素有关。

2. 烟熏对食品质构的影响

食品质构的影响因素很多，比如烟熏肉肠制品的质构就不仅仅受到烟熏操作的影响，原料品质、斩拌和肉糜形成阶段对肌肉作用，乳状体系形成的程度（蛋白质受离子强度、氢键、二硫键等影响乳汁体系的程度不同），肌肉中自身蛋白酶的作用，外源侵入微生物产生蛋白酶的作用，烟熏过程温度和湿度的作用以及烟熏成分与食品之间的相互作用等都会影响最终烟熏肉肠制品的质构。另外，食品 pH 也将与上述因素相互作用并直接影响产品的质构。

3. 烟熏对食品风味的影响

烟熏中的一些主要成分对烟熏食品风味的影响如表 10-4 至表 10-7 所示。值得注意的是，尽管从熏烟中分离出来了大量的化合物，并且对其中的一些主要成分的风味特征和口味极限做了相关鉴定和验证。但是这些化合物是否在烟熏食品中体现出一样的风味值得进一步研究。在烟熏制品的制作过程中，风味的形成不仅与原料本身、配料、制作工艺条件、熏烟的组成有关，还与这些化合物与食品的相互作用、化合物之间的相互作用以及反应后生成的新化合物是否呈现强烈风味等相关。

表 10-4　熏烟中各种酚类成分的感官描述

（林亲录，秦丹，孙庆杰，2014）

化合物	最适感官浓度（mg/100 mL）	气味描述	风味描述
二甲基苯酚	0.90	苯酚味、墨水味、芳香感、甜味	苯酚味、辣味、甜味、干的
4-甲基愈创木酚	1.90	甜的、类似香草的、水果感的、类似桂皮的、烟熏感的	甜、类似香草的、焦糖味的、芳香的、愉悦的烟熏感的
愈创木酚	3.75	苯酚味、烟熏的、芳香的、辣味、甜味	苯酚味、辣味、烟熏火腿味道、甜味、干的
O-甲酚	7.50	苯酚味、甜的、水果味、类似火腿味、焦糖味的、芳香	甜、辣、焦、不愉快的、烟熏的
异丁子香酚	9.80	类似水解植物蛋白、火腿、香料、丁香	类似水解蛋白、类似烟熏火腿、甜、辣

表 10-5　熏烟中一些羰基化合物的风味描述

（林亲录，秦丹，孙庆杰，2014）

化合物	风味描述	化合物	风味描述
2-环戊烯酮	像草的、土豆的	3,4-甲基-2-环戊烯酮	有点像草的
3-甲基-2-环戊烯酮	一点甜、像草的	3,5-甲基-2-环戊烯酮	有点像草的
2,3-二甲基-2-环戊烯酮	像草的、苦的	3-己基-2-环戊烯酮	像草的
2,4-甲基-2-环戊烯酮	有点像草的	2-己基-3-甲基-2-环戊烯酮	温和的像草的
2,5-甲基-2-环戊烯酮	有点像草的	2-己基-4-甲基-2-环戊烯酮	像草的

表 10-6　熏烟中一些内脂的风味描述

（林亲录，秦丹，孙庆杰，2014）

化合物	风味描述	化合物	风味描述
γ-丁内酯	一些苦味、焦味	3,4-二甲基-2-丁烯羟酸内酯	淡的、酸的、烟熏的
2-甲基-2-丁烯羟酸内酯	甜味、焦味、类似焦糖风味的	2,3,4-三甲基-2-丁烯羟酸内酯	淡的、焦的、类似焦糖的
4-甲基-2-丁烯羟酸内酯	烟熏味、焦感	2-乙基-4-甲基-2-丁烯羟酸内酯	焦的、木头样的
2,3-二甲基-2-丁烯羟酸内酯	辣味、类似香草的	4-乙缩醛-2-甲基-2-丁烯羟酸内酯	甜的、类似焦糖的
2,4-二甲基-2-丁烯羟酸内酯	甜的、焦的		

表 10-7　熏烟来源对烟熏白鱼的可接受性影响

（林亲录，秦丹，孙庆杰，2014）

木料	感官愉悦评分*	感官评价
红花槭	6.49	咸味、甜味、烟熏味能很好融合
红橡木	6.42	好，有轻度酸味和焦味
颤杨	6.24	好，风味冲击柔和，有甜味
美国白蜡树	6.08	好，有轻度药味
香脂杨	6.05	风味冲击柔和，甜味柔和
白桦	5.98	好，甜味和烟熏味融合，有药味
山毛榉树	5.91	好，风味平淡，轻度焦味
白栎	5.82	一般，轻度药味和苦味
银槭	5.32	突出的甜酸味
山胡桃树	5.24	咸味和酸味不能融合
柳树	4.70	风味强烈，有水果味、甜味、药味和苦味

* 注：最高分为 9 分

4. 影响食品烟熏的因素及控制

（1）烟熏剂　烟熏的作用取决于烟熏的质量，如熏烟中成分种类与浓度，而烟熏质量的高低与所采用的燃料种类、燃烧温度等有关。

熏烟的正常色泽应为灰中带色，如呈暗灰色。若熏烟中夹有煤灰，容易污染食品。另外燃烧温度低、燃烧缓慢，熏烟的密度就会增高，制品则会呈深色并带苦味。

（2）烟熏温度　烟熏时温度过低，不会得到预期的烟熏效果。但是温度过高，会由于脂肪融化、肉的收缩,达不到制品质量要求。一般情况下,常温的烟熏温度为35~50 ℃,一般烟熏时间12~48 h;而且温度升高,烟熏速度加快。烟熏温度与制品种类、制作目的和前后的制作工序条件有关。通常烟熏和干燥一起进行或者在干燥后进行。

(3)水分含量 因为大多数熏烟成分是被食品表面和食品组织间隙的水分吸收的,所以食品保持一定的湿度有利于吸收熏烟成分。高湿有利于熏烟沉积,而不利于呈色,表面干燥的则需延长沉积时间。熏烟的吸收和色泽的形成须加以平衡,有些产品必须是干的,而有些产品需要潮一些。

5. 烟熏食品的营养品质

每种加工方法都会对最终产品的营养成分产生影响,这种影响既可能是正面的,也可能是负面的。关于烟熏对食品营养品质的影响研究报道相对较少。

烟熏操作除了对蛋白质和氨基酸有影响外,对维生素也有影响,特别是B族维生素。据报道,在鱼的腌渍、烟熏、杀菌操作过程中,核黄素、烟酸、泛酸和维生素B_6在烟熏过程有50%的损失,而在后续加工过程中还有10%的损失。也有研究者采用模拟体系研究表明,烟熏操作可能引起2%~25%硫胺素损失,而烟酸和核黄素的损失几乎可以忽略不计。

第四节 食品发酵保藏

一、食品发酵保藏的原理

在人类的周围环境中总是有各种各样的微生物存在,只要环境和营养物质适宜,它们就会迅猛繁殖,导致食品腐败变质。然而微生物的生长繁殖并不完全是有害的,有些是有益的,如在人为控制条件下,利用微生物的发酵活动,来生产制备对人类有用的产品,例如各种抗生素、氨基酸、柠檬酸、酶制剂、单细胞蛋白等。在食品行业,面包、酸奶、酒类、食醋、酱油、泡菜等,均是微生物在食品领域应用形成的产品。其中,部分在人为控制下的微生物发酵活动,不仅有利于改善食品风味,还有利于大大提高食品的耐藏性,于是发展出了一种重要的食品保藏方法技术,即食品的发酵保藏。

发酵是利用微生物在有氧或无氧条件下的生命活动来制备生物体本身,或各种代谢产物的过程。发酵保藏是利用能形成酒精或酸的微生物的生长和新陈代谢活动,来抑制腐败菌和致病菌的生长繁殖,从而延长发酵食品的保藏期。这种保藏方法的特点是利用各种因素促使某些有益微生物生长,产生酒精或酸等,从而建立起不利于有害微生物生长的环境,预防食品腐败变质,同时还能保持甚至改善食品原有营养成分和风味。

二、食品发酵保藏的分类

微生物产生酒精或酸的发酵过程,底物一般都是糖类,酒精或酸就是糖类部分氧化的产物,称为糖发酵,依据生化过程和有效产物可将常见的食品发酵保藏分成三类:

1. 酒精发酵

酒精发酵是酿酒工业的基础,它与白酒、果酒、啤酒以及酒精的酿造生产等有密切关系。进行酒精发酵的微生物主要是酵母菌,如啤酒酵母(*Saccharomyces cerevisiae*)等,此外还有少数细菌如发酵单胞菌(*Zymononas mobilis*)、嗜糖假单胞菌(*Pseudomonas Sacharophila*)、解淀粉欧文氏菌(*Eruinia amylovora*)等也能进行酒精发酵。

酵母菌在无氧条件下,将葡萄糖分解为乙醇和二氧化碳,同时获得少量能量。

$$C_6H_{12}O_6+2ADP+2P \xrightarrow[\text{酶}]{\text{酵母菌}} 2C_2H_5OH+2CO_2+2ATP$$

2. 乳酸发酵

乳酸发酵在食品工业中极其重要,常被作为保藏食品的重要措施。它生成的乳酸不仅能降低产品 pH 值,有利于食品保藏,而且对很多食品的风味形成起到重要作用,如酸奶、泡菜等。

乳酸菌在无氧条件下,将葡萄糖分解为乳酸,同时获得少量能量。

$$C_6H_{12}O_6+2ADP+2Pi \xrightarrow[\text{酶}]{\text{乳酸菌}} 2CH_3CH(OH)COOH+2ATP$$

3. 醋酸发酵

食醋是一种重要的调味品,因其酸性较强,具有天然的防腐能力。食醋的生产是以粮食、糖、水果等为原料,通过霉菌、酿酒酵母等微生物的发酵作用,制得含乙醇的中间产物,然后乙醇经醋酸菌进一步氧化为乙酸。

$$C_2H_5OH+O_2 \xrightarrow[\text{酶}]{\text{醋酸菌}} CH_3COOH+H_2O+\text{能量}$$

三、食品发酵保藏的方法

利用能形成酒精和酸的微生物的生长和新陈代谢活动,抑制腐败菌和致病菌的生长繁殖。产物(酒精、酸及其他如乳酸链球菌素)使环境不利于有害菌生长,而有益菌能够耐受这样的环境,从而大量繁殖成为优势菌,竞争消耗营养成分,使有害菌生长代谢受到抑制。以下分别以酸奶、泡菜、葡萄酒、食醋为例,重点说明食品发酵保藏的方法。

1. 酸奶

酸奶(yogurt)是一种酸甜口味的牛奶饮品,是以牛奶为原料,经过巴氏杀菌后再向牛奶中添加有益乳酸菌发酵剂,经发酵后,再冷却灌装的一种牛奶制品。这样的酸奶称为“活菌型酸奶”,内含多种乳酸菌(嗜热链球菌和保加利亚乳杆菌等),在 2 ~6 ℃的环境下存放,保质期一般是 20 天左右,环境温度升高,则保质期相应缩短。在一定时期内,酸奶内部由于大量乳酸菌活菌的竞争、乳酸形成的低 pH 环境、乳酸菌分泌的乳酸链球菌素以及低温环境,可以有效地抑制有害菌的生长,在一定的时期内维持酸奶的品质稳定。

现在市场上另有一种可以常温保存的酸奶,称为常温酸奶,又叫“灭菌型酸奶”。跟“活菌型酸奶”相比,它在经过乳酸菌发酵后,再次经过了热杀菌处理,杀灭了酸奶中活的乳酸菌和其他杂菌,因此,它可以在常温下存放和销售,保质期可达 6 个月。

2. 泡菜

泡菜是为了利于长时间存放而经过乳酸发酵的蔬菜制品。其制作流程如下:鲜菜→整理→洗涤→切分→晾干明水→入坛→加盐水泡制→密闭发酵→成品。泡菜使用低浓度的盐水来浸泡各种鲜嫩的蔬菜,再经乳酸菌发酵,制成一种带酸味的腌制品,只要乳酸含量达到一定的浓度，并使产品隔绝空气，就可以达到久贮的目的。

需要注意的是，腌制泡菜不需要人工接种乳酸菌，参与发酵的微生物来自于蔬菜原料表面的天然微生物，因此，参与泡菜发酵的微生物种类在发酵初期是极其复杂的，但随着发酵的进行，密封容器里的氧气被迅速消耗干净，形成严格的厌氧环境，各种好氧菌被严格抑制，乳酸菌和其他厌氧菌逐渐成为优势菌种，并进行旺盛的乳酸发酵，产生大量的乳酸，同时乳酸菌还能够分泌乳酸链球菌素，具有杀灭杂菌的作用，随着 pH 的下降，其他不耐受酸性环境的杂菌被进一步抑制和清除，乳酸菌成为主要的菌群，密封容器内的环境趋于稳定，内部含有丰富的乳酸和活的乳酸菌，它们是抑制杂菌生长的主要因素。泡菜中的食盐含量为 2% 到 4%，盐浓度较低，在抑制泡菜杂菌生长方面的作用不大，主要起调味作用。

四川泡菜是中国泡菜的代表。目前四川大多泡菜生产厂家仍沿用老泡渍盐水的传统工艺进行生产，即先在泡菜坛里加入陈盐水（泡菜卤），最后再加入辅料及原料进行发酵生产，适量补加新盐水。泡菜卤用的时间越久，泡出的菜就越清香鲜美。泡菜卤里含有丰富的多种乳酸菌，可以视为是一种外加乳酸菌的泡菜制作方法。

密封发酵容器内的泡菜可以存放长达 6 个月以上，但一旦离开密封容器，其保质期将大大缩短，取决于温度和包装等条件，一般散装泡菜 4 ℃左右可以存放 7 天。

3. 葡萄酒

葡萄酒是以葡萄为原料酿造的一种果酒。按照我国最新的葡萄酒标准 GB 15037—2006 规定，葡萄酒是以鲜葡萄或葡萄汁为原料，经全部或部分发酵酿制而成的，酒精度不低于 7.0% 的酒精饮品。而只有酒精含量≥14% 的葡萄酒才有足够的防腐能力，可以长期存放。一般发酵葡萄酒的酒精含量只有 9% ~13%，防腐能力不足，还需要巴氏杀菌或添加防腐剂苯甲酸钠或山梨酸钾。通过添加食用酒精可以获得加强葡萄酒（一般酒精含量≥20%），通过蒸馏可以获得葡萄蒸馏酒如白兰地，这两类酒因高酒精含量具有天然的防腐能力，可以长期存放。

4. 食醋

食醋是单独或混合使用各种含有淀粉、糖的物料、食用酒精，经微生物发酵酿制而成的液体酸性调味品。一般是先将原料通过微生物的发酵作用，制得含乙醇的中间产物，然后乙醇进一步转化为乙酸。食醋除含乙酸外，还含有多种氨基酸以及其他很多微量物质。一般而言，东方国家以谷物酿造食醋，西方国家以葡萄等水果酿醋。由于醋都是由酒进一步发酵酿造而来，可以认为酒醋同源。

食醋是一种酸性比较强的食品，总酸含量≥3.5 g/100 mL。多数细菌都不能在酸性条件下生长，所以食醋并没有太大的防腐压力。不过它对细菌的抵抗能力，主要取决于其醋酸含量，如果醋酸含量低，也还是有腐败的可能，所以在国家标准里，允许酿制食醋中添加防腐剂苯甲酸钠。在酸和防腐剂的作用下，食醋的保质期一般可达 12 个月，即使开瓶后，也能存放很长一段时间。醋酸含量高于 5.0 g/100 mL 的食醋可以不加防腐剂。

四、食品发酵保藏的影响因素和品质控制

1. 酸度

绝大多数微生物的正常生长需要细胞内维持中性的环境，有机酸分子很容易穿过这些微生物的细胞膜进入细胞内解离，产生 H^+改变细胞内的 pH 环境，干扰细胞的正常代谢而抑制微生物的生长。酸度在腌制品和乳酸发酵食品中的作用非常重要，以泡菜生产为例，泡菜原料中的各种微生物的耐酸能力并不完全相同，在其他因素相同的条件下，酸度不同即可控制不同微生物的生长和发酵。大肠杆菌、金黄色葡萄球菌等腐败菌在 pH5.5 以下时生长即会受到明显抑制，酸和盐结合时其影响力更大，而乳酸菌却不受影响，霉菌也不受影响，因此，泡菜制作中需要预防霉菌的滋生，可以通过隔绝氧气来阻止霉菌生长。

2. 酒精含量

酒精可以使菌体蛋白质脱水而变性，还可溶解菌体表面脂质，因而具有杀菌防腐作用。酒精的防腐能力取决于酒精浓度，12% ~15% 的发酵酒精就能抑制微生物的生长，而一般发酵酒酒精含量仅为 9% ~13%，防腐能力不足，还需巴氏杀菌或添加防腐剂，加强葡萄酒和葡萄蒸馏酒酒精含量常在 20% 以上，不需经巴氏杀菌或添加防腐剂就足以防止腐败和变质。

3. 菌种的使用

葡萄酒酿造中，可以利用葡萄皮表面自带的野生酵母菌群进行发酵，例如法国、意大利，也可以加入人工制备的纯的酿酒酵母进行发酵，例如中国、美国。随着科技的发展，现代发酵常引入人工培育的菌种，在发酵过程中迅速生长繁殖，并抑制其他杂菌的生长，从而促使发酵向着预定方向进行，常见于酿酒、酸奶、面包的生产。这些人工培育的菌种称为发酵剂或酵种（Starter），可以是单一菌种，也可以是混合菌种。如制造葡萄酒、红腐乳，一般用单一菌种；制造酸奶、米酒，多为混合菌种。一般而言人工菌种发酵快于天然菌种发酵，由于天然菌种复杂，发酵控制难度大，不利于标准化、规模化大生产。

4. 温度

发酵所需的温度依微生物的种类而异，不同的微生物其最适生长温度不同，因而不同的发酵食品所需发酵温度有很大的不同，如酸奶主发酵阶段温度一般控制在 40 ~42 ℃，而红葡萄酒主发酵温度一般控制在 20 ~32 ℃，较高的温度有利于色素和单宁的提取，但当温度达到 35 ~38 ℃之间时，发酵就会中止。对于白葡萄酒，主发酵温度一般控制在 12 ~22 ℃，较低的发酵温度有利于保留葡萄本身的果香和个性。同时，发酵的不同阶段需要的温度也经常不同，如酸奶主发酵阶段的温度以 40 ~42 ℃为宜（产酸），但后熟阶段以 0 ~4 ℃为宜（产香）。葡萄酒的陈酿一般以 15 ℃左右为宜。对于混合微生物发酵，如酿醋和米酒生产，可以调节发酵温度使不同类型的微生物的生长速度得以控制，借以达到有目的的发酵效果。

5. 氧的供给量

不同类型的发酵受氧的影响很大，好氧发酵需要充足的氧气供应，厌氧发酵则需要切断氧气供应，兼性厌氧菌如酿酒酵母氧气充足时繁殖超过发酵，缺氧时进行酒精发酵，

故对于葡萄酒的发酵,早期适量通氧有利于酵母菌的快速增殖,达到要求的菌体密度后,切断氧气供应,进行厌氧酒精发酵。乳酸菌是耐氧性厌氧菌,只有在缺氧的条件下才能将糖转化成乳酸;霉菌是完全需氧性的菌,故缺氧是抑制霉菌生长的重要方法,这就是为什么腌制泡菜时要进行密封,民间有防止“走风”的说法。总之,供氧或断氧可以促进或抑制不同微生物的生长活动,引导发酵向预期的方向进行。

6. 食盐用量

盐含量在腌制和发酵食品中的作用非常重要。各种微生物的耐盐性并不完全相同,在其他因素相同的条件下,加盐量不同即可控制不同微生物的生长和发酵。一般腐败菌在2.5%以上食盐浓度的环境中生长即会受到抑制,当食盐浓度达到6%~8%时,大肠杆菌、沙门氏菌和肉毒杆菌停止生长。盐和酸结合时其影响力更大,蔬菜腌制中主要的发酵乳酸菌(*Bact. Brassicae fermentati* 和 *Bact. cueumeris fermentati*)都能忍受浓度为12%~13%的食盐溶液,所以通过控制腌制时食盐溶液的浓度完全可以达到发酵和防腐兼顾的目的。成品酱油及豆酱中食盐浓度应不低于15%。为了照顾产品风味特点,甜面酱含盐量为7%,因为这基本是大肠杆菌、沙门氏菌和肉毒杆菌生长所能忍受的食盐浓度的上限。

7. 陈酿

陈酿也叫后熟,是很多发酵食品的重要生产环节,对发酵食品的品质影响巨大。不同的发酵食品对陈酿的温度、时间和容器要求不同。啤酒的陈酿一般在2~6 ℃下进行,时间4天到4周不等,不锈钢容器,一般时间越长口感越佳。葡萄酒的陈酿以15 ℃左右为宜,在不锈钢桶或橡木桶中进行,时间一般6个月至3年,时间不宜太短或太长。新酿造出来的葡萄酒口味比较粗糙刺激,香气不足,酸涩感明显,欠柔和,通过陈酿可以有效促进杂醇类物质的转化,促进醇与酸的酯化,使酒体香味馥郁,口味甘顺、柔和,提升葡萄酒的口感。

酸奶生产中发酵以降温冷却的方式结束,及时冷却至2~6 ℃可以终止发酵过程,控制酸奶的酸度。同时冷却也是后熟的开始,酸奶在2~6 ℃的环境下存放,保质期一般是20天左右,因此后熟的时间最长也就20天左右。后熟期间会产生丙酮类等香味物质,增加酸奶的口感,其次后熟过程可以使产品的组织结构变得更加稳定,尤其是搅拌型酸奶,果酱等辅料与发酵结束后得到的酸奶凝胶体搅拌混合的操作会破坏产品的组织结构,后熟可以使产品的组织结构重新变得稳定。泡菜没有后熟这一说,但对最短发酵时间有严格的要求,因为发酵时间长短和亚硝酸盐含量有关,泡菜中亚硝酸盐“峰值”会出现在腌制开始以后的两三天到十几天之间,取决于泡菜原料,一般20天以后亚硝酸盐含量都会降至安全水平,可以放心食用。

本章小结

腌制是指用食盐或食糖材料处理食品,使其渗透到食品组织上,降低食品组织的水分活度,提高它们的渗透压,有选择地控制微生物的活动和发酵,抑制腐败菌的生长,从而防止食品腐败变质,保持其食用品质的保藏方法。食品的烟熏保藏是在腌制的基础上利用木材不完全燃烧时产生的烟气熏制食品的方法，它可赋予食品特殊的风味并延长其储藏期。

我国传统意义上的腌渍蔬菜通常是依靠食盐的高渗透压和高盐度进行腌制，使产品得以较长时间储藏，然而含盐量较高，通常在13%～15%。按照世界卫生组织的建议，一般成人每日的盐摄入量在3～5 g有益健康。摄入过多的食盐不仅易引发和加重高血压，还能引发肾脏疾病和加重糖尿病病情，加剧哮喘，引起消化系统的疾病。摄入大量的腌制及烟熏食品可能是乳腺癌、肝癌发病的危险因素。显然，高盐腌渍品已难以满足当代人们对健康饮食的需求。基于传统腌渍工艺的不足，腌渍品正向着天然化、疗效化、低盐化、方便化、多样化方向发展。同时受国际流行泡菜低盐、低糖、本味、原色等感官与理化质量要求的影响，需要将泡菜原有的盐分、酸度大幅度下调，从而降低了原本食盐、酸度对有害微生物的抑制屏障作用。

随着食品工业技术水平的提升，腌制食品产业需要逐渐改变以往作坊式的手工生产方式，运用现代化的生产设备和工艺技术，实现对产品的升级和创新。而且随着人们生活水平不断提高和对健康饮食方式的重视，低盐化是腌制食品的发展趋势，也是必然结果。充分利用腌制食品低盐化新技术和新成果，开发创制健康低盐、工业化、标准化的腌制产品，将是未来腌制食品发展的一个重要方向。食品的低盐化将会大大降低高盐食品可能给人体带来的危害。

同时，腌制食品和烟熏食品包装也向着多元化发展，特别是在提高小袋包装的档次上，不仅能够保持产品的色、香、味，而且不添加任何防腐剂也可将保质期延长到半年以上。

思考题

1. 食盐在腌渍中的作用是什么？食糖在腌渍中的作用是什么？
2. 食品腌制和熏制的原理各是什么？
3. 食品腌制的特点有哪些？
4. 根据食品的种类，食品腌制常用的方法有哪些？
5. 常见的烟熏装置有哪些？熏烟的主要成分和作用各是什么？
6. 烟熏对食品品质的影响体现在哪些方面？

第十一章　食品气调保藏

第一节　概　述

一、气调保藏概念

气调保藏(controlled atmosphere,CA)是在传统的冷藏保鲜基础上发展起来的保鲜技术,是利用其他交换系统,将储藏室内空气中的 O_2 和 CO_2 组成加以改变,在人工干预的气体组成环境中进行冷却储藏的技术。气调冷藏技术主要应用于果蔬保鲜方面,但如今已经发展到肉、禽、鱼、焙烤食品及其他方便食品的保鲜。

我国对气调保藏研究始于20世纪70年代后期,于1978年在北京建成第一座50 t的实验性气调库,四十多年来,经过引进、消化、吸收国外先进技术和设备,加上我国科研人员的不断研究和探索,气调储藏技术得到迅速发展,现已具备了自行设计和建造各种气调库和气调设备的能力。

二、气调保藏特点

(1)保鲜效果好　推迟果蔬衰老在储藏过程中,果蔬的后熟和衰老与其本身的生理变化有着密切的关系。在气调储藏环境中,通过调节 O_2 与 CO_2 的浓度,可以降低呼吸强度与乙烯的生成率,能够达到推迟果蔬后熟和衰老的目的。例如,冷藏苹果一般4个月后开始发绵,而采用气调储藏6个月后的苹果仍可保持香脆。

(2)减少储藏损失　由于气调储藏能有效降低果蔬的呼吸作用、蒸发作用和抑制微生物生长的作用,使储藏中的果蔬产品近似处于休眠状态,正常的生理活动降至最低程度。从而气调储藏果蔬产品总损耗率明显下降。

(3)减轻或缓和某些生理失调作用　气调储藏在完全密闭的环境中采用低氧高二氧化碳气体成分进行保鲜,对果蔬产品生理抑制作用明显,故储藏环境温度可以适当提高,加之相对湿度较高,有利于减轻某些果蔬冷害的发生。例如,在5 ℃的条件下,提高 CO_2 浓度至10% ~20%,能显著降低辣椒的冷害症状。由于降低了 O_2 的浓度,使果蔬组织对乙烯的敏感性下降,在一定程度上阻止了苹果等果蔬褐斑病的发生。

(4)降低产品对于乙烯作用的敏感性　乙烯是植物激素,能促进果实的成熟,加快产品的后熟衰老过程。高浓度的二氧化碳可抑制乙烯的形成,延缓乙烯对果蔬的促进作用。

(5)保鲜期长　在达到相同保鲜质量的情况下,气调储藏果蔬的保鲜期要比冷藏果蔬的保鲜期长得多。在气调储藏中,由于低温、低氧、高湿、高二氧化碳的特殊环境,果蔬的生理代谢降至最低程度,营养物质和能量消耗最少,抗病能力较强,从而推迟了果蔬的后熟和衰老，储藏保鲜期大大延长。同时在流通销售过程中，气调储藏果蔬品质明显优于冷藏等其他储藏方法，食品销售的货架期也较长。

(6)安全性好　无任何污染气调储藏过程中不使用任何化学药物处理，储藏环境的气体组成与空气相近，果蔬储藏中不会产生对人体有害的物质。储藏环境温度、湿度调节和机械冷藏一样，不会对果蔬造成任何污染。虽然气调储藏法具有许多明显的优点，但是，当使用条件不适当时，不但达不到保鲜效果，反而有害于果蔬等食品保鲜。例如，O_2的浓度过低会引起马铃薯出现黑心症状，当温度上升到3 ℃以上，呼吸作用加强，需氧量增大，这种生理失调则更为明显。O_2浓度为2%以下或CO_2浓度在2%以上时，会引起番茄后熟不均匀。O_2分压低于1%时，由于产生无氧呼吸使果蔬失去正常风味。当CO_2浓度上升至15%以上时，香蕉、柑橘、苹果等水果会失去正常香气。所以，必须根据园艺产品固有的特性来选择合宜的储藏工艺条件。

第二节　食品气调保藏原理

一、气调保藏的基本原理

在一定的封闭体系内，通过各种调节方式得到不同于正常大气组成(或浓度)的调节气体，以此来抑制引起食品品质劣变的生理生化过程或抑制食品中微生物的生长繁殖(新鲜果蔬的呼吸和蒸发、食品成分的氧化或褐变、微生物的生长繁殖等)，从而达到延长食品保鲜或保藏期的目的。

空气中一般含氧气21%、二氧化碳0.03%，其余为氮气和一些惰性气体。鲜果采后仍有生命，在储藏过程中仍然进行着正常的以呼吸作用为主导的新陈代谢活动，主要表现为果实消耗氧气，同时释放出一定量的二氧化碳和热量。在环境气体成分中，二氧化碳和由果实释放出的乙烯对果实的呼吸作用具有重大影响。

降低储藏环境中的O_2浓度和适当提高CO_2浓度，可以抑制果实的呼吸作用，从而延缓果实的成熟、衰老，延长果实储藏期。较低的温度和低氧、高二氧化碳能够抑制果实乙烯的合成和削弱乙烯对果实成熟衰老的促进作用，从而减轻或避免某些生理病害的发生。另外，环境中低氧、高二氧化碳具有抑制真菌病害的滋生和扩展的作用。

二、气调保藏的分类

根据气体调节的原理，气调保藏可分为人工气调储藏(controlled atmosphere, CA)和自发气调储藏(modified atmosphere, MA)。

MA储藏指的是利用储藏对象——水果、蔬菜自身的呼吸作用降低储藏环境中的氧气浓度，同时提高二氧化碳浓度的一种气调储藏方法。正常大气中氧含量为20.9%，二氧化碳含量为0.03%，理论上，有氧呼吸过程中消耗1%的氧气即可产生1%二氧化碳，而氮气则保持不变，即O_2+CO_2含量为21%。MA储藏成本低，操作简单，但达到设定氧气和二氧化碳浓度水平所需的时间较长，操作上较难维持要求的氧气和二氧化碳浓度，因而储藏效果不佳。MA储藏的方法多种多样，在我国多用塑料袋进行储藏，如蒜薹简易气调储藏，而硅橡胶窗储藏也属于 MA 储藏。

CA 储藏指的是根据产品的需要和人的意愿调节储藏环境中各气体成分的浓度并保持稳定的一种气调储藏方法。包括单指标 CA 储藏（仅控制储藏环境中的某一种气体如氧气、二氧化碳或一氧化碳等，而对其他气体不加调节）、双指标 CA 储藏［对常规气调成分的氧气和二氧化碳两种气体（也可能是其他两种气体成分）均加以调节和控制的一种气调储藏方法］、多指标 CA 储藏（不仅控制储藏环境中的氧气和二氧化碳，同时还对其他与储藏效果有关的气体成分如乙烯、一氧化碳等进行调节）、变指标 CA 储藏（在储藏过程中，储藏环境中气体浓度指标根据需要，从一个指标变为另一个指标）。

CA 储藏期间，气体的浓度一直控制在某一恒定值或范围，采用的包装方式称为 CAP；MA 储藏期间气体成分不可控制，所采用的包装方式称为 MAP。国际上将通过改变包装袋内的气氛使食品处在与空气组成（78.8%、20.96%、0.03%）不同的气氛环境中而延长保藏期的包装，归属为同一类型的包装技术，称为 CAP/MAP 包装技术，包括真空包装（vacuum packaging，VP）、真空贴体包装（vacuum skin packaging，VSP）、气体吸附剂包装、控制气氛包装（controlled atmosphere packaging，CAP）以及改善气氛包装（modified atmosphere packaging，MAP）。

气调储藏的条件

第三节 气调库建设及主要设备

一、气调库的基本构成及选址要求

1. 气调库的选址要求

长期储藏的商业性果蔬气调库，一般应建在优质果蔬的主产区，同时还应有较强的技术力量、便利的交通和可靠的水电供排能力，库址必须远离污染源，以避免环境对储藏的负效应。要求水电、交通方便；没有强光照射和热风频繁的阴凉处为佳；地下水位低、排水条件好。

2. 气调库的基本构成

气调库是在机械冷藏库的基础上发展起来的，它同时具有冷藏和气调的功能。一座完整的气调库应包括气调库体、包装挑选间、化验室、冷冻机房、气调机房、泵房、循环水池、备用发电机及卫生间、月台、停车场等。气调库示意图如图 11-1 所示。

（1）气调库房　除了具有冷藏库的保温防潮系统外，还必须具有良好的气密性。一般应由若干个储藏库组成，每个库均可独立调控冷却、加湿、通风、监测和压力平衡，以满足不同园艺产品气调储藏的要求。

（2）挑选间　主要用于果蔬出入库时进行挑选、分级、包装的场所，一般与气调库主体相连，外接月台和停车场，是气调库建设中必不可少的缓冲操作间。

（3）冷冻机房　与机械冷藏库冷冻机房相同，机房应装图 CA 气调库的结构框图备若干台制冷机组，调控所有库房的制冷、冲霜、通风等条件。

（4）气调机房　整个气调库的控制中心，所有库房的电气、管道、监测等均设于此，主要设备有配电柜、制氮机、CO_2 脱除机、乙烯脱除机、O_2/CO_2 检测仪、加湿控制器、温度和湿度巡检仪、果温测定仪和自动控制系统。

(5)其他建筑　包括办公室、泵房、循环水池、月台、卫生间等气调库的配套附属建筑。

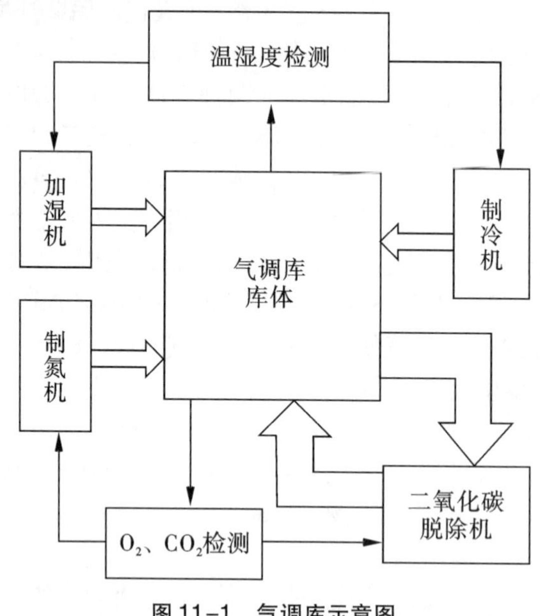

图 11-1　气调库示意图

二、气调库基本要求

1. 建筑要求

气调库应有严格的气密性、安全性和防腐隔热性。其结构应能承受得住雨、雪以及本身的设备、管道、水果包装、机械、建筑物自重等所产生的静力,同时还应能克服由于库内外温差和冬夏温差所造成的温度应力和由此而产生的构件。

2. 围护结构

气调库的围护结构主要由墙壁、地坪、天花板组成。要求具有良好的气密、抗温变、抗压和防震功能。其中墙壁应具有良好的保温隔湿和气密性。地坪除具有保隔湿和气密功能外,还应具有较大的承载能力,它由气密层、防水层、隔热层、钢层等组成。天花板的结构与地坪相似。

3. 特殊设施

特殊设施包括气密门、取样孔、压力平衡器、缓冲囊等部分。

4. 隔热

气调库能够迅速降温并使库内温度保持相对稳定,气调库的围护结构必须具有良好隔热性。为使墙体保持良好的整体性和克服温变效应,在施工时应采用特殊的新墙体与地坪和天花板之间联成一体,以避免"冷桥"的产生。

5. 气密层

气密层是气调库的一种特有建筑结构层,也是气调库建设中的一大难题,先后选用铝合金、增强塑料、塑胶薄膜等多种材料作为气密介质,但多因成本、结构、温变等不能很好地解决而不尽人意。经试验,选用专用密封材料(如密封胶)进行现场施工,达到良好的密封效果。

6. 压力平衡

气囊和压力平衡器，前者是一只具有伸缩功能的塑胶袋，当库内压力波通过此囊的膨胀或收缩进行调节，使库内压力相对保持平衡。当库内外压差较大时（如大于±10 mmH_2O柱），压力平衡器的水封即可自动鼓泡泄气，以保持库内外的压差在允许范围之内，使气调库得以安全运转。

三、气调设施

1. 气密层

气调库首先要有机械冷库的性能，还必须有密封性能，防止漏气，确保库内气体组成稳定。用预制隔热嵌板建库，嵌板两面是表面呈凹凸状的金属薄板（镀锌钢板或铝合金板等），中间是隔热材料聚苯乙烯泡沫塑料，采用合成的热固性黏合剂将金属薄板牢固地黏结在聚苯乙烯泡沫塑料板上。嵌板用铝制呈工字形的构件从内外两面连接，在构件内表面涂满可塑性的丁基玛碲酯，使接口完全、永久地密封。在墙角、墙脚以及墙和天花板等转角处，皆用直角形铝制构件拼连，并用特制的铆钉固定。这种预制隔热嵌板，既可以隔热防潮，又可以作为隔气层。地板是在加固的钢筋水泥底板上，用一层塑料薄膜（多聚苯乙烯等）作为隔气层（0.25 mm），一层预制隔热嵌板（地坪专用），再加一层加固的10.0 cm厚的钢筋混凝土为地面。为了防止地板由于承受负荷而使密封破裂，在地板和墙的交接处的地板上留一平缓的槽，在槽内灌满不会硬化的可塑酯（黏合剂）。

目前，比较先进的做法是在建成的库房内进行现场喷涂泡沫聚氨酯（聚氨基甲酸酯），采用此法可以获得性能优异的气密结构并兼有良好的保温性能，5.0～7.6 cm 厚的泡沫聚氨酯可相当于10.0 cm 厚的聚苯乙烯的保温效果。喷涂泡沫聚氨酯之前，应先在墙面上涂一层沥青，然后分层喷涂，每层厚度约为1.2 cm，直到喷涂达到所要求的总厚度。

气调库必须进行气密性试验，排除漏点后，方可投入使用。气调库在运行过程中，由于库内温度波动或者气体调节会引起压力波动。当库内外压力差达到58.8 Pa时，必须采取措施释放压力，否则会损坏库体结构。具体办法是安装水封装置，当库内正压超过58.8 Pa时，库内空气通过水封溢出；当库内负压超过58.8 Pa时，库外空气通过水封进入库内，自动调节库内外压力差。

2. 气调系统

（1）氧分压的控制　根据果蔬的生理特点，一般库内 O_2分压要求控制在1%～4%不等，误差不超过±0.3%。为达此目的，可选用快速降 O_2方式，即通过制氮机快速降 O_2开机2～4 d即可将库内 O_2降至预定指标，然后在水果耗 O_2和人工补 O_2之间，建立起一个相对稳定的平衡系统，达到控制库内 O_2含量的目的。

（2）二氧化碳的调控　根据储藏工艺要求，库内 CO_2必须控制在一定范围之内，否则将会影响储藏效果或导致 CO_2中毒。

库内 CO_2的调控首先是提高 CO_2含量，即通过果蔬的呼吸作用将库内的 CO_2浓度从0.03%提高到上限，然后通过 CO_2脱除器将库内的多余 CO_2脱掉，如此往复循环，使 CO_2浓度维持在所需的范围之内。

3. 气调设备

气调库的主要气调设备降氧装置、二氧化碳脱除装置、乙烯脱除器、加湿器、压力调节器、检测系统，主要有气体发生器和 CO_2 吸附器。

气体发生器的基本装置是一个催化反应器。在反应器内，将 O_2 和燃料气体如丙烷、天然气等进行化学反应，形成 CO_2 和水蒸气。用于反应的 O_2 来自库内空气。库内空气通过反应器不断循环，致使库内 O_2 不断降低而达到所要求的浓度。

CO_2 吸附器的作用是除去储藏过程中园艺产品呼吸释放的以及气体发生器在工作时所放出的 CO_2，有消石灰 CO_2 洗涤器、碳酸钾吸收器、活性炭 CO_2 吸附器、交换扩散式 CO_2 脱除器等。当 CO_2 继续累积超过一定限度时，将库内空气引入 CO_2 吸附器中的喷淋水、碱液或石灰水中，或者引入堆放消石灰包的吸收室内，吸收部分 CO_2，使库内 CO_2 维持适宜的浓度。活性炭 CO_2 脱除机内的活性炭吸附 CO_2 达到饱和时，可用新鲜空气吹洗，使 CO_2 脱附。CO_2 脱除机有两个吸附罐，当一个罐吸附 CO_2 时，另一个同时进行脱附。气体发生器和 CO_2 吸附器配套使用，可以任意调节并快速达到所要求的气体成分。

乙烯脱除器：高锰酸钾氧化法、高温催化法、纳米光催化乙烯脱除法。

四、气调库的类型

按建筑形式分，气调库可分为砌筑式、夹套式和装配式三种形式。

1. 砌筑式气调库

砌筑式气调库又被称为土建式气调库，建筑方法与冷藏库基本一样，用传统的建筑材料和保温材料砌筑而成，或由冷库改造而成。在库体内表面增加一层气密层，将其直接铺设在库体上。砌筑式气调库造价比装配式气调库低约 30%，气密性接近装配式气调库，比较适合我国国情，但施工周期长，难度大，且随着建筑物的沉降和变形，气密性易被破坏。砌筑式气调库在我国发展很快，主要用于储藏苹果、梨、猕猴桃、板栗等果品，我国约有 50% ~60% 的气调库属于这种类型。

2. 夹套式气调库

即在普通冷藏库内，用气密材料围成一个密闭的储藏空间，它是在砌筑式气调库基础上发展而来的。气密材料与库内的墙体、屋面保持一定距离，气密层有一个供货物进出的可密闭的库门。在密闭空间与围护结构之间形成了一个夹层，气调处理在气密层内部进行，制冷装置仍安装在原来的位置，冷风在夹层内循环。这种形式主要用于葡萄气调储藏，在气密层内部进行 SO_2 处理，可以避免 SO_2 腐蚀库内风机等金属设施。某些蔬菜用 CO_2 处理进行保鲜时，也可以采用这种形式的气调库。

3. 装配式气调库

装配式气调库是在库基上用彩镀夹心板拼接装配而成，施工方便，气密性好，是目前国内外应用最多的气调库（图 11-2）。

图 11-2　装配式气调库内部通道

第四节　气调保藏方法

一、塑料薄膜封闭气调储藏

20 世纪 60 年代以来，国内外对塑料薄膜封闭气调法开展了广泛的研究，使其在生产中得到广泛应用，并在园艺产品保鲜上发挥了重要作用。塑料薄膜除使用方便、成本低廉外，还具有一定的透气性。通过园艺产品的呼吸作用，会使塑料袋（帐）内维持一定的 O_2 和 CO_2 比例，加之人为的调节措施，会形成有利于产品储藏保鲜的气体成分。薄膜封闭容器可安装在普通冷库、通风储藏库、土窑洞、棚窖等储藏场所内，也可在运输过程中使用。

目前，硅橡胶在园艺产品储藏中应用已取得成功。硅橡胶是一种有机硅高分子聚合物，它是由有取代基的硅氧烷单体聚合而成，以硅氧键相连形成柔软易曲的长链，长链之间以弱电性松散地交联在一起，这种结构使硅橡胶具有特殊的透气性。硅橡胶膜对 CO_2 的透过率是相同厚度聚乙烯膜的 200 ~ 300 倍，是聚氯乙烯膜的 20 000 倍。硅橡胶膜还对气体透过具有选择性，它对 N_2、O_2 和 CO_2 的透性比为 1 ∶ 2 ∶ 12，对乙烯和一些芳香物质也有较大的透性。利用硅橡胶膜特有的性能，在用较厚的塑料薄膜（如 0.23 mm 聚乙烯）做成的袋（帐）上嵌入一定面积的硅橡胶，即做成一个有气窗的包装袋（或硅窗气调帐），袋内园艺产品进行呼吸作用释放出的 CO_2 通过气窗透出袋外，所消耗掉的 O_2 由大气透过气窗进入袋内得到补充。由于硅橡胶具有较大的 CO_2 与 O_2 透性比，且袋内 CO_2 进出量与其在袋内的浓度成正相关，储藏一段时间后，袋内的 CO_2 和 O_2 进出达到动态平衡，气体成分会自然调节到一定的范围以内。

硅橡胶气窗包装袋（帐）与普通塑料薄膜袋（帐）一样，都是利用薄膜本身的透性自然调节袋中的气体成分。因此，袋内的气体成分必然与气窗的特性、厚薄、大小，袋子容量、装载量，园艺产品的种类、品种、成熟度以及储藏温度等因素有关。实际应用时，要通过试验研究确定袋（帐）子的大小、装量和硅橡胶窗的面积。

1. 封闭方法和管理

（1）垛封法　储藏产品用通气的容器盛装，码成垛。垛底先铺垫底薄膜，在其上摆放垫木，将盛装产品的容器垫空。码好的垛子用塑料帐罩住，帐子和垫底薄膜的四边互相重叠卷起并埋入垛四周的小沟中，或用其他重物压紧，使帐子密闭。也可用活动储藏架在装架后整架封闭。比较耐压的一些产品可以散堆到帐架内再行封帐。帐子选用的塑料薄膜一般为厚度 0.07 ~ 0.20 mm 的聚乙烯或聚氯乙烯。在塑料帐的两端设置袖口（用塑料薄膜制成），供充气及垛内气体循环时插入管道。可从袖口取样检查，活动硅橡胶窗也可通过袖口与帐子相连接。帐子设取气口，以便测定气体成分，也可从此处充入气体消毒剂，平时不用时把气口塞闭。为使器壁的凝结水不侵蚀储藏产品，应设法使封闭帐悬空，不使之贴紧产品。帐顶部分可加衬吸水层，还可将帐顶做成屋脊形，以免凝结水滴到产品上。塑料薄膜帐的气体调节可使用气调库调气的各种方法。帐子上设硅橡胶窗可以实现自动调气。

(2)袋封法　将产品装在塑料薄膜袋内,扎口封闭后放置于库房内。调节气体的方法有:①定期调气或放风。用0.06~0.08 mm厚的聚乙烯薄膜做成袋子,将产品装满后入库,当袋内O_2减少到低限或CO_2增加到高限时,将全部袋子打开放风,换入新鲜空气后再进行封口储藏。②自动调气。采用0.03~0.05 mm的塑料薄膜做成小包装,因为塑料膜很薄,透气性很好,在较短的时间内,可以形成并维持适当的低O_2和高CO_2气体且不致造成高CO_2伤害,该法适用于短期储藏、远途运输或零售包装。在袋子上,依据产品的种类、品种和成熟度及用途等粘贴一定面积的硅橡胶膜,也可以实现自动调气。图11-3所示为硅窗袋气调在蒜薹储藏保鲜上的应用。

图11-3　利用硅窗袋气调保鲜蒜薹

2. 温湿度管理

塑料薄膜封闭储藏时,袋(帐)内因有产品释放呼吸热,所以温度总比库温高一些,一般有0.1~1.0 ℃的温差。另外,塑料袋(帐)内湿度较高,接近饱和,塑料膜处于冷热交界处,内侧常有一些凝结水珠。如果库温波动,帐(袋)内外温差会变得更大、更频繁,薄膜上的凝结水珠也就更多。封闭帐(袋)内的水珠还溶有CO_2,pH约为5,这种酸性溶液如果滴到园艺产品上,不仅有利于病菌的活动,而且会造成不同程度的伤害。封闭容器内四周温度因受库温的影响而较低,中部温度则较高,这会引起内部气体发生对流,其结果是较暖的气体流至冷处,降温至露点以下便析出部分水汽形成凝结水,这种气体再流至暖处,温度升高,饱和差增大,又会加强产品的蒸腾作用。这种温度、湿度的交替变动,像有一台无形的抽水机,不断地把产品中的水分抽出来变成凝结水。也有可能并不发生空气对流,而是因温度较高处的水汽分压较大,它会向低温处扩散,同样导致高温处产品失水而低温处产品凝水。因此,薄膜封闭储藏时,一方面是帐(袋)内部湿度很高,另一方面产品仍有较明显的失水现象。解决这一问题的关键在于力求库温保持稳定,尽量减小封闭帐(袋)内外的温差。

二、超低氧气调储藏

气调储藏自20世纪50年代发展以来,技术不断进步,其标志是O_2浓度的控制指标不断下降,至20世纪90年代中期,超低氧气调在欧美发达国家得到了推广应用。O_2浓度在2%以下的气调储藏称为超低氧气调储藏。目前,气调储藏在发达国家主要是超低氧气调。大多数情况下,O_2指标在1%左右。美国在新红星苹果上推广应用0.7%的O_2浓度,以控制虎皮病的发生。到20世纪末,超低氧气调的应用占到了气调储藏的30%以上,应用的园艺产品有苹果、西洋梨、猕猴桃、香蕉等。除了欧美发达国家,智利、韩国、以色列等国也已开始应用此项技术。

在一定的O_2浓度范围内,园艺产品的呼吸作用随O_2浓度的降低而下降,在0 ℃时,苹果在3% O_2+3% CO_2条件下储藏,呼吸强度约为空气中的60%,乙烯释放量为空气中的55%;而在1% O_2+1% CO_2条件下储藏,呼吸强度仅为空气中的25%~30%,乙烯释放量为空气中的27%。由于超低氧大大地降低了园艺产品的呼吸强度和乙烯生成量，因此，超低氧气调储藏在保持产品硬度、抑制叶绿素和有机酸降解等方面具有显著效果。在大幅度延长储藏期的同时，超低氧气调储藏几乎完全避免了衰老引起的生理性病害。当然，这种储藏技术也有不足之处，它对果实等园艺产品挥发性风味物质的形成有明显的抑制作用，长期使用超低氧气调储藏的果实，其货架期挥发性风味物质形成的种类和数量比低氧气调的还要少。

超低氧气调储藏不仅要求气体指标低，而且要求气体指标变化幅度应在很小的范围内，因为气体指标的波动较大，有可能造成气体伤害。因此，对库体和设备都有很高的要求，库体气密性要求在300 Pa限定压力下，半压降时间不低于30 min；对N_2纯度要求在97%以上，最高纯度要达到99%；对库内温度波动也要控制在很小的范围内，同时要求温度传感器有较高的准确度和精确度。

三、涂膜气调法

1. 概念

食品涂膜是将成膜物质事先溶解后，以适当方式涂敷于食品表面，经干燥处理后，食品的表面便被覆一层极薄的涂层，故又称为液体包装。

食品外表形成了一个保护层，能减少水分蒸发、阻碍氧气进入，可以防氧化、减弱呼吸作用，还可防止微生物的侵害。

2. 涂膜方法

将一定量的成膜剂、防腐剂等物，按配比加水或以其他方式溶解，将需涂膜的食品浸入涂膜液中，均匀浸附上膜液，迅速取出风干或晾干，也可用喷涂等方式涂膜，关键是根据不同保鲜对象选用合适的涂膜材料。成膜的厚度也不能过薄或有缺损，否则达不到气调的目的；过厚氧气不能进入，造成无氧呼吸。

四、真空预冷气调储藏保鲜

普通气调是在大气压附近进行气调的，真空气调又称减压气调，是用真空泵产生低压状态，然后借助配气系统送入加湿气体来进行气调。

真空预冷气调的特点：减压使CO_2浓度容易调整；产品内部的乙烯扩散加快，使库内乙烯迅速排出；蒸发和减压对产品影响小；可以保持库内高湿度条件；有利于抑制霉菌；结构较简单，设备成本较低。

真空预冷气调保鲜系统包括PRAC用储藏箱、真空系统、制冷系统、气调系统等（见图11-4）。PRAC储藏箱放入处理装置抽真空进行冷却；用O_2、N_2和CO_2配气后送入PRAC处理装置；处理过的PRAC储藏箱放入冷库；处理后的储藏箱运输到市场。

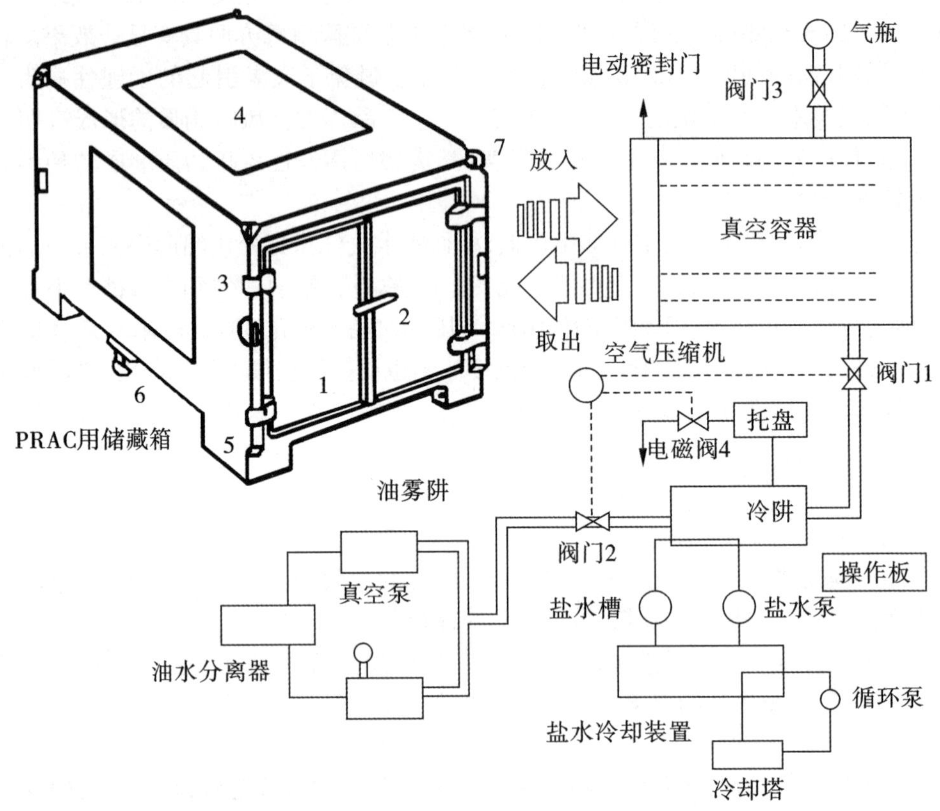

图 11-4 真空预冷气调保鲜系统示意图

五、气调储藏库的管理

1. 储藏前的准备工作

气调库储藏前必须检验库房的气密性，检修各种机器设备，发现问题及时维修、更换，以避免漏气而造成不必要的损失。

2. 选择适宜品种，适时采收

（1）气调储藏库对原料的要求　不同种类、品种、产地、成熟度的果蔬对气调储藏的适应性有很大的差别，同时气调储藏的主要目的是长期保藏产品，尤其是对那些在一定的温度下结合气体条件的改善能显著地提高储藏效益的产品。由于气调储藏库运行费用较高，必须以产品上市销售的高价格来支撑，所以必须对将要进行气调储藏的产品做出合理的选择。

（2）原料选择

1）跃变型果实　尚未进入呼吸跃变期的跃变型果实，在低 O_2 高 CO_2 的条件下才能抑制呼吸，延缓后熟。多年来全球储量最大，效果最好的是苹果，其他如西洋梨、猕猴桃、草莓、杧果、西红柿等也很适宜进行气调储藏。

2）对改变气体成分有良好反应的果蔬　未熟的番茄、幼嫩黄瓜、青椒、石刁柏等在一定的储温下如配合适当的低 O_2 和高 CO_2 可有效地延迟与成熟相关的反应，保持良好的品质。控制气体条件后可以达到单纯依靠低温达不到的效果。

3）耐受高浓度的 CO_2，不易发生代谢失调的产品　蒜薹、苹果、蘑菇、草莓等产品具有耐受高 CO_2 的能力，在高达 10% ~20% 的 CO_2 中，不仅有利于抑制腐败发生，而且可有效防止软化或老化，不影响产品风味。

4）绿叶蔬菜与绿花菜　大量研究表明，气调能有效地延缓叶绿素降解，防止组织褐变衰老。绿花菜气调储藏的效果十分明显，其他绿色叶菜类由于组织非常嫩脆，含水量很高、呼吸强度大，所以可在低温下同时配合气调进行。

5）组织较为致密的根茎类蔬菜　基于其自身组织结构的特点，气调储藏会引起不同程度的不良生理反应，采用冷藏与其他措施结合效果较好。

3. 产品入库和堆码

入库时必须做好周密的计划和安排，尽可能做到分种类、品种、成熟度、产地、储藏时间要求等分库储藏，保证及时入库并尽可能地装满库，减少库内气体的自由空间，从而加快气调速度，缩短气调时间，使果蔬在尽可能短的时间内进入气调储藏状态。果蔬产品采收后应立即预冷一次入库。在气调间进行空库降温和入库后的预冷降温时，应注意保持库内外的压力平衡，不能封库降温，只能关门降温。当库内温度基本稳定后，就应迅速封库建立气调条件。

4. 储期管理

气调储藏不仅要分别考虑温度、湿度和气体成分，还应综合考虑三者之间的配合。一个条件的有利影响可以结合另外有利条件作用进一步加强；反之，一个不适条件的危害影响可因结合另外的不适条件而变得更为严重。一个条件的不适状态可以使得另外本来适宜的条件作用减弱或不能表现出其有利影响；与此相反，一个不适条件的不利影响可因改变另一条件而使之减轻或消失。因此，生产实践中必须寻找三者之间的最佳配合。对每种果蔬都有一个最佳的条件配合，但并非固定不变，同一种果品蔬菜，由于品种、产地、采收成熟度不同，以及在储藏中的不同阶段，可有不同的适宜配合要求。气调储藏管理主要有：

（1）温度管理　与机械冷藏一样，气调储藏不仅需要适宜的低温，而且要尽量减少温度的波动和不同库位的温差。一般在入库前 7 ~10 d 即应开机梯度降温，至鲜果入储之前使库温稳定保持在 0 ℃左右，为储藏做好准备。入储封库后的 2 ~3 d 内应将库温降至最佳储温范围之内，并始终保持这一温度，避免产生温波。气调储藏适宜的温度略高于机械冷藏，幅度约 0.5 ℃。

（2）相对湿度管理　气调储藏过程中由于能保持库房内处于密闭状态，且一般不能通风换气，能保持库房内较高的相对湿度，降低了湿度管理的难度，有利于产品新鲜状态的保持。气调储藏期间可能会出现短时间的高湿情况，一旦发生这种现象即需除湿。

（3）O_2 和 CO_2 浓度　气调储藏环境内从刚封闭时的正常气体成分转变到要求的气体指标，是一个降 O_2 和升 CO_2 的过渡期，可称为降 O_2 期。降 O_2 之后，则是使 O_2 和 CO_2 稳定在规定指标的稳定期。降 O_2 期的长短以及稳定期的管理，关系到果品蔬菜储藏效果的好与坏。由于新鲜果蔬产品对低 O_2 高 CO_2 的耐受力是有限度的，产品长时间储藏超过规定

限度的低 O_2 高 CO_2 等气体条件下会受到伤害,导致损失。因此,气调储藏时要注意对气体成分的调节和控制,并做好记录,以防止意外情况发生,及有助于意外发生原因的查明和责任的确认。

(4)乙烯的脱除　根据储藏工艺要求,对乙烯进行严格的监控和脱除,使环境中的乙烯含量始终保持在阈值以下(即临界值以下),并在必要时采用微压措施,用来避免大气中可能出现的外源乙烯对储藏构成的威胁。对于单纯储藏产生乙烯极少的果蔬或对乙烯不敏感的果蔬,也可不用脱除乙烯。从封库建立气体条件到出库前的整个储藏期间,称为气调状态的稳定期,这个阶段的主要任务是维持库内温度、湿度和气体成分的基本稳定,保证储藏产品长期保持最佳的气调储藏状态。操作人员应及时检查和了解设备的运行情况和库内储藏参数的变化情况,保证各项指标在整个储藏过程中维持在合理的范围内。同时,要做好储藏期间产品质量的监测。每个气调库(间)都应有样品箱(袋),放在观察窗能看见和伸手可拿的地方。一般每半月抽样检验一次。在每年春季库外气温上升时,也到了储藏的后期,抽样检查的时间间隔应适当缩短。

除了产品安全性之外,工作人员的安全性不可忽视。气调库房中的 O_2 浓度一般不低于10%,低于这一浓度对人的生命安全是危险的,且危险性随 O_2 浓度降低而增大。所以气调库在运行期间门应上锁,工作人员不得在无安全保证下进入气调库。

5. 出库管理

气调库的产品在出库前一天应解除气密状态,停止气调设备的运行。

本章小结

自1918年英国科学家发明苹果气调储藏法以来,气调储藏在世界各地得到普遍推广,并成为工业发达国家果品保鲜的重要手段。美国和以色列的柑橘总储藏量的50%以上是气调储藏;新西兰的苹果和猕猴桃气调储藏量为总储藏量的30%以上;英国的气调储藏能力为22.3万t。我国气调储藏能力还很不足,新技术新工艺还需要继续深入研究与开发,气调保鲜技术在我国食品保鲜物流业中有广阔的发展前景。

本章从气调保鲜的基本概念、特点,气调储藏的基本原理,气调类型,气调库的建设要求和调气设备,气调库的管理和要求等方面进行了系统的介绍。

思考题

1. 什么是气调保藏?可分为哪几类?
2. 人工气调保藏有什么特点?
3. 气调保藏的基本原理是什么?
4. CO_2 抑菌的选择性如何?
5. 主要的气调设备有哪些?如何选择?

第十二章　食品非热杀菌保藏

第一节　概　述

一、非热杀菌技术概念及分类

非热杀菌技术（non-thermal processing）又称为冷杀菌，指为抑制食品腐败变质，利用物理或化学方法，在常温或稍高于常温（通常低于 60 ℃）的环境下，杀灭食品中微生物，钝化食品中酶，最大限度地保持食品原有品质的一种杀菌技术。

非热杀菌保藏技术种类较多，根据杀菌方式主要分物理杀菌技术和化学杀菌技术。物理杀菌主要包括超高压杀菌、脉冲电场杀菌、脉冲磁场杀菌、脉冲光杀菌、超声波杀菌、辐照杀菌、紫外线杀菌、高密度二氧化碳杀菌等。化学杀菌技术包括化学防腐保藏技术和生物防腐保藏技术，主要利用化学或生物防腐剂、抑菌剂等杀菌。本章主要介绍当前研究较多或应用前景好的新型食品非热杀菌技术。

二、非热杀菌技术特点

非热杀菌是目前相对新型的杀菌技术，由于杀菌过程中食品的温度并不升高或升高很低，既有利于保持食品功能成分的生理活性，又有利于保持色、香、味及营养成分。物理非热杀菌技术优点是杀菌效果较好，对食品无污染或污染小，容易实现自动化控制，可更好地保持食品原有品质，缺点是相关处理技术设备普遍相对较为昂贵且运营成本较高。而化学非热杀菌技术主要是将生物或化学防腐剂、抑菌剂添加于食品中，其操作简便，杀菌效果好，成本低廉，缺点是其杀菌效果受诸多环境因素影响，杀菌效果随保藏条件参数变化而变化，而且食品中引入的外源性化学或生物防腐剂、抑菌剂可能带来食品安全风险。

第二节　超高压杀菌保藏

超高压技术（ultra high pressure processing，UHP）又称为高静水压技术（high hydrostatic process，HHP），是指利用 100～1 000 MPa 的压力，在常温或较低温度条件下，使食品中酶、蛋白质及淀粉等生物大分子失活、变性或糊化，同时也杀死食品中细菌等有害微生物，改善食品品质的一种食品保藏技术。

超高压保藏技术能在常温或较低温度下起到杀菌、灭酶的作用，减少了热杀菌时所引起的产品中活性（热敏性物质）及营养成分的损失和色香味的变化，且对产品质构等品质具有一定的改善。超高压处理时以水或矿物油作为传压介质,其传压速度快而且均匀,不存在压力梯度及死角,同时不受产品大小和形状的影响,产品各方向受力均匀,只要食品不具备很大的压缩性,超高压处理后产品外观、结构及质地基本不会有太大的变化。

超高压保藏技术可应用于液体食品、固体食品,如生鲜果蔬、畜禽肉、水产品、牛乳、蛋、果汁、酱菜、啤酒、果酱等。

一、超高压杀菌原理

(一)超高压对食品成分的作用机制

根据平衡移动原理,外部超高压会使受压系统的体积减小($\Delta V<0$,ΔV=产物体积-反应物体积),反之亦然。因此超高压处理会使受压系统内食品成分中发生的理化反应向着最大压缩状态的方向进行,即向体积减小的方向进行。根据帕斯卡定律,压力施加于液体上可瞬时以同样大小传递到系统的各个部分,将改变液体的某些物理特性。以水为例,若水加压至200 MPa,水的冰点降至-20 ℃,加压至100 MPa时,体积减小19%,30 ℃的水快速加压至400 MPa时升温12 ℃。

1. 超高压对水的影响

水是绝大多数食品的主要成分,也是超高压处理的常用传压介质。图12-1显示了压力对纯水的固-液状态的影响。图中*OABC*为水的冻结点曲线,可看出超高压下水的冻结点大多低于常压冻结点,但不同压力范围,变化规律不同,形成的冰密度、晶形也各不相同,见表12-1。

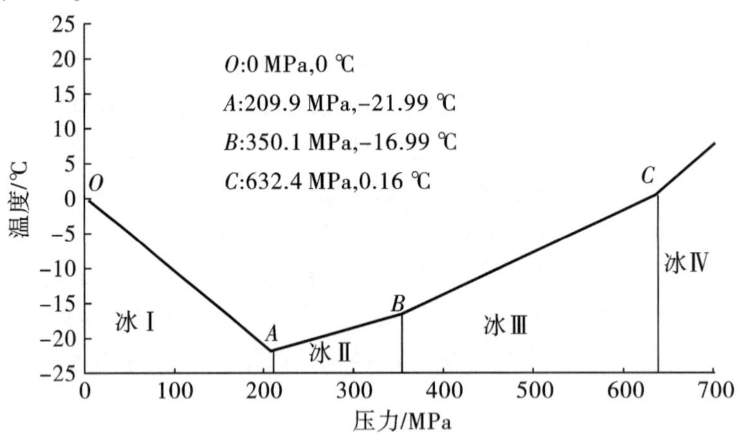

图12-1 水的温度-压力状态图

表12-1 不同晶型冰的密度

冰的种类	压力范围/MPa	冰点范围/℃	冰的密度/(g/cm^3)
Ⅰ	0~209.9	-21.99~0	0.92
Ⅱ	20.9.9~350.1	-21.99~-16.99	1.14
Ⅲ	350.1~632.4	-16.99~0.16	1.23
Ⅳ	632.4~	0.16~	1.31

超高压状态下水的压缩率与压力关系见图 12-2，不同温度水的超高压处理随温度增加情况见图 12-3。

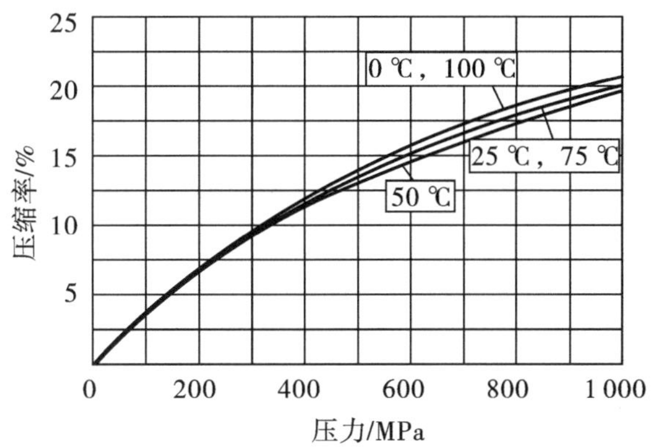

图 12-2　超高压下水的收缩率与压力的关系

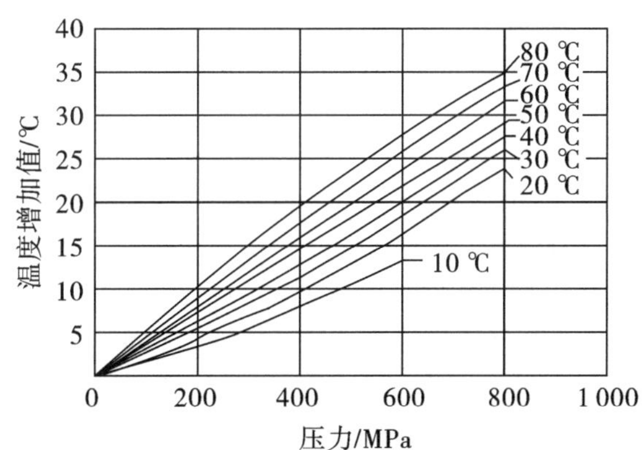

图 12-3　超高压下不同温度水的温度增加值

2. 超高压对蛋白质的影响

超高压对蛋白质的影响主要因为压力破坏分子间和分子内部的非共价键作用，使其构象发生变化，进而影响蛋白质的功能特性。蛋白质经超高压处理后，其疏水结合及离子结合会因体积的缩小而被切断，于是立体结构崩溃而导致蛋白变性。通常超高压处理对其一级结构没有影响，对二级结构有稳定作用，对三、四级结构影响大。超高压对蛋白质的影响可以是可逆或不可逆的。一般在 100 ~ 200 MPa 下，其变性可逆，当压力超高 300 MPa 时，其变性趋向不可逆，即蛋白质出现永久变性。超高压处理对蛋白质主要功能特性和致敏性的影响见表 12-2。

表 12-2 超高压处理对蛋白质主要功能特性和致敏性的影响

功能性质	压力条件/MPa	蛋白种类	与对照比较的变化
溶解性	0.1～600	大豆分离蛋白(大豆球蛋白、伴大豆球蛋白)、土豆蛋白	经较低压力(＝400 MPa)处理后,溶解性下降,而随着压力增加(达到600 MPa),蛋白溶解性增大
超泡及起泡稳定性	20～600	土豆蛋白、鸡蛋清、核桃分离蛋白	起泡和起泡稳定性均随着压力的升高而升高,或起泡性虽没有显著变化,但起泡稳定性有所改善
乳化及乳化稳定性	200～600	核桃分离蛋白、红薯蛋白、乳清分离蛋白	乳化性随着压力上升而上升,乳化稳定性随压力升高而降低或乳性和稳定性均随压力上升而上升;个别蛋白出现乳化和乳化稳定性均下降的情况
凝胶性	0.1～600	鱼糜、大豆蛋白(大豆球蛋白、伴大豆球蛋白)	压力的上升会促进蛋白的凝胶精细、致密、均匀、分子排列整齐,韧性和黏性较好,较高的持水性和凝胶强度,凝胶强度会随压力的升高而先上升后下降
致敏性	0.25～800	花生蛋白、核桃分离蛋白	致敏性下降

3. 超高压对碳水化合物的影响

超高压可使淀粉改性,常温条件下 400～600 MPa 高压处理淀粉会发生糊化,且吸水量也发生变化。经超高压处理后,淀粉颗粒形状会发生不同程度变化,与超高压条件和淀粉来源有关。未发生凝胶化的淀粉保持颗粒完整性,颗粒发生形变,表面可能出现一些裂痕或变得相对粗糙。而发生凝胶化的淀粉在扫描电镜下呈凝胶状。

超高压处理普通玉米淀粉、大米淀粉和土豆淀粉后其凝胶化转变温度下降,而高直链玉米淀粉、赤小豆淀粉凝胶化转变温度升高。超高压处理导致凝胶化性质变化原因是淀粉在超高压处理中不稳定晶体被破坏。690 MPa 处理的玉米和大米淀粉的峰值黏度下降,糊化温度上升,蜡质玉米淀粉的峰值黏度升高,糊化温度下降。相对条件处理土豆淀粉和木薯淀粉糊化性质变化不大。超高压处理对各种淀粉的功能特性影响见表 12-3。

4. 超高压对脂肪的影响

超高压对脂类的影响是可逆的,常温呈液态的脂肪在 100～200 MPa 高压下基本可固化,发生相变结晶,促进更稠、更稳定的脂类晶体形成,解压后仍复原,但对脂肪的氧化有影响。郭向莹等研究发现低温鸡肉早餐肠经超高压处理后脂肪氧化速度增加,特别是压力超过 400 MPa 时,脂肪氧化产物显著增加。史智佳等研究也发现超高压处理降低猪背脂肪氧化稳定性,且随着压力增大而影响增大。

5. 超高压对维生素的影响

经超高压处理生西瓜、草莓中还原型维生素 C 含量下降,橙子、黄瓜中还原型维生素 C 含量上升。因为在高压作用下,氧化型维生素 C 可转变成还原型维生素 C。因此橙子、黄瓜中还原型维生素 C 含量上升。Fe^{3+}对维生素 C 降解影响很大,草莓中 Fe^{3+}含量是西瓜、橙子、黄瓜的 5 倍,因此草莓维生素 C 含量下降。另外,Cu^{2+}高压下会激活铜酶,而铜酶是维生素 C 降解的重要酶类之一,西瓜中 Cu^{2+}含量高,因此西瓜维生素 C 含量也呈下降趋势。

表 12-3　超高压处理对淀粉功能特性的影响

功能特性	压力条件/MPa	淀粉种类	变化趋势
凝胶化	100～690	玉米淀粉、木薯淀粉、土豆淀粉、赤小豆淀粉、大米淀粉	凝胶化转变温度升高或降低,凝胶焓下降
回生	100～600	莲子淀粉	回生性降低
溶胀力与溶解度	100～600	赤小豆淀粉、大米淀粉、莲藕根茎淀粉	溶胀力与溶解度变化受到溶胀力测定温度的影响,在低温条件下测表现升高,在高条件下测表现为下降
消化性	200～800	大米淀粉、小麦淀粉、土豆淀粉	超高压处理后生淀粉的消化率升高,熟淀粉的消化率下降

6. 超高压对风味物质、色素的影响

超高压处理对食品中风味物、色素及其他各种小分子物质几乎没有任何影响。在常温或低温下经高压加工的很多种食品,如肉类、鱼类、水果、蔬菜及各种调味品等,其原有风味、色泽几乎没有改变。

(二)超高压杀菌原理

超高压处理可导致微生物致死作用。因为超高压会导致微生物的形态结构、生物化学反应、基因机制以及细胞壁膜的结构和功能发生多方面的变化,从而影响微生物原有的生理活动机能,甚至原有功能破坏或完全丧失。

大多数微生物在超高压杀菌时死亡率遵循一级反应动力学规律,见图 12-4。但无论食品中天然存在的微生物或接种的微生物,其超高压杀菌曲线开始阶段呈"肩形",即表明杀菌在开始阶段有滞后现象,而在杀菌曲线的结束阶段有"拖尾"现象。滞后和拖尾可能主要是因为超高压处理后,微生物检测前这一阶段时间所造成的,在此阶段时间内,超高压处理造成的某些影响可能才逐渐体现出来。如拖尾较明显的主要是由于食品中存在芽孢,其在超高压处理后导致芽孢萌发,从而引起拖尾。另外,超高压处理造成的升温也对杀菌有一定影响。研究发现食品体系超高压杀菌时升压到指定压力后短短几分钟,微生物灭活已从恒速阶段转变为降速阶段。灭活曲线表明有少量耐压菌群存在。有时降速阶段灭活曲线会变缓或变成水平状态,这表明在此高压下,继续延长加压时间对微生物的灭活效果影响很小或没有影响。

超高压杀菌原理及影响因素

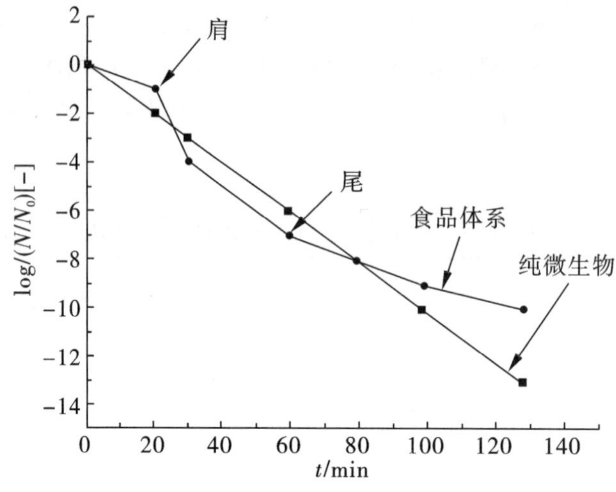

图 12-4　微生物超高压杀菌动力学曲线

二、超高压杀菌设备

超高压杀菌设备主要部分是超高压容器和加压装置，其次是一些辅助设施，包括加热和冷却系统、监测和控制系统及物料的输入和输出装置等。

(一)超高压杀菌设备类型

1. 按照加压方式分类

按照加压方式不同，超高压保藏设备可分为内部加压式(或倍压式)和外部加压式(或单腔式)。不同加压方式超高压处理设备的特点对比见表12-4，其不同结构见图12-5。内部加压式结构大，但不需要高压泵和超高压配管，整体性好，尤其分体型可杜绝油污染，适用于小型试验装置。外部加压式，容积利用率高，相对造价低，超高压容器为静密封，填料寿命长，密封性好，保压性好，更适用于大中型生产设备。

表 12-4　不同加压方式超高压处理设备特点对比

项目	内部加压式	外部加压式
结构	超高压容器、加压缸均纳入承压框架内，整体体积大	承压框架内只有超高压容器，结构相对简单，体积小
超高压容器容积	容积随升压减少，利用率较低	容积恒定，利用率高
高压泵及高压配管	可用加压(油)缸代替高压泵，而不用高压配管	有高压泵及相应配管
保压性	只要高压容器内压泄漏体积小于活塞行程扫过的体积才能保压	只要高压容器内压媒泄漏体积小于高压泵排量就能保压，保压性能好
维修	高压容器与活塞间为滑动密封，维修较难，而加压缸压力较低，容易维修	高压容器为静密封，使用寿命长，维修较易，但高压泵维修较难
污染问题	一体型有污染的可能	对处理物料或包装基本无污染

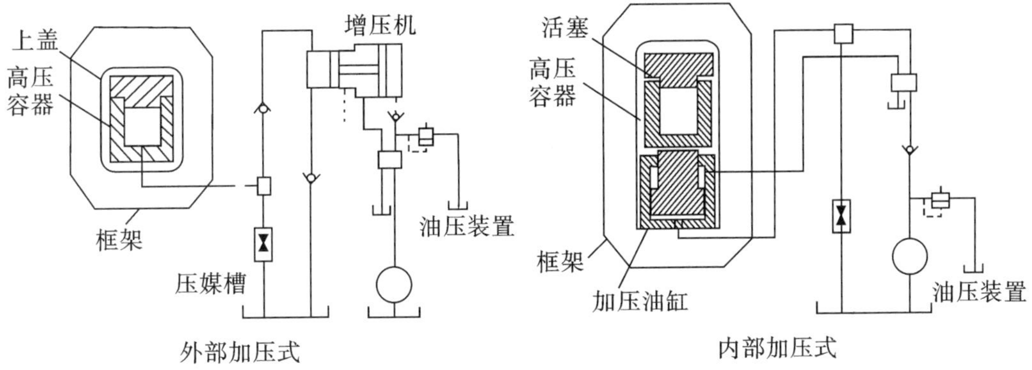

图 12-5　外部加压式和内部加压式结构示意图

2. 按照处理物料的状态分类

(1)液态物料的超高压灭菌设备　根据液态物料超高压灭菌方式的不同,其对应的设备有两类:一种是类似固态食品的处理方式,另一种是液态物料代替压力介质直接超高压处理。采用液态物料代替压力介质进行处理时,对超高压容器的要求较高,每次使用后容器必须经过清洗消毒等处理。液体食品的超高压灭菌可实现连续化操作。

(2)固态物料的超高压灭菌设备　固态物一般需要经包装后再进行超高压处理,由于超高压容器内液压具有各向同压特性,因此不影响固态物料的形状,但物料本身是否具有耐压性可能会影响物料处理后的体积。

3. 按照处理过程和操作方式分类

(1)间歇式超高压设备　超高压处理要求物料在恒定压力下保持一定时间,需要物料在超高压容器停留一段时间,因此大多数超高压设备为间歇式。间歇式超高压设备适应性广,可处理液态、固态和不同大小形状的食品物料。先将包装好的物料装进类似杀菌篮的容器内,关闭超高压容器。在超高压处理前排出容器内空气,以避免因为压缩空气而造成成本增加。升压到操作压力,维持恒压一定时间。然后卸压,取出物料。

(2)半连续式超高压设备　目前有用于处理液态物料(果汁)的半连续式超高压设备,见图 12-6。

该设备具有一个带自由活塞的超高压容器,物料首先通过低压食品泵泵入超高压容器内,高压泵 2 将高压饮用水注入超高压容器内,推动自由活塞对物料进行加压。卸压时打开出料阀,用低压泵 1 通过饮用水推动活塞将物料排出超高压容器。出料管道和后续的容器必须杀菌并处于无菌状态,以保持超高压处理后的杀菌效果。处理后物料应采用无菌包装。这种设备要求卫生条件较高,自由活塞和超高压容器之间密封性要好。多个单独的超高压杀菌装置并联使用,通过控制不同装置的进出物料顺序可实现物料的连续处理。物料先杀菌后无菌包装,因此对包装材料和容器没有特殊要求。

(3)连续式超高压设备　连续化超高压设备可由 3 台间歇式超高压设备或半连续式超高压设备组成,一台处于升高阶段,一台处于保压阶段,一台处于卸压阶段。真正连续化超高压设备当前没有问世。

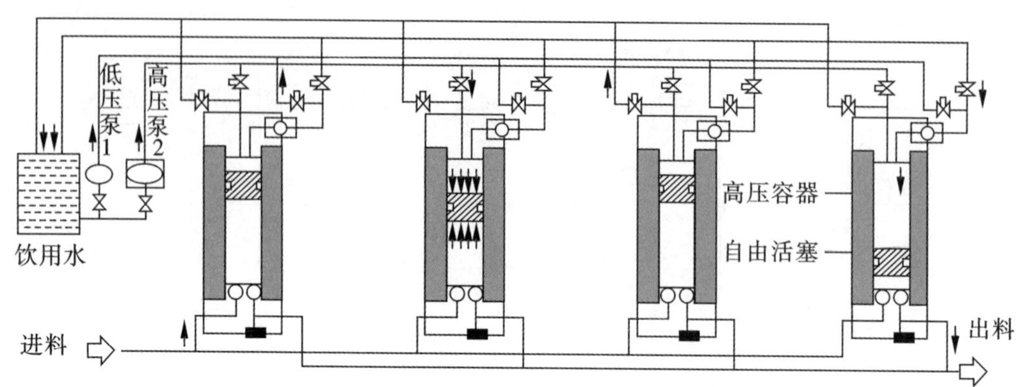

图 12-6 用于处理果汁的半连续式超高压设备

(4)脉冲超高压设备　超高压设备与短时循环程序结合可成为以脉冲形式施加、释放压力的超高压设备,研究表明多脉冲压力处理可提高酵母灭活速率,脉冲超高压处理作用时间与常规压力超高压处理相同,但杀菌效果好于一次处理。脉冲的频率、受压时间和未受压时间的比值和脉冲波形(斜波、方波、正弦波或其他波形)等是脉冲处理超高压处理的重要工艺参数。

(二)超高压容器要求

超高压容器要承受很高的压力,且频繁加压、卸压,因此超高压容器设计时要进行耐压强度计算,又要进行疲劳强度校核。超高压容器通常为圆筒形,为增加筒体承载能力,除适当增加筒壁厚度外,还要采用自增强方法。通过对圆筒施加内压使内壁屈服,从而使内壁在卸压后产生预应力。这样在工作压力下,原应力最大的内壁应力降低,应力分布变得均匀,维持在弹性范围内,弹性承载能力提高,内壁的平均应力降低,疲劳强度显著提高。筒体结构的强化方式有以下三种。

1. 夹套式

多层简单筒体通过热套加工工艺复合,形成多层壁的筒体结构。操作压力在400 MPa以上的压力容器可由两个或两个以上高强度不锈钢同心圆筒组成。

2. 绕带式

绕带式结构在整体锻造经热处理、机加工而成的单层结构高压容器上以钢带缠绕。绕带式较好地改善了多层热套结构中焊接热套技术要求高,各层预应力精度不易控制的缺憾,并进一步使结构轻型化。

3. 绕丝式

在简单筒体上缠绕数层钢丝或钢带,绕丝式结构不能承受轴向力,因此需要由框架承担。

超高压容器主要用高强度钢和超高强度钢,高压腔筒体目前多使用 $40CrNi_2Mo$(4340)钢,价格昂贵,也可使用英国的En25、En27 及德国的34CrNiMoV。国产$PCrNi_3MoV$和30CrNiMoV 钢也可选用,综合性能不亚于4340 钢。

(三) 超高压设备的密封

超高压容器密封有强制式和自紧式,多采用自紧密封。自紧密封先使用垫片预紧,工作时随着介质压力的提高而将垫片进一步地压紧,从而达到自紧的目的。目前密封主要采用楔形环、O 形环、45 度角环等组合型自紧式密封,自紧密封的特点是压力越高,密封元件与端盖及筒体端部之间的接触力越大,密封效果越好。

三、超高压保藏杀菌工艺

(一) 一般的超高压杀菌工艺

固态食品:首先将固态食品装在耐压、无毒、柔韧并能传递压力的软包装内,并进行真空密封包装,然后置于超高压容器中进行加压处理。由于超高压食品品种、物性等的差异,每一超高压食品的最佳处理工艺肯定有一定的差异,为此,具体条件要通过试验来优化。超高压固态食品的关键处理工艺:升压—保压—卸压,其中升压值的大小、保压时间均可以预先设定,由调控系统控制。这种方式通常为不连续式,但可以设计几个高压腔互相协调,从而实现半连续化生产。

液态食品:果汁、奶和饮料等液态食品,可以直接以加工物料取代水等传压介质(压媒)实现进料卸料的连续化生产,但是必须附带设备预杀菌工艺。关键工艺与固态食品基本相同:升压—动态保压—卸压。但是液态超高压食品的保压阶段极短,且卸料比较容易,在超高压容器内腔设计一个放料阀,即可按设定值定时放料,从而实现连续化作业。

(二) 分段循环间歇式超高压处理工艺

许多研究表明,与持续高压处理相比,分段循环间歇式超高压处理对微生物杀菌效果更好,如分段循环间歇式超高压处理使菠萝汁中的酵母菌大幅度减少。在低酸性食物中使用这种工艺可取得很好的杀菌效果。人们在研究了嗜热脂肪芽孢杆菌的失活情况后,证实压力重复处理工艺比较有效。按照 70 ℃、600 MPa、5 min 的工艺条件重复进行 6 次,可使初始含量为 10^6 个/g 的芽孢完全死亡。研究表明,对于芽孢菌,分段循环间歇式处理效果明显好于同等条件下的连续处理。

(三) 脉冲超高压处理工艺

脉冲超高压处理比间歇式处理或者等时的连续式压力处理更为有效。芽孢、酵母和营养体细菌的灭活水平都有提高。朱瑞研究表明脉冲式超高压处理,脉冲次数越多,杀菌效果越好,脉冲式处理对大肠杆菌具有很强的致伤作用。

(四) 超高压处理与其他杀菌技术的结合

超高压处理可以和其他杀菌方式诸如热杀菌、辐射、超声波、抑菌剂等联合使用而取得较好的协同效果。

第三节　高密度二氧化碳杀菌保藏

高密度二氧化碳(dense phase carbon dioxide,DPCD)杀菌技术是指在100 MPa以下压力、常温或较低的温度下,通过化学作用(酸化)、机械作用(胀破力)和其他未知原理(目前尚不完全确定的原理)的作用杀死微生物,同时使食品中的酶、蛋白质等生物大分子变性,从而达到灭菌保鲜目的的杀菌技术。高密度二氧化碳杀菌技术也称为高压二氧化碳杀菌技术(high pressure carbon dioxide,HPCD)。高压二氧化碳具有亚临界和超临界二氧化碳的性质,其溶解性和扩散性较好,在处理食品过程中会产生高压、酸化、爆炸和厌氧等效应,具有很好的杀菌作用。近年来,该技术作为一种食品非热杀菌技术,越来越受到关注。二氧化碳天然、无毒,因其具有惰性、溶解性、蓄冷量、降低pH等性质,在食品领域得到了广泛应用,可用于碳酸饮料抑菌、超临界流体萃取、食品急速冷冻、食品膨化加工、鲜切果蔬和鲜肉MAP包装、果品与粮食的气调储藏、食品褐变控制等,从而有效保留了产品的品质和延长了产品的货架期。自然界中二氧化碳非常丰富,大气中含量为0.03%,近年来随着温室气体效应的日益显著,二氧化碳的合理利用日益迫切。

与加热杀菌技术相比,HPCD具有显著的优点:①避免高温处理造成的食品营养、质构、风味、感官等品质的劣变,原有品质能得到最大程度的保留;②是一项绿色加工技术,节约能源、安全无毒、环保友好,不会对环境造成破坏。

一、高密度二氧化碳杀菌原理

HPCD的基本原理是将食品置于间歇式或连续式的处理器中,在一定的温度和压力(<50 MPa)下进行处理,形成高压、高酸、厌氧环境,起到杀灭微生物和钝化酶的作用,使食品得以长期保藏。

目前对于高密度二氧化碳杀菌机制尚未完全明确,但诸多研究表明高密度二氧化碳杀菌机制主要包括以下几个方面(共七个方面,或称为七个步骤)。

(一)CO_2的增溶效应

在存在压力情况下,CO_2溶解度增加,当原料为高水分含量的食品时,原料水分与CO_2接触生成H_2CO_3,进一步解离为HCO_3^-、CO_3^{2-}、H^+,降低了介质pH,一定程度上抑制了微生物生长。同时微生物为维持其自身pH的内平衡,需增加能量及物质的消耗,导致微生物自身抵抗能力减弱而发生钝化效应。

(二)调节微生物细胞膜

Spilimbergo等研究表明,CO_2与质膜具有较高的亲和性,细胞表面的CO_2较易扩散进入质膜,并可能累积进入磷脂内层,进而改变质膜的结构和功能特性,形成“麻醉效应”,导致细胞膜渗透性提高。此外解离产生的离子可改变微生物细胞表面的最优电荷密度,导致膜功能受到影响。

(三)降低微生物细胞内pH

虽然多数微生物存在pH调控机制,如细胞质缓冲和质子泵等,但在高密度CO_2条件下

大量 CO_2溶解进入细胞质，导致微生物细胞无法及时有效调控细胞内 pH 而出现细胞损伤。

（四）钝化微生物代谢关键酶

由于细胞内 pH 降低，导致细胞内一些与新陈代谢相关的关键酶被钝化，这些酶与糖酵解、离子交换、蛋白转换、氨基酸和小分子运输等有关。研究表明在 pH 降低到一定程度时，与新陈代谢有关的一些关键酶会发生不可逆失活。贝君等研究发现 HPCD 处理对脂肪氧化酶钝化效果显著高于温和热处理（55 ℃处理 30 min），压力大于 10 MPa 时，酶已完全失活。

（五）直接抑制效应

某些研究表明，CO_2进入微生物细胞内不仅影响其 pH，更可能参与代谢的羧化作用或脱羧反应，扰乱微生物正常代谢。

（六）扰乱微生物细胞内电解液平衡

CO_2进入细胞内与水结合，解离后生成 CO_3^{2-}与细胞内钙镁离子结合，生成碳酸钙镁盐，在细胞内部可能造成钝化作用。Lin 等研究发现对细胞内部平衡十分重要的钙镁敏感蛋白接触到 CO_3^{2-}而形成碳酸盐沉淀，扰乱了细胞内电解液平衡状态。

（七）转移微生物细胞内/细胞膜的生命物质

CO_2含量在细胞内积累到一定浓度，可显著提高溶液的溶解性，对微生物细胞或细胞膜的组分形成“萃取”作用，从而破坏其生理结构或代谢进程，达到杀菌或抑菌效果。Ballestra 等以大肠杆菌为研究对象已证实。

二、高密度二氧化碳杀菌在食品加工中的应用

影响高密度二氧化碳杀菌的因素

（一）果蔬汁的杀菌

果蔬及其制品中含有多种营养物质和酶类，在传统热加工过程中，都存在营养物质损失、色泽及理化性质变化。因此采用高密度二氧化碳杀菌技术可以最大程度上保持果蔬品质。David Del Pozo-Insfran 等研究了 HPCD 在加工的葡萄汁微生物稳态、植物化学物质的保留以及感官上的作用。经过巴氏热杀菌处理过的葡萄汁，花色苷、多酚和抗氧化物会减少 10% ~30%。高密度二氧化碳处理则不会发生变化，即使是在储藏结束时，仍然比巴氏热杀菌保留了更多花色苷、多酚和抗氧化物。未处理样品与 HPCD 处理样品和巴氏热杀菌处理样品比较发现，前两者与后者之间包括颜色、气味、风味和总体感官等，都存在很大的差异。同样的实验，Gurbuz Gune 等也发现 HPCD 可以降低葡萄汁中的酵母菌的活性，且随着浓度和压力的增大，活性降低的就越大，处理过程中也不会发生风味的降低，经过五周的储藏，相对于巴氏热杀菌，HPCD 处理的样品更能保存植物化学成分。

（二）肉制品的杀菌

Choi 等研究发现鲜肉经过 HPCD 处理变成灰白色，亮度增加。杨立新等研究 HPCD 处理后预包装红烧肉菜肴在储藏过程中的理化性质、微生物和感官品质变化，结果表明，高密度 CO_2处理（8 MPa、30 ℃、30 min）可明显延长预包装红烧肉的货架期至 90 d 以上。

相对高温杀菌处理，高密度 CO_2 处理能有效减少预包装红烧肉储藏过程中挥发性盐基氮的生成及脂肪氧化，并保持产品原有口感、气味、质构等感官特性。

（三）蛋制品的杀菌

传统液蛋产品的杀菌方式通常采用巴氏杀菌，该法对杀灭食源性致病菌非常有效，但同时也会降低热敏感产品的营养价值，影响产品的感观品质。液蛋是一种含有热敏蛋白的产品，加热易凝固，采用非热杀菌技术来代替传统的热处理技术，既能杀灭产品中的微生物，尤其是致病微生物，确保产品安全，延长产品货架期，又能够保持产品良好的感观特性和营养价值。

郑海涛等采用 HPCD 处理鸡蛋全蛋液，研究不同温度和压力条件下对大肠杆菌和沙门氏菌的杀灭效果，结果表明，杀菌效果随着温度升高、压力增加而提高。处理条件为：15 MPa、35 ℃、15 min，大肠杆菌和沙门氏菌数量分别降低了 3.07 和 1.89 个数量级。因此，HPCD 对蛋制品进行杀菌同样具有良好的效果。

（四）乳制品的杀菌

廖红梅等研究了 20 MPa、37 ℃条件下 HPCD 对牛初乳的杀菌效果。并探讨了经过处理后牛初乳粒度、黏度、色泽、pH 值等的变化，结果表明在 20 MPa、37 ℃的 HPCD 处理 30 min 以上条件能较好地杀灭牛初乳中的细菌，同时牛初乳发生了色泽变亮、粒度增大、黏度和 pH 值均降低等变化。

钟葵等对 HPCD 处理牛奶杀菌效果进行了动力学分析，考虑杀菌压力和处理时间，随着压力和时间的增加，HPCD 对牛奶中菌落总数的杀菌效果显著增强（$P<0.05$），处理温度对处理效果也有协同效应。在 50 ℃、30 MPa 和 70 min 时，牛奶中菌落总数的残存率最大降低了 5.082 个数量级，这些数据能较好地用 Weibull 模型来拟合，菌落总数的失活曲线，随着压力增加和温度升高，模型动力学参数比例因子和形状因子呈现规律化变化。

三、高密度二氧化碳杀菌设备

如图 12-7 所示，从 CO_2 储罐中出来的气态二氧化碳在过滤器中经过过滤后进入低温冷却槽中，被冷却液化，液化后的 CO_2 进入增压泵进行压缩，压缩为高密度二氧化碳。将需要杀菌的物料装入反应釜中，反应釜盖密封好后高密度二氧化碳进入反应釜，同时调节温度（通过水浴），使其达到设定温度。用加压泵压力提高至设定压力，CO_2 流体从反应釜底部进入，与食品物料充分接触，保持压力并维持一定时间。完成杀菌处理后，将反应釜卸压，CO_2 流体排出，然后取出物料，完成整个 HPCD 杀菌过程。为保证不产生二次污染，可以将反应釜（处理釜）隔离放置于一个无菌环境中，产品 HPCD 杀菌后，立即进行无菌包装。

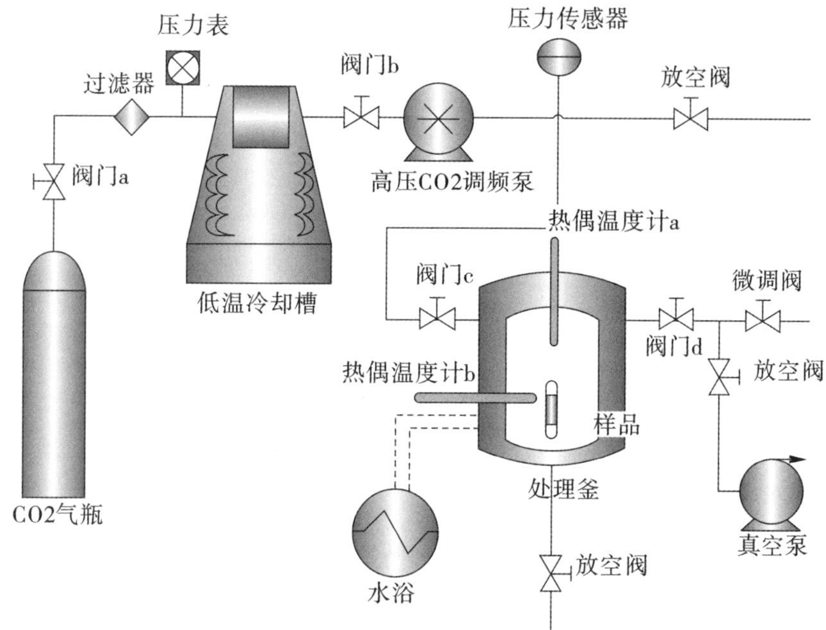

图 12-7　高密度二氧化碳杀菌设备示意图

第四节　脉冲杀菌保藏

脉冲物理场杀菌技术主要包括脉冲电场杀菌技术、脉冲强光杀菌及脉冲磁场杀菌技术。脉冲电场杀菌是通过高强度脉冲电场瞬时破坏微生物的细胞膜使微生物致死，杀菌过程中的温度低（最高温度不超过 50 ℃），从而可以避免热杀菌的缺陷。

一、高压脉冲电场

高压脉冲电场（pulsed electric fields，PEF）食品非热处理技术是高电压工程和脉冲功率技术在食品工程和生物学领域的应用。根据美国食品和药物管理局（FDA）的定义，PEF 是把脉冲电场（典型值为 20～80 kV/cm）施加到置于 2 个电极之间的食品之上，以完成食品处理的技术。相对于传统的热处理技术，PEF 能够避免或者极大地降低食品在处理过程中的感官品质和物理特性的变化，因此 PEF 能够很大程度地保持食品的原有品质。基于以上原因，FDA 把 PEF 列为“可替代的食品处理技术”。

（一）作用机制

尽管 PEF 对微生物有明显的杀灭效果，但 PEF 杀菌机制仍不十分清楚。目前相关的杀菌机制假说有细胞电穿孔模型、电崩解模型、电磁机制理论、黏弹性模型、电解产物效应和臭氧效应等，其中电崩解和电穿孔模型为较多人所接受。

1. 电穿孔

细胞膜由镶嵌蛋白质的磷脂双分子层构成，它带有一定的电荷，具有一定的通透性，也具有一定的强度。膜的外表面与膜内具有一定的电势差。当细胞膜上加一个外加电场,这个电场将使膜内外电势差增大。此时,细胞膜的通透性也增加,当电场强度增大到一个临界值时,细胞膜的通透性剧增,膜上出现许多小孔,使膜的强度降低。同时所加电场为一脉冲电场,在极短时间内电压剧烈波动,在膜上产生了振荡效应。孔的加大和振荡效应的共同作用使细胞发生崩溃(如图 12-8)。穿孔效应假说具有两个证明,一是电子显微镜下的照片显示,酵母菌杀菌后可以见到菌体上有明显的裂痕。另一证据源于对杀菌前后菌液中的离子浓度的检测。Jayaram 对磷酸盐缓冲液中的乳酸杆菌进行高压脉冲电场杀菌。比较杀菌前后的阴离子浓度,发现在乳酸杆菌被杀灭后氯离子浓度高了很多。由于实验排除了氯离子的其他来源,故而只能得出因为乳酸杆菌细胞膜破裂,细胞内容物外泄的结论。

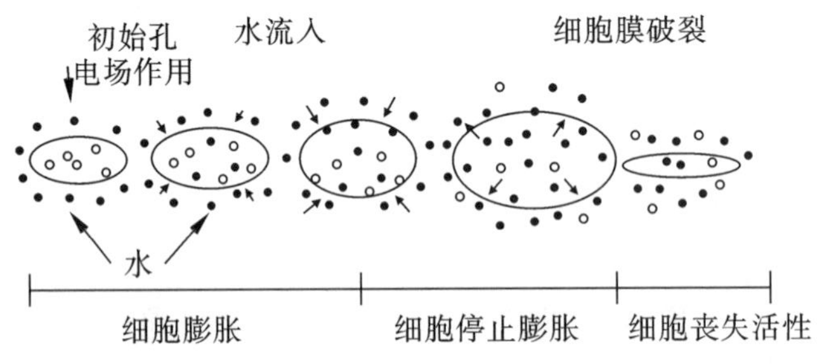

图 12-8　细胞膜的电穿孔过程

2. 电崩解

微生物的细胞膜可看作是一个注满电解质的电容器,在正常情况下膜电位差 V'_m 很小,由于在外加电场的作用下细胞膜上的电荷分离形成跨膜电位差 V,这个电位差 V 与外加电场强度和细胞直径成比例,如外加电场强度进一步增强,膜电位差增大,将导致细胞膜厚度减少,当细胞膜上的电位差达到临界崩解电位差 V_c 时,细胞膜就开始崩解,导致细胞膜穿孔(充满电解质)形成,进而在膜上产生瞬间放电,使膜分解。当细胞膜上孔的面积占细胞膜的总面积很少时,细胞膜的崩解是可逆的;如果细胞膜长时间处于高于临界电场强度的作用,致使细胞膜大面积的崩解,由可逆变成不可逆,最终导致微生物死亡(如图 12-9)。

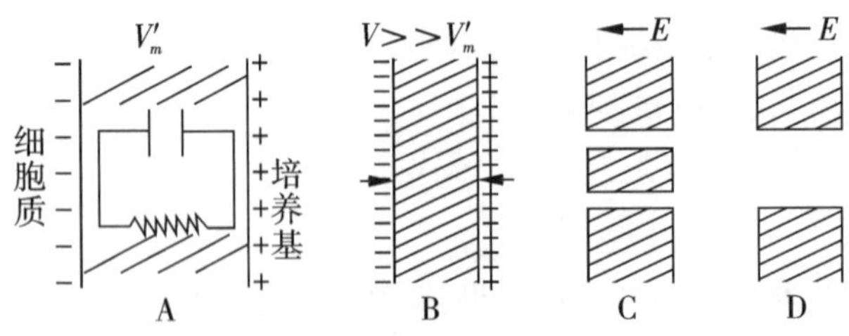

图 12-9　细胞膜的电崩解过程

注:A. 细胞膜电位差为 V'_m;B. 外加电场 V 远大于跨膜电位差 V'_m 时,细胞膜受挤压变薄;C. 细胞膜上的电位差达到临界崩解电位差 V_c 时,细胞膜崩解并导致穿孔;D. 细胞膜大面积崩解

3. 电磁机制理论

电磁机制理论是建立在电极释放的电磁场能量互相转化这个基础上。电磁机制理论认为电场能量与磁场能量是相互转换的,在两个电极反复充电与放电的过程中,磁场起了主要的杀菌作用,而电场能向磁场的转换保证了持续不断的磁场作用。这样的放电装置在放电端使用电容器与电感线圈直接相连,细菌放置在电感线圈内部,受到强磁场(场强 6.87 T,功率 16 kJ)作用。

4. 黏弹极性形成

模型强调,一是细菌的细胞膜在杀菌时受到强烈的电场作用而产生剧烈振荡,二是杀菌时由于强烈电场作用,介质中产生等离子体,并且等离子体发生剧烈膨胀,产生强烈的冲击波,超出细菌细胞的可塑性范围而击碎细菌。

5. 电解产物

在电极上施加电场时,电极附近介质中的电解质电离产生阴、阳离子,这些阴、阳离子在强电场作用下极为活跃,穿过本来就已提高通透性的细胞膜,与细胞内生命物质如蛋白质、核糖核酸结合而使之变性。但其不足以解释 pH 值变化剧烈的条件下杀菌效果无明显变化的情况。

6. 臭氧效应

该理论认为在电场作用下液体介质电解产生臭氧,在低浓度下臭氧已能有效地杀灭细菌。

(二)影响因素

影响 PEF 处理效果的参数主要可分为 3 大类:脉冲处理工艺参数、微生物(或细胞)特性参数、食品(被处理介质)特性参数。现将该灭菌方法的主要影响因素及其对食品灭菌效果的影响总结如表 12–5。

表 12–5 影响灭菌效果的因素

参数	影响因素	对灭菌效果的影响
脉冲电场工作参数	电场强度	电场强度是影响杀菌效果最主要的因素之一,当超过微生物的临界跨膜电压时,微生物死亡率随场强的增加而增加
	脉冲持续时间	刚开始的杀菌效果随脉冲时间的延长而明显增强,但达到拐点值后,脉冲时间的增加对杀菌效果基本无影响
	温度	在 40 ~ 50 ℃温度范围内,电场强度维持恒定,升高温度可以提高电场的杀菌效果。为保证脉冲电场杀菌的非热优势,可采用冷却系统对物料进行冷却,使其温度低于巴氏杀菌的温度
	脉冲特性(波形、频率、极化形式)	矩形波的灭菌率要高于指数波,脉冲频率对灭菌效果基本无影响,双向脉冲的灭菌率高于单向脉冲
	处理腔的特性	结构、体积、缝隙、流速和停留时间等因素对杀菌效果均有一定影响

续表 12-5

参数	影响因素	对灭菌效果的影响
微生物特性	微生物的种类	微生物种类对杀菌效果有一定影响
	生长时期	PEF 对处在稳定生长期微生物的杀菌率低于处于对数生长期的微生物
	生长条件	培养基成分、温度、氧浓度对灭菌率有影响,其机制尚不清楚,但在 PEF 中不考虑这些因素将导致错误的结论
食品特性	成分	对不同食品成分,不同物质结构的灭菌效果不同
	电导率	低电导率情况下灭菌率较高
	离子强度	脉冲电场的杀菌效果随介质离子强度的下降而增加
	pH 值	介质 pH 值下降杀菌效果稍有提高
	水的活性	降低水活性将会导致灭菌率降低

脉冲技术用于食品杀菌是一种常温下非加热杀菌新技术,可避免加热法引起的蛋白质变性和维生素等营养成分的破坏。根据表 12-5 分析,使用该技术应综合考虑脉冲电场强度、脉冲波形、杀菌时间、食品特性、食品 pH 值、细菌种类和数量等多种因素,以确定最佳杀菌方案。

二、脉冲强光

脉冲电场处理及应用

脉冲强光(pulsed light,PL)又称脉冲紫外光、高强度宽谱脉冲光、脉冲白光,是一种新型的非热杀菌技术。PL 技术起源于 20 世纪 70 年代后期的日本,1984 年在美国注册专利,1996 年美国食品药品监督管理局(FDA)允许在食品加工中使用,规定 PL 处理食品的剂量不能超过 12 J/cm^2。PL 对固体表面、气体和透明液体中的微生物均有较好的杀灭作用。PL 开始主要应用于医疗器械表面和透明药剂溶液杀菌消毒,随着该杀菌技术和设备的成熟,逐渐过渡应用到食品杀菌保藏中。

(一)脉冲强光工作原理和设备

PL 以交流电为电源,由一个动力单元和一个氙灯单元组成。氙灯接收由动力单元提供的高压电流脉冲能量,能发出由紫外(ultraviolet,UV)至近红外区域的光谱,包括紫外光区(180~400 nm)、可见光区(400~700 nm)、近红外光区(700~1 100 nm),与太阳光谱分布相似,但每一次脉冲的光强度约为到达海平面处太阳光强度的 2×10^4 倍。输入的市电经设备变压器升压后,对高压直流发生器的电容器进行充电,通过强光发生器(氙灯两端)形成直流高压。经系统触发器产生高压脉冲,升压后电流触发产生瞬时电感使氙气电离导通形成持续时间极短的闪光。电容放电后,高压下降,为下一次闪光积蓄能量。最早的商业化设备为 PureBright TM 系统,目前主要是德国的 Steri Beam 系统和美国的 Xenon 系统。在我国,周万龙、马凤鸣等自主设计 PL 杀菌装置已用于研究。

PL 系统可设计为固体批次处理或连续流动操作。固体批次处理系统,是将样品置于处理室，通过沿着位于腔室壁上的一个或多个灯发出 PL 进行处理(图 12-10)；连续 PL 系统，需要固体样品和灯之间相对运动，设置样品通过 PL 的速率来实现所需处理时间。PL 系统用于液体样品则要根据所需处理时间控制透明管内流量(图 12-11)。

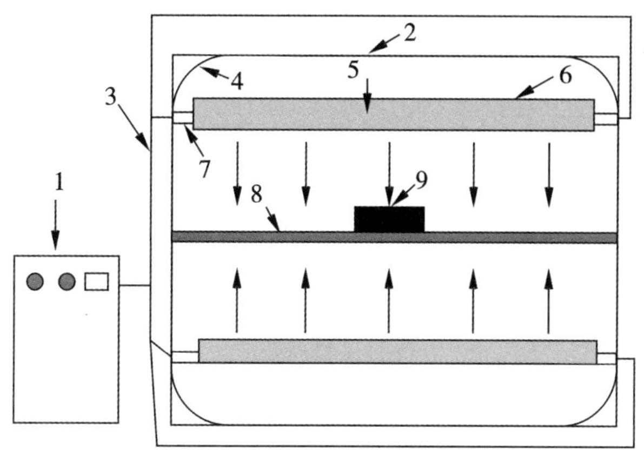

1—电源和控制模声；2—处理室；3—电缆；4—凹面反射面；5—脉冲灯；6—石英板；7—密封电极；8—透明架；9—待处理样品

图 12-10 固体批次处理脉冲系统

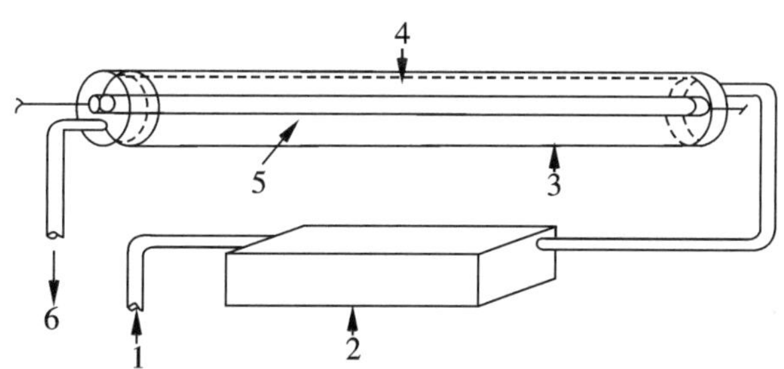

1—样品进口；2—泵；3—反射面；4—处理室；5—闪照灯；6—样品出口

图 12-11 液体样品连续流动系统

(二)脉冲强光杀菌机制

1. 光化学作用

UV 波段通常被认为是 PL 发挥杀菌效应的主要区域，DNA 变性是杀菌的主要原因。微生物在 PL 照射下 DNA 吸收 UV 波段波长(200～280 nm)，DNA 逐渐开始裂解，结构改变，形成对 DNA 不利的胸腺嘧啶二聚体，阻碍 DNA 复制和细胞分裂，微生物自身的新陈代谢机能出现障碍，遗传性出现问题，导致细胞死亡或孢子钝化。UV 光谱中对微生物的杀菌作用最重要的是 UV-C 波段(200～275 nm)。UV-C 可引起 DNA 双链、单链断裂，诱导环丁烷嘧啶二聚体产生(图 12-12)。Wang 等利用单色仪过滤光谱发现杀灭 *Escherichia coli* 的有效波长为 230～360 nm，270 nm 达最大杀菌性能，300 nm 以上未发现有杀菌现象，证明 PL 起杀菌作用的光谱成分主要是 UV，其中 UV-C 在杀菌中起重要作用。

2. 光热作用

PL 中的近红外光能辐射能量,使细胞表面局部温度升高至 50~150 ℃,破坏细菌的细胞壁,使细胞液蒸发,彻底破坏细胞结构,导致死亡(图 12-12)。PL 产生的热效应与热处理不同,只使物体表面温度快速升高,没有显著的体积、温度变化。

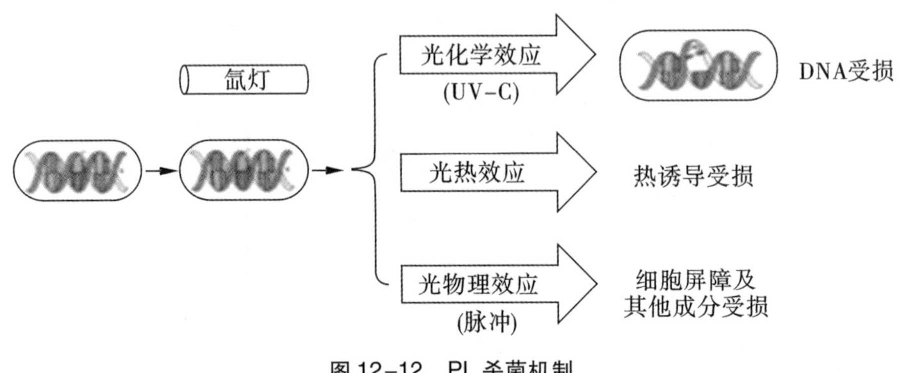

图 12-12 PL 杀菌机制

3. 光物理作用

PL 除具有光化、光热作用外,还存在光物理作用,PL 的穿透性和瞬时冲击性损坏细胞壁和其他细胞成分,导致细胞死亡(图 12-12)。PL 系统中矩形波脉冲在周期一定的情况下,脉冲功率的峰值随着占空比的增大而增大,脉冲信号频率范围减小。脉冲信号频带作用范围扩大,脉冲信号功率谱频带范围越宽,信号的高频分量就越加丰富,对位移电流密度的影响较大,会引起器件的脉冲效应。有研究结果表明脉冲形式提供能量主要表现在脉冲次数和脉冲持续时间,在达到相等总能量的情况下,脉冲提供的功率较连续光辐照功率更大,每次脉冲的持续时间更短,峰值功率越高,具有更高的渗透能力。

脉冲强光杀菌的影响因素、应用及发展趋势

三、脉冲磁场

脉冲磁场杀菌就是在常温常压下,利用脉冲电磁场进行瞬时杀菌,主要由 5 个要素组成:螺线圈中的磁场强度(V/m)、脉冲磁场的固有频率(Hz)、脉冲次数、脉冲宽度(μs)、脉冲波形。脉冲磁场杀菌是利用高强度磁场发生器向螺旋线圈发出强脉冲磁场,将食品放置于螺旋线圈内部的磁场当中,微生物受到强脉冲磁场的作用导致死亡。

(一)脉冲磁场杀菌技术的原理及特点

1. 几种脉冲物理场杀菌技术的比较

脉冲物理场杀菌技术主要包括脉冲电场杀菌技术、脉冲磁场杀菌技术及脉冲强光杀菌技术。脉冲电场杀菌是通过高强度脉冲电场瞬时破坏微生物的细胞膜使微生物致死,杀菌过程中的温度低(最高温度不超过 50 ℃),从而可以避免热杀菌的缺陷。经脉冲电场杀菌处理的食品具有安全、耐储藏及风味佳等特点。脉冲电场在牛乳、蛋液等液态物料的加工中也有着广泛的应用。目前脉冲电场杀菌技术的应用才刚刚起步,它作为一种先进的杀菌手段,能够实现无污染的绿色保鲜。脉冲磁场杀菌和脉冲电场杀菌基本相同,但脉冲磁场杀菌可避免电极与杀菌物料的直接接触,同时脉冲磁场杀菌装置的结构相对简单,易于工业化应用。脉冲强光杀菌是利用瞬时、高强度的脉冲光能量杀灭食品和包装上的各类微生物,有效地保持食品质量。脉冲强光杀菌是可见光、红外光和紫外光的协同效应,它们可对菌体细胞中的 DNA、细胞膜、蛋白质和其他大分子产生不可逆的破坏作用,从而杀灭微生物。相对脉冲强光杀菌技术,脉冲磁场对物料具有较强的穿透能力,能深入物料的内部,杀菌无死角。

2. 脉冲磁场杀菌技术的原理

脉冲磁场杀菌装置的原理如图 12-13 所示,主要包括脉冲电场发生系统和脉冲磁场作用系统 2 个部分。脉冲磁场作用系统主要包括螺线管工作线圈、杀菌容器、物料及基座,如图 12-14 所示。脉冲电场发生系统产生的脉冲电流通过磁场作用系统的螺线管线圈产生高强度的脉冲磁场,高强度的脉冲磁场将物料中的细菌杀死。电磁场杀菌是利用电磁能破坏或影响微生物机体组织结构从而达到消灭或抑制微生物的目的。脉冲磁场是一种电磁场,在物料杀菌过程中,会产生各种电磁效应,主要有感应电流效应、洛伦兹力效应、振荡效应及电离效应等,这些电磁效应会引起细胞的生物学效应,对杀菌过程有着重要影响。

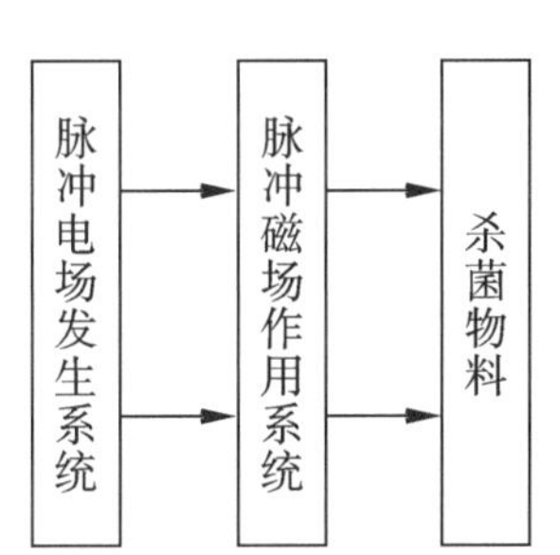

图 12-13 脉冲磁场杀菌原理图

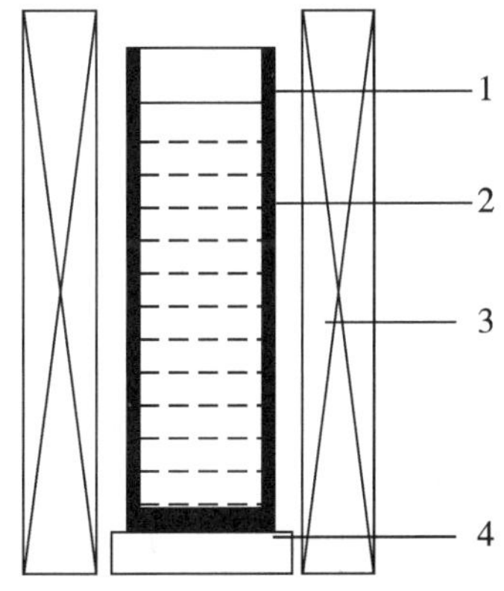

1—容器;2—物料;3—线圈;4—基座

图 12-14 脉冲磁场作用系统示意图

3. 脉冲磁场杀菌技术的特点

脉冲磁场杀菌一般每次脉冲磁场持续的时间为 1 μs 左右,可使物料基质中的有害细菌数减少 2 个数量级,整个处理通常只需 5 ~ 10 次脉冲即可满足物料的杀菌要求,由于脉冲磁场杀菌处理时间短、不经高温,因而对于一些热敏感的物料杀菌处理尤其适合。利用脉冲磁场在常温常压下进行瞬时杀菌,主要由 4 个要素组成:线圈中的磁场强度、脉冲次数、脉冲电流的波形特征及物料特征。脉冲磁场杀菌除了保持一般物理冷杀菌的特点外,其突出的优势表现在:杀菌物料的温升一般不超过 5 ℃,所以物料的组织结构、营养成分、颜色均不被破坏,不会影响原有的风味;距离线圈 2 m 左右处,磁场强度则衰减为相当于地磁强度,因此无漏磁问题,安全性好;与连续波和恒定磁场比较,脉冲磁场杀菌设备具有功率消耗低,杀菌时间短,对微生物杀灭力强,效率高的特点;磁场的产生和中止迅速,便于用电脑控制;由于脉冲磁场对物料具有较强的穿透能力,能深入物料的内部，另外还可以通过物料流动强化液料的搅拌传质效果，致使灭菌无死角，杀菌彻底。由于脉冲磁场杀菌不加热、时间短，因此在冷杀菌工艺中有着广阔的市场潜力。大量的研究表明高强度脉冲磁场杀菌在食品、水处理等行业有很重要的应用价值。

（二）脉冲磁场杀菌机制

1. 细菌结构与非热效应

微生物种类繁多，与食品工业有关的微生物包括细菌、酵母菌、霉菌、放线菌及病毒等。细菌的细胞结构虽然是微小的，但其内部结构与高等生物的细胞一样，是很复杂的。它的基本结构有细胞壁、细胞膜、细胞质、细胞核等，有些细菌还有荚膜、鞭毛和芽孢等特殊结构。

细胞膜又称为细胞质膜，是紧靠在细胞壁内侧，围绕在细胞浆外面的一层柔软而富有弹性的薄膜，其厚度为7～8 nm。细胞膜占细菌细胞干重约10%，其主要化学成分为磷脂和蛋白质，并有少量多糖。细胞膜的结构是双磷脂层中嵌有蛋白质分子，脂类以非极性集团向内，亲水极性集团向外作双分子定向规则排列形成细胞膜。细胞膜中的蛋白质是一些具有特殊功能的酶类，按照其性能可分为下述4种：渗透酶、合成酶、呼吸作用蛋白质、腺三磷酶。由于细胞膜具有丰富的酶系统，所以它具有非常重要的生理功能。它的有选择性的通透性控制着营养物质及代谢产物进出细胞，使细菌能在各种各样的化学环境中吸取其需要的营养物质，并排出多余的或废弃的物质。同时细胞膜在细胞的呼吸、代谢和胞壁的合成上也有重要作用。因而，如果细菌的细胞膜遭到破坏，整个细菌的生理功能不正常，从而导致细菌的死亡。

非热效应（athermal effect）是生物电磁学关注的热点。所谓磁场的非热效应，是指磁场通过使生物体温度升高的热作用以外的方式改变生理生化过程的效应。这种观点提出以后，经历了否定、否定之否定的过程，而至今也没有得到完全、彻底的确认。非热效应的特点是非线性性、相干性、协同性以及阈值性和“窗”特性。而利用脉冲磁场的生物学效应来杀菌保鲜主要是利用非热效应。食品的组织结构、营养成分、形状结构和颜色光泽均不遭破坏，因而具有保鲜功能。近年来的研究表明，脉冲磁场的生物学效应在微生物杀菌方面表现出突出的优势。

2. 脉冲磁场的感应电流效应

生物体对于磁场是可透过性的，因其磁导率与真空条件下的0相近，瞬态磁场在生物体内将产生感应电流及高频热效应。在脉冲磁场的作用下，由于脉冲时间短，磁场的变化率很大，将激励起细胞内的感应电流。

细胞在磁场下运动时，如果细胞所做运动是切割磁力线的运动，就会导致其中磁通量变化并激励起感应电流，这个电流的大小、方向和形式是对细胞产生生物效应的主要原因。此感应电流越大，生物效应越明显。因此，在医学上，多是采取磁场旋转或振动的方法，扩大细胞内磁通量的变化，提高对病灶的治疗效应。当细胞处于脉冲场时，可认为是静止不动的，穿过细胞的磁通量为 $\Phi=SH(t)$，其中 $H(t)$ 是随时间变化的磁场值，S 是磁场垂直穿过细胞的截面。由于磁场的瞬间出现和消失，必然在细胞内产生一瞬变的磁通量，即 $\mathrm{d}\Phi/\mathrm{d}t$。瞬变的磁通在细胞内激励起感应电流，此感应电流与磁场相互作用的力密度可以破坏细胞正常的生理功能。如果此细胞体积较大，相应产生的力密度亦大，故而大细胞易于死亡,小细胞则反之。

因此,就磁场对细胞产生的感应电流效应而言,恒强磁场不及旋转磁场,旋转磁场不及脉冲磁场,这就是为何脉冲磁场只要很短的时间和较小的场强就会产生显著的杀菌效果的原因。

3. 脉冲磁场的洛仑兹力效应

在磁场下,细胞中的带电粒子尤其是质量小的电子和离子,由于受到洛仑兹力的影响,其运动轨迹常被束缚在某一半径之内,磁场越大半径越小。根据磁场强度大小的不同,带电粒子的运动轨迹将会出现以下 3 种情况:①磁场强度较小,拉默半径大于细胞的大小,微生物细胞内的带电粒子运动自如,不但没有约束,反而可能使其更加定向、同步地向反应中心聚集,更加促进了细胞的生长和分裂;②磁场强度中等时,拉默半径与细胞的大小相当,则磁场的影响不明显;③磁场强度较大时,洛仑兹力加大,拉默半径小于细胞的大小,导致了细胞内的电子和离子不能正常传递,从而影响细胞正常的生理功能。细胞内的大分子如酶等则因在磁场下,所携带的不同电荷的运动方向不同而导致大分子构相的扭曲或变形,改变了酶的活性,因而细胞正常的生理活动也受到影响。

4. 脉冲磁场的振荡效应

分子生物学的研究表明,生物体内的大多数分子和原子是具有极性和磁性的,因此外加磁场必然会对生物产生影响或作用。不同强度分布的外加磁场对不同生物的影响程度是不同的。由于脉冲磁场是变化的,在极短的时间内,磁场的频率和强度都会发生极大的变化,在细胞膜上产生振荡效应。激烈的振荡效应能使细胞膜破裂,这种破裂导致细胞结构紊乱,从而达到杀死细胞的目的,进而杀死细菌。

5. 脉冲磁场的电离效应

变化磁场的介电阻断性对食品中的微生物具有抑制作用。在外加磁场的作用下,食品空间中的带电粒子将产生高速运动,撞击食品分子,使食品分子分解,产生阴、阳离子,这些阴、阳离子在强磁场的作用下极为活跃,可以穿过细胞膜,与微生物内的生命物质如蛋白质、RNA 作用,而阻断细胞内正常生化反应和新陈代谢的进行,导致细胞死亡,进而杀死细菌。

6. 脉冲磁场作用下微生物的自由基效应

对于磁场辐射的非热效应机制,有几种理论和假说,如 Frohlich 的相干电振荡理论、离子回旋共振理论、粒子对膜的通透理论、孤电子效应和自由基效应等。

电子有自旋磁矩,一般同一轨道的一对电子是自旋反平行的,故总体不显顺磁性。而生物系统中的磁场转移是单电子转移,易受磁场(波)的影响。所有的有机生物分子的氧化,也是分别由两次连续的单价转移来完成的,中介态是自由基。

自由基可以彼此复合成为三重态(自旋相同)或单线态(自旋相反)。磁场可以影响顺磁性自由基的复合速率,这等于影响了自由基的寿命,换而言之,就是影响了自由基的瞬时浓度,从而产生一系列有关的生物效应。同时三重态的磁矩更大,对磁场更敏感,自由基则对三重态的效应发挥了一种转导作用。实验证明,化学上高度活动的自由基可以调节生物分子与磁场的相互作用。

总而言之,脉冲磁场对微生物细胞生物学效应的影响是多方面的:一方面会受磁场的物理学因素的影响，例如磁场强度、脉冲数、脉冲电流的频率等；另一方面会受微生物细胞所处介质的生物学因素的影响，例如 pH 值、温度、主要化学成分等；另外，细胞不同生长期对脉冲磁场影响的敏感程度也不同。磁场对微生物细胞产生生物学效应的过程，不是对某个或某些组分的一种或几种作用的结果，而是对这个细胞中的各个组分多方面作用的综合反映。某一作用因素的变化，有可能就会出现不同的结果。

脉冲磁场的应用

由于脉冲磁场的杀菌机制研究涉及诸多学科，其在生物体内的作用机制也比较复杂，需要不断地深入研究。搞清脉冲磁场的杀菌机制，对非热杀菌设备的研制和杀菌技术的研究有着重要的帮助。

第五节　生物杀菌技术

目前，在许多加工食品中都使用化学保鲜剂，如用苯甲酸钠与山梨酸钾等来保鲜。随着消费者健康意识的增强，对食品使用化学防腐剂愈来愈担心，便出现了生物杀菌(保鲜)技术的概念。它是与化学保鲜相对应的，利用抵抗微生物或天然杀菌素以控制食品中本身存在的致病菌生长以及霉菌毒素原生真菌的生长，利用生物本身或生物代谢具有抗菌作用的天然物质来防腐，从而提高食品的安全性。这是食品生物技术中渐趋活跃的研究开发领域之一，很有开发应用前景。

一、作用原理及特点

生物杀菌技术是指利用生物保鲜剂的抗菌作用来延长食品货架期的杀菌保鲜技术。生物保鲜剂是指从动植物、微生物中提取的天然的或利用生物工程技术改造而获得的对人体安全的保鲜剂。其分子量小，结构紧密，作用机制主要是在细胞膜上形成微孔，导致膜通透性增加和能量产生系统破坏，由于这些物质很容易进入微生物细胞，因而能迅速地抑制微生物的生长。

不同特性的生物保鲜剂对水产品作用时的杀菌保鲜机制也并不是完全相同的。可以概括为以下几类：茶多酚和鱼精蛋白等生物保鲜剂含有抗菌活性物质，具有抗菌作用；有些生物保鲜剂如乳酸链球菌素(Nisin)和葡萄糖氧化酶等具有抗氧化作用；多酚和植酸等生物保鲜剂具有抑制酶活的功效；还有一类生物保鲜剂比如蜂胶和壳聚糖等可以在食品的表面形成一层保护膜，阻碍腐败微生物的侵入，达到保鲜目的。生物保鲜剂通常是多种杀菌机制同时作用达到保鲜目的。

生物杀菌是利用生物制剂对食品原料或产品中微生物的作用，达到抑菌或杀菌的目的，从而提高食品的安全性。生物杀菌具有如下工艺特点：①有很强的抑菌和杀菌作用；②防治位点多；③高效低毒、无残留；④药效持久、不易生产抗性；⑤使用安全。

二、生物杀菌剂的分类

目前，食品中添加的防腐剂大多是人工合成的化学制剂，如苯甲酸、苯甲酸钠、山梨酸、山梨酸钾、丙酸钙等，虽然只要添加量适当不会造成对人体的危害，但是总归对健康没有任何有益之处。

在健康饮食观念的指引下,天然防腐剂便开始逐渐代替人工防腐剂,如:动物源的壳聚糖、鱼精蛋白、蜂胶;植物源的茶多酚、大蒜提取物、石榴皮提取物;微生物源的乳酸链球菌素、纳他霉素、ε-聚赖氨酸、乳酸菌、红曲米素等;还有生物酶类来源的葡萄糖氧化酶和溶菌酶等。很多天然生物的提取成分除了具有杀菌的特性外,还对人体有一定的保健功能,所以生物提取物将来会在食品保鲜剂领域发挥越来越大的作用。

生物杀菌剂

三、生物保鲜剂在食品中的应用

(一)生物保鲜剂在植物产品保鲜方面的应用

国外在植物源保鲜剂研发这方面开展得比较深入,且有产品面世,如英国森柏生物工程公司研制的森柏(Sempe Fresh)保鲜剂以其对果蔬进行涂膜处理后,可抑制果蔬呼吸作用和水分蒸发,导致果实休眠,从而降低老化或成熟的速度。在草莓、樱桃、杏、苹果、香梨、橘、葡萄上均取得了较理想的效果。美国贝尔兹威尔农业研究中心以植物中提取的4-乙基间苯二酚为主要成分,研究开发出一种新型果蔬涂膜剂。该保鲜剂具有抑制微生物活力和 PPO 氧化能力的作用,用该保鲜剂处理后的鲜切苹果片,置于20 ℃左右的室温下,数周不变色。近年来国内在植物源保鲜剂的研究方面也投入了大量的人力和物力,但是由于起步较晚,商品化的较少。研究表明,芳香科、菊科等食用香料植物和魔芋、高良姜等中草药提取物以及大蒜、茶叶等提取物,具有明显的抗氧化和抑菌作用。现今,有些芳香科的粗提物已经用于食品的防腐保鲜和调味。因此,广泛筛选我国丰富的植物资源,力求开发出更具特色、适合多种果蔬储藏的植物源果蔬保鲜剂,是我国科研工作者的研究方向。

壳聚糖是一类涂膜保鲜剂,其作用机制为可在果蔬表面形成半透膜,减少水分蒸发,同时可以调节果蔬内外的气体交换,使果实内形成一个低 O_2 高 CO_2 浓度环境,抑制采后果蔬的呼吸代谢。同时,对采后果蔬表面机械损伤至少有以下 3 个作用:①使伤口木栓化,堵塞皮孔和增强磷酸戊糖途径等作用,从而减少真菌侵染,增强果实抗病菌能力。②对一些腐败真菌直接抑制和灭杀。黎军英等发现离体条件下,壳聚糖对软腐病菌和褐腐病菌孢子的萌发、菌丝的生长有抑制作用,并影响菌体的形态,使菌丝变粗、扭曲,甚至发生质壁分离。③壳聚糖诱导植物产生一系列防御反应而增强自身抗病性,包括提高几丁质酶、PAL 和 POD 等酶活性,从而激发苯丙烷的代谢,产生酚类和异黄酮类植物保护素提高抗病性,产生木质素加厚细胞壁,在植物抗病中起化学屏障作用和植物抗毒素作用。据报道,壳聚糖作为一种新型的生物源果蔬保鲜剂,在杨梅、葡萄、黄瓜、梨等果蔬的采后储藏运输中均表现出良好的保鲜效果,不仅能抑制采后果蔬的失水、腐烂,还能够抑制果蔬品质的下降,钝化 PPO 酶活力等,我国现已有产品问世,并在生产上大量使用。

经溶菌酶处理的成熟丰水梨储藏 20 d 后,梨果实失重率、呼吸强度和烂果率平均比对照分别降低 35%、19.8% 和 12.2%;溶菌酶处理一定程度上抑制了丙二醛含量和其膜透性的增加,显著抑制了过氧化氢酶和超氧化物歧化酶活性的降低,储藏 20 d 后,超氧化物歧化酶、过氧化氢酶活性平均比对照组分别高 57.1%、37.1%。0.01%、0.05% 和

0.15%这3种溶菌酶浓度中,涂膜处理效果最佳的为0.05%浓度溶菌酶。实验发现,对樱桃番茄进行复合涂膜保鲜效果最佳的保鲜剂配比为1%海藻酸钠+0.1%溶菌酶,4 ℃下储藏25 d后,樱桃番茄不管是果实失重率还是感官品质均明显优于其他处理,呼吸强度显著低于其他处理组。对马陆葡萄进行同种处理,在(4 ±1) ℃条件储藏25 d后,果实的质量损失率仅为9.34%,腐烂指数为0.17,可溶性固形物含量为12.1%,维生素C含量为3.2 mg/100 g,呼吸强度显著低于其他处理组,保鲜效果亦为最佳。

此外,日本科学家已找到导致果蔬成熟的植物激素乙烯的产生基因,如关闭这种基因,就可以减慢乙烯的产生速度,因而使果蔬的成熟延缓,储藏期延长。国外的研究还发现:番茄后熟过程中细胞成分变化受基因的控制,有的品种缺少衰老基因,后熟慢;在油桃中也发现有无成熟植株,能延迟脱落和着色,室温下储期延长;美国科学家用植物细胞壁中的一种天然糖——半乳糖注射尚未成熟的番茄,使其产生连锁反应,生成催熟激素,促使番茄成熟,并不破坏番茄品质和味道,可大幅度降低番茄在收获、运输、销售和储存时的损耗,使番茄长期保鲜。

(二)生物保鲜剂在动物食品保鲜方面的应用

1. 生物保鲜剂在水产品中的应用

目前,生物杀菌技术在水产品上的应用已经得到了广泛研究。在水产品杀菌中应用较多的生物保鲜剂有茶多酚、溶菌酶、乳酸链球菌素和壳聚糖等。Feng等研究了茶多酚结合臭氧水对黑鲷(*Sparusmacrocephalus*)的保鲜作用,将茶多酚溶液(0.2%)涂抹在黑鲷表面,用1 mg/L的臭氧水清洗后置于4 ℃的温度下储藏,结果发现茶多酚可以显著的减少微生物总菌数,与对照组相比,经茶多酚涂抹的黑鲷的货架期延长了6 d。一般情况下,溶菌酶涂抹在水产品表面,就可起到防腐保鲜的效果。

解决单一生物保鲜剂不能够达到预期保鲜效果的问题,可将不同功能特性生物保鲜剂按一定比例混合成复合型生物保鲜剂,通过相互之间的协同作用提高水产品的保鲜效果。Li等将0.2%茶多酚和1.5%壳聚糖复合涂抹在大黄鱼(*Pseudosciaenacrocea*)的表面后在4 ℃进行冷藏,与对照组相比,经复合保鲜处理的大黄鱼保持了良好的质量并且货架期延长了8~10 d。单独使用溶菌酶时,由于其具有专一性使微生物的芽孢不能被杀死,而Nisin与溶菌酶的复合使用可以使这一问题得到解决。顾仁勇使Nisin与溶菌酶复合保鲜剂对斑点叉尾鮰(*Ictalurus punctatus*)鱼片进行了实验,将鱼片浸泡在0.5% Nisin、0.3%溶菌酶和3.0%维生素C复合液中30 s后,在0 ℃的温度下冷藏,其货架期达到21 d,与对照组相比延长了12 d。

生物杀菌具有低剂量、强杀菌、安全无毒和药效久等优点,生物保鲜剂的使用,消除了使用化学防腐剂带来的安全隐患。随着人们对食品安全意识的不断增强,使用生物保鲜剂代替传统化学防腐剂将是发展的趋势。生物保鲜剂的开发成本较高,这在一定程度上影响了其推广应用。

2. 生物保鲜剂在肉品中的应用

肉制品营养丰富,适宜微生物生长繁殖,而且在其生产、加工、包装、储存、运输和销售等环节中都易受到环境中的微生物污染,从而导致腐败变质、货架期缩短。目前肉制品保鲜技术主要有:添加保鲜剂、低温保藏、高压处理、辐照和气调包装等。其中添加保鲜剂具有效果好、操作简便、成本低等特点，所以在实际生产中比较常用。保鲜剂可以分为化学保鲜剂和生物保鲜剂，长期以来，由于受到经济和开发水平的限制，一般会选择化学保鲜剂延长食品的货架期。然而研究表明，当使用剂量超出一定范围时，化学保鲜剂会对人体的健康产生影响，如苯甲酸盐过量会引起食物中毒，亚硝酸盐可致癌。而生物保鲜剂却克服了这一缺点，具有无毒、安全、使用范围广等优点。因此，生物保鲜剂的开发和利用成为肉品加工业的热点。

能够引起肉制品腐败的细菌很多，比如乳酸杆菌属、链球菌属、假单孢菌属、杆菌属等，这些细菌多为耐热菌属，在肉制品的加工过程中，普通的加热方式很难将它们杀死。

在肉制品保鲜方面，一般采用纳他霉素的悬浊液喷涂或者浸泡的方法来防止产品的腐败。一般来说，喷涂 8 $\mu g/cm^2$ 纳他霉素即可安全而有效地抑制真菌的生长。但是由于产品性质和地区气候的不同，需要通过试验得到最经济、最有效的使用浓度。试验证明，在已填好馅的香肠表面喷涂纳他霉素悬浊液可以有效地防止香肠表面长霉，有研究证明，在香肠中加入纳他霉素和其他的抗菌剂制成的混合粉剂，12 ℃下货架期可以达到 0 d 上。杜艳等改进了金华火腿传统工艺，采用 0.02% 纳他霉素+0.01% Nisin+1% 乳酸+3% 明胶的比例配制成复合保鲜剂对低盐火腿进行表面涂膜，感官检测与霉菌计数结果发现，其抑霉效果与对照组的差异显著。林春来等研究发现，将山梨酸钾、双乙酸钠、纳他霉素、乳酸链球菌素这 4 种防腐剂按照 0.1%、0.3%、0.003%、0.01% 的比例复配用于熏煮香肠类产品的防腐保鲜，与其他对照组相比能够显著抑制熏煮香肠类产品中微生物的生长繁殖，是一种理想的熏煮香肠类产品的防腐方法。郭雪松等通过正交试验发现，在低温火腿中加入 0.50 g/kg Nisin、0.2 g/kg 的纳他霉素、0.15 g/kg EDTA - Na_2 和 0.25 g/kg溶菌酶的复合防腐剂，保存效果最好，在室温下保质期最长达 145 d。

3. 生物保鲜剂在乳品中的应用

乳品在加工、运输和保藏过程中，因受到氧、微生物、温度、湿度、光线等因素的影响，色、香、味及营养成分发生变化，甚至导致变质、降低食用价值。因此，如何尽可能地保留乳品原有的品质及特性始终是乳品加工、运输和储存过程中的重要问题 。

过氧化氢酶法即在杀菌后利用过氧化氢酶将剩余的过氧化氢除去，简便实用效果显著。但由于过氧化氢的长时间作用，乳内一些有效的活性物质会因氧化而受到破坏。在过氧化氢分解过程中产生的氧和牛乳中的溶解氧，则经酶促反应除去，从而保护鲜奶中的维生素 C 和其他易被氧化的物质。在酶用量为 0.6‰范围内时对鲜牛奶的保质期有延长作用，在反复试验基础上加热至 70 ℃确认过氧化氢酶的最佳添加量为 1‰。当鲜奶为冷冻状态时加入过氧化氢，再加热至 60 ℃以上后会出现大量泡沫，但在 70 ℃以上加入时就正常。这是因为在冷冻状态下由于乳品本身存在的过氧化氢酶作用，可能将加入的过氧化氢分解产生水和氧，令过氧化氢大量损失而大大减弱了其杀菌效能。在 70 ℃以上加入时，因为大部分乳品的过氧化氢酶已经失去活性，使加入的过氧化氢可以完全发挥其杀菌保鲜作用。加入优质的葡萄糖氧化酶-过氧化酶体系使残留的过氧化氢得以除去，这样，既延长了鲜奶的保质期，又使其品质不受任何影响。

在干酪生产中，加入一定量的溶菌酶，可防止微生物污染而引起的酪酸发酵，以保证干酪质量。

在鲜奶或奶粉中加入一定量溶菌酶,不但起到防腐保鲜作用,且可达到强化目的,使牛乳更接近人乳(鲜牛乳含溶菌酶13 mg/100 mL,人乳含40 mg/mL),有利于婴幼儿健康。

4.生物保鲜剂在其他食品中的应用

生物保鲜剂在其他食品保鲜中也有很多应用。例如,选取壳聚糖、花粉多糖、茶多酚浓度及斯潘-80和吐温-80以一定比例配成复合保鲜剂。经保鲜剂处理的鲜食玉米在储藏30 d时保持较好的鲜食品质,而对照储藏5 d后鲜食品质明显下降,10 d时品质明显变差,说明复合保鲜剂对鲜食玉米的保鲜效果明显。

壳聚糖肉桂油生物涂膜保鲜剂对蒜薹进行保鲜试验,结果保鲜剂可以降低样品的失重率,减少维生素C的损失,保持样品叶绿素含量,减缓了蒜薹的衰老进程,很好地保持了样品的品质。经壳聚糖肉桂油保鲜剂处理的样品在4 ℃条件下储藏10 d后,样品的失重率为0.21%,维生素C含量为90.1 mg/100 g,感官评价为8.8分,说明该保鲜剂对蒜薹具有良好的保鲜作用。

在清酒(含酒精15%~17%)中加入15 mg/kg的溶菌酶,即可防止一种称为火落菌的乳酸菌生长,起到良好的防腐效果。以前采用水杨酸防腐,对人体胃和肝脏有损害。

四、生物源食品保鲜剂的优缺点及其应用前景

(一)生物源食品保鲜剂的优点

随着化学保鲜剂逐渐地退出保鲜领域,生物源食品保鲜剂得到了越来越多的重视。相对于传统的化学保鲜剂,生物源食品保鲜剂具有以下方面的优点:

1.广谱抗菌性

生物源食品保鲜剂一般具有广谱抗菌性,如植物抗毒素类对病原菌并不表现特异性,可作用于多种病原菌;溶菌酶对多数革兰氏阳性菌有良好的杀菌抑菌效果。

2.高效性

大部分生物源食品保鲜剂的保鲜效果都非常显著,如蜂胶、壳聚糖、乳酸菌等,均可达到明显的抑菌、保鲜的作用。

3.天然性及相对安全性

生物源食品保鲜剂都是从生物体直接提取而来,是一种纯天然的物质。绝大多数生物源食品保鲜剂都是无毒的,其安全性远高于传统的化学保鲜剂。

(二)生物源食品保鲜剂的缺点

虽然生物源食品保鲜剂有着诸多的优点,但要达到广泛、大量地应用还有一些问题需要解决:

1.活性成分的纯化和结构鉴定尚待深入

以往大部分生物源食品保鲜剂都是使用粗提物进行相关的研究或生产,某些保鲜剂中起着保鲜作用的具体物质尚不清楚,因此,只有深入鉴定具体的保鲜活性成分,才可能有目的地大规模生产。

2.保鲜效果有待进一步提高

单一生物源食品保鲜剂的保鲜效果不尽人意,想要达到较好的效果,往往需要将多

种保鲜材料制成复合保鲜剂使用。

3. 一些保鲜剂的提取成本过高

如鱼精蛋白虽然是从利用价值不高的鱼类精巢提取，但实际可利用的鱼类不多，加之其提取、纯化的过程复杂，使得鱼精蛋白成本加大，到目前也还未实现大规模的工业化生产。

当然，随着现代生物技术的飞速发展，我们也可以利用基因工程技术，将生物源食品保鲜剂活性成分的编码基因植入基因表达载体，再转到合适的宿主表达细胞，使得这些活性成分可以大量地生产，以解决其来源不足，成本过高的缺点。总而言之，在环保和安全显得愈发重要的今天，生物源食品保鲜剂以其不可忽视的优点，必将成为食品防腐保鲜材料中最重要的一类。

本章小结

现代的食品加工工艺与技术，特别重视最大限度地保留其色、香、味及营养成分，因而，传统的食品热力杀菌方法满足不了这种需要。为了弥补热力杀菌的不足，近年来国内外出现了一些新的杀菌方法，其中使用超高静压、高密度二氧化碳、脉冲、生物杀菌等技术进行的非热杀菌（又称冷杀菌）引起了食品研究者及食品加工行业的高度关注。

非热杀菌技术包括超高静压杀菌、高密度气体杀菌、高压脉冲电场、脉冲强光、脉冲磁场，以及生物杀菌技术等，由于装备较为容易实现，更具经济性，因此是一项有巨大潜力的杀菌新技术。本章从以上几种杀菌技术的优缺点、工作原理、杀菌机制、杀菌所用设备、影响杀菌效果的因素及其在食品中的应用几个方面展开论述。目前许多研究人员对其展开了广泛的研究。随着生活水平的提高和安全意识的增强，人们对食品品质和食品安全的要求越来越高。食品非热杀菌技术符合人们对食品“自然、营养、安全、方便”的追求，因此，食品非热杀菌技术在食品工业中的应用将会越来越广泛。

思考题

1. 超高静压处理对食品成分及品质有何影响？举例说明超高静压技术在食品行业的具体应用。

2. 请阐述高密度二氧化碳杀菌原理。举例说明高密度二氧化碳杀菌技术在食品行业的应用。

3. 高压脉冲电场的作用机制是什么？影响高压脉冲电场杀菌技术的因素有哪些？其在食品中有哪些作用？其应用前景如何？

4. 什么是脉冲强光杀菌技术？杀菌机制及其影响因素是什么？此技术在食品中的应用如何？

5. 生物杀菌剂有何优缺点？可分为哪几类？

6. 试举例说明动物、植物、微生物来源的杀菌剂有哪些？生物源保鲜剂（杀菌剂）在食品中有哪些应用？

第十三章　食品包装保藏

第一节　概　述

一、食品包装的概念

世界各国对包装的概念有不同的理解，其表述方式也不尽相同，但基本含义是一致的，都以包装的功能为核心内容。它可以概括为两个方面：一是关于包装货物的容器、材料和辅助物品；二是关于包装和密封等技术方法。

我国国家标准 GB/T 4122.1—2008 中对包装的定义：为在流通过程中保护商品，方便储运，促进销售，按一定技术方法而采用的容器、材料及辅助物等的总体名称。也指为了达到上述目的而采用容器、材料和辅助物的过程中施加一定方法等的操作活动。

食品包装则是指采用适当的包装材料、容器和包装技术，把食品包裹起来，以使食品在运输贮藏流通过程中保持其原有品质状态和价值。食品包装是整个包装体系中最复杂、最多样化的包装，也是包装工程的主体内容。

二、食品包装的特点

食品包装是食品的重要组成部分，起到保护食品的作用，使食品在离开原产地、加工厂等到消费者手中的流通过程中，防止外来因素的干扰。它也可以起到维持食品质量、方便食品食用的功能，从食品包装的方面进行更恰当的食品保藏行为。

食品包装的基本要求是实现食品包装的四大功能——对食品的保护、便利、促销和增值。

1. 广度与深度的结合

食品包装技术覆盖面全，既有广度又有深度。例如某些食品在包装后进入消费或流通领域，影响其品质变化的因素和参数较多，这就体现在食品包装的广度上，而某种参数究竟如何影响食品品质，其作用机制是什么，有无变化规律，如何检测与分析等，这就体现在食品包装的深度上。随着食品包装技术的进步，尽管有些问题得以很好解决，但仍有一些问题至今都未曾得到彻底解决。

2. 高度的综合性

高度的综合性表现在知识的高度结合与研究内容的综合。通常要实现将某一种食品进行很好的保护，需要综合多方面的知识，而研究内容表现在食品品种的多样化、包装材料的多样化及包装处理技术的多样化。这些均要将它们加以综合，从而达到更好的保护目的。

3. 知识的跨越性

食品包装所用到的知识与技术具有很大的跨越性，涉及化学、生物、环境、物理、材料等多学科知识。从其研究应用的历史上看，部分技术的时间跨越已达数十年甚至百年。

4. 技术难度大

食品包装效果要通过时间来衡量，在包装后进入流通与转移过程中，很多参数都在变化。人们所做的模拟试验也很难反映出其真实的变化规律，而且同一种食品在不同的条件下表现出来的表观性状和相关物性也不尽相同，这些都无形中增加了食品包装技术的难度。

三、食品包装的研究现状

科技发展，日新月异，包装已不再是人们印象中那么简单和直观的东西。如今，包装集成了各学科技术知识，现已开发出不同的功能性包装材料，例如真空包装、活性包装、无菌包装等。现代包装已形成一门应用学科——包装工程。而这一学科的重点又在于包装材料、包装技术以及包装机械。在科学技术十分发达的今天，各种新型食品的出现，人们消费意识的改变，食品包装贮藏技术及包装材料已被赋予新的含义，为食品包装与包装技术的研究带来了新的任务。食品与包装融为一体，包装已成为食品开发和创新的重要技术。食品包装将食品加工技术、包装材料、包装工艺、包装机械紧密结合，突出技术的综合性和集成性。

四、食品包装面临的挑战及未来发展趋势

食品包装材料、技术及机械

目前，食品包装是现代物流系统必不可少的元素，起到保护产品不受外部条件影响的关键作用。人们对食品包装安全的日益关注着重体现在消费者对延长新鲜食品保质期的需求上，制造商为满足市场需求必须提供现代和安全的智能包装，这对食品包装产业来说既是挑战也是包装技术新一轮发展的动力。我国食品包装存在产业集中度低、碳排放量大，规模较大的企业创新度低、转型困难等问题。我国食品包装产业技术水平仍处在较低水平，传统包装材料占主要比重。在可持续发展的理念指导下，未来食品包装产业发展趋势有以下几个方向。

1. 包装智能化

包装智能化是食品包装发展的必然趋势，它可以最大程度保障食品安全，增加差异化。食品包装的作用越来越大，已经成为商品价值的体现。未来可将多种技术手段结合，进一步拓宽智能包装的应用范围，提升其附加值，如传感器技术与 RFID 技术的结合、活性包装技术与智能包装技术的结合、纳米技术与 RFID 技术的结合等。

2. 包装自动化

自动化技术改变着包装机械行业的制造方法及产品传输方式，极大提高包装系统生产效率和产品质量，有效减轻劳动强度，降低能源消耗。未来我国食品包装机械产品想提升附加值、提高在国际市场中的竞争力、缩短与欧美等发达国家之间的差距，就必须重视包装机械自动化技术，开展科技创新，提高产品质量，实现高速、优质、智能、环保的生产，推动我国包装机械自动化水平不断提高。

3. 包装材料多元化

除传统包装材料外，开发安全可靠、可回收、易降解、轻量化的新型包装材料也将是

未来发展的必然趋势。在遵循绿色化和可持续性的基础上,将结合多学科技术,由单一材料向多种材料发展,取长补短,发挥技术的多重优势将是未来食品包装材料发展的主要方向。另外,制造商通过包装材料的多元化及造型上的差异化,也可以树立独具特色的企业品牌,提高市场竞争力。

第二节　食品包装的分类及功能

一、食品包装的分类

现代食品包装种类很多,因分类角度不同,形成多种分类方法。可按流通过程中的作用、包装结构形式、包装材料和容器、销售对象、包装技术方法、食品形态种类、包装材料的功能等进行分类。

(一)按流通过程中的作用分类

按流通过程中的作用,食品包装可分为销售包装和运输包装。

1. 销售包装

销售包装又可称商业包装或小包装,指在对食品或商品起到保护作用的同时,更侧重于食品包装的促销和增值作用,通过包装装潢设计手段来树立企业和商品形象,以此提高商品竞争力、吸引消费者。瓶、盒、袋、罐及其组合包装一般属于销售包装。

2. 运输包装

运输包装又称大包装,具有很好的装卸功能以及方便贮运和保护功能,其外表面对贮运注意事项应有明确的图示或文字说明,如“不可倒置”“易燃”“防雨”等。木箱、瓦楞纸箱、各种托盘、金属大桶、集装箱等都属运输包装。

(二)按包装结构形式分类

按包装结构形式,食品包装可分为托盘包装、泡罩包装、热收缩包装、可携带包装、贴体包装、组合包装等(表 13-1)。

表 13-1　按包装结构形式分类

包装类别	定义
托盘包装	是将产品或包装件堆码在托盘上,通过捆扎、裹包或黏结等方法固定而形成的一种包装形式
泡罩包装	是将产品封合在用透明塑料片材料制成的泡罩与盖材之间的一种包装形式
热收缩包装	是将产品用热收缩薄膜裹包或装袋,通过加热,使薄膜收缩而形成产品包装的一种包装形式
可携带包装	是在包装容器上制有提手或类似装置,以便于携带的包装形式
贴体包装	是将产品封合在用塑料片制成的,与产品形状相似的型材和盖材之间的一种包装形式
组合包装	是将同类或不同类商品组合在一起进行适当包装,形成一个搬运或销售单元的包装形式。此外,还有喷雾式包装、悬挂式包装、可折叠式包装等

(三)按包装材料和容器分类

按包装材料和容器分类是一种传统的分类方法,它将食品包装材料及容器分为七类,分别为:纸、塑料、金属、玻璃陶瓷、复合材料、木材、其他,细分类型参见表13-2。

表13-2 按包装材料和容器分类

包装材料	包装容器类型
纸与纸板	纸盒、纸箱、纸袋、纸罐、纸杯、纸制托盘、纸胶模塑制品
塑料	塑料薄膜袋、中空包装容器、编织袋、周转箱、片材热成形容器、热收缩膜包装、软管、软塑料、软塑料箱、钙塑箱等
金属	马口铁、无锡钢板等制成的金属罐、桶等,铝、铝箔制成的罐、软管、软包装袋等
复合材料	塑料薄膜、纸、铝箔等组合而成的复合软包装材料制成的包装袋、复合软管等
玻璃陶瓷	坛、瓶罐、缸等
木材	胶合板箱、花格木箱、木箱、板条箱等
其他	布袋、麻袋、草或竹制包装容器等

(四)按销售对象分类

按销售对象分类,食品包装可分为内销包装、出口包装、民用包装和军用包装等。

(五)按包装技术方法分类

按包装技术方法分类,食品包装可分为控制气氛包装、热成型、软罐头包装、防潮包装、真空和充气包装、脱氧包装、冷冻包装、缓冲包装、无菌包装、热收缩包装等。

(六)按食品形态、种类分类

按食品形态、种类,可将食品包装分为固体包装、液体包装、农产品包装、畜产品包装、水产品包装等;也可分为果蔬类食品包装、畜禽肉类食品包装、蛋类包装、奶类包装、水产品包装。

总之,食品包装分类方法多种多样,没有统一的模式,可根据实际需要选择使用,常分为果蔬类食品包装、畜禽肉类食品包装、蛋类食品包装、奶类食品包装、水产品包装等。

1.果蔬类食品包装

果蔬类食品包装又可分为果蔬保鲜的内包装、果蔬保鲜外包装、干制果蔬类食品包装、速冻果蔬的包装、果蔬的罐装。

(1)果蔬保鲜的内包装　果蔬保鲜的内包装可分为浅盘包装、塑料袋包装、穿孔膜包装、简易薄膜包装、硅窗气调包装。

1)浅盘包装　将果蔬放入纸浆模塑盘、瓦楞纸板盘、塑料热成型浅盘等,再采用热收缩包装或拉伸包装来固定产品。这种包装具有可视性,有利于产品的展示销售。杧果、白兰瓜、香蕉、番茄、嫩玉米穗、苹果等都可以采用这种包装方法。

2)塑料袋包装　选择具有适当透气性、透湿性的薄膜,可以起到简易气调效果;与真空充气包装结合进行，以提高包装的保鲜效果。这种包装方法要求薄膜材料具有良好的透明度，对水蒸气、O_2、CO_2透过性适当，并具有良好的封口性能，安全无毒。

3）穿孔膜包装　密封包装果蔬时，某些果蔬包装内易出现厌氧腐败、过湿状态和微生物侵染，因此，需用穿孔膜包装以避免袋内CO_2的过度积累和过湿现象。许多绿叶蔬菜和果蔬适宜采用此法。在实施穿孔膜包装时，穿孔程度应通过实验确定，一般以包装内不出现过湿所允许的最少开孔量为准，这种方法也称有限气调包装。

4）简易薄膜包装　常用PE薄膜对单个果蔬进行简单裹包拧紧，该方法只能起到有限的密封作用。

5）硅窗气调包装　用聚甲基硅氧烷为基料涂覆织物而制成的硅酸膜，各种气体具有不同的透过性，可自动排除包装内的乙烯、CO_2及其他有害气体，同时透入适量O_2，抑制和调节果蔬呼吸强度，防止发生生理病害，保持果蔬的新鲜度。一般根据不同果蔬的包装数量和生理特性，选择适当面积的硅胶膜，在薄膜袋上开设气窗黏结起来，因此又称之为硅窗气调包装。

一种鲜切果蔬气调包装盒如图13-1所示。

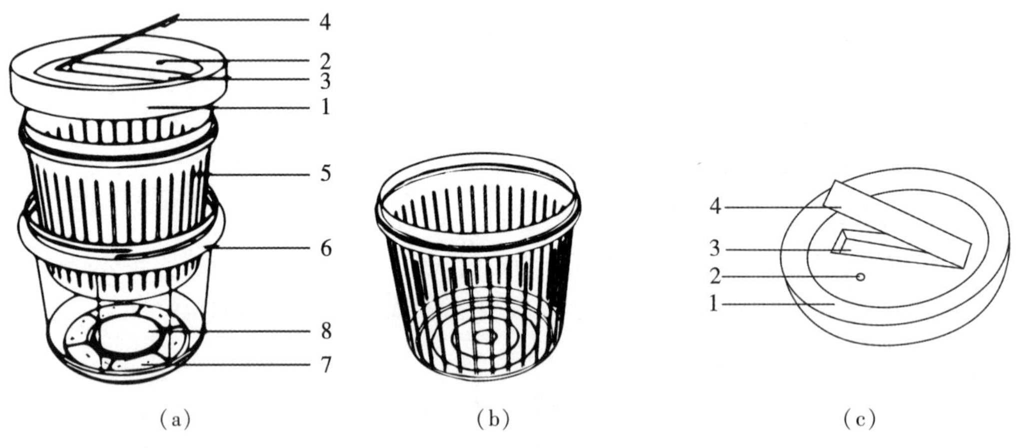

1—盒盖；2—透气孔塞子；3—凹槽；4—凹槽小盖；5—沥水层；6—盒身；7—海绵层；8—凸起

图13-1　一种鲜切果蔬气调包装盒

（2）果蔬保鲜外包装　果蔬保鲜外包装是对小包装果蔬进行二次包装，以增加耐贮运性并有利于创造合适的保鲜环境。目前，外包装常采用塑料箱、瓦楞纸箱等。从包装保鲜考虑，外包装可同时封入保鲜剂以及各种衬垫缓冲材料，如杀菌剂、蓄冷剂、脱氧剂、吸湿性片材、去乙烯剂等。

（3）干制果蔬类食品包装　干制果蔬是果蔬制品的主要形式，其包装应在干燥、低温、环境清洁、通风良好的条件下进行，空气的相对湿度最好控制在30%以下，同时应注意防虫、防尘等，具体可分为干菜包装、干果包装。

1）干菜包装　主要目的是防潮和防虫蛀，包装材料应选用能防虫及对水蒸气有较好阻隔性的材料，一般采用PE薄膜封装。对香菇、金针菜、木耳等高档干菜包装有展示性要求的,可选用 PT/PE、BOPP/PE 复合膜包装,还可采用在包装内封入干燥剂的防潮包装。

脱水蔬菜的水分是在低温下脱除的,没有经过盐渍,也没有经过阳光的曝晒,因此其营养成分尤其是维生素的损失不大。包装首先应考虑防潮,其次是防止紫外线照射变色。低档脱水蔬菜的要求较低,可采用聚乙烯薄膜包装,要求较高的品种可用 PET(Ny)真空涂铝膜/PE、BOPP/Al/PE 等复合膜包装。

2)干果包装　花生、核桃、葵花籽、板栗等富含蛋白质和脂肪的果品,在包装时应考虑防虫蛀、防潮、防油脂氧化,故可采用真空包装。未经炒熟的花生、板栗、葵花籽等还具有生理活性,在贮藏包装时除了密封防潮外,还应注意抑制其呼吸作用,降低贮存温度以免进行大量呼吸作用导致食品发霉变质。

炒熟干果的包装主要应考虑其防潮、防氧化性能。可采用对水蒸气和氧气有良好阻隔性的包装材料,如玻璃罐、金属罐、复合多层硬盒等;若要求采用充气或真空包装,则可以选用 PT/PE/Al/PE、BOPP/Al/PE、KPET/PE 等高性能复合膜包装。

(4)速冻果蔬的包装　速冻果蔬的包装主要目的是防止脱水,同时避免受到物理机械损伤,给搬运提供方便,除个别品种外,对隔氧和避光要求不高。

适用于速冻包装的材料应能在-50 ~ -40 ℃的环境中保持柔软,常用的有 PE、EVA、PP 等薄膜;对阻气性和耐破度要求较高的场合,如包蒜薹、装笋、蘑菇等也可以用 PA 为主体的复合薄膜包装,如 NY/PE 复合膜。国外采用 PET/PE 膜包装对配好作料的混合蔬菜进行速冻保藏,食用时可直接将包装放入锅中煮熟食用,非常方便。

速冻果蔬的外包装常用涂蜡或涂塑的防潮纸盒及发泡聚苯乙烯作保温层的纸箱包装。玻璃容器容易胀裂或受温度变化爆裂,一般不用于速冻食品的包装。

(5)果蔬的罐装　传统果蔬类罐藏制品都是采用玻璃瓶和金属罐包装,近年来纸质罐也有应用。金属罐中铝罐等使用较少,使用最多的是马口铁罐和涂料马口铁罐,纸质罐可用于罐藏某些干制食品、果汁等。目前果蔬采用蒸煮袋包装,即软罐头,已取代了大部分玻璃罐和金属罐。蒸煮袋能经受高温蒸煮杀菌,且能缩短杀菌时间,对内装产品的破坏性小,食用时可以连袋蒸煮加热,非常方便。

2. 畜禽肉类食品包装

畜禽肉类食品包装具体可分为生鲜肉制品包装、熟肉制品包装。

(1)生鲜肉制品包装　生鲜肉制品包装主要以生鲜肉气调保鲜包装为主。生鲜肉真空包装时因缺氧而呈现肌红蛋白淡紫红色,在销售时会使消费者误认为不新鲜。实际上在零售时打开包装,让肉充分接触空气或再充入高氧混合气体,可在短时间内使肌红蛋白转变为氧合肌红蛋白,恢复生鲜肉的鲜红色。

气调包装保持较高氧气分压,有利于形成氧合肌红蛋白而使肌肉色泽鲜艳,并抑制厌氧菌的生长。氧分压小于 0.19 kPa 时,以肌红蛋白形式存在;氧分压在 0.53 ~ 1.33 kPa 时,以高铁肌红蛋白的形式存在;氧分压大于 8.00 ~ 9.33 kPa 时,生成较多的氧合肌红蛋白;氧分压大于 32.00 kPa 时,可有效促进肌肉中氧合肌红蛋白的生成。因此,根据鲜肉保持色泽的要求,混合气体中氧的分压应大于 32.00 kPa,即氧的混合比例应超过 30%。氧合肌红蛋白的形成还与肉的表面潮湿情况有关,表面潮湿则溶氧量多,易于形成鲜红色。

CO_2具有抑制细菌生长的作用，尤其在细菌繁殖的早期，可以达到延长货架期的目的。一般情况下，早期使用可以延长微生物的迟滞期，而在已经进入对数成长期后再使用，则效果不佳；低温可以使CO_2在水中的溶解度大大增加，同时微生物的生命活性也大为降低，因此可以提高CO_2的作用效果。综合考虑CO_2易溶于肉内的水分和脂肪中以及复合薄膜材料的透气率，一般混合气体中CO_2的混合比例应超过30%，才能起到明显的抑菌效果。

(2)熟肉制品包装　熟肉制品主要有中式肉制品、西式肉制品和灌类制品。

1)中式肉制品包装　除罐藏外，中式肉制品常用真空充气包装、热收缩包装等。许多中式产品包装后需高温(121 ℃)杀菌处理，则要求包装材料能耐121 ℃以上的高温，常用的有：PA(PET)/CPP、EVAI/CPP、PA(PET)/Al/CPP，一般采用真空包装，然后高温杀菌，产品货架期可达6个月，常常被称为软罐头。

中式干肉制品的主要变质方式有脂肪氧化、吸潮霉变、风味变化等，食品包装的主要要求为隔氧防潮，可用BOPP/PA(PET)/PE、BOPP/PVA/PE、PT/PE等，为了防止光线对干肉制品的严重影响，常用镀箔PA(BOPP)/PE、BOPP/Al/PE等包装，并可采用脱氧包装或充N_2包装。

2)西式肉制品包装　有些西式肉制品在充填包装后再在90 ℃左右温度下进行加热处理，为了使产品组织紧密，一般要求包装材料有热收缩性能，可用PA、PET、PVDC收缩膜。有些西式肉制品制成产品后不再高温杀菌，可采用PS、PE片热成型制成的透明或不透明的浅盘，表面覆盖一层透明的塑料薄膜拉伸裹包，PA、PVC等收缩膜进行热收缩包装，这类产品的货架期较短，并且需在4～6 ℃的低温条件下冷藏。

3)灌肠类制品包装　灌肠类制品是用肠衣作包装材料来充填包装定型的一类熟肉制品，灌肠类制品的商品形态、保藏流通、卫生质量、商品价值等都直接和肠衣的质量及类型有关。每一种肠衣都有它特有的性能，在选用时应根据产品的要求，考虑其透过收缩性、可食安全性、密封开口性、耐热耐寒耐老化性、耐油耐水性和强度等性能。

3. 蛋类食品包装

(1)传统蛋制品包装　中国是世界禽蛋生产和消费大国，占世界总产量43%以上，具有传统特色的蛋制品如咸鸭蛋、红喜蛋、松花蛋等都历史悠久，深受消费者的青睐。但传统咸鸭蛋等蛋制品生产机械化程度低，破损率高，生产效率低，包装成本和能耗也高。严文静等人研究突破了蛋制品专用纳米涂膜包装新材料制备开发的技术难题，通过涂膜包装新工艺和自动化生产线的集成创新研发，形成了“蛋制品纳米涂膜保鲜包装新工艺、新材料、新产品及新装备成套技术”成果。目前，传统蛋制品食品包装材料主要有专用涂膜保鲜包装新材料，传统红鸡蛋专用纳米涂膜保鲜包装新材料，传统咸鸭蛋、松花蛋专用涂膜保鲜包装新材料等。

(2)鲜蛋包装

1)清洁鸡蛋的涂膜保鲜包装　鲜蛋包装的关键是防震缓冲以防破损及微生物侵染。蛋壳上的毛细孔实际上是蛋内胚胎的氧气管，但在鲜蛋贮存中是多余的，并为微生物的侵入和繁殖供氧提供了通道，因此常温下保存鲜蛋必须将毛细孔堵塞，常用的办法是涂膜，所用的涂料主要有液态石蜡、水玻璃及其他一些水溶胶物质PVA、PVDC乳液等。据报道，清洁鸡蛋使用液态石蜡喷涂风干成膜，在常温下的货架保鲜期仅 1 个月左右。

目前清洁鸡蛋是鲜蛋物流销售的主要产品方式，涂膜保鲜包装货架保鲜期短成为鲜蛋物流销售的瓶颈。为此，国内许多科学研究单位研究开发涂膜保鲜包装新材料，国内已有课题组以 PVA 和 PVDC 为基质，采用纳米 Fe_2O_3 和表面活性剂对 PVA 基等复合材料进行乳化交联复合改性，提高新材料的耐水阻湿性能，并辅以可见光催化抑菌效能，用于清洁鸡蛋涂膜保鲜，与目前采用的液态石蜡涂膜保鲜比较，可延长清洁鸡蛋货架保鲜期 50% 以上。

2）鲜蛋运输包装　鲜蛋运输包装采用塑料盘箱、瓦楞纸箱和蛋托等。为解决贮运中的破损问题，鲜蛋包装中常用聚乙烯蛋托、泡沫塑料蛋托、纸浆模塑蛋托、塑料蛋盘箱等。部分鲜蛋包装容器结构如图 13-2 所示。

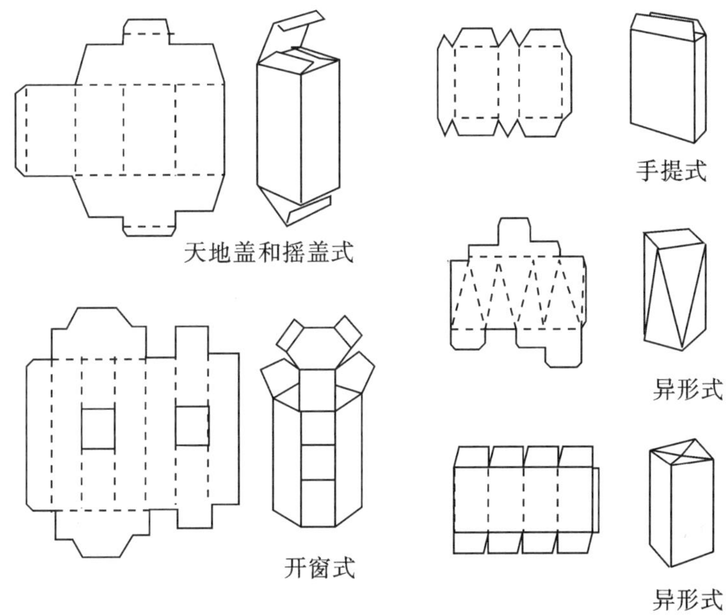

图 13-2　几种鲜蛋包装容器结构

4. 奶类食品包装

(1)液态奶包装　液态奶制品主要包括鲜奶和酸奶。鲜奶包括巴氏杀菌奶、超高温灭菌奶、超高温瞬时杀菌奶；酸奶包括发酵酸奶、酸化奶饮料、灭菌发酵酸奶和调配酸奶饮料。液态奶种类的多样化催生出液态奶包装形式的多样化。乳品企业选择包装形式的衡量指标主要是成本、鲜奶的货架保鲜期，以及产品的市场定位。多采用多层包装材料制成的包装容器，一种液体密封包装容器如图 13-3 所示。

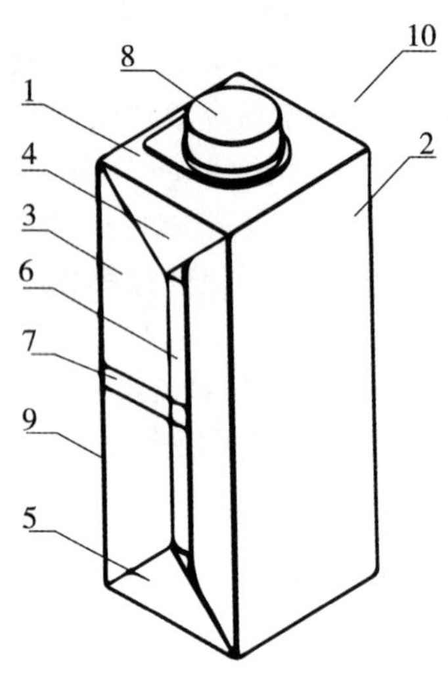

1—顶面;2—背面;3—侧表面;4—顶部折角;5—底部折角;6—横向折合区域;7—纵向折合区域;8—瓶盖;9—容器侧面;10—容器本体

图 13-3　一种液体密封包装容器

1)无菌屋顶包　屋顶包是一种纸、塑复合包装,外形像小房子。屋顶包里面装的是巴氏消毒奶,保留有一定的微生物。这种奶要求保持在 4 ℃左右贮存。由于对温度敏感,保质期较短,一般为 7 d。无菌屋顶包如图 13-4 所示。

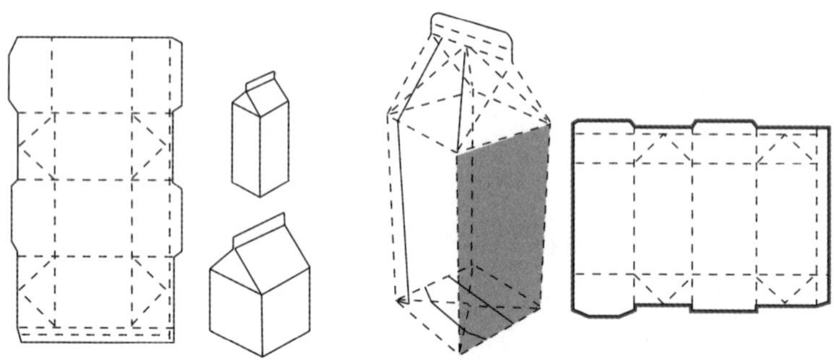

图 13-4　无菌屋顶包

2)无菌塑料包　无菌塑料包牛奶,外观类似巴氏塑料袋牛奶,但保质期可以达到 30 d,这是因为里面装的是超高温瞬时杀菌(UHT)奶,加上包装材料经过特殊处理,因此使奶在常温下的保质期大大延长。此包装虽然较经济,但会出现破包或串味等现象。

3)塑料袋和玻璃瓶　这是两种比较经济的巴氏奶包装,要求冷藏,保质期短,一般是 2 ~ 3 d。

4)利乐枕和利乐砖　这种包装产品一般都散放或者成箱放,常温保藏即可。这种奶的所有细菌和微生物全部被杀死,而且在无菌环境下灌装,达到了商业无菌的检验标准。

利乐枕保质期达到45 d,利乐砖保质期达到6 ~9 个月。

(2)奶粉的包装 奶粉包装的质量要求主要来自功能性要求,包括阻氧、防潮、避光、密封、无异味(溶剂残留量)等。主要可分为盒装、袋装、罐装等。

5. 水产品包装

(1)生鲜水产品的包装

1)生鲜水产品包装主要可用PE、PVC、PS等热成型容器包装,也可用PA/PE进行真空包装,如常用作虾类产品的包装。

2)可用涂塑纸盒或塑料热成型盒等容器来包装生鲜水产品,如常用作贝类产品的包装。

3)可采用玻璃纸、涂塑纸张、氯化橡胶、PP、PE等薄膜包装,或用涂蜡纸盒再用玻璃纸、OPP等薄膜加以外层包裹,如常用于牡蛎等软体水产品的包装。

(2)加工水产品包装 加工水产品的包装可采用塑料桶或箱、涂铝复合薄膜真空或充N_2包装,软包装、金属罐包装和玻璃包装等。

1)可用塑料桶或箱包装来用于盐渍水产品的包装。

2)涂铝复合薄膜真空或充N_2包装可用于干制水产品的包装。

3)软包装、金属罐包装和玻璃包装可用于水产品罐装。

(七)按包装材料的功能分类

按包装材料的功能分类,食品包装可分为智能食品包装、抗菌包装、乙烯调控包装、阻隔包装、可生物降解包装。

1. 智能食品包装

智能包装的概念于20世纪90年代提出,开发智能包装的目的是通过各种信号(颜色、荧光等信号)的变化向客户提供有关食品质量和安全性的信息,从而实时监测包装内食品的品质。智能食品包装按其工作原理可分为指示剂包装、传感器包装和射频识别(Radio Frequency Identification,RFID)包装等,它们在食品品质监测、追踪溯源等方面发挥着极其重要的作用,并推动食品包装向功能化、信息化和智能化发展。

(1)指示剂包装 指示剂包装可根据包装内部的温度、新鲜度pH值和泄漏量等指标的变化,并通过包装袋中的指示器颜色的改变,及时向消费者传达包装内部信息,从而可以直观反映食物的新鲜度。

(2)传感器包装 传感器是一种电子设备。传感器包装利用传感器进行探测,将一种形式的信号转换成另一种形式。根据传感器的工作类型,传感器可分为主动型和被动型。化学和生物传感器已经成为智能包装的工具,并应用于食品领域,比如监测包装袋内的pH值、湿度、微生物等指标。细菌的滋生会导致食物的腐败,食用被细菌污染的食物将严重影响人们的身体健康,因此对于细菌的检测尤为重要。

(3)射频识别包装 射频识别技术是一种利用射频通信实现的非接触式自动识别技术,这种技术可以在没有人为干预下使用无线传感器来识别产品,并收集数据。近年来,射频识别技术也越来越多地应用到食品包装上,因为RFID技术的成本相对较低廉,通常使用常规的方法(如丝网印刷和喷墨)将RFID标签印刷在食品包装上。目前,市场上已经将RFID技术用于监测温度、湿度、光照、压力和pH值等。

2. 抗菌包装

抗菌包装中的抗菌剂根据来源、组成、作用机制，目前可分为 3 种，即：无机抗菌剂、有机抗菌剂、天然抗菌剂。

（1）无机抗菌包装　无机抗菌剂主要包括纳米 Ag、纳米氧化物（如纳米 ZnO、TiO_2、CuO 等），还包括纳米黏土、石墨烯，以及一些新型的无机纳米复合材料。无机抗菌剂与有机和天然抗菌剂相比，具有抗菌范围广、抗菌效果好和有效期长等优点。它们可以通过缓慢释放金属离子，与细菌相互作用，或者释放抗菌活性物质（活性氧）破坏细菌的细胞膜和细菌细胞内的 DNA、酶、蛋白质以及线粒体，从而起到长期有效的抗菌作用。

虽然无机纳米复合材料具有高效且长期的抑菌效果，但是其成本较高、制备工艺复杂，并且金属离子迁移到食品上存在潜在的毒性。由此可见，对于如何降低无机抗菌包装生产成本，并保障其安全性是今后需要关注的问题。

（2）有机抗菌包装　有机抗菌剂分为两大类，包括低分子有机抗菌剂和高分子有机抗菌剂。低分子有机抗菌剂有季铵盐、季鳞盐、咪唑类、卤胺化合物、双胍类和有机金属等。高分子有机抗菌剂是一类高分子聚合物，通过将抗菌官能团单体共聚或接枝得到。有机抗菌剂主要通过抑制细菌蛋白/细胞壁的合成，或者与带负电的细菌细胞膜相互作用，从而起到抑菌的作用。有机抗菌剂与无机和天然抗菌剂相比，具有广谱高效的杀菌能力，并且还具有来源广泛、成本低廉和加工技艺简单等优点。

有机抗菌包装具有独特的优势，但是也有一些缺点，如低分子类有机抗菌剂稳定性较差、毒性较大；高分子有机抗菌剂虽然稳定性较高、毒性小，但是抗菌效果稍差、合成困难。由此可见，如何开发抗菌性能高、稳定性高、毒性小且合成简便的有机抗菌剂用于食品包装是今后需要解决的问题。

（3）天然抗菌包装　天然抗菌剂是一类源自自然界的抗菌剂，天然抗菌剂的获取需要经过提取、分离、纯化等步骤。常见的天然抗菌剂包括植物源的植物精油、萜类、抗菌肽、生物碱类物质、多糖类，以及动物源的氨基酸、壳聚糖、肽类等物质。还有微生物源的微生物代谢物、内生菌等。目前认为天然抗菌剂的机制是通过致使微生物蛋白变性，能量合成受阻，干扰细胞代谢，从而发挥抑菌效果。天然抗菌剂最突出的优势就是安全无毒，且抑菌效率好，因此近些年来对于天然抗菌包装的研究也越来越多。

虽然天然抗菌剂因其安全性高而备受关注，但是也存在提取加工较为困难，抗菌性能不及无机和有机抗菌剂等问题。由此可见，为了将天然抗菌剂应用于食品包装领域中，需要进一步优化天然抗菌剂的提取工艺，并通过改性来提高天然抗菌剂的抑菌效果。

3. 乙烯调控包装

果蔬的新鲜度对人们的健康很重要。对于呼吸跃变型果蔬而言，在贮存过程中会产生乙烯，乙烯会加快果蔬在贮藏期间的成熟速度，导致其保质期变短，因此通过安全有效的方法调控乙烯的产生，对延长采后货架期、控制果实成熟具有重要意义。通过包装微环境控制果蔬的成熟度是一种比较有效的措施，在包装材料中加入乙烯清除剂、乙烯受体拮抗剂等可以延缓果蔬的成熟进程，还可以在包装中加入促进乙烯释放的物质，以达到催熟效果。

（1）乙烯清除包装　传统清除和吸收乙烯的方法是在包装袋内加入活性炭、高锰酸钾、沸石、金属有机框架（metal organic frameworks，MOFs）等能氧化或者吸附乙烯的物质，以及乙烯受体拮抗剂［甲基环丙烯（1-MCP）、一氧化氮（NO）和硫化氢（H_2S）等］。虽然这些乙烯清除剂使用简便，但是其性质不稳定，脱除过程不可逆，且具有一定的毒性。为了避免以上问题的出现，可制备 TiO_2 壳聚糖纳米复合膜，该复合膜可以在紫外光照射下产生活性氧，活性氧可以将乙烯转化成二氧化碳和水，从而延缓果蔬的成熟进程和品质的变化。

（2）乙烯释放包装　与乙烯清除包装发挥作用相反，即通过释放乙烯达到催熟果蔬效果的包装。

4. 阻隔包装

包装的阻隔性能是基本要求，在食品供应链中必不可少，充当保护层或屏障层的作用，通过阻隔外界的气体、污染物、水分和光线等，从而防止食品的变质。根据包装的阻隔性可以分为防潮材料、阻氧材料、阻光材料和防静电材料，传统的阻隔包装材料多为塑料、陶瓷、玻璃和金属等，近年来有许多新材料和新技术应用于阻隔包装。

目前，用于食品上的阻隔包装多为石油基材料，虽然这些包装材料阻隔性能良好，但是存在不可生物降解、难回收等环境问题和经济问题，因此如何设计可回收、可生物降解、低成本的新型阻隔包装是亟待解决的问题。

5. 可生物降解包装生物

可降解包装材料是由生物聚合物制备而成，生物聚合物可根据其来源分为天然聚合物、合成聚合物和微生物聚合物。常见的天然聚合物包括蛋白质和碳水化合物，其中蛋白类又包括小麦分离蛋白、玉米蛋白、大豆分离蛋白和明胶等，而碳水化合物包括淀粉纤维素、壳聚糖和琼脂等；合成聚合物包括聚乳酸（PLA）、聚己内酯（PCL）和聚乙烯醇（PVA）等；微生物聚合物包括聚羟基丁酸盐（PHB）和碳水化合物（包括支链淀粉和凝胶多糖等）。这些聚合物如果单独使用，拉伸性能、力学性能和阻隔性能均不理想，而将几种可生物降解聚合物共混可以克服这些缺点。例如，将聚乳酸（PLA）与纤维素纤维进行混合，当纤维素的质量分数为10%时，膜的力学性能得到显著增加。将聚乙烯醇（PVA）与马铃薯淀粉按不同比例（0% ~60%）混合制备，PVA 可以改善膜的透气性和力学性能。因此，两种或者多种聚合物的混合制备是有效改善包装性能的关键，而且不会影响包装的生物降解性能。

二、食品包装的功能

现代商品社会中，食品包装对食品的保鲜、贮藏等都起着重要作用，同时也对商品流通起着极其重要的作用，包装的科学合理性会影响到食品的质量可靠性，以及传达给消费者的完美状态，食品包装的设计和装潢水平会直接影响到食品本身的市场竞争力乃至品牌、企业形象。

（一）食品保鲜、贮藏

食品包装可保护食品并使其处于最佳状态，延长食品的保藏期。食品在生产运输中会受到各种因素的影响，可分为人为因素和自然因素。食品包装应根据所包装的食品的特性及特点，选择适当的包装或采取不同的方法改良包装，保护食品的原有品质，延长食品的保藏期。食品在整个流通过程中,会发生一定程度上的变质和腐败。食品的营养成分,诸如碳水化合物、蛋白质、水、脂肪等都是细菌、酵母、霉菌等微生物生长繁殖的温床。

例如食品采用无菌包装或包装后进行高温杀菌、冷藏等处理,就是为了防止食品腐败,延长食品的保藏期。食品本身所包含的水分多少也会影响食品的质量,当这些水分的含量发生变化时,会导致食品风味的变化。如果采用相应的防潮包装技术就能防止上述现象的发生,也有效地延长了食品的保藏期。食品在流通时,受到日光或灯光的直接照射,以及在高温时,都容易使食品发生氧化变色、变味等现象,如采用相应的真空包装、充气包装等技术和相应的包装材料,同样也能有效地延长所包装食品的保藏期。

(二)保护商品

包装最重要的作用就是保护商品。商品在贮运、销售、消费等流通过程中常会受到各种物流条件及环境因素的破坏和影响,采用科学合理的包装可使商品免受或减少这些破坏和影响,以达到保护商品之目的。

对食品产生破坏的因素大致有两类:一类是自然因素,包括温度、湿度、光线、氧气、水分、微生物等,可引起食品变色、腐败变质、氧化和污染;另一类是物流条件因素,包括承压载荷、冲击、跌落、振动、人为污染等,可引起内装物破损、变形和变质等。

不同食品、不同流通环境对包装保护功能的要求不同。如油炸豌豆极易氧化变质,要求其包装能阻氧避光;饼干易碎、易吸潮,其包装应耐压防潮;而生鲜食品为维持其生鲜品质,要求包装具有适度的 O_2、CO_2 和水蒸气的透过率。因此,包装首先应根据包装产品的定位,分析产品的特性及其在物流过程中可能发生的品质变化及其影响因素,选择适当的包装材料、容器及技术方法对产品进行科学合理的包装,保持产品在一定保质期内的质量。

(三)方便物流

食品包装能为生产、流通、消费等环节提供诸多方便:方便物流过程的搬运装卸、存贮保管和陈列销售,也方便消费者的携带、取用和消费。现代包装还注重包装形态的展示方便、自动售货及消费开启和定量取用的方便性。一般说来,没有包装现代产品就不能贮运和销售。

(四)促进销售

食品包装是促进销售、提高商品竞争能力的重要手段。精美的包装能在心理上征服消费者,增加其购买欲望,超级市场中包装更是充当着无声推销员的角色,尤其在互联网电子商务时代,市场竞争由商品内在品质、价格、成本竞争转向更高层次的品牌形象竞争,包装形象将直接反映一个品牌和一个企业的形象。

现代食品包装设计已成为企业营销战略的重要组成部分。产品包装包含了企业名称、标志、商标、品牌特色以及产品性能、成分容量等商品信息,因而包装形象比其他广告传媒更直接真实地面对消费者。食品作为商品所具有的普遍和日常消费性特点,使得其通过包装来更直观精确地传达产品信息和树立企业品牌形象,所以食品包装更显重要。

(五)提高商品价值

包装是商品生产的继续,包装的增值作用不仅体现在包装直接给商品增加价值,而且体现在通过包装塑造名牌所体现的品牌价值。当代市场经济倡导名牌战略,同类商品名牌与否差值巨大。品牌本身不具有商品属性,但可以被拍卖,通过赋予它的价格而取得商品形式,而品牌转化为商品的过程可能会给企业带来巨大的直接或潜在的经济效益。包装增值策略运用得当,将取得事半功倍的效果。

第三节　食品包装材料

一、食品包装材料

(一)纸质包装材料

纸是一种古老的包装材料,自从公元 105 年中国发明造纸术后,纸不仅带来了文化的普及繁荣,也促进科学技术的发展。我国标准《纸、纸板、纸浆的术语》(GB/T 4687—2007)中对纸的定义:从悬浮液中将适当处理(如打浆)过的植物纤维、矿物纤维、动物纤维、化学纤维或这些纤维的混合物沉积到适当的成形设备上,经干燥制成的一页均匀的薄片(不包括纸板)。在现代包装工业体系中,纸和纸包装容器仍占有非常重要的地位。目前一些发达国家纸包装占包装材料总量的40% ~50%,我国占40%左右。从发展趋势来看,纸包装材料的用量还将继续增大。纸包装材料之所以在包装领域独占鳌头,是因为其具有以下特点:

(1)原料来源广泛、成本低廉、品种多样、容易实现大批量生产;

(2)加工性能好,便于复合加工,且印刷性能优良;

(3)具有一定机械性能、质量较轻、缓冲性好;

(4)废弃物可回收利用,无白色污染。

纸作为现代包装材料,主要用于制作箱、盒、袋等容器包装食品,其中瓦楞纸板及其纸箱占据纸类包装材料和制品的主导地位。目前,由多种材料复合而成的复合纸和纸板、特种加工纸等,已被广泛应用以解决塑料包装所造成的环境保护问题。

(二)塑料包装材料

塑料在食品包装中起着重要的作用,广泛应用于食品的包装及保藏。塑料食品包装作为包装材料行业中最为活跃的一个领域,与其他包装材料相比,增长速度最快,发展空间更广阔。

1. 塑料包装材料特点

(1)密度小、力学性能好　塑料包装材料的密度一般为 0.9 ~2.0 g/cm^3,只有钢的 1/8 ~1/4,以材料单位质量计,强度比较高;制成同样容积的包装,使用塑料材料将比金属材料轻得多,可大大节省运输费用。

(2)适宜的阻隔性与渗透性　理化材料的阻隔性与渗透性与其自身特性,生产工艺,厚度等参数有关,并且可以通过控制生产工艺条件进行调节。选择合适的塑料材料可以制成阻隔性适宜的包装,用于包装对阻隔性能要求较高的食品等。

(3)化学稳定性好　塑料对一般的酸、碱、盐等介质均有良好的抗耐能力,可抵抗来自被包装物和包装外部环境的水、氧气、二氧化碳及各种化学介质的腐蚀。

(4)良好的加工性能和装饰性　塑料包装制品可以用挤出、注射、吸塑等多种方法成型。塑料薄膜还可以增加在高速度包装机上自动成型、灌装、热封的方便性,且生产效率高。经过电晕处理后,大部分塑料薄膜都能在凹版印刷机上印刷出精美图案。

(5)光学性能优良　大部分塑料包装材料具有良好的透明性,制成包装容器可以清楚地看清内装物,起到良好的展示和促销效果。

(6)卫生性良好　聚合物树脂本身几乎是没有毒性的,可较安全地用于食品包装。但当部分树脂的单体(如聚氯乙烯的单体氯乙烯等)及生产过程中的添加剂含量过高时,可能会出现包装材料迁移到被包装食品中的危险情况。因此要严格按照相关法规及标准生产,保证其安全性。

2. 塑料包装材料的主要应用

(1)薄膜　包括单层薄膜、复合薄膜和薄片,这类材料做成的包装也称软包装,主要用于包装食品、药品等。其中单层薄膜的用量最大,约占薄膜的2/3,其余的则为复合薄膜及薄片。制造单层薄膜最主要的塑料品种是低密度聚乙烯,其次是高密度聚乙烯、聚氯乙烯和聚丙烯等。

(2)塑料容器

1)塑料瓶、罐、桶及软管容器使用的材料　以高、低密度聚乙烯和聚丙烯为主,也可以使用聚氯乙烯、聚苯乙烯、聚碳酸酯、聚酯等树脂,容器容量可以任意调节。塑料容器耐化学性、气密性及抗冲击性好、自重轻、运输方便、破损率低。如聚酯吹塑薄壁瓶,透气性低,能承受压力,已普遍用来盛装碳酸饮料和饮用水等。

2)杯、盒、盘、箱等容器　以高、低密度聚乙烯、聚丙烯以及聚苯乙烯的片材,通过热成型或其他方法制成,主要用于包装食品。

3)缓冲包装材料　主要用聚苯乙烯、低密度聚乙烯、聚氯乙烯和聚氨酯制成的泡沫塑料。泡沫塑料按发泡程度和交联与否,分硬质和软质两类;按泡沫结构分闭孔和开孔两种。泡沫包装材料具有良好的隔热和缓冲防震性,主要用作包装箱内衬。

4)密封材料　包括密封剂和瓶盖衬、垫片等,是一类具有黏合性和密封性的液体稠状糊或弹性体,以聚氨酯或乙烯-醋酸乙烯为主要成分,常用作桶、瓶、罐的封口材料。

5)带状材料　包括打包带、撕裂膜、胶带、绳索等。塑料打包带是用聚丙烯、高密度聚乙烯做带坯,经单轴拉伸取向、压花而成的带状材料。

(三)金属包装材料

金属包装材料以金属薄板或者箔材作为主要原材料,将金属压延成薄片,经过各种加工制成各种容器来包装食品。食品包装常用的金属材料按材质大致分为两类,一类是钢基包装材料,如镀锡薄钢板、镀铬薄钢板、涂料板、镀锌板和不锈钢板等;另一类是铝质包装材料。金属包装材料所具有的特点如下。

(1)高阻隔性能　金属包装材料具有极佳的阻隔性能,能够阻挡气、水、汽、油、光的透过,可以长期保护食品质量与风味不变,使产品具有较长的货架期。

(2)良好的机械性能、耐高温低温性、导热性　金属具有较高的耐压强度,在食品包装时表现出耐湿、耐压度变化和耐虫害等优势。这些特点使金属包装的食品便于贮存、运输和装卸,使食品的销售半径大大增加,同时也便于实现食品包装的机械化和自动化操作。

(3)易于加工 由于金属良好的延展性,我们可以将金属轧制成各种厚度的板材和箔材等。板材再通过各种方式加工成各种形状的包装容器;箔材还可以与纸、塑料等包装材料复合,适用于机械化连续自动生产,生产加工效率高,满足食品自动化、大规模生产的需要。

(4)表面装饰性好 金属材料具有独特的金属光泽且便于印刷、装饰,可以通过表面设计等,让食品外表更加美观,同时具有较强的质感,吸引消费者。

(5)包装废弃物易于回收处理 金属包装容器可以回收处理,二次利用,既节约资源,也减少了环境污染。

(6)化学稳定性差,不耐酸碱腐蚀 大多数金属比较活泼,在自然环境中易腐蚀,不耐酸碱,所以一般需要在金属内壁施涂涂料,防止来自外界和被包装物的腐蚀破坏作用,同时也要防止金属中有害物质迁移对食品的污染。

(四)玻璃及其他包装材料

1. 玻璃包装材料

玻璃材料的包装特性有以下几个方面。

(1)化学稳定性 玻璃作为食品包装材料的一个突出优点是具有极好的化学稳定性。一般说来,玻璃内部离子结合紧密,高温熔炼后大部分形成不溶性盐类物质,从而具有极好的化学惰性,可抗水、气体、碱、酸等侵蚀,不与被包装的食品发生作用,具有良好的包装安全性,特别适宜婴幼儿食品、药品等对安全卫生性要求高的产品包装。但同时应注意玻璃自身熔炼和成型加工质量,以确保被包装食品的安全性。

(2)透明性好 玻璃具有极好的透光性,可充分显示内装食品的感官品质。

(3)耐高温 玻璃材料耐高温,能经受加工过程的消毒、杀菌、清洗等高温处理,能适应食品微波加工及其他热加工,但玻璃材料对温度骤变而产生的热冲击适应能力差,特别是当表面质量差、玻璃较厚时,它所能承受的急变温差更小。

(4)高阻隔性 玻璃对其他物质的透过率几乎为0,可以有效地对食品中的气味进行保护,这是它作为食品包装材料的一个突出优点。

(5)抗压强度高 玻璃抗压强度较高(200~600 MPa),但抗张强度低(50~200 MPa),脆性高,抗冲击强度低。

(6)原料丰富,易于加工成型,可回收再利用 生产玻璃的原材料来源丰富,价格低廉,还具有可回收再利用的特点,废弃玻璃制品可回炉熔融,再成型制品,可降低能耗、节约原材料。玻璃易于上色,外观光亮,用于食品包装,美化效果好,可加工制成各种形状结构的容器。

2. 陶瓷包装材料

我国是使用陶瓷制品历史最悠久的国家,陶瓷是以天然黏土以及各种天然矿物为主要原料,或加入配料并以适当的工艺水平和技术,按用途给予造型,表面涂上各种特定釉或光滑釉,以及各种装饰,采取特定的化学工艺,用适宜的温度和不同种类的气体(氧化、碳化、氮化等)烧结成的一种或多种晶体。以前人们把用陶土制作成的在专门的窑炉中高温烧制的物品称作陶瓷,陶瓷是瓷器和陶器的总称。它包括由黏土或含有黏土的混合物经混炼成型、煅烧等过程所制成的各种制品。根据选用的加工工艺和原料又可分别分为细瓷、粗瓷和精陶、粗陶等。陶瓷的烧结温度通常为1 000～1 200 ℃，陶瓷是无机非金属材料，内部由离子晶体及共价晶体构成，同时还有一部分气体孔和玻璃相，是一种复杂的多相体系及多晶材料。

3. 其他包装材料

随着人们生活水平的提高，对商品包装质量和卫生质量以及绿色健康的要求也不断提高。逐渐开发出了新型的复合包装材料以及绿色包装材料。复合包装材料克服了单一材料的缺点，得到了单一材料不具备的优良性能，已成为目前食品包装材料主要的发展方向。另外食品包装材料经过绿色加工形成各种形态，可以满足人们不同的需求。

二、食品包装辅料

食品包装被称为食品的“特殊添加剂”或“隐性添加剂”，在食品包装与食品接触的过程中，一定的时间、温度、湿度、酸碱度等条件下，劣质食品包装容器及材料中含有的非法添加剂，即有毒有害物质（如铅、镉、铬等重金属，甲醛、苯、多氯联苯等）会释放出来，迁移并渗入至食品中，造成食品污染而又不易被察觉，会威胁到消费者的健康，导致各种慢性、亚慢性甚至癌症疾病的发生，尤其针对儿童和青少年的健康生长发育存在着极大的安全隐患。所以，作为食品安全最后的屏障，食品容器和包装相关材料必须确保安全性与卫生性。

（一）纸质包装辅料

目前国内已经研制开发成功的食品包装纸板主要有：用于液体食品包装的液体无菌包装原纸、纸杯原纸、牛奶卡原纸、面碗原纸和餐盒原纸等；用于固体食品包装的单面涂布食品卡、高松厚度单面涂布食品卡、餐桶原纸、高松厚度防油食品卡等。这些产品通常所用的造纸化学品主要有：用于浆内添加的施胶剂、干湿强剂、淀粉、填料、杀菌剂等；用于纸机湿部的助留剂、助滤剂、消泡剂、层间喷淋淀粉等；用于纸板表面涂布的表面施胶剂、瓷土、碳酸钙、胶乳、涂布淀粉、羧甲基纤维素钠、润滑剂、分散剂、抗水剂、抑泡剂等；其他还有调色用的染料、颜料等。用于液体食品包装的纸板，其抗边缘渗透能力是一项重要的关键技术指标，特别是液体无菌包原纸和牛奶卡原纸等，必须同时具有抗热水、乳酸和双氧水边缘渗透的能力，在生产过程中，这两种原纸的工艺技术含量是较高的，所用的造纸化学品也是专门研制开发的，但目前国内能满足上述要求的化学用品还很少。

（二）塑料助剂

塑料包装材料保护食品免受污染，便于运输和配送，在制造和加工过程中加入的塑料助剂可以改善其柔韧性、耐久性、阻隔性能。塑料助剂也称塑料添加剂，它在塑料制品中起着十分重要的作用，有时甚至是决定塑料使用价值的关键因素。助剂不仅能赋予塑料制品外观形态、色泽，而且能改善加工性能，延长使用寿命，降低塑料制品成本。开发新的塑料制品，在某种意义上讲，重要一环是选择合适的树脂和助剂，即所谓配方。常用的塑料助剂有：增稠剂、稳定剂（热稳定剂、光稳定剂、抗氧剂等）、润滑剂与脱模剂、着色剂、抗静电剂、防雾剂、固化剂等。

(三)金属包装辅料

金属材料化学稳定性较差、耐腐蚀性差是金属包装材料存在的主要问题,利用涂层技术在金属表面覆盖涂层是防止金属包装材料腐蚀的有效方法。涂层能隔离被保护基体与腐蚀介质使之不直接接触,通过阻止外界环境与金属表面的接触而达到防护效果。对于金属包装材料而言,涂层可保护其不受环境的侵蚀,赋予金属包装材料美观的外表等。在金属表面覆盖涂料涂层是最有效、最经济、应用最普遍的防腐方法。目前工业上对金属材料进行表面腐蚀防护常采用金属涂层及有机、无机涂料涂层。

1. 金属包装内外壁涂料的特点及要求

(1)涂料及所用溶剂安全卫生、无污染、无毒害、价格低廉,同时在保质期内不影响内容物本身的特性。

(2)涂膜工序操作简单、方便快捷,干燥迅速不回粘。

(3)涂料成膜后性能稳定,附着力良好,能够满足罐装产品工艺要求,避免内容物对罐壁腐蚀。

食品罐外壁涂料一般采用的是印铁方式,色泽鲜艳,光亮美观,集装饰、广告说明于一体。但罐装食品由于一般需要高温灭菌处理,因此需要对食品包装有以下特殊要求。

1)印铁涂料能耐沸水和压力蒸汽的热处理而使涂膜保持原有的光泽和色彩。

2)涂料和油墨价格低,施工方便,贮藏稳定性好。

3)油料和油墨成膜烘干后在金属表面附着力好,适应工艺要求,且白涂料不泛黄、彩色油墨不变色、光泽好。

2. 金属包装内外壁涂料的种类

(1)3402 椰子油醇酸树脂　由 3402 椰子油醇酸树脂、6334 环氧树脂和 582 三聚氰胺甲醛树脂构成,主要成分为 3402 椰子油醇酸树脂。它具有不易泛黄、干燥性好等特点,其与环氧树脂并用,可提高其附着力和耐冲性。

(2)C05-3 氨基醇酸树脂白涂料　由花生油醇酸树脂和 582 三聚氰胺甲醛树脂加钛白粉组成,柔韧性好,可用作回旋盖涂料头道白涂。

(3)环氧脲醛树脂涂料　由 609 环氧树脂和 520 脲醛树脂构成,其涂膜无色透明、附着力和耐冲击性好,可用作彩印涂料和回旋盖涂料的底涂料。

(4)环氧树脂涂料　由 604 环氧树脂和脱水蓖麻油酸经配化制成,涂膜无色透明、附着力和柔韧性好、耐蒸汽加热。其加入钛白粉可作为回旋盖涂料白涂料。

(四)其他包装辅料

1. 封缄材料

将一个包装或一个包装件的封闭过程称为封缄,封缄包装物所用的材料被称为封缄材料。封缄是在食品包装过程中最后一道工序,影响产品的最终质量。不同的包装对封缄的保护性各不相同,有的需要做到阻气性密封,而有的需要做到防潮防锈性密封。封缄关键材料包括胶带、盖类封缄材料、钉类、黏合剂等。

2. 捆扎材料

在包装食品中的捆扎材料主要是包括塑料捆扎带和塑料绳,主要用于瓦楞纸箱以及部分散装食品、蔬菜等捆扎，可以起到将食品聚集一起压缩体积作用，或者可以起到增加包装的强度，便于装卸等作用。捆扎材料包括捆扎带、拉伸薄膜和收缩薄膜等。

3. 流体密封材料

为提高瓶盖及罐头包装类食品的密封性能，一般在罐盖沟槽内施涂流体密封材料，干燥后形成对金属或玻璃具有一定附着力的弹性膜，以达到良好的密封作用和防腐蚀作用。

三、食品包装容器

(一)纸质包装容器

纸质包装容器是指以纸或纸板为材料构成的容器，纸质包装容器品种繁多，用途广泛。常用的纸质包装容器有纸箱、纸盒、纸袋、纸杯、纸桶、纸罐等，其中瓦楞纸箱应用最为广泛，纸质包装容器的特点有以下几个方面。

(1)纸材规格品种多，辅助材料少，加工费用低。

(2)纸材质量轻，缓冲性能好，适用折叠成型，具有一定的强度。

(3)复用性好，可以回收再生，不会给环境造成危害，是首选的绿色包装。

(4)纸材具有优良的加工性能，加工过程简单，易于实现自动化。

(5)造型多种多样，具有优良的印刷、装潢性能，精美的纸容器可提高商品附加值，促进销售。

(6)展示，陈列性强，有良好的货架效果。

(7)填装、运输方便，存贮、流通费用低。

但也应注意，纸包装容器的密封性、刚性、抗湿性较差，对液体或密封性要求较高的商品，通常作为中层包装或外包装使用。纸质包装在食品、医药、文教用品、日用品、化妆品、电子、工艺品、工具器材、仪表等较多商品的包装领域已广泛应用，且随着强化、压光覆膜等技术的进一步发展，纸包装容器的使用范围将会不断扩大。部分纸质包装容器结构如图 13-5 所示。

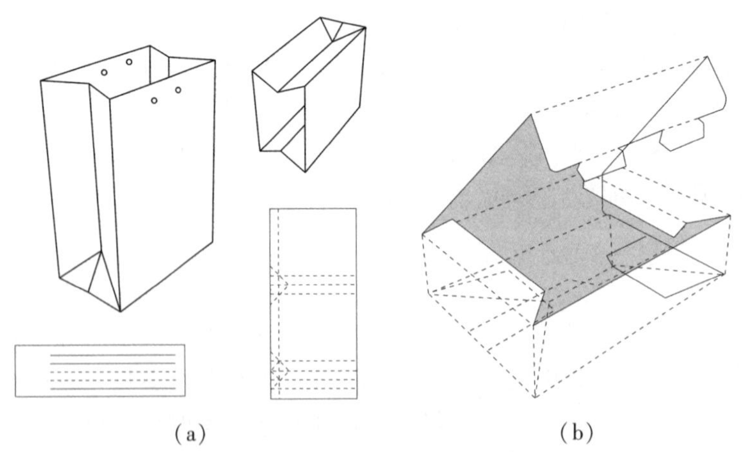

(a) (b)

图 13-5　部分纸质包装容器实体图与结构图

(二)塑料包装容器

塑料制品自20世纪50年代在包装行业中就已经广泛应用。经过多年的发展,在与传统包装材料之间的竞争中,塑料包装材料发展速度更快。塑料容器虽然历史不长,但发展迅速,具有物美价廉、质量轻便等优点,市场发展空间较大。

采用不同的加工工艺可以制备不同类型的塑料包装容器。常用的塑料包装容器有塑料瓶、塑料桶、塑料周转箱、钙塑瓦楞箱、塑料罐、塑料杯、塑料盘、塑料盒、塑料袋、薄膜包装袋、大容积袋和高强度袋等。其中用于塑料瓶的塑料品种 PVC、PE、PET、PS 和 PP 等。塑料桶主要采用聚乙烯和聚丙烯塑料加工制成,而"软塑桶"则是由聚乙烯共聚物(或与 EVA 共混)制成。薄膜包装袋有枕形袋、三边密封袋、四边密封袋。除此之外,随着食品工业的发展,为食品包装行业提供了巨大的市场,塑料包装材料成为食品行业不可缺少的一部分,塑料新材料的研发和应用发展迅速。如今,已经开发出双向拉伸聚丙烯(BOPP)薄膜、双向拉伸聚酯(BOPET)薄膜、流延聚丙烯(CPP)薄膜、双向拉伸尼龙(BOPA)薄膜、聚乳酸(PLA)、聚丁二酸丁二醇酯(PBS)、聚羟基脂肪酸酯(PHA)薄膜等。

(三)金属包装容器

金属包装具有技术密集、资本密集、产品替代性高、市场季节性变化大,市场集中度高等产业特点,是中国包装工业的重要组成部分。金属包装容器企业主要为食品、油脂、饮料、药品、化工及化妆品等行业提供包装服务。随着居民生活水平的提高以及国民经济的增长,食品、医药等领域的消费需求逐渐增大,中国金属包装容器制造行业的发展迅速。常用的金属包装容器有金属罐、金属箱、金属桶、金属盒、金属软管等。作为包装产业的支柱之一,金属包装容器正向着多功能化、多样化、高技术方向快速发展。

金属包装容器安全性的评价有以下几个方面:

(1)罐体外观质量　容器外表面是否光洁,有无锈蚀、胀罐、突角、棱角及其机械损伤引起的磨损变形、凹瘪;焊缝是否光滑均匀,有无砂眼、堆锡、锡路毛糙、击穿、焊接不良等现象。

(2)卷边质量　卷边外部是否出现假卷、波纹、快口、折叠、"牙齿"、断封、切罐、突唇、密封胶挤出等现象。

(3)密封性　用减压试验或加压试验检查空罐是否有泄漏。

(4)封口质量　封口结构的紧密度、叠接率、接缝盖钩完整率。

(四)玻璃及其他包装容器

1. 玻璃包装容器

随着玻璃包装容器在高强度化和轻量化方面快速发展,相对于纸、塑料、金属等传统包装材料,玻璃包装容器逐渐显露出其他包装容器所无法取代的包装特性。玻璃容器主要包括各种形状结构的瓶罐容器。玻璃瓶按造型分为圆形瓶和异形瓶;按照瓶口尺寸可分为大口瓶(瓶口内径大于30 mm)和小口瓶(瓶口内径小于30 mm);按照瓶口盖形式可分为普通塞瓶、冠塞瓶、螺纹瓶、滚压塞瓶、凸耳塞瓶和防盗塞瓶;按照瓶罐的结构特征可分为普通瓶、长颈瓶、短颈瓶、凸颈瓶、溜肩瓶和端肩瓶等。

2. 陶瓷包装容器

陶瓷制品用作食品包装容器主要有瓶、罐、缸、坛等,主要用于酒类、腌制品以及传统风味食品的包装。陶瓷包装容器的制造工艺流程为:原料配制→泥坯成型→干燥→上釉→焙烧。陶瓷包装容器的特点有以下几个方面。

(1)陶瓷制品的原料丰富,便宜,成型工艺简单。

(2)耐热、耐火、耐药性好,可反复使用,废弃物对环境污染小。

(3)具有较高的抗压强度和硬度。

(4)彩釉陶瓷制品造型色彩美观,装饰效果好,能增强容器的气密性同时对内装食品起到保护作用。同时,其本身可作为精美的工艺品,有很好的装饰观赏作用。

3. 其他包装容器

为了节省能源和资源,价格低廉的塑料包装容器与玻璃和金属包装容器展开了竞争。在实际应用过程中,单层的塑料包装容器在某些食品包装中是不适用的,必须提高塑料容器的阻隔性能,因此复合包装容器逐渐发展起来。在有些复合包装容器生产中,会采用强度好而且成本低的塑料以满足机械强度方面的要求,同时采用阻隔性能好价格贵的树脂满足阻隔要求,通常阻隔层很薄,因而可降低生产成本。例如无菌包装盒(袋),其结构如图 13-6 所示。

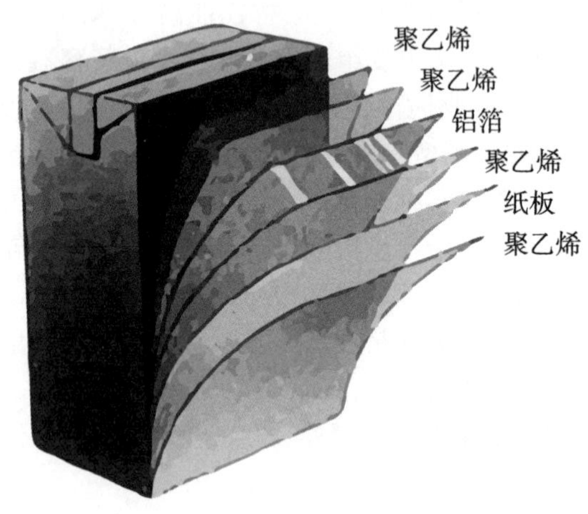

图 13-6　无菌包装盒的结构

第四节　食品包装技术

食品是由多种具有不同物理性质的化学成分所构成的。当食品暴露于自然环境中,各种因素均将以不同形式使食品产生不同程度的化学、物理变化,从而对食品的品质造成不同程度的影响。环境因素对食品产生的作用是多种多样的,或诱导食品的品质变化,或直接参与到食品品质变化中。以下将介绍环境因素对食品品质的影响,为食品包装技术方法提供理论基础。

一、食品包装原理

食品的品质包括食品的颜色、质地、风味、营养价值、外观形态、重量及应达到的卫生指标。在食品从原料加工到消费的整个流通环节,食品品质都会因受到生物性和化学性的浸染、会受到各种环境因素(光、氧气、水分、温度等)和微生物等生物因素的影响而发生变化。因此,研究这些因素对食品品质的影响规律是非常必要的,它是控制食品品质劣变的理论基础,是进行包装设计的重要依据。

二、食品包装工艺技术及装置

食品品质的影响因素

食品包装工艺是指产品和食品包装物由原始状态到食品包装成品的工艺的组合。食品包装一般工艺过程见图 13-7。其中,食品的充填、灌装、封口或密封为食品包装主要过程。包装容器或材料清洗、烘干、消毒(或包括容器制造)等为食品包装的前期过程。贴标、盖印、装箱、捆扎等为食品包装的后期过程。

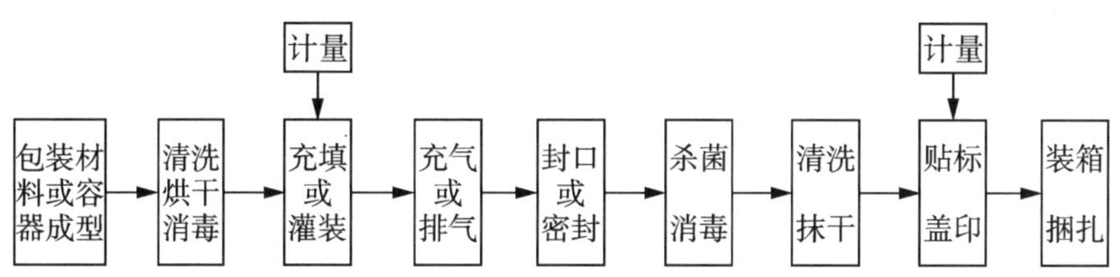

图 13-7　食品包装一般工艺过程

(一)食品充填技术及装置

将一定量食品装入某一容器的操作过程称充填(filling),主要包括食品的计量和充入。其中液体的充填称为灌装(canning)。充填是食品包装的一个重要程序,由于食品的种类繁多,形态及流动性各不相同;包装容器也是形式多样,用材各异,因此就形成了充填技术的复杂性和应用的广泛性。根据食品的计量方式精度要求不同,食品充填技术分为称重充填、容积充填和计数充填。

1. 称重充填法

称重式充填(gravimetric filling method)适用于易吸潮、易结块、粒度不均匀、容重不稳定的物料计量,精度较高,但工作速度较低,装置结构较复杂,可用于充填粉状和小颗粒食品。常用的称量装置有杠杆秤、弹簧秤、液压秤、电子秤。根据称量方式的不同可分为间歇式和连续式两类。

(1)间歇式称量　间歇式称量有净重充填法和毛重充填法两种。净重充填法如图 13-8,先将物料过秤后再充入包装容器,充填过程为:进料器把物料从贮料斗运送到计量斗中,当计量斗中物料达到规定重量时即通过落料斗排出,进入包装容器。进料可用旋转进料器、皮带、螺旋推料器或其他方式完成,并用机械秤或电子秤控制称量。净重充填法称量精度很高,如 500 g 物料其精度可达±0.5 g,所以净重称量广泛地应用于要求高精度计量的自由流动固体物料,如奶粉、咖啡等固体饮品,也可用于那些不适于容积充填法包装的食品,如膨化及油炸食品等。毛重充填法如图 13-9,它与净重充填法的区别在于:没有计量斗,将包装容器放在秤上进行充填,达到规定重量时停止进料,故称得的重量为毛重,其计量精度受容器重量变化影响很大,计量精度不高;但由于食品不经计量斗而直接落入容器中称量,食品物料的黏附现象不会影响计量精度,因此,除可应用于能自由流动的食品物料外,还适用有一定黏性物料的计量充填。为了达到较高充填计量精度,可采用分级进料方法,即大部分物料高速进入计量斗,剩余小部分物料通过微量进料装置缓慢进入计量斗,在采用电脑控制的情况下,对粗加料和精加料可分别称量、记录、控制,做到差多少补多少。整个称重工作循环一般要 10 s 左右,其最高速度不大于 30 次/min。为了提高称重速度和生产效率,可以增加称重装置的数量,也可采用集中称重离心等分析装置,先集中称重再通过离心等分若干份进行充填包装。

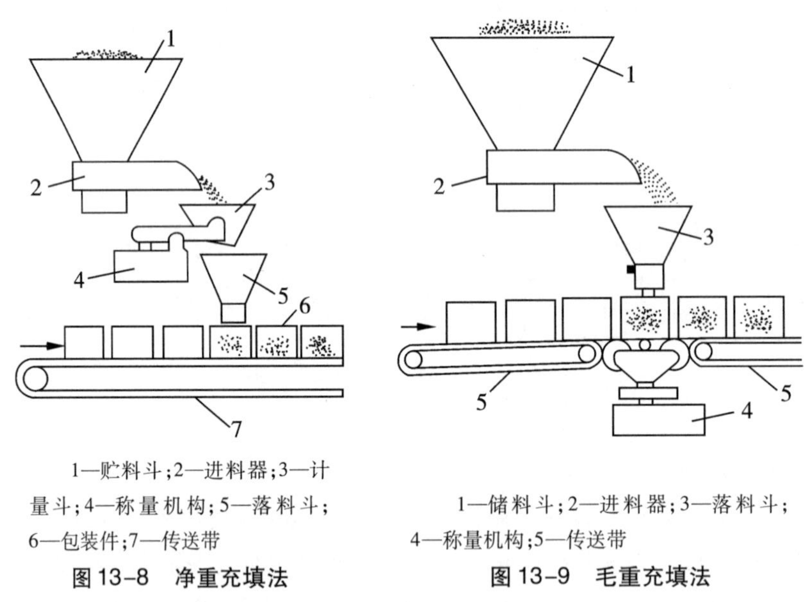

1—贮料斗;2—进料器;3—计量斗;4—称量机构;5—落料斗;6—包装件;7—传送带

图 13-8　净重充填法

1—储料斗;2—进料器;3—落料斗;4—称量机构;5—传送带

图 13-9　毛重充填法

(2)连续式称量　连续式称量装置:采用电子皮带秤称重,可以从根本上克服杠杆秤发出的信号与供料停机时已送出物料的计量误差问题,同时还能大大提高计量速度,适应高速包装机的需要。

图 13-10 为控制闸门开启的电子皮带秤,物料在皮带输送过程中,连续地流经秤盘。在秤盘上面的这一段(测量距离)皮带上的物料会由于密度变化而发生重量变化。而这一变化将通过传感器转化为电量变化,并与给定值进行比较,再经综合放大去驱动执行机构,使其控制闸门升降,以调节料层厚度,也可以通过控制皮带速度来控制充填量。为了实现定量包装,在电子皮带秤物料流出端的下方设置一个等速旋转的等分格转盘。转盘上各分格在相等的时间内截取一段皮带上的物料(即截取等重量的物料),然后注入包装容器中。适当调节皮带速度和等分格转盘的转速,就能截取到预定重量的物料。电子皮带秤的计量速度为 20 ~ 200 包/min,计量范围为 50 ~ 100 g/包,计量精度为±(1.0 ~ 1.5)%,适应秤感量±0.5 g 要求的物料包装计量。

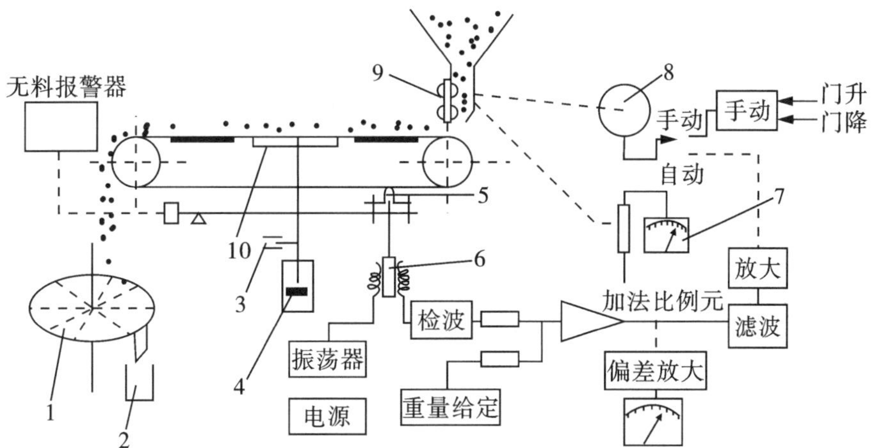

1—料盘;2—容器;3—限位器;4—阻尼器;5—Ω 形弹簧;6—差动变速器;7—密度计;8—可逆电动机;9—闸门;10—秤盘

图 13-10 电子皮带秤工作原理

2. 容积充填法

容积充填法(volumetric filling method)是将食品按照预定的容量填充至包装容器内的充填方法。为了保证物料体积质量稳定,在充填时多采用振动、搅拌、抽真空等方法使充填物料压实。容积充填的方法很多,但从计量原理上可分为两类,即控制充填物料的流量和时间及利用一定规格的计量筒来计量充填。

(1)计时振动充填法 计时振动充填法如图 13-11 所示,贮料斗下部连接着一个振动托盘进料器,进料器按规定的时间振动,将物料直接充填到容器中,计量由振动时间来控制。此法装置结构最简单,但计量精度最低。

(2)螺旋充填法 螺旋充填法如图 13-12 所示,当送料螺旋轴旋转时,贮料斗内搅拌器将物料拌匀,螺旋面将物料挤实到要求的密度,每转一圈就能输出一定量的物料,由离合器控制旋转圈数即可达到计量之目的。如果充填小袋,可在螺旋进料器下部安装一转盘用以截断密实的物料,然后将空气与之混合,形成可流动的物料,充填后再振动小袋以敦实松散的物料。螺旋充填法可获得较高的充填计量精度。

(3)重力-计量筒充填法 重力-计量筒充填法如图 13-13,重力-计量筒充填法适用于价格较低、计量精度要求不高的自由流体固体物料。

(4)真空-计量充填法 真空-计量充填法如图 13-14,常用来充填安瓿瓶、大小瓶、大小袋、罐头等,充填容量范围从 5 mg 至几千克,一般的计量精度为±1%。

容积充填法广泛用于计量流体、半流体、粉状和小颗粒食品。该法计量速度快、设备结构简单、造价低,计量精度比称重充填低,一般为±(1.0~2.0)%,工程实际中采用二者结合的方式来提高计量精度。

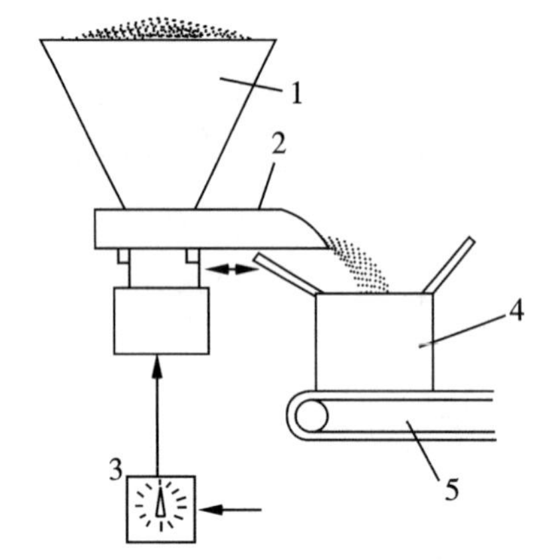

1—贮料斗;2—振动托盘进料器;3—计量器;4—包装容器;5—传送带

图 13-11 计时振动充填机示意图

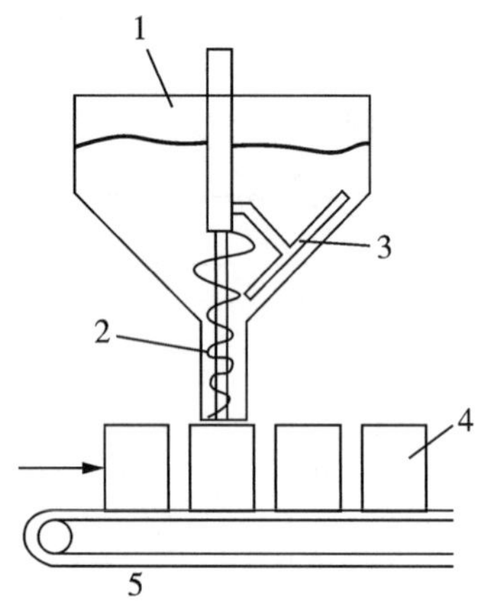

1—贮料斗;2—送料轴;3—搅拌器;4—包装件;5—传送带

图 13-12 螺旋充填机示意图

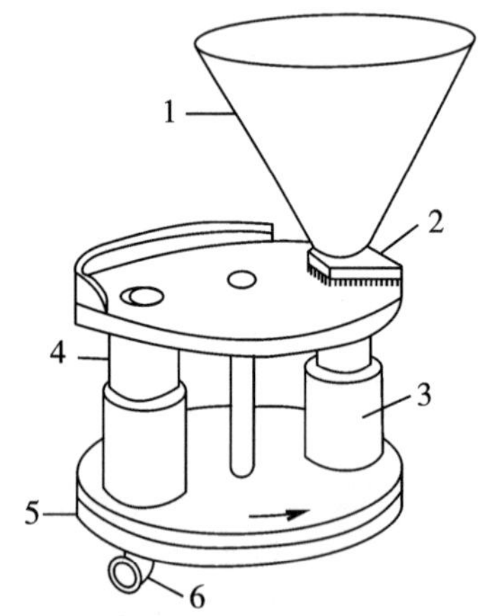

1—贮料斗;2—刷子;3—计量筒;4—伸缩腔;5—固定圆盘;6—排料口

图 13-13 重力-计量筒填充机示意图

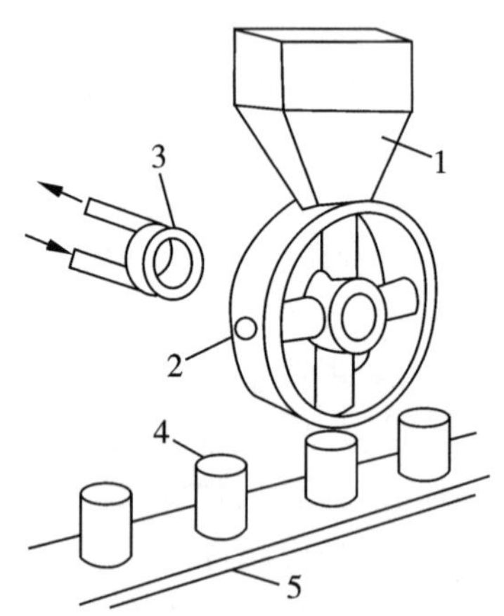

1—贮料斗;2—计量筒转轮;3—真空-空气总管;4—容器;5—运输带

图 13-14 真空-计量充填机示意图

3. 计数充填法

计数充填法是将产品按预定数目充填至包装容器内的充填方法,通常要求单个样品之间规格一致,常用于颗粒状、条状、片状、块状食品的计量填充。其设备和操作工艺简单,可手动、半自动或自动化操作。从计数的量来分,有单个包装和集合包装两种。单个包装如常见方便面、面包等的包装,集合包装是多个产品经计数后集合包装在一起,如饼干等的包装。充填装置有转盘式计数装置、长度计数装置、容积计数和光电式计数装置等。

(1)转盘式计数装置　转盘式计数适合于形状、尺寸规则的球形和圆片状食品如颗粒状的巧克力糖、药片等。图 13-15 为适合球形食品计数的转盘计数机构,卸料盘和料筒固定在底盘上,物料装在料筒内,装料筒底盘为一可转动的定量计数盘。

(2)长度计数装置　长度计数装置结构如图 13-16,由输送带、横向推板、触点开关、挡板等组成,计数时,排列有序的产品经输送机构到达计量机构中,当产品的前端触及到挡板时,触点开关发出信号,使横向推板迅速动作,将与横向推板长度相等的产品推到包装台上进行裹包包装。常用于块状食品如饼干、云片糕等的包装计数。

(3)容积计数装置　容积计数装置结构如图 13-17,物料自料斗落到计量装置内,形成有规则的排列。当计量装置充满时,即达到预定的计量数,此时料斗与计量箱之间的闸门关闭,同时计量箱底部的闸门打开,物品进入包装容器内。

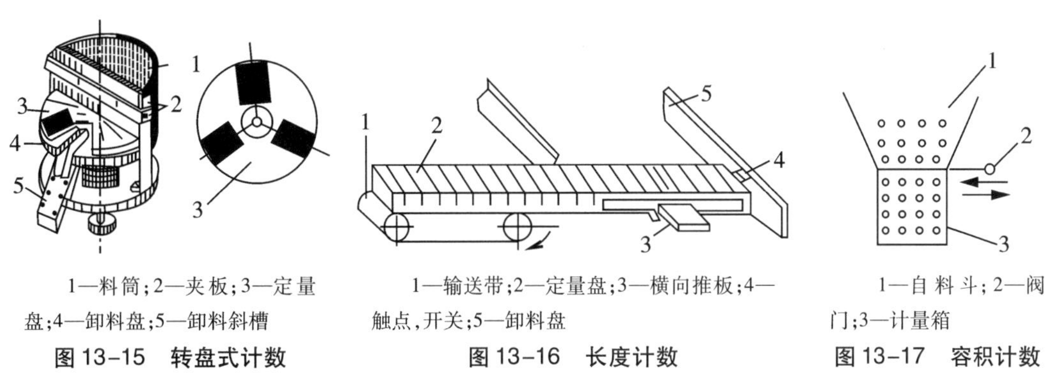

1—料筒;2—夹板;3—定量盘;4—卸料盘;5—卸料斜槽

图 13-15　转盘式计数

1—输送带;2—定量盘;3—横向推板;4—触点,开关;5—卸料盘

图 13-16　长度计数

1—自料斗;2—阀门;3—计量箱

图 13-17　容积计数

(4)光电式计数装置　物品在传送带上逐个通过广电管,从光源射出的光线因物品的通过而呈现穿过和被挡住两种状态,由光电管把光信号转变为电信号送入计数器进行计数,并在窗口显示出数码。

固体物料充填方法的选择,首先要考虑被充填物料的物理性质和充填精度。因为充填计量精度除受装置本身的精度影响外,还受到物料理化性质如物料容重不稳定、易吸潮、易飞扬及不易流动等的影响。为提高充填速度和精度,可采用容积充填和称量充填混合使用的方法,在粗进料时用容积式充填以提高速度,细进料时用称量充填以提高精度。一般来讲,价值高的食品其计量精度要求也高。

(二)食品灌装技术及装置

灌装是指将液体(或半流体)灌入容器内的操作,容器可以是玻璃瓶、塑料瓶、金属罐及塑料软管、塑料袋等。影响液体食品灌装的主要因素是黏度,其次为是否溶有气体,以及起泡性和微小固体物含量等。因此,在选用灌装方法和设备时,首先要考虑液体的黏度。

根据灌装的需要,一般液体按黏度分为三类:流体、半流体和黏滞流体。

流体:在重力作用下可在管道内按一定速度自由流动,黏度范围在 1 ~ 100 cP 的液体,如牛奶、饮料、酒等。

半流体:靠重力作用外,还需加上外力才能在管道内流动,黏度范围在 100 ~ 10 000 cP 的液体,如炼乳、蜂蜜、番茄酱、酸奶等。

黏滞流体：靠自身重力不能流动，必须借助于挤压等外力才能流动，黏度在 10 000 cP 以上的物料，如果酱、调味酱等。

液体食品常用的灌装方法根据灌装原理可分为常压灌装、真空灌装、等压灌装和机械压力灌装。

1. 常压灌装

在常压下，液体依靠自身重力产生流动而灌入容器的方法称为常压灌装。该法主要用于低黏度、不含二氧化碳、不散发不良气味的液体产品，如矿泉水、牛奶、白酒、酱油、醋、果汁等。使用的设备构造简单、操作方便、易于保养因此得到了广泛的应用。

常压罐装如图 13-18 所示，液体从贮液槽流经灌装阀进入容器。灌装时升降机构将容器向上托起（或将灌装管向下降），容器口部和灌装阀下部的密封盖接触并将容器密封，然后使容器再上升顶开弹簧而开启灌装阀，液体靠重力自由流入容器中；当液体上升至排气口上部时，即停止流动；液位达到规定高度完成灌装后，升降机构将容器下降，灌装阀失去压力并由弹簧自动关闭。容器内的空气经设在灌装管顶部的空气出口通过贮液槽液面上部的排气管排出。

2. 真空灌装

真空灌装是指在真空条件下进行的灌装，有以下两种方法。

(1)重力真空灌装　即贮液箱处于真空，对包装容器抽气形成真空，随后料液依靠自重流进包装容器内。此法采用低真空，可消除纯真空灌装法所产生的溢流和回流现象。

如图 13-19 所示，位于顶部的贮液槽是封闭的，进液管从槽顶伸入并浸没在液体下部，由浮子控制液面，其上部空间保持低真空，当容器输送到灌装阀下方时，升降机构将它托起，与密封盖吻合，将容器密封，继续上升将开启。由于容器中的排气管与贮液槽上部连通，形成低真空，因而液体经阀中的套管靠重力灌入容器内。与重力灌装一样，当排气口被上升的液体封闭时，容器中的液面就不再上升。灌装完毕，容器下降，灌装阀由弹簧自动关闭。

这种灌装系统尤其适用于白酒和葡萄酒的灌装，因为灌装过程中，挥发性气体的逸散量最小，不会改变酒精浓度，使被包装产品不失醇香。

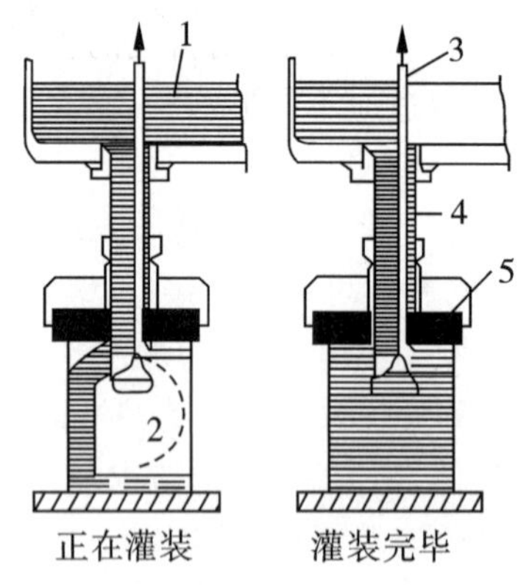

1—贮液槽；2—空气出口；3—排气管；4—灌装阀；5—密封盖

图 13-18　常压灌装原理

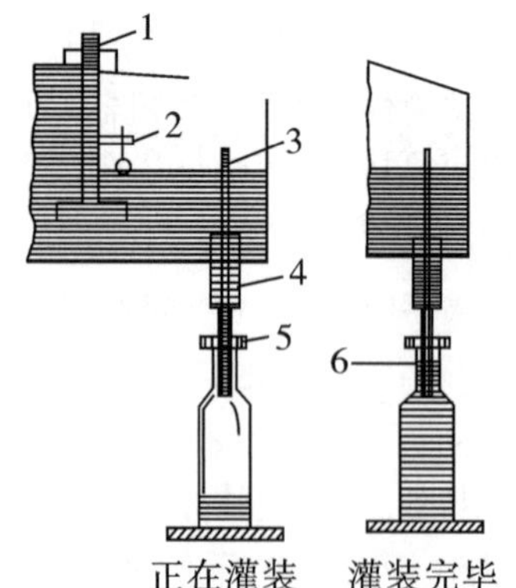

1—进液管；2—浮子；3—排气管；4—灌装阀；5—密封盖；6—灌装液位

图 13-19　真空灌装原理

(2)真空压差灌装 即贮液箱内处于常压,只对包装容器抽真空,料液依靠贮液箱与待灌装容器间压差作用产生流动而完成灌装,如图 13-20 所示。真空压差灌装适用于易氧化变质的液体食品,如富含维生素等营养成分的果蔬汁产品的灌装。

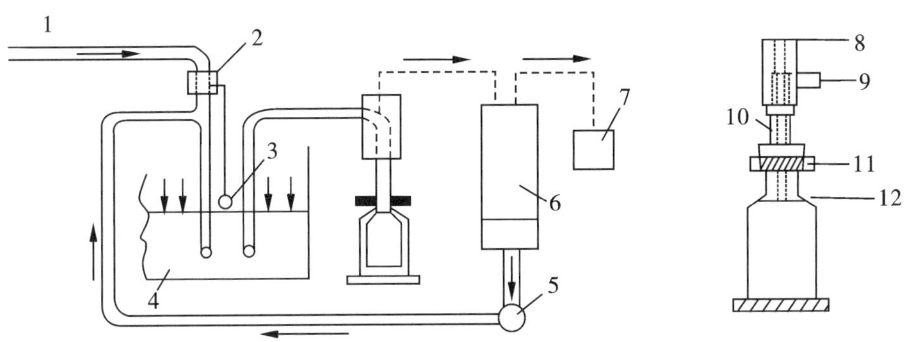

1—供液管;2—供液阀;3—浮子;4—贮液槽;5—供液泵;6—真空室;7—真空泵;8—真空管;9—液体;10—灌装阀;11—密封材料;12—灌装液位

图 13-20 真空压差灌装原理

3. 等压灌装

首先在高于大气压条件下对包装容器充气,使之形成与贮液箱内相等的气压,然后再依靠被灌液料的自重流进包装容器内。等压灌装属于定液位灌装,仅限于灌装含 CO_2 的饮料,如汽水、啤酒和香槟酒等。加压的目的是使液体中 CO_2 含量保持不变,压力可取 1 ~9 kg/cm^2。

4. 机械压力灌装

利用机械压力如液泵、活塞泵或气压将被灌装液料挤入包装容器内。主要适用于黏度较大的黏稠性物料,如果酱类食品的灌装。

(三)裹包、袋装技术与设备

裹包是用柔性包装材料将产品经过原包装的产品进行全部或局部的包装技术方法。具有以下特点:包装形式多样,不仅能对单件物品进行裹包,也能对排列的物品作集积式裹包;用料省,操作简便,用手工和机器均可操作,可以适应不同形状、不同性质的产品包装,包装成本低,流通、销售和消费方便,因此,应用十分广泛。

1. 裹包技术与设备

裹包是块状类物品包装的基本方式,它用柔性材料对被包装物品进行全部或局部的包封。裹包所用包装材料较少,操作简单,包装成本低,流通、销售和消费都方便,因此,应用非常广泛。

(1)裹包形式 由于块状类物品的物化特性各异,其尺寸和形态差别较大,以及其他各种影响因素,要求块状类物品有不同的裹包方式,裹包形式主要有以下几种。

1)半裹包 是用于柔性材料裹包物品表面的大部分而一部分不覆盖,如图 13-21(1)所示。

2)全裹包 用柔性材料将物品表面全部裹包的形式。包括:扭结式裹包,如图 13-

21(2)、(3)所示;折叠式裹包,如图13-21(4)、(5)、(6)所示;枕式裹包,如图13-21(7)所示;覆盖式裹包,如图13-21(8)所示。

3)缠绕裹包　如图13-21(9)所示,用柔性材料缠绕被包装物品多圈的裹包方式。

4)贴体裹包　如图13-21(10)所示,将物品置于底板,覆盖包装材料在其表面,加热并抽真空使包装材料紧贴物品而与底板封合的裹包形式。

5)热收缩裹包　如图13-21(11)所示,用热缩性塑料薄膜裹包物品,加热使其包装薄膜收缩而紧裹包装物的裹包方式。

6)拉伸裹包　如图13-21(12)所示,用弹性拉伸薄膜在一定张紧力作用下裹包物品的裹包方式。

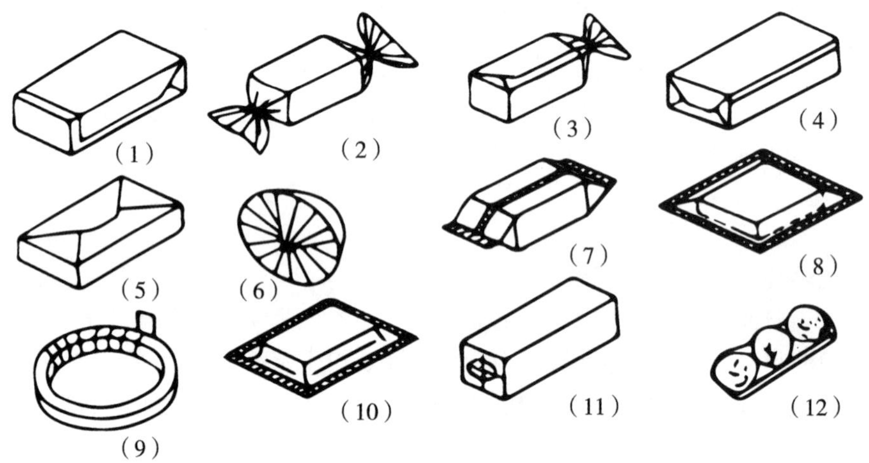

图13-21　块状类物品的裹包方式

(1)半裹包;(2)双端扭结裹包;(3)单端扭结裹包;(4)两端折角式裹包;(5)底部折叠式裹包;(6)褶形折叠式裹包;(7)枕式裹包;(8)覆盖式四边封裹包;(9)缠绕裹包;(10)贴体裹包;(11)热收缩裹包;(12)拉伸裹包

(2)裹包方法　裹包方法按形式可分三种,即扭结式、折叠式和密封式。

1)扭结式裹包　扭结式裹包是用柔性包装材料将物品包覆,然后将开口的端部作旋转扭结,使物品得以裹包封装,如图13-22所示。扭结形式有双端扭结和单端扭结两种,而以双端扭结采用较多,手工扭结时,扭结方向相反;机器扭结时,扭结方向相同。单端扭结用得较少,主要用于高级糖果、水果等。

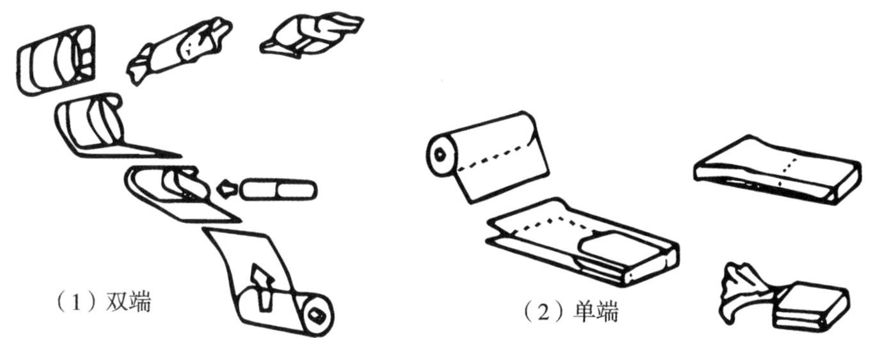

图 13-22　扭结式裹包

扭结式裹包,操作方法简单,其搭接接缝不需要粘接或热封;对扭结的要求不高,因此,扭结包装速度较快,每分钟可达数百粒以至上千粒;适应性大,无论什么形状,如球形、圆柱形、方形、椭圆形等,均可裹包;易于拆开,即使是小孩也能剥开,但它密封性较差。扭结式裹包主要用于糖果包装,也可用于冰棒、水果等物品的包装。

2)折叠式裹包　折叠式裹包是应用最多的一种裹包方法,是方形、长方形物品包装的主要方式。它先将包装材料紧贴裹在物品上,用搭接方式包成筒形,端部稍长于物品,再折叠端部将物品包装起来。

折叠式裹包按其形式可分下列几种:

单端折角式。如香烟小包的商标纸包装等,一端与物品相齐,另一端折成梯形或三角形的角,此法便于取出内装物。

两端折角式。如香烟的防潮内包装,两端均向内折角,使物品包裹起来。此法适于包装形状方正的物品,如方糖、纸盒、纸盘等。

端部对折式。如口香糖、片状巧克力等薄形物品包装,其内层铝箔采用端部对折折向底面的方式。

单面折角式。把物品置于包装材料中心,其对称轴与包装材料对角线重合,包装材料朝同一方向折向物品,折角都在物品同一面上。适用于较薄的方形或长方形物品。

两端多折式。如卫生纸卷、晒图纸、圆饼干等圆柱状物品包装,先用包装材料裹包物品呈圆筒状,端部长出部分次第折向端面,一个压一个,或弯向内孔,或用标签封住两端。

3)密封式裹包　密封式裹包形如枕头,故又称枕形包装。多采用热封性能好的复合薄膜,生产效率高,应用范围广,适用于面包、糖果、轴承、手套等多种物品包装。

(3)裹包设备　裹包设备有折叠式裹包机和热熔封缝式裹包机。其中热熔封缝式裹包机又可分为平张薄膜热封裹包机、对折薄膜三面热封裹包机、双张薄膜四边热封裹包机、两端开放式裹包装置等。

2. 袋装技术及其设备

松散态粉粒状食品及形状复杂多变的小块食品,袋装是其主要的销售包装形式,生鲜食品、加工食品或液体食品也广泛采用袋装。在当今食品加工工业中,袋装技术是应用最广泛、最重要的一种基本包装技术。

(1)袋装的形式和特点　袋装的形式很多,按容量可分为大袋和小袋。按基本结构形式分,有扁平袋如三边封口式、四边封口式、纵缝搭接式、纵缝对接式、侧边折叠式、筒袋式和自立袋式如平底楔形袋、椭圆楔形袋、底撑楔形袋、塔形袋、尖顶柱形袋、立体方柱形袋,如图 13-23 所示。

袋装的特点:价格便宜、形式丰富、适合各种不同的规格尺寸;包装材料来源广泛,可用纸、铝箔、塑料薄膜及其复合材料,品种齐全,具备适应各种不同包装要求的性能特点;袋装本身质量轻、省材料、便于流通和消费,并且通过灵活多变的艺术设计和装潢印刷,采用不同的材料组合、不同的图案色彩,形成不同层次的包装产品。包装袋的品种有:纸袋、塑料薄膜袋、纸塑复合袋、塑料复合袋及纸、铝箔等。

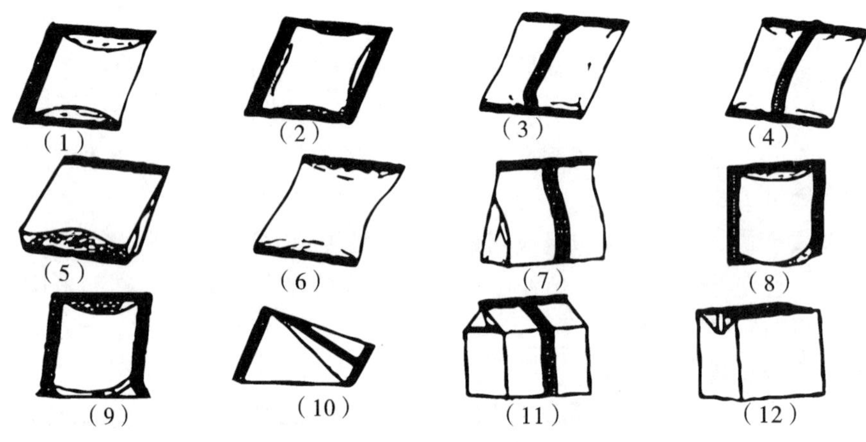

图 13-23　热封薄膜包装袋的形式

(1)三边封口袋;(2)四边封口袋;(3)纵缝搭接袋;(4)纵缝对接袋;(5)侧边折叠袋;(6)筒袋;(7)平底楔形袋;(8)椭圆楔形袋;(9)底撑楔形袋;(10)塔形袋;(11)尖顶柱形袋;(12)立方柱形袋

(2)袋装方法

1)预制袋装袋方法,如编织袋的包装。

2)先制袋-开袋充填-封口式装袋;连贯式,制袋充填交替进行,连续完成。一般都是由制袋充填包装机完成的。

(3)袋装机械

1)立式成形制袋-充填-封口包装机形式较多,有枕形袋、扁平袋、角形自立袋等。

枕形袋立式成形制袋-充填-封口包装机(翻领成形器成形),主要用于松散物品包装,也可用于松散态规则物品、小块状物品包装。

扁平袋立式成形制袋-充填-封口包装机,有多种形式:三面封式、四面封式、两列和多列四面封式包装机,主要用于小份量的粉料物品包装。

角形自立袋立式成形制袋-充填-封口包装机,不仅可进行粉粒物品包装,亦可用于松散颗粒物料、小块状物品乃至液体类食品的包装,也有多种机型结构。

2)卧式制袋-充填-封口包装机应用范围较广,主要用于块状物料的包装,如方便面、饼干、蛋糕等块状物品,该机包装袋形主要为枕形。

3)液体食品袋装机不属于无菌包装,产品仍然需要冷藏,可用于巴氏杀菌牛奶、果汁饮料、豆奶、酱油、醋等液体食品的包装,适用于厚度为0.08~0.1 mm的PE或LDPE薄膜包装。

(四)装盒、装箱技术与设备

1. 装盒技术与设备盒

多年以来,盒的发展主要是变换式样,改进印刷和装潢;装盒技术主要是从手工操作向机械化、半自动化和全自动化方面发展,而盒的用途和功能则无很大变化。包装纸盒一般用于销售包装。

(1)纸盒的种类　纸盒的种类和式样很多,但差别大部分在于结构形式、开口方式和封口方法。按制盒的方式可分为以下两类。

1)折叠盒　即纸板经过模切、压痕后,制成盒坯片,或者再将盒坯片的侧边黏结,形成方形或长方形的筒,然后压扁成为盒坯,在装盒现场再折叠成各种盒。盒坯片和盒坯都是扁平的,目的是节省空间,便于储运;装在装盒机的储盒坯架上时,取放都很方便。折叠盒适合于机械化大批量生产。折叠盒从使用角度讲,分为简式盒和浅盘式盒。

2)固定盒　一般多制成盒与盖两部分,或者盖用韧性强的纸、布等做成柔性胶与盒粘在一起。固定盒无论盒与盖,制成后就成为一个整体,不能折叠也不能压扁。空盒堆叠起来体积大,储运不方便。不论用手工黏糊或用机器制盒,生产率都较低,成本高。整体盒的优点是;可用较厚的纸板制造,对产品的保护性好,适于装脆性、易碎产品等;此外,可用各种装饰材料裱糊成外观精美豪华的盒,用于装礼品、纪念品和贵重保健食品等。

(2)装盒方法　装盒方法主要有以下三种。

1)手工装盒　速度慢,生产效率低。

2)半自动装盒方法　由操作人员配合装盒机完成装盒包装、取盒、打印、撑开、封底、封盖等机器完成,用手工将产品装入盒中。生产速度30~50盒/分钟。

3)全自动装盒方法　全部工序由机器完成,生产速度高,一般500~600盒/分钟。

(3)装盒机械　现代商品生产中应用的自动化装盒机种类,一般可以按照自动装盒机的功能分类,主要有以下几种。

1)开盒成形-充填-封口自动装盒机　图13-24所示为连续式开盒成形-推入充填-封口机的外形简图,该机采用全封闭式框架结构,主要组成部分包括:分立挡板式内装物传送链带,产品说明单折叠供送装置,下部吸推式纸盒片撑开供送装置,推料杆传动链带,分立夹板式纸盒传送链带,纸盒折盒封口装置,成品输送带及空盒剔除喷嘴,以及编码打印、自动控制等工作系统。该机生产能力较高,一般可达100~200盒/分钟,在我国已推广使用。

2)纸盒成形-充填-封口装盒机　能直接进行包装盒的成形制作,包括衬袋成形法、纸盒成形法、盒袋成形法和袋盒成形法四种。

3)自动装盒机　从机包盒进料到最后包装成形的整个过程大致可以分成四个阶段:下食、打开、装填、合盖。

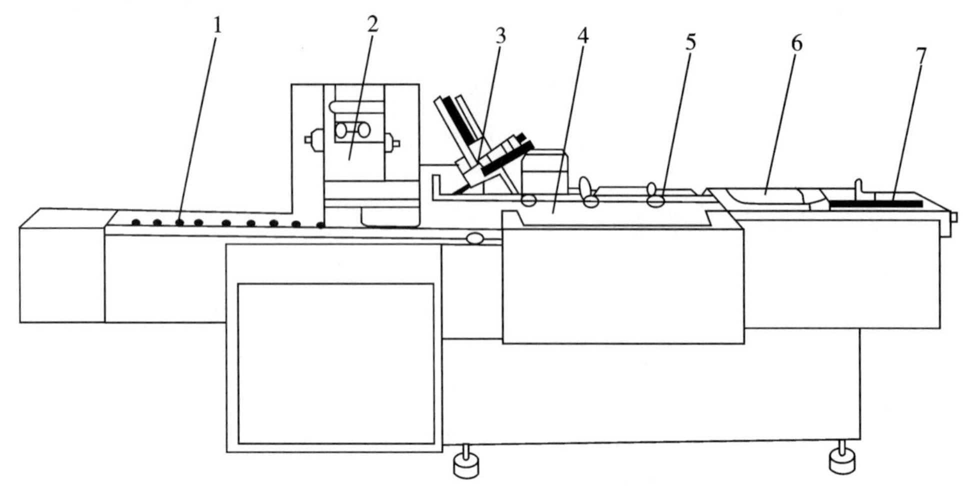

1—内装物传送链;2—产品说明单折叠供送装置;3—纸盒片撑开供送装置;4—推料杆传动链带;5—纸盒传送链带;6—纸盒折舌封口装置;7—成品输送带及空盒剔除喷嘴

图 13-24 开盒成型-充填-封口包装工作原理图

2. 装箱技术与设备

装箱与装盒的方法相似,但装箱的产品较重,箱体尺寸大,堆叠起来比较重。因此,装箱的工序比装盒多,所用设备也较复杂。

(1)装箱方法　按产品装入方法可分成:装入式装箱法、立式装箱法、卧式装箱法和裹包式装箱法。

按自动化程度可分为手工装箱、半自动和全自动装箱法。

全自动装箱需要设置取箱坯、开箱和产品堆叠装置,操作如图 13-25 所示,取箱坯;横推撑开成水平筒状;箱筒送到装箱工位合上箱底翼片;产品横向推入箱内并合上箱口翼片;箱底及口盖片内侧涂胶;合上全部盖片并压紧。黏结用的黏合剂为快干胶,即可快速固化粘牢。

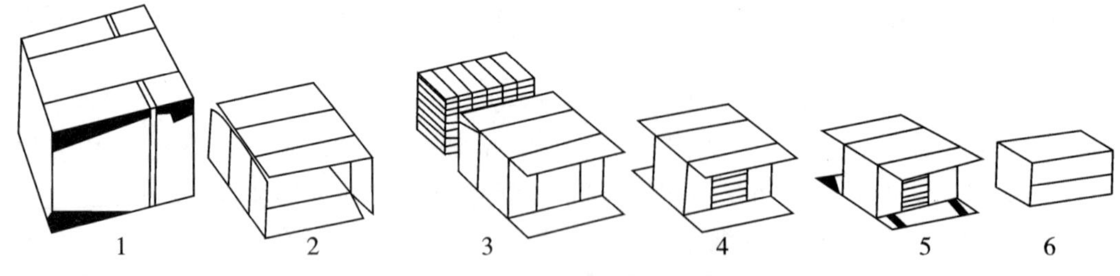

图 13-25 全自动水平装箱过程示意图

(2)装箱设备　装箱设备包括开箱装置和装箱装置。

1)开箱装置分为真空开箱、吹起开箱。

2)装箱装置分为卧式装箱、拾放式装箱和下落式装箱。

（五）热收缩、热成形包装技术与设备

1. 热收缩包装技术

热收缩包装是指使用热收缩塑料薄膜裹包产品或包装件，然后加热至一定温度使薄膜自行收缩紧贴住产品或包装件的包装方法。

（1）热收缩包装的特点和形式

1）热收缩包装的特点：①适应各种大小及形状的物品包装。②可实现对食品密封、防潮、保鲜包装，具有良好保护性。③利用薄膜收缩性，可把多件物品集合在一起，实现多件物品的集合包装，便于零售，减少运输中的振动。④可强化包装功能，增加包装外观光泽。⑤包装紧凑，方便包装物的储存和运输；包装材料轻，用量少，包装费用低。⑥包装工艺及使用的设备简单，且通用性强，便于实现机械化快速包装。

2）热收缩包装形式：①两端开放式的套筒收缩包装：如图 13-26（a）所示，这种包装形式主要用于不需密封的或不需薄膜完全覆盖的小型物品的包装。②一端开放式的罩盖式收缩包装：如图 13-26（b）所示，大型物品如托盘集装件放在预先制好的收缩薄膜罩内，或用收缩薄膜盖在装有食品的盒、盘容器口上，薄膜经加热收缩后，紧紧包住托盘或容器口的边缘。③全封闭式收缩包装：如图 13-26（c）所示，用收缩薄膜将物品包裹后其薄膜开口全部热封，然后进行加热收缩完成包装，这种收缩包装形式可以满足对物品的密封、真空和防潮等包装要求。④托盘收缩包装：如图 13-26（d）所示，将托盘包装在热收缩包装机通道中加热收缩，形成托盘收缩包装。

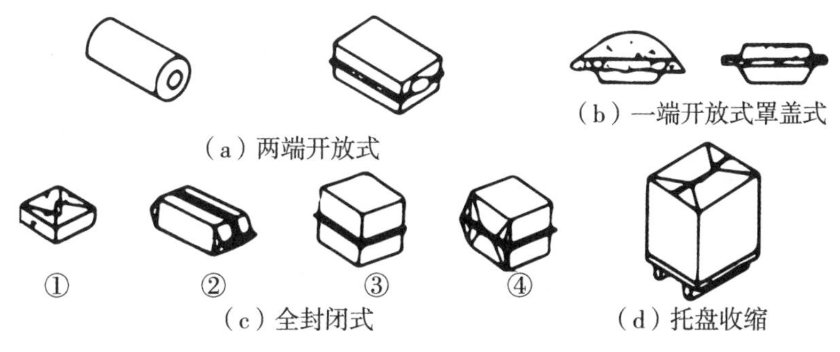

图 13-26　热收缩包装形式

（2）热收缩包装工艺及设备　热收缩包装工艺包括：裹包、热封、加热收缩和冷却。

1）裹包　在裹包机上完成，热收缩薄膜尺寸应合适。中小型物品比包装尺寸大 10% 左右；托盘包装大 15% ~20%。

2）热封　热封一般采用镍铬电热丝热熔切断封合或脉冲封合。①热封温度尽量低，冷却及时，速度快，防止封口发生收缩；②热封温度应恒定、压力均匀，封口平滑，避免薄膜与其他部分发生粘连；③封合强度应达到原有强度的 70%，以免热收缩时强度不足导致封口拉开。

3）加热收缩　利用热空气对包装制品进行加热使薄膜收缩。为保证隧道内的温度恒定，一般采用温度自动调节装置来保证空气温度差小于 5 ℃。

4)冷却　由冷却风机冷却。

2. 热成形包装

用热塑性片材热成形制成容器,并定量充填罐装食品,然后用薄膜覆盖并封合容器口完成包装的方法。

(1)热成形包装的特点

1)包装适用范围广。

2)容器成形、食品充填、灌装和封口可连续完成,效率较高,而且避免污染,节约材料。

3)热成形制造容器简单,制造速率快。

4)容器形状大小按包装需要设计,不受成形加工的限制。

5)热成形法制成的容器壁薄,容器对内装食品有固定作用。

6)包装设备投资小,成本低。

(2)常用热成形包装材料　热成形包装用塑料片材按厚度一般分为3类:厚度小于0.25 mm为薄片,厚度在0.25~0.5 mm为片材,厚度大于1.5 mm为板材。塑料薄片及片材用于连续热成形容器,如泡罩、浅盘、杯等小型食品包装容器。板材主要用于成形较大或较深的包装容器。常见的材料有PE、PP、PVC、PS等。

(3)热成形主要方法　热成形方法主要有差压成形、机械加压成形。

(六)封口、贴标、捆扎包装技术与设备

1. 封口技术与设备

(1)封口封合方式、封合物的种类及功能

1)封口封合方式

①无封口材料的封口　直接用包装容器口壁部分材料经热熔、粘接或扭结折叠等方法实现封口,在相应的裹包机或袋装机的封口工位上直接完成操作;

②有封口材料的封口　用封口材料预先制成与被封容器口相配的封盖,然后在专用的封口机上使封盖将容器口封合,适合金属、玻璃、塑料等刚性容器,有专用的封口机;

③有辅助封口材料的封口　用外加的材料如金属针、线、胶带等将已封盖或未完全封盖的容器口封合,可用专门的器具或机器完成封口操作,也可由人工完成封口操作。

食品包装对封口的一般要求是外观平整、清洁美观;封口及时快捷、封口可靠、启封方便;封口材料无毒安全,符合卫生要求。

2)封口物的种类　包装容器封口的封合物是指附加在容器上的开启和封合的装置,主要包括各种封盖、塞、罩盖、衬垫等。

3)封口物的功能

①封合物与容器封口要能形成有效密封,从而实现包装容器内容物的保护,利用密封仪检测密封性;

②方便开启、易于开启,达到防盗、使用安全、可控开启等目的;

③用封合物处于包装物引人注目的部位的特点,以美观的外形、清晰的印刷图形标志起到向消费者传达视觉信息的作用;

④包装跌落试验:将密封包装袋(内装食品或水)从一定高度自由跌落至水泥地面

上，然后检查包装是否有泄漏，跌落试验的高度根据包装内容物质量来定。

（2）软塑包装容器封口 软塑包装容器主要指的是用各种塑料薄膜、复合薄膜及塑料片材制成的容器。这类容器的密封方式主要有热压封合、压扣封合、结扎封合等。要用密封仪检测密封质量。封合方法的选择及要求取决于所用材料、包装形态、加热杀菌方法、包装食品特性、储藏要求等多方面的因素。

1）热压封合 用某种方式加热容器封口部材料，使其达到流黏状态后加压使之黏封，一般用热压封口装置或加压封口机完成。热封头是热压封合的执行机构，通过控制调节装置控制热封头的温度和压力。根据热封头的结构形式及加热方式不同，热压封口方式可分为多种。

①普通热压封口，包括板封、辊封、带封、滑动夹封等形式；

②其他几种形式的封口，包括熔断封合、脉冲封合、高频封合和超声波封合等形式。

2）热压封合工艺参数 指封接温度、封接时间和封接压力，这些工艺参数取决于被封接材料的熔点、热稳定性、流动性、薄膜厚度等特性。薄膜的热封温度应高于材料的黏流温度，在一定温度范围内，随加热温度的升高，薄膜袋口呈现黏流状态，在加压下可获得的封口强度相应升高。

3）热压封合封口的封口质量 热压封合封口质量好的封口要做到：①封口外观平整美观；②封口有一定宽度；③封口有足够的封合强度和可靠的密封性。常见的封口质量缺陷有封口折叠、凹凸或封合面中间夹杂污染物。产生的原因可能是充填罐装对封口的内侧造成污染，热封时对两封合面薄膜放置不平，热封工艺参数不当，热封装置或机器选择不当，调整及使用不合理等。

（3）金属罐二重卷边封口

1）金属罐二重卷边封口 金属罐的卷边封口法中最典型实用的是二重卷封法。即用两个沟槽形状不同的滚轮，分先后两次对罐体和罐盖卷缘进行卷封。为使封口结合部密封性好，一般可通过在盖的内壁卷缘内涂覆胶液（橡胶或树脂等），经卷边后留在卷缝中，以增加其密封可靠度。

2）二重卷封三要素 ①压头与盖压头壁配合的形状，压头工作位尺寸会影响埋头深度；②卷封轮的沟槽，卷封轮的沟槽形状与调整的程度，会影响卷封盖钩长短与卷封整个结构的尺寸变化；③顶板压力（大小），顶板压力影响绳钩长短。

3）二重卷边封口机 图 13-27 所示为常用的圆形罐卷边封口机的主要机构及卷边封口工艺过程，分盖器从罐盖存槽中分离出一片罐盖并由推盖板推出落入由输罐机构及推头推送过来的罐口上，并继续把带盖罐头送入六槽转盘，由转盘将罐送至卷封工位；托罐盘将罐上推或同时旋转，罐盖被上压头紧压在罐口上，同时两个卷边滚轮在封盘旋转带动下，沿罐口先后两次加压滚动，使罐口翻边和罐盖圆边相咬合，进而卷曲，最后压紧完成二重卷边封口；卷封右的罐头由转盘带离卷封工位并由输罐机构输出。

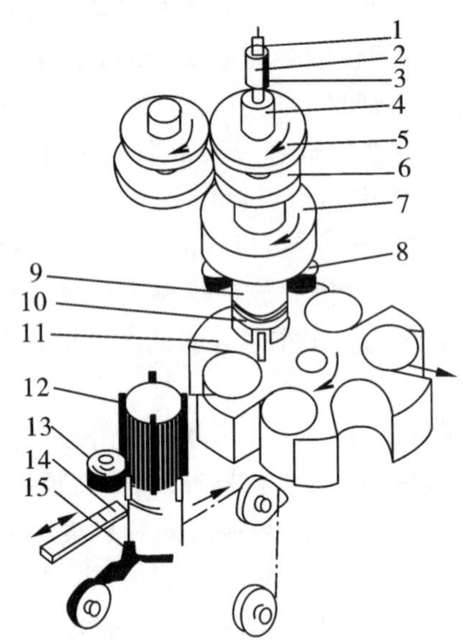

1—压盖机；2—套筒；3—弹簧；4—上压头固定支座；5，6—齿轮；7—封盘；8—卷边滚轮；9—罐体；10—托罐盘；11—六槽转盘；12—罐盖存槽；13—分盖器；14—推盖板；15—推头

图 13-27　圆形罐封罐机工艺过程图

(4)玻璃瓶罐封口

1)旋合盖封口　是对螺纹口或卡口容器用预制好的带螺纹或突牙的盖，用专用封口机旋合的封口方式，广泛用于玻璃瓶罐及塑料瓶口的封合。这种封口具有密封好、启封便捷和启封后可再封盖的优点。

2)压盖封口　所用瓶盖为由马口铁预压成形的皇冠盖，盖内有密封垫或注有密封胶。用专用压盖机将皇冠盖折皱边压入瓶口凹槽内，并使盖内密封材料发生适当压缩变形而将瓶口密封。压盖封口盖封操作简单，密封性好，应用广泛。

(5)铝丝结扎封口　专用于灌肠类包装物品的封口密封，即用一定直径和硬度的铝丝扎成环形套在筒装物的端口薄膜上，然后扣紧完成封口。要求所用铝丝光滑且尺寸恰当，铝丝环扣紧度恰当。

2. 贴标技术及设备

标签是加在容器或商品上的纸条或其他材料。

(1)标签内容及功能　标签内容包括商品名称、商标、有效成分、执行标准、品质特点、使用方法、包装数量、储藏条件、制造商和广告性图案和文字。标签功能包括介绍商品、方便使用、宣传商品、促进销售并能传达企业的商品形象。

(2)标签的种类　标签的种类按放置方式可分为以下六种。

1)胶粘标签　一般用纸等薄片材料制成，经印刷、模切成所需形状。涂胶可在制造标签时完成。

2)热敏标签　制标时在标签背后涂一层热熔性塑料树脂，使用时加热标签，使塑料涂层熔化后粘贴于商品或容器表面。

3)压敏标签　在标签背面涂以压敏胶,然后黏附在涂有硅树脂的隔离纸上,使用时将标签从隔离纸上取下贴于商品表面。

4)系挂标签　用卡纸、薄纤维板或金属片制成,用线绳或金属丝系挂在商品上。

5)插入标签　将标签放在透明的包装件内,不需固定,顾客可透过透明包装材料看到标签。

6)直接印在包装件或包装容器上的标签。

(3)贴标工艺与设备　贴标工艺包括:取标—标签传送—印码—涂胶—贴标—熨平等步骤。

贴标设备一般使用真空转鼓式贴标机,可同时完成取标、打字、涂胶、贴标等工序。如图13-28所示的贴标机工作过程为:瓶子由板式输送链经进瓶螺杆以一定间隔送向逆时针转动的真空转鼓:当有瓶子时,标盒向转鼓靠近,标盒支架上的滚轮触碰真空转鼓的滑稠活门,使其正对着标盒位置的一组真空孔眼接通真空,从标盒吸取一张标签;随后标盒离开转鼓,转鼓带着标签转至印码装置、涂胶装置,分别打印上日期和涂胶。转鼓继续旋转,已涂胶的标签与送来的瓶子相遇,此时真空吸标孔眼被切换成直通大气而使标签失去真空吸力,瓶子与标签相遇时,瓶子已进入转鼓与海绵橡胶垫之间,通过摩擦带动自传,标签即被滚贴到瓶身上。瓶子由板式输送链继续向前输送,进入了由搓滚输送皮带和第二个海绵橡胶垫构成的通道,瓶子被搓动滚移,标签被滚压而舒展,使其在瓶子上贴牢。

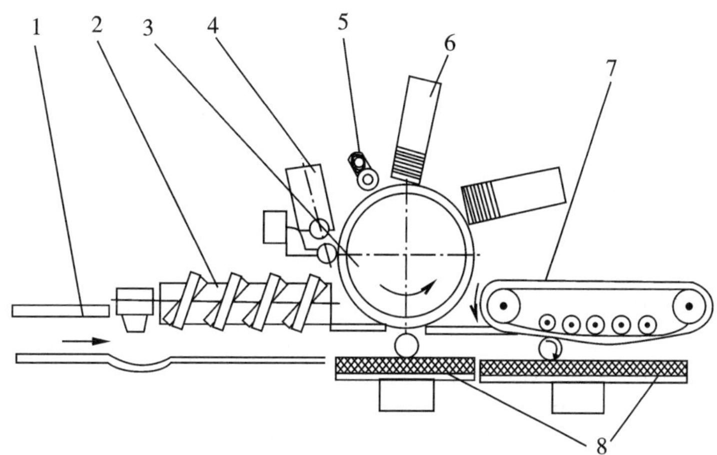

1—板式输送链;2—进瓶螺杆;3—真空转鼓;4—涂胶装置;5—印码装置;6—标签盒;7—差滚输送皮带;8—海绵橡胶衬垫

图13-28　真空转鼓式贴标机原理图

3. 捆扎技术与设备

(1)捆扎工艺方法　捆扎是用绳或带等挠性材料扎牢固定或加固产品和包装件。被捆扎的包装件以长方体正方体占绝大多数。在捆扎前应根据包装件的内容和性质设计好捆扎形式。最常见的捆扎形式如图13-29所示,可以有单道、双道、交叉、井字、多道交叉等多种形式。

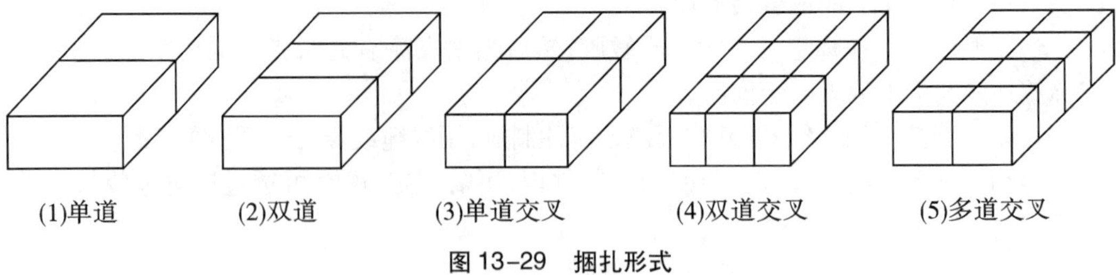

图 13-29　捆扎形式

(2)带子接头的方式　铁带的带子接头用铁扣式。塑料带的带子接头利用热熔搭接式进行封接。接头强度不低于带子被拉断或拉破的拉力的 80%，对不同材质的塑料带应选择合适的加热温度、搭接压力和压合时间。

(3)捆扎材料特点　各种捆扎材料特点对比如表 13-3 所示。

表 13-3　各种捆扎材料特点对比

名称	优点	缺点	使用范围
聚酯捆扎带	性能最好的一种，拉伸强度高，保持拉力能力较好，可代替轻型钢带，成本低 30% 以上。受潮不会产生蠕变，有缺口也不断裂，弹性回复能力强	受热产生难闻气味	趋于膨胀的货物的捆扎集装
尼龙捆扎带	成本最高，强度相当于中等承载的钢带，可长期紧捆包装对象上	受潮后强度降低，有缺口就易断裂，其延伸率前者大。长期受力保持能力差	
聚丙烯捆扎带	成本最低，延伸率高达 25%，保持能力差。有抗高温、高湿和低温的能力，在-60 ℃仍具有一定的强度	性能差	适于轻、中型膨胀的货物的捆扎集装

(4)捆扎机械　捆扎机纸箱捆扎机又称纸箱打包机，用于生产完毕的纸箱产品在运输到纸箱用户之前，便于运输存放或 10 个或 20 个堆叠打包的设备。

1)主要作用　由于包装物的不同，捆扎的要求不同，因而其捆扎的形式也就多种多样。常用的捆扎形式包括单道、双道、十字交叉形、井字形、多道交叉形等。其主要功能如下：

①保护功能　它可以将包装物捆紧，扎牢并压缩，增加外包装的强度，减少散包所造成的损失；

②便捷　它可以提高装卸的效率，节省运输时间、空间和运输的成本。

2）主要特性

①电机+减速机+凸轮运作，完全免加油，捆包结束电机马上停止运转（省电）；

②紧缩力强不打滑，齿形结构黏合，高强度切割刀，性能好，寿命长；

③机芯及控制体壳为整体压铸成形的铝镁合金，遇水不生锈；

④且零部件均由电脑数控机床精密制作，机械运作柔和、耐久性卓越、功能完善；

⑤松紧和储带均可自行调节；

⑥尤其配合使用超薄优质带更佳，成本可降低 30% ~50% 。

（七）食品包装生产线

1. 食品包装生产线的建立和组成

完成一种食品包装的全部机械，按包装工序排列，并用联结传送装置连接起来，并通过统一的控制系统进行控制即形成包装生产线。食品包装生产线按自动化程度不同分为食品包装流水线和食品包装自动生产线。按照食品包装工艺过程，将若干台自动或半自动包装机及输送装置，辅助装置组合起来则成为包装流水线；被包装食品从一端输入，成品则从流水线的一端不断输出。例如，袋泡茶包装生产线。在流水线的基础上配置适当的自动控制系统及输送装置等，使被包装食品能按既定的工序和一定的节拍完成全部工艺过程，整个包装过程不需人直接参与操作，操作者仅需完成调整，观测、开机以及往料仓加料等工作，生产线便能自动完成全部包装工序，因此，该系统称为包装自动线。

（1）食品包装生产线建立原则　建立一条食品包装生产线一般应考虑以下几方面问题。

1）包装生产线应满足以某种或某类食品为主的包装工艺要求，各包装机械生产能力相匹配，能连续、协调运转，并能达到要求的生产率。

2）生产线紧凑有效。

3）液体食品包装尽量采用封闭式输送的包装系统，固体食品输送充填尽可能用机械操作，以保证包装满足食品卫生要求。

4）以包装某种食品为主，适当地留有包装调节产品的余地，以便适应新的包装需要。

5）包装是食品生产系统的一个组成部分，因此包装生产线应与食品生产线紧密衔接。

（2）食品包装自动生产线的组成

1）食品包装自动生产线的组成　食品包装自动生产线主要由自动包装机、辅助设备和自动控制系统等组成。其中，自动包装机是最基本的工艺设备，辅助设备将自动包装机连接成线，依靠自动控制系统来完成所有的包装操作，并达到质量和产量的要求，采用先进的自动控制系统将使生产线中各台机器工作同步，即工作节拍输送装置的速度等相协调，从而获得最佳工作状态，提高包装质量和产量，可以相信，随着机电一体化在包装机械上的应用，必将对包装自动生产线的发展起到积极的推动作用。

2）食品包装自动生产线的主要类型　食品包装自动生产线按照包装机排列形式分为串联、并联和混联三种类型，一般以串联和混联生产线较多，按照包装机联系的特征可分为刚性、挠性和半挠性生产线三种类型。

如图 13-30 所示罐头自动包装线由空罐拆卸机、罐头充填-封口机、杀菌机、贴标机、装箱封箱设备和堆码机组成。各台设备之间用输送带、滚道输送装置等辅助设备相连接。空罐从空罐拆卸机输入,由输送装置依次通过各台设备,完成充填、封罐、杀菌、贴标、装箱、封箱等包装操作,最后由堆码机堆垛。

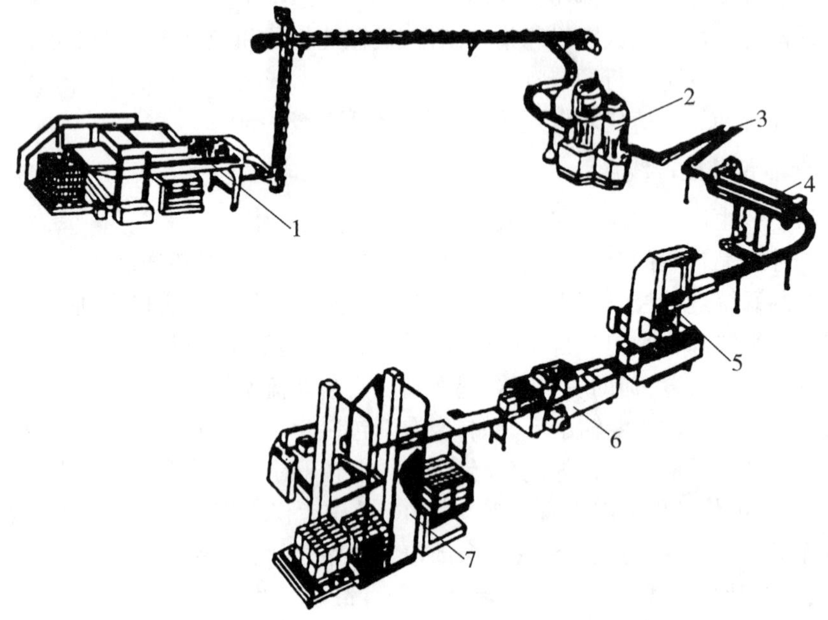

1—空罐拆卸机;2—罐头充填—封口机;3—杀菌机;4—贴标机;5—箱充填机;6—箱封口机;7—堆码机

图 13-30　罐头自动包装线

2. 食品包装生产线与工艺路线

包装工艺路线是食品包装自动生产线总体设计的依据,它是在调查研究和分析所收集资料基础上确定的,设计包装工艺路线时,应保证包装质量、高效率、低成本、结构简单,便于实现自动控制、维修和操作方便等。根据食品包装自动生产线的工艺特点,提出以下设计原则。

(1)合理选择包装材料和包装容器　例如糖果包装机中使用卷筒包装材料,有利于提高包装机的速度,对于衣领成形器而宜选用强度较高的复合包装材料,制袋-充填-封口机所使用的塑料薄膜应预先印上定位色以保证包装件的正确封口位置;自动灌装机中为使灌装机连续稳定运行,瓶口的形状与尺寸应符合精度的要求等。

(2)确定工序的集中与分散　工序集中与分散程度是依据哪种原则更能全面、综合地保证质量、提高生产率和降低成本等因素而确定的。

①工序集中。工序集中具有以下特点:由于工序集中,减少了中间输送、存储、转向等环节、使机构得以简化,可缩减生产线的占地面积。但是,工序过分集中,会对包装工艺增加更多的限制,降低了通用性,增加了机构的复杂程度,不便于调整等。所以,采用集中工序时,应保证调整、维修方便,工作可靠,有一定通用性等;

②工序分散。为提高生产率,便于平衡工序的生产节拍,可以将包装操作分散在几

个工序上同时进行，使工艺时间重叠，即工序分散，例如，回转式自动灌装机头数愈多，生产率愈高，工序分散可减小机构的复杂程度，提高工作可靠性，便于调整和维修等。但生产线占地面积大，过分分散也使得成本增加。总之，对于工序的集中和分散，应根据生产线的特点全面综合地进行分析比较，力求合理，方案最佳。

(3)平衡工序的节拍　平衡工序的节拍是制定包装自动生产线工艺方案的重要问题之一。各台包装机具有良好的同步性，对于保证包装自动生产线连续协调地生产非常重要。平衡节拍时，反对压抑先进，过度落后的平衡办法。具体采取如下措施：

①将包装工艺过程细分成简单工序，再按工艺的集中，分散原则和节拍的平衡，组合为一定数量的合理工序；

②受条件限制，不能使工序节拍趋于一致时，则尽可能使其成倍数，利用若干台包装机并联达到同步的目的；

③采用新技术，改进工艺，从根本上消除影响生产率的工序等薄弱环节。事实证明，新型机械的出现，往往是因为采用了新工艺。

总之，工艺方案的选择是一个非常复杂的问题，必须从产品包装质量、生产、成本、可靠、劳动条件和环境保护等诸方面综合考虑，所制定的包装工艺方案应是先进和可靠，在保证包装质量的前提下，力求提高生产效率；同时，应使生产线结构简单，噪声低，在制定包装工艺方案时，一般应同时拟定几个不同方案，进行分析对比，在必要的试验之后，适当修改和综合，最后确定，应当指出，工艺方案的合理性并非一成不变，它应随着生产的发展和条件的变化而发生变化。

第五节　食品包装标准法规

食品是供人们直接食用、关系人类健康和生命安全的特殊商品。因此，食品包装既要符合一般商品包装标准与法规，更要符合与食品卫生和安全性有关的标准与法规。

一、我国食品包装标准

随着我国经济发展和国际贸易的需要，我国相继制订、修订并颁布实施了许多有关包装的标准和法规，已经形成了一套与国际接轨的食品包装标准体系，为我国进入 WTO 后的规范管理奠定了基础。

(一)我国标准的分级

根据《中华人民共和国标准化法》的规定，我国标准分为国家标准、行业标准、地方标准和企业标准 4 级。

(1)国家标准　国家标准是指对全国经济技术发展有重大意义，需要在全国范围内统一的技术要求所制定的标准。国家标准在全国范围内适用，其他各级标准不得与之相抵触。国家标准由国务院标准化行政主管部门编制计划和组织草拟，并统一审批、编号和发布。

(2)行业标准　行业标准是指我国某个行业(如农业、卫生、轻工行业)领域作为统一技术要求所制定的标准。行业标准的制定不得与国家标准相抵触，国家标准公布实施后，相应的行业标准即行废止。行业标准由国务院有关行政主管部门制定，并报国务院标准化行政主管部门备案。

(3)地方标准　地方标准是指没有国家标准和行业标准而又需要在省、自治区、直辖市范围内统一技术要求所制定的标准。地方标准不得与国家标准、行业标准相抵触，在相应的国家标准或行业标准实施后，地方标准自行废止。地方标准由省、自治区、直辖市标准化行政主管部门制定并报国务院标准化行政主管部门和国务院有关行政主管部门备案。

(4)企业标准　企业标准是企业针对自身产品，按照企业内部需要协调和统一的技术、管理和生产等要求而制定的标准。企业标准由企业制定，并向企业主管部门和企业主管部门的同级标准化行政主管部门备案。从标准的法律级别上来说，国家标准高于行业标准，行业标准高于地方标准，地方标准高于企业标准。但从标准的技术内容上说，不一定与级别一致，一般来讲企业标准的某些技术指标应严于地方标准、行业标准和国家标准。

(二)食品包装国家标准

我国食品接触包装材料相关标准大致分为 4 类：基础标准、生产规范标准、产品标准、方法标准。标准的编号由标准代号、标准发布顺序号和标准发布年号三部分组成。

主要国家标准

(三)食品包装行业标准

我国食品包装行业标准分为：轻工、商业、包装、进出口商检、农业、水产、烟草、供销等。

主要行业标准

二、食品包装法规

随着我国经济发展和国际贸易的需要，我国相继制定、修订并颁布实施了许多与食品包装相关的标准和法规，已经形成了一套与国际接轨的食品包装法规和标准体系，为我国进入 WTO 后的规范管理奠定了基础。

(一)《中华人民共和国食品安全法》有关食品包装的规定

为保证食品安全，保障公众身体健康和生命安全，《中华人民共和国食品安全法》(以下简称《食品安全法》)由全国人民代表大会常务委员会发布，由中华人民共和国全国人民代表大会常务委员会修订通过。现行《食品安全法》正式实施于 2015 年 10 月 1 日，分别于 2018 年和 2021 年做了两次修正。

《食品安全法》三十三条指出，食品生产经营应当符合食品安全标准，对食品包装的要求有：餐具、饮具和盛放直接入口食品的容器，使用前应当洗净、消毒，炊具、用具用后应当洗净，保持清洁；贮存、运输和装卸食品的容器、工具和设备应当安全、无害，保持清洁，防止食品污染，并符合保证食品安全所需的温度、湿度等特殊要求，不得将食品与有毒、有害物品一同贮存、运输；直接入口的食品应当使用无毒、清洁的包装材料、餐具、饮具和容器；销售无包装的直接入口食品时，应当使用无毒、清洁的容器、售货工具和设备等。

《食品安全法》指出生产食品相关产品应当符合法律、法规和食品安全国家标准。对直接接触食品的包装材料等具有较高风险的食品相关产品,按照国家有关工业产品生产许可证管理的规定实施生产许可。质量监督部门应当加强对食品相关产品生产活动的监督管理。禁止生产经营被包装材料、容器、运输工具等污染的食品、食品添加剂;无标签的预包装食品、食品添加剂;直接入口的食品应当使用无毒、清洁的包装材料、餐具、饮具和容器;消毒后的餐具、饮具应当在独立包装上标注单位名称、地址、联系方式、消毒日期以及使用期限等内容;进入市场销售的食用农产品在包装、保鲜、贮存、运输中使用保鲜剂、防腐剂等食品添加剂和包装材料等食品相关产品,应当符合食品安全国家标准。

《食品安全法》指出,预包装食品的包装上应当有标签。标签应当标明下列事项:①名称、规格、净含量、生产日期;②成分或者配料表;③生产者的名称、地址、联系方式;④保质期;⑤应品标准代号;⑥贮存条件;⑦所使用的食品添加剂在国家标准中的通用名称;⑧生产许可证编号;⑨法律、法规或者食品安全标准规定应当标明的其他事项。专供婴幼儿和其他特定人群的主辅食品,其标签还应当标明主要营养成分及其含量。食品安全国家标准对标签标注事项另有规定的,从其规定。

食品添加剂应当有标签、说明书和包装。标签、说明书应当载明本法规定的事项,以及食品添加剂的使用范围、用量、使用方法,并在标签上载明“食品添加剂”字样。食品和食品添加剂的标签、说明书,不得含有虚假内容,不得涉及疾病预防、治疗功能。生产经营者对其提供的标签、说明书的内容负责。食品和食品添加剂的标签、说明书应当清楚、明显,生产日期、保质期等事项应当显著标注,容易辨识。食品和食品添加剂与其标签、说明书的内容不符的,不得上市销售。食品经营者应当按照食品标签标示的警示标志、警示说明或者注意事项的要求销售食品。进口的预包装食品、食品添加剂应当有中文标签;依法应当有说明书的,还应当有中文说明书。标签、说明书应当符合本法以及我国其他有关法律、行政法规的规定和食品安全国家标准的要求,并载明食品的原产地以及境内代理商的名称、地址、联系方式。预包装食品没有中文标签、中文说明书或者标签、说明书不符合本条规定的,不得进口。

(二)《中华人民共和国产品质量法》有关食品包装的规定

为了加强对产品质量的监管管理,提高产品质量水平,明确产品质量责任,保护消费者的合法权益,维护社会经济秩序,制定了本法,在中华人民共和国境内从事产品生产、销售活动,必须遵守本法,自 1993 年 9 月 1 日施行。

法律规定:国家参照国际先进的产品标准和技术要求,推行产品质量认证制度。企业根据自愿原则可以向国务院产品质量监督部门认可的或者国务院产品质量监督部门授权的部门认可的认证机构申请产品质量认证。经认证合格的,由认证机构颁发产品质量认证证书,准许企业在产品或者其包装上使用产品质量认证标志。

生产者应当对其生产的产品质量负责,在产品或者其包装上注明采用的产品标准,以产品说明、实物样品等方式表明的质量状况。

产品或者其包装上的标识必须真实,并符合下列要求:①有产品质量检验合格证明;②有中文标明的产品名称、生产厂名和地址;③根据产品的特点和使用要求,需要标明产品规格、等级、所含主要成分的名称和含量的,用中文相应予以标明;需要事先让消费者知晓的，应当在外包装上标明，或者预先向消费者提供有关资料；④限期使用的产品，应当在显著位置清晰地标明生产日期和安全使用期或者失效日期；⑤使用不当，容易造成产品本身损坏或者可能危及人身、财产安全的产品，应当有警示标志或者中文警示说明。裸装的食品和其他根据产品的特点难以附加标识的裸装产品，可以不附加产品标识。产品标识不符合本法规定的，责令改正；有包装的产品标识不符合本法规定，情节严重的，责令停止生产、销售，并处违法生产、销售产品货值金额百分之三十以下的罚款；有违法所得的，并处没收违法所得。

易碎、易燃、易爆、有毒、有腐蚀性、有放射性等危险物品以及储运中不能倒置和其他有特殊要求的产品，其包装质量必须符合相应要求，依照国家有关规定做出警示标志或者中文警示说明，标明储运注意事项。

生产者不得生产国家明令淘汰的产品，不得伪造产地，不得伪造或者冒用他人的厂名、厂址，不得伪造或者冒用认证标志等质量标志。售出的产品有下列情形之一的，销售者应当负责修理、更换、退货；给购买产品的消费者造成损失的，销售者应当赔偿损失：①不具备产品应当具备的使用性能而事先未作说明的；②不符合在产品或者其包装上注明采用的产品标准的。

（三）《食品包装用原纸卫生管理办法》

自 1900 年 11 月 26 日起实施。食品包装用原纸不得采用社会回收废纸作为原料，禁止添加荧光增白剂等有害助剂。食品包装用石蜡应采用食品用石蜡，不得使用工业级石蜡。用于食品包装用原纸的印刷油墨、颜料应符合食品卫生要求，油墨颜料不得印刷在接触食品表面。生产食品包装用原纸的企业，须经食品卫生监督机构认可。食品包装用原纸必须有符合卫生要求的外包装，并标明食品用纸的标志及产地、厂名、生产日期等。

（四）《中华人民共和国固体废物污染环境防治法》有关食品包装的规定

2020 年 4 月 29 日，第十三届全国人大常委会第十七次会议审议通过了新修订的《中华人民共和国固体废物污染环境防治法》，自 2020 年 9 月 1 日起施行。产品和包装物的设计、制造，应当遵守国家有关清洁生产的规定。国务院标准化主管部门应当根据国家经济和技术条件、固体废物污染环境防治状况以及产品的技术要求，组织制定有关标准，防止过度包装造成环境污染。生产经营者应当遵守限制商品过度包装的强制性标准，避免过度包装。县级以上地方人民政府市场监督管理部门和有关部门应当按照各自职责，加强对过度包装的监督管理。生产、销售、进口依法被列入强制回收目录的产品和包装物的企业，应当按照国家有关规定对该产品和包装物进行回收。电子商务、快递、外卖等行业应当优先采用可重复使用、易回收利用的包装物，优化物品包装，减少包装物的使用，并积极回收利用包装物。县级以上地方人民政府商务、邮政等主管部门应当加强监督管理。国家鼓励和引导消费者使用绿色包装和减量包装。收集、贮存、运输、利用、处置危险废物的场所、设施、设备和容器、包装物及其他物品转作他用时，应当按照国家有关规定经过消除污染处理，方可使用。

（五）《中华人民共和国进出口商品检验法》

《中华人民共和国进出口商品检验法》第 5 次修正由中华人民共和国第 13 届全国人

大常委会第28次会议于2021年4月29日通过公布,自公布之日起施行。为出口危险货物生产包装容器的企业,必须申请商检机构进行包装容器的性能鉴定。生产出口危险货物的企业,必须申请商检机构进行包装容器的使用鉴定。使用未经鉴定合格的包装容器的危险货物,不准出口。对装运出口易腐烂变质食品的船舱和集装箱,承运人或者装箱单位必须在装货前申请检验。未经检验合格的,不准装运。

(六)《中华人民共和国进出口商品检验法实施条例》

2005年8月31日中华人民共和国国务院令第447号公布,根据2019年3月2日《国务院关于修改部分行政法规的决定》第四次修订。对装运出口的易腐烂变质食品、冷冻品的集装箱、船舱、飞机、车辆等运载工具,承运人、装箱单位或者其代理人应当在装运前向出入境检验检疫机构申请清洁、卫生、冷藏、密固等适载检验。未经检验或者经检验不合格的,不准装运。

(七)《中华人民共和国进出境动植物检疫法》

自1992年4月1日起施行。进出境的动植物产品和其他检疫物的装载容器、包装物实施检疫。改换包装或者原未拼装后来拼装的,货主或者其代理人应当重新报检。对过境植物、动植物产品和其他检疫物,口岸动植物检疫机关检查运输工具或者包装,经检疫合格的,准予过境。

(八)《中华人民共和国进出境动植物检疫法实施条例》

1996年12月2日中华人民共和国国务院令第206号发布,自1997年1月1日起施行。动植物性包装物、铺垫材料进境时,货主或者其代理人应及时向口岸动植物检疫机关申报;动植物检疫机关可以根据具体情况对申报物实施检疫。动物产品:检查有无腐败变质现象,容器、包装是否完好。植物、植物产品:检查货物和包装物有无病虫害,并按照规定采取样品。动植物性包装物、铺垫材料:检查是否携带病虫害、混藏杂草种子、沾带土壤,并按照规定采取样品。其他检疫物:检查包装是否完好及是否被病虫害污染,发现破损或者被病虫害污染时,需及时处理。

(九)《中华人民共和国清洁生产促进法》

2002年6月29日第九届全国人民代表大会常务委员会第二十八次会议通过,自2003年1月1日起施行。2012年2月29日第十一届全国人民代表大会常务委员会第二十五次会议修正。产品和包装物的设计,应当考虑其在生命周期中对人类健康和环境的影响,优先选择无毒、无害、易于降解或者便于回收利用的方案。企业对产品的包装应当合理,包装的材质、结构和成本应当与内装产品的质量、规格和成本相适应,减少包装性废物的产生,不得进行过度包装。

(十)《中华人民共和国反不正当竞争法》

1993年9月2日第八届全国人民代表大会常务委员会第三次会议通过,2017年11月4日第十二届全国人民代表大会常务委员会第三十次会议修订,自2018年1月1日起施行。经营者不得擅自使用与他人有一定影响的商品名称、包装、装潢等相同或者近似的标识,引人误认为是他人商品或者与他人存在特定联系。

（十一）《定量包装商品生产企业计量保证能力评价规定》

2001 年 4 月 6 日发布。生产定量包装商品必须有包含产品净含量要求的产品标准。净含量要求必须符合《定量包装商品计量监督规定》中的要求。企业必须在商品包装上明确标注定量包装商品的净含量。用于包装定量包装商品的材料应满足定量包装商品计量准确性的要求，并应能防止商品在包装（分装）和运输过程中的渗漏和破损。

（十二）《进出口食品包装备案要求》

国家质检总局对出口食品包装生产企业和进口食品包装的进口商实行备案制度，由各直属检验检疫局负责对辖区相关企业实施备案登记。

（十三）《进出口食品包装容器、包装材料实施检验监管工作管理规定》

2006 年 8 月 1 号起实施。进口食品包装的安全、卫生检验检疫等工作将由收货人报检时申报的目的地检验检疫机构检验和监管，合格后方可用于包装、盛放食品。出口食品包装的生产原料（包括助剂等）及产品的企业，须符合相应的安全卫生技术法规强制性要求，不得使用不符合安全卫生要求或有毒有害材料生产与食品直接接触的包装产品。生产出口食品包装的企业应向出入境检验检疫机构申请备案。

三、食品包装技术规范与质量保证

技术规范（technique practices）是产品和工艺过程的技术规定及说明。在食品包装技术中，涉及食品、包装材料和包装工艺，包括 5 种技术规范，即食品技术规范、包装材料规范、包装工艺规范、包装成品规范及质量保证（quality assurance，QA）规范。

（一）食品技术规范

食品极易腐败变质，食品工艺过程中的技术规范和质量控制（quality controlling，QC）对食品包装成品的质量保证（QA）非常关键。因此，世界各国食品管理监督机构及食品制造企业制定了一系列食品技术规范和标准，来控制包装食品的卫生安全和风味质量，其中最为重要的一类是食品卫生规范。

在食品技术法规体系中，GMP 和 HACCP 得到 FAO/WHO 的食品法典委员会（CAC）的确认，并作为国际规范和食品卫生基本准则推荐给 CAC 各成员国，在我国也迅速得到实施。

1. 食品良好操作规范（good manufacturing practice，GMP）

GMP 是美国 FDA 首创的一种保障产品质量的管理规范。1963 年 FDA 首先制定了医药品的 GMP，1969 年公布了“食品制造、加工、包装、贮存的良好制造规范”，一般称为“食品良好操作规范”。食品良好操作规范，是一种具有专业的质量保证体系和制造业管理体系。政府以法规形式，对所有食品生产企业制定了一个通用的良好操作规范，所有企业在生产食品时都应自主地采用该操作规范。同时政府还针对各种主要类别的食品生产企业制定一系列的 GMP，各类食品厂也应自觉地遵守它的 GMP。食品 GMP 要求食品加工的原料、加工的环境和设施、加工贮存的工艺和技术、加工的人员等的管理都符合良好操作规范，防止食品污染，减少事故发生，确保食品安全和稳定。

GMP 规范内容：GMP 工作规范的重点是确认食品生产过程的安全性，防止异物、毒物、微生物污染规范，以及双重检验制度。主要内容为：①目的；②适用范围；③专用名词定义；④厂区环境；⑤厂房及设施；⑥机械设备；⑦组织与人事；⑧卫生管理；⑨生产过程管制；⑩品质管理；⑪仓储及运输管制；⑫标志；⑬顾客投诉处理与成员回收制度；⑭记录档案处理；⑮附则。

自20世纪80年代以来，已建立了19个食品企业卫生规范和良好生产规范，极大地提高了我国食品企业的整体生产水平和管理水平。

2. 危害分析和关键控制点（hazard analysis and critical control point，HACCP）

1997年，联合国粮农组织与世界卫生组织（FAO/WHO）所属的国际食品法典委员会（CAC）制定和公布了《HACCP体系及其应用准则》，并推荐其作为世界各国食品生产企业的安全质量管理准则。

国际标准CAC/RCP-1《食品卫生通则》（1997修订3版）对HACCP的定义为：鉴别、评价和控制对食品安全至关重要的危害的一种体系。GB/T 15091—1994《食品工业基本术语》对HACCP的定义为：生产（加工）安全食品的一种控制手段；对原料、关键生产工序及影响产品安全的人为因素进行分析，确定加工过程中的关键环节，建立、完善监控程序和监控标准，采取规范的纠正措施。

在HACCP中，有七条原则作为体系的实施基础，它们分别是：

（1）进行危害分析和提出预防措施（Conduct Hazard Analysis and Preventive Measures）；

（2）确定关键控制点（Identify Critical Control Point）；

（3）建立关键界限（Establish Critical Limits）；

（4）关键控制点的监控（CCP Monitoring）；

（5）纠正措施（Corrective Actions）；

（6）记录保持程序（Record-keeping Procedures）；

（7）验证程序（Verification Procedures）。

需要指出的是，HACCP不是一个单独运作的系统。在美国的食品安全体系中，HACCP建立在GMP和SSOP基础之上，并与之构成一个完备的食品安全体系。HACCP更重视企业经营活动的各个环节的分析和控制，使之与食品安全相关联。例如，从经营活动之初的物质采购、运输到原料产品的储藏，到生产加工与返工和再加工、包装、仓库储放，到最后成品站交货和运输，整个经营过程中的每个环节都要经过物理、化学和生物三个方面的危害分期（Hazard Analysis），并制定关键控制点（Critical Control Points）。危害分析与关键点控制，涉及企业生产活动的各个方面，如采购与销售、仓储运输、生产、质量检验等，为的是在经营活动可能产生的各个环节保障食品的安全。另外HACCP还要求企业有一套召回机制，由企业的管理层组成一个小组，必须要有相关人员担任总协调员（HACCP Coordinator）对可能的问题产品实施紧急召回，最大限度保护消费者的利益。

（二）包装材料规范

包装材料规范实质上就是包装材料的质量保证规范，其基本作用是向有关部门提出各种包装方面的要求，使材料生产厂能够按要求制造材料，从而使材料买卖两方达成订货，以便买方使用包装材料实现预定要求，且质检部门检查包装材料是否符合规范质量要求。

包装材料规范中质量指标的规定常常是最困难的，因为未做出进一步说明的“质量”是一个抽象的概念，常可作多个不同解释。买卖双方事先必须对包装材料的质量指标有共同的理解和认可，因此必须将“质量”从抽象的概念转化成具体的指标，步骤如下。

(1)将包装材料各种必要和重要的质量指标列表，将需要尽量避免的包装材料缺陷也列入表格。

(2)根据表中所列缺陷的重要性或严重程度进行分级，通常分成重要的、主要的、次要的 3 个级别。

(3)确定所提供包装材料每千件所允许的缺陷数目，这也称作质量合格标准(AQL)，已确定的材料商业合格标准不在此列。

(4)确定抽样和检查验收步骤，以便确定给定批次包装材料是否符合质量指标。

质量指标、缺陷及其严重程度以及 AQL 都是从具体的项目上规定材料质量，抽样和检验方法等规定了怎样测定对规范的符合性，这些内容通常都简明地列在包装材料的规范中，使买卖双方都能清楚地知道质量要求及其确定方法。因此，包装材料规范的内容应包括包装件的构成、功能、表面处理，并根据质量指标的分类表简要地参考质量保证规范。

(三)包装工艺规范

包装工艺是根据产品的包装要求而制定的一系列明细的包装制造过程工艺，以控制产品在包装过程的实际操作生产，达到实现产品批量化，综合应用包装设计、包装材料、包袋机械等要素并最终将包装材料转化为包装容器的工艺技术。包装工艺规范应包括产品和包装材料，按规定的方式将其结合成可供销售的包装产品，然后在流通过程中保护内包装产品，并在销售和消费时得到消费者的认可几个方面。包装工艺规范主要内容如下：

(1)容量　即为每个包装中的产品数量，容量是规范的重要内容，数量过多或过少均属不合规范。

(2)产品的状态条件　如温度、物理外形或固形物含量等。

(3)包装材料　操作时材料的准备状态，必要时需将包装材料制成容器以供产品充填。

(4)包装速度　是控制成本和质量的重要因素，包装速度取决于采用的工艺装备的自动化程度。

(5)包装步骤说明　是指选定生产线的操作规程。

(6)规定质量控制要求　指包装过程的质量要求和控制方法。

(四)包装成品规范

如果产品、包装材料和包装工艺过程在规定的质量指标范围之内，可以认为包装成品规范是不必要的，但事实并非如此。从质量的意义上，控制以上三项指标即能获得最佳，而一般却难以达到。因此，实际操作过程中质量控制是从最终产品所要求的质量规范开始，回过头来确定产品和包装的质量参数，以及得到合乎要求的最终产品工艺过程，所以需要制定包装成品规范。

包装成品规范是以用户的观点考察产品与包装的结合体，是用户用来衡量包装成品和生产厂商的重要技术指标，其中包括保证产品最终性能特色和商品形象要求。包装成品的检验尽可能是非破坏性的，这样可减少成品率的出厂成本。另外，所有产品在其流通和销售过程中都会遇到诸如堆码、装卸、冲击、振动等因素的影响。在包装生产过程中不要求这方面的测试控制，但作为包装成品规范，则应考虑这方面的特定要求。一般地，在包装件的设计过程中，结构规范就是以这些性能测试作为依据。

（五）质量保证规范

质量保证（quality assurance，QA）指为使人们确信某一产品、过程或服务的质量所必需的全部有计划有组织的活动。也可以说是为了提供产品能够满足质量要求，而在质量体系中实施并根据需要进行证实的全部有计划和有系统的活动。为达到质量要求所采取的作业技术和活动称为质量控制（quality control，QC）。这就是说，质量控制是为了通过监视质量形成过程，消除质量环上所有阶段引起不合格或不满意效果的因素。以达到质量要求，获取经济效益，而采用的各种质量作业技术和活动。

质量保证就是按照一定的标准生产产品的承诺、规范、标准。由国家质量技术监督局，提供产品质量技术标准，即生产配方、成分组成，包装及包装容量多少、运输及贮存中注意的问题，产品要注明生产日期、厂家名称、地址等，经国家质量技术监督局批准这个标准后，公司才能生产产品。国家质量技术监督局就会按这个标准检测生产出来的产品是否符合标准要求，以保证产品的质量符合社会大众的要求。

显然，质量保证一般适用于有合同的场合，其主要目的是使用户确信产品或服务能满足规定的质量要求。如果给定的质量要求不能完全反映用户的需要，则质量保证也不可能完善。质量控制和质量保证是采取措施，以确保有缺陷的产品或服务的生产和设计符合性能要求。其中质量控制包括原材料、部件、产品和组件的质量监管，与生产相关的服务和管理，生产和检验流程。

包装技术规范所考虑的目标就是质量控制与保证，其作用在于监督产品、包装材料、工艺及成品符合法规和标准，而质量保证规范的职能是保证规范体系的存在和实施。实际上，规范地阐明还包括了与法规要求和公司政策有关的质量指标和变量，为质量控制的组织和实施而确保对规范的符合性，以及有效传达对规范操作的修正。

质量保证的职能是将有关法定要求和公司对包装成品质量的目标要求，转化成沿着采购和接收包装材料、制造和包装产品、二次或三次包装或流通的成品等一系列工艺过程中设立检测点，并且对其进行管理。

在质量管理体系中，QA 小组根据规范种类、缺陷等级、批量鉴定、生产样品保留、测试方法和标准、QC 人员的培训等制定政策。QA 在制定抽样计划、特种问题处理及对 QC 活动的检查方面，也作为 QC 的一个方法。有关产品/包装的总体质量指标通常由 QA 颁布，QA 组织再对企业的 QC 人员进行新的 QA 方法培训，并核对企业的测试设备和技术熟练程度。QA 的方法和步骤由 QA 职能部门编写颁布，并将规范体系和质量控制联系起来，使法规要求和公司的质量对策协调起来。

本章小结

本章从食品包装保藏角度出发，详细介绍了包装的功能、常用包装材料、包装技术、包装标准和法规等内容。

随着食品工业的快速发展，食品包装市场得到了激活。现阶段我国食品包装的类型主要分为传统食品包装与新型食品包装两类，传统食品包装材料主要使用塑料材料与金属材料，材料消耗巨大，存在的环保回收等问题，严重制约了食品包装产业的发展。在新技术、新工艺和新理念的推动下，包装技术自动化、包装材料多元化开发成为当前食品包装发展的显著特点，健康、绿色以及环保也成为包装业一个发展的主题。

思考题

1. 包装、食品包装的定义是什么？

2. 食品包装的特点是什么？食品包装是如何分类的？

3. 食品包装的功能有哪些？食品包装材料有哪些？食品包装容器有哪些，分别有什么特点？

4. 简述光及氧气对食品品质的影响。

参考文献

[1]《中华人民共和国食品安全法》(主席令第 21 号).

[2]班固.汉书[M].北京:中华书局,2013.

[3]司马迁.史记[M].北京:中华书局,2014.

[4]刘宝林.食品冷冻冷藏学[M].北京:中国农业出版社,2010.

[5]陈宗道,王金华.食品生物技术导论[M].北京:中国计量出版社,2008.

[6]阚健全,段玉峰,姜发堂.食品化学[M].北京:中国计量出版社,2009.

[7]余扶危,叶万松.我国古代地下储粮之研究(下)[J].农业考古,1983,2:213-227.

[8]曾名湧.食品保藏原理与技术[M].2 版.北京:化学工业出版社,2018.

[9]于龙江.发酵工程原理与技术应用[M].北京:化学工业出版社,2008.

[10]刘建学.食品保藏学[M].北京:中国轻工业出版社,2006.

[11]谢晶.食品冷冻冷藏原理与技术[M].北京:化学工业出版社,2005.

[12]李里特.食品原料学[M].北京:中国农业出版,2001.

[13]冯志.野战食品包装标准化刍议[J].中国市场,2017,18:208-209.

[14]杨铭铎,曲彤旭.我国军需食品的发展现状与发展方向[J].食品科学,2007,28(10):582-585.

[15]董海胜,赵伟,减鹏.长期载人航天飞行航天营养与食品研究进展[J].食品科学,2018,39(09):280-285.

[16]李怀林.ISO 22000 食品安全管理体系通用教程[M].北京:中国计量出版社,2006.

[17]吴永宁.现代食品安全科学[M].北京:化学工业出版社,2003.

[18]贺国铭,张欣合.HACCP 体系内审员教程[M].北京:化学工业出版社,2004.

[19]郭佳,齐美园,张青.浅析乳品变质与微生物污染[J].粮食流通技术,2016,4:11-12.

[20]冯凤琴,叶立扬.食品化学[M].北京:化学工业出版社,2005.

[21]葛长荣,马美湖.肉与肉制品工艺学[M].北京:中国轻工业出版社,2002.

[22]郭佳,齐美园,张青,等.浅析乳品变质与微生物污染[J].粮食流通技术,2016,4:11-12.

[23]胡位歆,丁甜,刘东红.储藏过程中食品品质变化动力学模型的应用[J].中国食品学报,2017,17(5):161-167.

[24]李学鹏,陈杨,王金厢,等.水产品储藏过程中肌肉蛋白质降解规律的研究进展[J].食品安全质量检测学报,2015,12:4844-4850.

[25]刘达玉,王卫.食品保藏加工原理与技术[M].北京:科学出版社,2014.

[26]任端平,潘思轶,何晖,等.食品安全、食品卫生与食品质量概念辨析[J].食品科学,2006,27(6):256-259.

[27]田玮,徐尧润. 食品品质损失动力学模型[J]. 食品科学,2000,21(9):14-18.
[28]应铁进. 果蔬贮运学[M]. 杭州:浙江大学出版社,2001.
[29]袁惠新. 食品加工与保藏技术[M]. 北京:化学工业出版社,2000.
[30]曾庆孝. 食品加工与保藏原理[M]. 2 版. 北京:化学工业出版社,2014.
[31]钟秋平,周文化,傅力. 食品保藏原理[M]. 北京:中国计量出版社,2010.
[32]朱蓓薇. 水产品加工工艺学[M]. 北京:中国农业出版社,2011.
[33]邓云,杨宏顺,李红梅,等. 冷冻食品质量控制与品质优化[M]. 北京:化学工业出版社,2008.
[34]华泽钊,李云飞,刘宝林. 食品冷冻冷藏原理与设备[M]. 北京:机械工业出版社,1999.
[35]关志强,李敏. 食品冷藏与制冷技术[M]. 郑州:郑州大学出版社,2011.
[36]关志强,张珂,李敏,等. 不同解冻方法对冻藏罗非鱼片理化性能的影响[J]. 渔业现代化,2016,43(4):38-43.
[37]葛华才,袁高清,彭程. 物理化学[M]. 北京:高等教育出版社,2008.
[38]李培青. 食品生物化学[M]. 北京:中国轻工业出版社,2007.
[39]李勇. 食品冷冻加工技术[M]. 北京:化学工业出版社,2005.
[40]李云飞,殷涌光,金万镐. 食品物性学[M]. 北京:中国轻工业出版社,2008.
[41]谢如鹤. 冷链运输原理与方法[M]. 北京:化学工业出版社,2013.
[42]隋继学. 食品冷藏与速冻技术[M]. 北京:化学工业出版社,2007.
[43]杨世铭,陶文铨. 传热学[M]. 4 版. 北京:高等教育出版社,2006.
[44]章建浩. 生鲜食品储藏保鲜包装技术[M]. 北京:化学工业出版社,2009.
[45]张国治,温纪平. 速冻食品的品质控制[M]. 北京:化学工业出版社,2007.
[46]朱永祥. 冷藏运输技术及应用[M]. 北京:机械工业出版社,2014.
[47]MALLETT C P. 冷冻食品加工技术[M]. 张慜等,译. 北京:中国轻工业出版社,2004.
[48]李琳. 食品热加工过程安全原理与控制[M]. 北京:化学工业出版社,2017.
[49]漳州中罐协科技中心. 食品热力杀菌理论与实践[M]. 北京:中国轻工业出版社,2014.
[50]卢晓黎,杨瑞. 食品保藏原理[M]. 2 版. 北京:化学工业出版社,2014.
[51]肖付刚,王德国,陈佳晰. 食品生产及保藏技术研究[M]. 北京:中国水利水电出版社,2015.
[52]刘达玉,王卫. 食品保藏加工原理与技术[M]. 北京:科学出版社,2014.
[53]董士远. 食品保藏与加工工艺实验指导[M]. 北京:中国轻工业出版社,2014.
[54]何国庆,贾英民. 食品微生物学[M]. 北京:中国农业大学出版社,2002.
[55]王丽霞. 食品生产新技术[M]. 北京:化学工业出版社,2016.
[56]DENNIS R,HELDMAN,RICHARD W. H. 食品加工原理. [M]. 夏文水等,译. 北京:中国轻工业出版社,2001.
[57]殷涌光,刘静波,林松毅. 食品无菌加工技术与设备[M]. 北京:化学工业出版社,2006.